SCIENCE FICTION

Herausgegeben
von Dr. Herbert W. Franke
und Wolfgang Jeschke

Vom gleichen Autor erschien außerdem
als Heyne-Taschenbuch

Chton · Band 3383

PIERS ANTHONY

MAKROSKOP

Science Fiction-Roman

Deutsche Erstveröffentlichung

WILHELM HEYNE VERLAG
MÜNCHEN

HEYNE-BUCH Nr. 3452
im Wilhelm Heyne Verlag, München

Titel der amerikanischen Originalausgabe
MACROSCOPE
Deutsche Übersetzung von Bernt Kling

Redaktion: Wolfgang Jeschke

Printed in Germany 1975
Umschlagzeichnung: C. A. M. Thole, Mailand
Umschlag: Atelier Heinrichs, München
Gesamtherstellung: Ebner, Ulm

ISBN 3-453-30341-5

1

Ivo wollte es zunächst nicht glauben, daß er verfolgt wurde. Ein paar kleine Versuche bestätigten jedoch: wohin Ivo ging, ging auch dieser Fremde.

Er hatte den bleichen, fleischigen und schwitzenden Mann in einem Imbißladen gesehen und sich nichts dabei gedacht, bis die Tatsache durch Wiederholung in sein Bewußtsein drang. Jetzt alarmierte sie ihn.

Ivo war ein hagerer junger Mann von fünfundzwanzig Jahren mit kurzen schwarzen Haaren, braunen Augen und dunkler Haut. Er hätte sich unter die Menschen jeder größeren Stadt der Welt mischen können, ohne besonders aufzufallen. Im Augenblick versuchte er das verzweifelt – doch der Verfolger ließ sich nicht abschütteln.

So etwas geschah heute nicht mehr so oft, aber Ivo wußte, daß noch immer Leute seines Schlags unter geheimnisvollen Umständen in bestimmten Regionen des Landes verschwanden. Ihm selbst war noch nichts Schlimmeres widerfahren als ein unbegründeter Preisanstieg in gewissen Restaurants oder die plötzliche Zurücknahme einer Hotelreservierung. Natürlich hatten ihm oft finstere Blicke und laute Bemerkungen gegolten, aber das zählte kaum. Er hatte es gelernt, seine Emotionen zu kontrollieren und seinen Zorn nach einer gewissen Zeit sogar zu vergessen.

Aber tatsächlich verfolgt zu werden – das war mehr als ein einfaches Ärgernis. Es vermittelte seinem Magen unangenehme Empfindungen. Ivo betrachtete sich selbst nicht als besonders mutig, und schon eine Erfahrung dieser Art brachte ihn dazu, sich nach den sicheren Tagen des Projekts zurückzusehnen. Aber das lag bereits ein Jahrzehnt zurück, war aus und vorbei.

Er stellte sich vor, wie der stämmige Kaukasier näher kam, eine feuchtkalte Hand auf seinen Arm legte und sagte: »*Mister* Archer? Kommen Sie bitte mit.« Zugleich ließ er die illegale Handwaffe aufblitzen, die die vorgetäuschte Freundlichkeit in einen Befehl übersetzte. Dann hilflos eine Reise zu einem abgeschirmten Ort – vielleicht in ein von Ratten wimmelndes Kellerloch – und dort . . .

Es war besser, dem Mann hier entgegenzutreten, hier in dieser belebten Straße, ihn zu fragen: »Verfolgen Sie mich, Sir?« – mit einer entsprechenden Betonung auf dem ›Sir‹. Und wenn der Mann es verneinte, einfach wegzugehen, vorübergehend frei von der Belästigung. Um die nächste Ecke, ein Sprung in einen Mietwagen, und einfach weg, irgendwohin.

Ivo betrat einen Drugstore und verbarg sich hinter hohen, mit Waren gefüllten Regalen, versuchte Zeit zu gewinnen, während er aus seiner Deckung heraus den Mann beobachtete. Würde es ihm etwas nützen, wenn er ihm direkt gegenübertrat — oder würden die Passanten sich heraushalten, um nicht in die Sache verwickelt zu werden, oder weil sie dem anderen mehr Sympathie entgegenbrachten? Durch die Scheibe sah er eine abgearbeitete weiße Frau mit zwei verwilderten kleinen Jungen näher kommen, dahinter ein schwarzer Teenager mit zerrissenen Tennisschuhen, und hinter ihm kam der Verfolger. Er blieb neben dem Eingang stehen und wischte sich sein blasses schweißnasses Gesicht ab. Ein Polizist in Zivil? Unwahrscheinlich; dazu paßte diese ganze Verstohlenheit nicht.

Der Verdacht wurde zur Gewißheit, während er darüber nachdachte: War er erst einmal in Händen dieses Mannes, dann würde sein Leben nie mehr das gleiche sein. Leben? Schlimmer: Innerhalb von Stunden würde Ivo Archer von der Oberfläche der Erde verschwinden, niemals mehr sein . . .

Er *mußte* sich diesem Feind stellen.

»Bitte?«

Er sah überrascht auf. Eine Verkäuferin stand neben ihm, hatte zweifellos seine Ziellosigkeit beobachtet und schien so etwas wie Ladendiebstahl zu befürchten. Ihre Frage klang ungeduldig.

Ivo sah sich schuldbewußt um und suchte nach einem naheliegenden Vorwand. Neben ihm befand sich ein Gestell mit Sonnenbrillen. »Diese hier.«

»Das sind Damenbrillen«, erklärte sie.

»Ach so. Nun, ich wollte — Sie wissen schon.«

Sie führte ihn zum richtigen Gestell, und er wählte eine Brille aus, die er nicht brauchte und nicht wollte. Er zahlte einen Preis, den er nicht mochte, und setzte sie auf. Jetzt hatte er keinen Vorwand mehr, im Laden zu bleiben.

Er trat hinaus — und wußte zugleich, daß ihm die Tapferkeit fehlte, um standzuhalten. Er war im Grunde nur stur, nicht mutig.

Die überraschend feste Hand streckte sich aus, um seinen Arm zu berühren. Schwarze Haare sprossen auf den mittleren Gelenken dreier Finger ab. »Mr. Archer?« erkundigte sich der Mann. Seine Stimme klang etwas rauh, als hätte er einen verschleimten Kehlkopf.

Ivo hielt inne, berührte unsicher den rechten Brillenrand. Er war wütend auf sich selbst, aber jetzt hatte er keine Furcht. Er wußte den Unterschied zwischen der Wirklichkeit und seiner Fantasie. Er sah den Mann an, noch immer etwas abgestoßen von der Blässe des Gesichts und dem schwachen Schweißgeruch. Er war in den Vierzigern; nichtssagende Kleidung, aber guter Schnitt, die Schuhe teuer und noch neu. Dieser Mann war kein professioneller Beschatter – diese steifen Schuhe mußten ihm die Füße wundscheuern.

»Ja.« Er versuchte, den ungeduldigen Ton eines vielbeschäftigten Mannes anzuschlagen, den es stört, auf der Straße angesprochen zu werden, aber er wußte, daß er es nicht schaffte. Er hatte keinen Bettler vor sich.

»Kommen Sie bitte mit.«

Ivo vermochte nicht unhöflich zu sein, selbst in einer solchen Situation nicht; das war seine Schwäche. Aber er hatte nicht die Absicht, diesen Fremden irgendwohin zu begleiten. »Wer sind Sie?«

Jetzt wurde der andere sichtlich nervös. »Das kann ich Ihnen hier nicht sagen.« Aber gerade, als Ivo sich schon im Vorteil wähnte, schlossen sich diese haarigen Finger um seinen Arm. Sie waren kalt und unnachgiebig wie Metallspangen. »Es ist wichtig.«

Ivos Nervosität nahm zu. Wieder berührte er die nutzlose Sonnenbrille, versuchte wegzusehen. Die lange Straße bot keinen Vorwand, sich ablenken zu lassen: nur zwei Reihen von fast identischen Georgia-Häusern, ununterscheidbar von Carolina-Häusern oder Florida-Häusern, davor heruntergekommene Bürgersteige und abgeschrägte Parkplätze. Die Parkuhren wirkten wie monströse Streichhölzer mit überdimensionalen Köpfen. Würden sie in Feuer aufgehen, wenn die lastende Hitze nicht bald aufhörte, oder bedurfte es dazu der Berührung von Metall, etwa einer Münze? Seine Finger berührten eine warme Scheibe in seiner Tasche: einen Penny. Du sollst nicht in der Mittagssonne parken . . .?

»Tut mir leid«, sagte er. »Guten Tag.« Er riß seinen Arm aus der Umklammerung und machte einen Schritt nach vorn. Er hatte es getan! Er hatte den Durchbruch geschafft.

»Es ist nicht alles Schwein, was grunzt«, flüsterte der Fremde.

Ivo wandte sich um und wartete; sein Blick wurde starr.

»Mein Wagen – in dieser Richtung«, sagte der Mann und packte ihn wieder am Arm. Diesmal begleitete ihn Ivo ohne Widerspruch.

Es war ein elektrischer Mietgleiter, kein bloßes Stadtfahrzeug. Die Motorhaube war so lang und weit wie die eines jeden Fahrzeugs mit Verbrennungsmotor: Platz genug für eine schwergewichtige Masse von Energiezellen. Dieses Ding, schätzte Ivo, mochte im freien Gelände etwa hundertfünfzig Meilen erreichen. Sein Gastgeber war offensichtlich nicht aus dieser Gegend.

Sie stiegen vorn ein und warteten, bis die Polsterelemente sich über Brust, Leib und Schenkel legten. Die Kabine schloß sich automatisch, und die Bodenschlitze sogen kühle Luft ein, während der Mann den Kompressor anließ. Das Fahrzeug erhob sich so weich auf seinem Luftkissen, daß nur die schwach sichtbare Randturbulenz außerhalb davon zeugte. Es schob sich in den Verkehr hinaus, wirbelte trockenen Staub auf.

Es gab zornige und neiderfüllte Blicke von den Fußgängern, die in den Luftstrudel hinter ihnen geraten waren. Etwa zehn Zentimeter über dem Boden und damit unerreichbar für Risse, Unebenheiten und Steine, schlängelte sich der Wagen in die mittlere Spur, die für radlosen Verkehr reserviert war.

»Wohin bringen Sie mich?« fragte Ivo, während der Wagen seinen Weg durch eine gelegentliche Verkehrsstauung suchte, seinen Kurs selbsttätig bestimmend.

»Kennedy.«

»Ist Brad dort?«

»Nein.«

»Wer sind Sie?«

»Harold Groton. Ingenieur für Raumkonstruktionsaufgaben.«

»Auf Kap Kennedy?«

»Nein.«

Ivo war verwirrt und ließ die Sache auf sich beruhen. Die Parole, die Groton ausgesprochen hatte, hatte Ivo tatsächlich alles gesagt, was er für den Augenblick zu wissen brauchte, und es war nicht sein Stil, bedeutungsvolle Antworten stückweise aus jemandem herauszuholen.

Der letzte Teil der Reise war nur noch Routine. Der Wagen steuerte selbsttätig mit etwa hundert Meilen pro Stunde über die Bundesstraße, und die endlose monotone Morastlandschaft, nur vereinzelt mit Gestrüpp durchsetzt, glitt an ihnen vorbei.

Ivo musterte seinen Begleiter vorsichtig. Groton wirkte jetzt nicht mehr ganz so fett und bleichgesichtig. Es machte nun irgendwie einen Unterschied aus, daß dieser Mann von Brad geschickt worden war. Tatsächlich war seine ursprüngliche Abneigung völlig ungerechtfertigt gewesen.

Nun ja, es hatte einen Grund dafür gegeben — aber keinen, der wirklich zählte. Ivo war einmal von Vorurteilen frei gewesen; jetzt hatte etwas davon seine Haltung geprägt. Das war nicht gut. Ihm hätte das nun wirklich nicht passieren dürfen.

Nach einer Stunde des Schweigens versuchte Ivo ein Gespräch anzufangen. Er machte eine scherzhafte Bemerkung, die sich auf ihre Fahrt entlang der Floridaküste bezog.

Groton drehte langsam seinen massigen Kopf und legte fragend die Stirn in Falten. Er hatte ihn nicht verstanden. Ivo erklärte, wie er es gemeint hatte, und ärgerte sich darüber, daß er wieder einmal zu witzig hatte sein wollen. Groton war nicht dumm; es lag an seinem Witz. Er hatte eine freundliche Eröffnung machen wollen, vielleicht als Entschuldigung für seinen ersten Verdacht, und es war ihm mißlungen.

Es wurde höchste Zeit für ihn, zu begreifen, daß komplizierte Witzeleien für die meisten Leute kaum amüsant waren – jedenfalls nicht für Leute über fünfundzwanzig. Brad hätte es natürlich sofort aufgefangen und mit doppelter Ladung wieder zurückgegeben – aber Brad war eben kaum typisch, selbst für ihre Altersgruppe nicht. Ivo kam sich plötzlich furchtbar jung vor.

»Ach so«, sagte Groton trocken. »Natürlich, ich verstehe.«

Wieder trat bedrückende Stille ein, und Ivo wandte sich der Landschaft zu. Sie waren bereits unterhalb von Jacksonville, und die schlanken Palmen wurden zahlreicher, obwohl noch immer die Pinien des Südens vorherrschten. Ein Schild kündigte an: ST. AUGUSTINE – DIE ÄLTESTE STADT AMERIKAS – NÄCHSTE AUSFAHRT. Er wünschte sich, es wäre möglich, eine Strecke zu fahren, ohne ständig von Werbung belästigt zu werden, aber er wußte, daß der Druck von industrieller und anderer Seite eine zunehmend liberalere Interpretation der zulässigen Plakatwerbung entlang der Bundesstraße erzwungen hatte. Motels, Benzin, Batterien, Restaurants, Dinge von öffentlichem Interesse (wie sie vorwiegend von der Privatwirtschaft verstanden wurden) – das hatte man ursprünglich als gerechtfertigt angesehen. Aber da es die Präzedenzfälle einmal gab, waren die Bestimmungen zunehmend verwässert worden, bis selbst scharfe Liköre, leichte Halluzinogene und weibliche Intimhygiene öffentliches Interesse für sich beanspruchen konnten.

In Fahrtrichtung erspähte er eines der altmodischen Serienschilder, Ansammlungen von Wörtern, die jeweils auf ein großes Quadrat gedruckt waren. Schläfrig las er:

WOHIN DIE WOLKE ZIEHT
DER HERR WEISS ES
DIE WOLKE WEISS ES NICHT

Ivo lächelte in sich hinein und fragte sich, wie das wohl zu den Vorzügen einer glatteren Rasur überleiten sollte.

WAS DER KÜNSTLER VOLLBRINGT
DER HERR WEISS ES
WEISS ES DER KÜNSTLER AUCH?

Er schreckte auf, Groton saß aufrecht neben ihm und las Zeitung. Nur Gestrüpp, Steine und weggeworfene Plastikabfälle flankierten hier die Schnellstraße. Das war kein Serienschild gewesen, vielmehr ein Auszug aus einem Gedicht, das er gut kannte, von einem Dichter, mit dem er sich viel beschäftigt hatte. Er war wohl einen Moment lang eingenickt.

Ja, der Mensch besaß, was die Wolke nicht besitzen konnte: freien Willen. Der Künstler war für seine Schöpfung verantwortlich. Determinismus galt nicht für den einzelnen, der zu Empfindungen fähig war.

Dennoch reiste Ivo Archer zu einem Ort, den er nie gesehen hatte, gehorchte den Anweisungen einer anderen Person, die ihm auf subtile Weise vermittelt worden waren. Freier Wille?

AUCH DAS WIRD VORÜBERGEHEN, sagte ein Schild, diesmal ein wirkliches. Er seufzte, schloß die Augen und schlummerte ein.

Als er erwachte, waren sie über dem Wasser: Groton hatte auf manuelle Kontrolle umgeschaltet und steuerte über eine Brücke, die vermutlich zum Kap führte. Obwohl Ivo von seiner geheimnisvollen Bestellung zum Raumflughafen keineswegs bezaubert war, konnte er doch ein Gefühl der Erregung nicht unterdrücken. Wenn das Ende dieser Reise nicht das Kap war, dann mußte es . . .

Eine der Raumstationen?

Sie befanden sich auf der Staatsstraße 500. Ein Schild am anderen Ende der Brücke zeigte Merritt Island an; darunter in kleinerer Schrift den Industriebezirk des Kennedy Space Center.

»Die jüngste Stadt in Amerika – die nächste Ausfahrt nach oben«, murmelte er.

Groton mißverstand ihn erneut. »Es gibt hier ein Postamt, ein Fernsprechamt, Bank, Krankenhaus, Kläranlage, Kraftwerk, Rangierbahnhof, Cafeterias, Kaufhäuser, Bürogebäude . . .«

»Und noch Platz genug für ein Raumschiff?«

»Nein«, erklärte Groton ernsthaft. Der Mann schien völlig humorlos zu sein. »Hier arbeiten fünfzigtausend Leute. Die Schiffe werden woanders konstruiert und zusammengebaut, und die Startrampen befinden sich natürlich in sicherer Entfernung. Wir halten hier nur wegen dem unvermeidlichen Bürokratismus an – Sicherheitsüberprüfung, medizinische Untersuchung, Befragung und so weiter. Lästige, aber notwendige Dinge.«

»Ich bin gesund, und ich kann auch kein großes Sicherheitsrisiko sein, da ich in Philadelphia geboren und hydroponisch aufgezogen wurde, und im übrigen keine Ahnung habe, was ich hier soll.«

»Wollen Sie darauf wetten, daß Sie in der Lage sind, eine Beschleunigung mit zehn g auszuhalten? Daß Ihr Körper auf immer wieder einsetzende Schwerelosigkeit nicht mindestens mit heftiger Übelkeit reagiert? Daß Sie nicht allergisch sind gegen . . .«

»Ich wette nie«, sagte Ivo.

»Was die Sicherheitsüberprüfung betrifft: es geht dabei weniger um das, was Sie wissen, sondern vielmehr um Ihre Reaktion auf das, was Sie erfahren werden. Gute Absichten und unvollständiges Wissen können zu den außergewöhnlichsten . . .«

»Ich verstehe. Wann werden wir starten?«

»In ungefähr sechs Stunden. Die Fähre wird bereits zusammengebaut.«

»Zusammengebaut? Was ist mit der vorigen passiert?«

Groton ignorierte die Frage; diesmal schien er eine ernsthaft geäußerte Befürchtung für Humor zu halten.

Vier Stunden und eine Vielzahl von Tests später wurden sie zum Montagewerk geführt, einem Gebäude von beeindruckender Größe. »Wir haben jetzt zwei davon«, erklärte Groton. »Die Saturn-Raketen werden hier montiert.«

»Saturn? Ich dachte, der Start des Saturnflugs wäre bereits vor drei Jahren gewesen.«

Groton sah ihn prüfend an und lächelte dann. »Sie denken an den *Planeten* Saturn. Sie haben recht; das war die unbemannte Mission, die 1977 gestartet wurde. Ein Flug, der an allen vier Gasgiganten vorbeigehen soll. Die Sonde befindet sich derzeit in der Nähe des Saturns, und in sechs Jahren wird sie den Neptun erreichen. Das gleiche gilt natürlich auch für den Flug der Sowjets.«

»Was ist dann diese Saturn?«

»Saturn VI ist der Name unseres *Schiffs.* Seine Hauptbestandteile werden hier in bereits vertikaler Position zusammengesetzt, und dann wird es auf der beweglichen Startplattform zur Rampe gebracht. Auf diese Weise lassen sich die Einrichtungen am wirtschaftlichsten nützen.«

»Ich verstehe«, sagte Ivo, der nichts verstand, seine Unwissenheit aber nicht erneut kundtun wollte. Warum führte ihn Groton hier in der Gegend herum und hielt Vorträge, statt ihn direkt zur Fähre zu bringen?

Unweit des riesigen Montagewerks in Grau und Schwarz bemerkte er ein merkwürdiges Gebilde mit Raupenketten. Es war etwa sechs Meter hoch und hatte ungefähr die Größe und Form eines halben Fußballfeldes. »Was ist das?«

»Ein Raupenschlepper. Wiegt an die dreißigtausend Tonnen und macht beladen gut eine Meile in der Stunde. Er fährt hier über den Raupenweg und transportiert die bewegliche Startplattform.«

»Und was wird auf der Startplattform gestartet?« fragte Ivo.

»Wir.«

»Oh.«

Eine kurze Fahrt entlang des Raupenwegs brachte sie zur Rampe: ein unregelmäßiges Achteck mit mehr als einer halben Meile Durchmesser. In seinem Mittelpunkt befand sich ein etwas höherer Sockel aus Stahl und Beton, durch den sich ein tiefer Spalt wie ein Graben zog, darüber eine Plattform mit einem Turm aus Metallstreben, der die über hundert Meter hohe Rakete in der Vertikalen hielt.

»Die bewegliche Startplattform«, erklärte Groton. »Mit einer Saturn VI. Ziemlich alte Konstruktion, aber verläßlich. Eine Rakete wie ein Arbeitspferd.«

»Und dieses Ding ist . . .«

»Unsere Fähre.«

Irgendwie hatte sich Ivo eine kleinere Rakete vorgestellt, ein Raumboot für zwei. Er hätte es besser wissen sollen.

Die Startrakete hatte am Boden einen Durchmesser von gut zehn Metern und war auch an der Spitze nicht viel schmäler. Aus der Ferne wirkten die zusammengebündelten Triebwerke – insgesamt sechs – verschwindend klein unter der Masse des Raketenkörpers. Sie sahen aus wie kugelförmige Knöpfe, die aufgenäht waren – aber aus der Nähe bemerkte er, daß jedes die Größe eines stattlichen Iglus hatte. Die Saturn VI war ein wahres Ungeheuer; Ivo bekam eine Ahnung von der furchtbaren Kraft, die hier gebündelt war, da sie ausreichen mußte, um die gesamte Masse des Flugkörpers in den Weltraum zu schleudern.

»Das ist eine einstufige Startrakete. Etwa vierzigtausend Tonnen Schub, und es ist der am vielseitigsten verwendbare Flugkörper des ganzen Programms«, sagte Groton, während sie in dem Lift innerhalb der Startrampe nach oben schwebten. »Früher brauchte man drei Stufen, um die Umlaufbahn zu erreichen, aber jetzt ist das meiste Nutzlast. Diese Frachter haben zumeist keine Besatzung, daher werden wir diesmal die einzigen Passagiere an Bord sein. Wir haben nichts zu tun, wir können uns entspannen und den Flug genießen.«

»Wer hält denn das Streichholz dran?«

»Zündung erfolgt automatisch.«

»Und was passiert bei einem Zündfehler?«

Groton gab keine Antwort. Der Lift hielt an, und sie gingen über den schmalen Steg, der zu der kleinen Einstiegschleuse nahe der Raketenspitze führte.

Ivo sah nach unten. Die Startrampe aus Beton wirkte klein und zierlich aus dieser Höhe, und die Strebepfeiler wirkten wie zahllose kleine Dominosteine. Der riesige Torso der Saturn VI schien sich nach unten hin zu verschmälern und am Boden eine kleine Umsäumung zu haben.

Ivo bemerkte, daß er sich instinktiv am Geländer festklammerte, aus Furcht vor der Tiefe. Groton schien es nicht zu bemerken.

»Wohin bringen Sie mich?« erkundigte sich Ivo wieder, als der automatische Countdown einsetzte. »Ist Brad mit Forschungsarbeiten in einer Orbitalstation beschäftigt?«

»Nein.«

»Auf dem Mond?«

»Nein.«

»Wo dann?«

»Das Makroskop.«

Natürlich. Bradley Carpenter konnte nirgendwo anders sein!

Aber diese Erkenntnis löste nur noch mehr Nervosität in ihm aus. Brad hätte ihn nie dorthin gerufen, wenn nicht . . .

Zündung.

Ivo dachte, die Rakete würde sich selbst in Stücke reißen. Er dachte, seine Trommelfelle müßten platzen. Er dachte, er wäre eine Bohne, die in einer Blechdose herumgeschleudert wurde . . . in einem Tornado.

Lärm und Übelkeit ließen ihn allmählich begreifen, was eine Beschleunigung mit mehreren g wirklich bedeutete. Er entwickelte jetzt die Vision einer mittelalterlichen Folterkammer: gewaltige Gewichte, die dem gefesselten Opfer langsam den Atem und das Leben raubten. Hatte er sich einer solchen Belastung *freiwillig* ausgesetzt?

Freier Wille, wo ist jetzt dein . . .

Aber er wußte, daß die Belastung nur für Sekunden dieses Ausmaß erreichte. Er hoffte, niemals in die Verlegenheit zu kommen, das gleiche für Minuten aushalten zu müssen. Seine Brust schmerzte, als das Gewicht auf ihr zögernd nachließ. Er rang nach Luft.

Dann kam die Schwerelosigkeit, gefolgt von einem schmetternden Geräusch, als das untere Raketenteil abgetrennt wurde, und darauf eine erneute Zunahme der Beschleunigung, diesmal in erträglichen Grenzen.

»He!« keuchte Ivo. »Sagten Sie nicht, daß es sich um ein einstufiges Geschoß handle? Wieso . . .«

»Ich sagte, eine einstufige *Startrakete.* Nicht die wirtschaftlichste aller Methoden, um Fluchtgeschwindigkeit zu erreichen, aber verläßlich. Die Regierung wollte die Standardisierung auf ein Modell. Tatsächlich werden diese abgetrennten Hüllen ziemlich lange in Umlaufbahn bleiben; eine ganze Reihe von ihnen sind zu Labors umgebaut worden, und vielleicht werden wir sie eines Tages alle zusammenfischen, um das Material für eine größere Station zu verwenden. Das müßte einen guten Eindruck auf die Steuerzahler machen.«

Wie lange würde die Reise dauern? Er beschloß, nicht danach zu fragen. Es war bekannt, daß die Makroskop-Station derzeit fünf oder sechs Lichtsekunden von der Erde entfernt war — etwa eine Million Meilen.

Auch die zweite Antriebsphase ging zu Ende, und die anhaltende Schwerelosigkeit setzte ein. Groton blieb angegurtet in seinem Sitz und schlief ein. Ivo nahm das als einen Hinweis darauf, daß der Rest des Flugs lange und ermüdend sein würde, da ihnen nicht das geringste zu tun blieb. Er konnte nicht einmal die Aussicht genießen; der einzige Ausguck zeigte völlige Leere. Er versuchte das als bedeutungsvolle Geste, als beschwörende Abwendung von der Erde, der Heimat seiner Vorfahren, zu betrachten, aber seine Fantasie ließ ihn diesmal im Stich. Er döste ein.

Er träumte von seiner Kindheit: zehn Jahre alt in der großen Stadt Macon, dreitausenddreihundertunddreiundzwanzig Einwohner nach der letzten Zählung, und dazu noch ein paar tausend Schwarze. Sein Bruder Clifford war acht und die kleine Gertrude zwei, in diesem Sommer des Jahres '52; er mochte sie beide, aber meistens spielte er mit seinem Freund Charley Baumwollhändler. Sie richteten sich als Händler ein, kauften und verkauften, gruben ihre Lagerhäuser in die Lehmhänge des tiefen Grabens neben der Landstraße. Wenn die großen langsamen Wagen kamen, die in Richtung Stadt unterwegs waren, dann sprangen er und Charley auf und schnappten sich jeweils eine Handvoll Baumwolle, um ihre Lagerhäuser zu füllen. Die Sklaven, die auf die Ladung aufzupassen hatten, bemerkten es wohl, sagten aber nie etwas, solange sie nicht allzuviel wegnahmen. Oder sie holten sich Hickorynüsse, oder suchten nach Pfeilspitzen, oder fischten. Es machte Spaß, draußen zu sein.

Manchmal ging er durch den Wald, spielte auf seiner Flöte, und die Nachbarn hörten ihn und schüttelten nur die Köpfe und lächelten, und die Sklaven nickten im Takt zu seinen Melodien.

Ivo wachte wieder auf, als sie an der Makroskop-Station anlegten. Tatsächlich hatte er ein paarmal geschlafen und zwei Mahlzeiten aus Tuben eingenommen, aber in der unausgefüllten Zeit dazwischen gab es nichts, an was zu erinnern es sich lohnte. Der Zustand der Schwerelosigkeit hatte dazu beigetragen, seine Wahrnehmung der verrinnenden Stunden seltsam zu trüben. Sein Leben auf der Erde schien zugleich Stunden und Jahre entfernt zu sein, auf einer anderen Ebene der Wirklichkeit oder der Erinnerung.

Dennoch kein Grund zur Erregung: Er wußte, daß eine komplizierte Folge von Manövern durchgeführt worden war, und daß die Kontrolle planmäßig von der Bodenkontrollstation zur Stationskontrolle übergegangen war, wobei es sicher noch verschiedene Zwischenkontrollen gab, als wäre die Rakete ein Stab in einem Stafettenlauf. Die Passagiere freilich hatten nichts davon bemerken können. Selbst das Anlegen war kaum spürbar; für sie war es im Grunde nicht anders, als würden sie aus einer U-Bahn steigen und auf den Bahnsteig treten. Ivo war enttäuscht; wie jeder Tourist, dachte er sich.

Ein Raumoffizier mit UN-Insignien wartete bereits, um sie einzuweisen und das Entladen zu überwachen. Das geringe Eigengewicht bewies Ivo, daß er sich nicht mehr auf dem blauen Planeten befand; die Rotation der Station erzeugte ›Gravitation‹ durch Zentrifugalkraft, sie mußten sich im inneren Ring mit der geringeren Geschwindigkeit befinden.

Es gab keine medizinische oder sonstige Überprüfung mehr; das gründliche Verfahren auf Kap Kennedy genügte ihnen offenbar, was man wohl auch erwarten konnte. Aber wohin sollte es jetzt gehen?

»Mr. Archer – Sie werden in Abteil neunzehn auf der Ringebene mit Normalschwerkraft gebeten«, erklärte der Offizier ziemlich unvermittelt in einer Weise, die in ihm das Gefühl aufkommen ließ, als sollte er in die Marine aufgenommen werden.

»Das wär's«, sagte Groton. »Ich werde Sie hinbringen – oder wollen Sie Ihren Weg lieber allein finden?«

»Das würde ich vorziehen.«

Groton sah ihn überrascht an, aber ließ ihn gehen. »Die Ebene mit Normalschwerkraft ist die achte«, sagte er.

Ivo machte sich zuversichtlich an die Durchquerung, ließ sich von einem Lift bis zur angegebenen Ebene hinabbringen. Die Zahlen, die die Ringebenen angaben, leuchteten auf, wenn der Lift an der jeweiligen Ebene vorbeikam – wie in einem Aufzug in einem Apartmenthaus. Es kam ihm vor, als könnte er regelrecht fühlen, wie er an Gewicht zunahm, und seine Füße schienen schwerer als sein Kopf zu sein. Nahm die Anziehungskraft so rapide zu?

Ebene 8 leuchtete auf, und er drückte den ›Stasis‹-Knopf. Die Tür glitt beiseite und enthüllte etwas, was noch mehr wie eine U-Bahn-Haltestelle aussah. Zwei Schienenpaare führten vorbei, und daneben waren ein paar vierrädrige Wagen abgestellt. Sein vages Orientierungsgefühl verriet ihm, daß die Spur zu seiner Rechten zum Vorwärtsfahren diente, die zu seiner Linken in entgegengesetzter Richtung befahrbar war. Wo befand sich das Abteil 19?

Er beschäftigte sich nicht weiter damit. Er kletterte in einen der Wagen, zwängte sich in den schmalen Sitz und suchte nach irgendwelchen Bedienungsinstrumenten. Es gab sie ebensowenig wie einen Motor; das Gefährt war eine leere Hülle. Nur an einem der Räder befand sich eine einfache mechanische Bremse.

Ivo zuckte die Achseln und löste die Bremse. Der Wagen geriet in Bewegung, glitt in die Hauptspur hinein, und dann begriff er, daß er durch Schwerkraft angetrieben wurde. Die Spur war offenbar nach ›unten‹ gebogen, oder nach ›außen‹, so daß die Wagen so lange rollten, bis sie gebremst wurden. Fantastisch; konnte es eine bessere Transportmethode geben in einem Torus, in dem Energie vermutlich ziemlich teuer war?

Er sah jetzt die Zahlen: 96, 95, 94. Jede bedeutete zweifellos ein Apartment oder ein Büro. Die zu seiner Rechten waren mit B bezeichnet, die zu seiner Linken mit S. Backbord und Steuerbord vermutlich. Da Steuerbord rechts war, mußte er sich auf das Heck zubewegen.

In einem Torus? Wo befanden sich Bug und Heck in einem hohlen Krapfen, der sich im Weltraum drehte? Er mußte bereits eine halbe Ringbahn hinter sich haben, und die Richtung schien zu stimmen, da die Zahlen abnahmen.

Nur waren die Ebenen konzentrisch, während die Fahrspur gekrümmt verlief. Genauer gesagt, die Ebenen waren so geformt, daß sie dem zwiebelähnlichen Umriß der Station entsprachen, während die Fahrspur sie in einem weiten Bogen durchzog. Ein stumpfwinkliger Bogen? Dann bewegte er sich auf die richtige Zahl zu — aber auf der falschen Ebene. Die Spur hatte bereits halb zur neunten hinabgeführt.

Nun, ein Problem nach dem anderen. Er hatte Grotons Hilfe abgelehnt, und jetzt mußte er sich, wie gewohnt, auf seine Weise durchmogeln.

Zwischen Nummer siebzehn und sechzehn führte ein vertikaler Schacht hindurch, und er steuerte den Karren durch geschicktes Handhaben der Bremse auf das Nebengleis. Die hier etwas angehobene Spur bremste das Fahrzeug sanft ab, daß man mit der Radbremse nur noch leicht nachzuhelfen brauchte.

Er befand sich nun auf der elften Ebene. Er begriff, daß er tatsächlich nur aus einer engeren Umlaufbahn in eine entferntere gekreist war, wobei er Geschwindigkeit gewonnen hatte, statt sie zu verlieren. Oder hatte er das wirklich? Jedenfalls wog er jetzt etwas mehr als normal, wenn er sich auf seine Schätzung verlassen konnte.

Vor ihm war ein Doppelschacht; der eine führte nach oben, der andere nach unten. Die Kabinen waren vermutlich miteinander verbunden, gegeneinander ausbalanciert, um auch hier möglichst Energie zu sparen. Er ließ sich zur achten Ebene hochtragen und ging dann den Mittelstreifen zwischen den Fahrspuren entlang bis zu Apartment neunzehn.

Der Name auf dem Türschild lautete BRADLEY CARPENTER, wie er erwartet hatte. Von niemand anders hätte das Losungswort kommen können, das Groton übermittelt hatte. Er schob die Gleittür beiseite und trat ein.

Ein junger Mann wandte sich auf das Geräusch hin um. Er war groß, muskulös und gutgewachsen, hatte braunes Haar und braune Augen.

»Ivo!«

»Brad!«

Sie umarmten sich.

»Bei Gott, ich bin froh, daß du kommen konntest«, sagte Brad, hängte dabei eine Hängematte ein und setzte sich darauf. Er wies seinem Gast eine andere zu. »Dich zu sehen, bringt mir meine Jungenzeit zurück.«

»Was kann ich dafür? Du hast deinen grunzenden Eber nach mir geschickt«, beschwerte sich Ivo fröhlich. Es war gut, die ernsten

Dinge zunächst zu verschieben. Er machte es sich in seiner Hängematte bequem.

»Alles Teil der Abmachung, verehrtes Schwein.« Sie lachten beide.

»Zunächst eine wichtige Frage«, sagte Ivo. »Wo, zum Teufel, ist bei einer runden, sich um ihre Achse drehenden Raumstation eigentlich das Heck?«

»Du enttäuschst mich, Junge. Hat dir niemand gesagt, daß das Heck dort ist, wo dein Hintern hinzeigt?«

»Entschuldige, aber meine Fantasie scheint nicht pornographisch genug geschult zu sein. Gibt es eine bevorzugte?«

»Glaub mir, sie ist unvermeidlich«, lachte Brad und sprang unvermittelt auf die Füße. »Komm – ich muß dir *la femme* vorführen. Erst die Arbeit, dann das Vergnügen.«

»La femme?« Ivo folgte ihm etwas verwirrt in die Halle hinaus.

Brad nahm ihn noch einen Augenblick beiseite, bevor sie den Raum des Mädchens erreichten. »Sie hat einen bestätigten IQ von hundertundfünfzig. Ich habe ihr gesagt, ich hätte hundertundsechzig, klar?«

»Ist das die richtige Einstellung für eine ernsthafte Bindung?«

»Ich bin vernarrt in sie. Was soll ich tun, schwacher Lehm, aus dem ich gemacht bin?«

Ivo zuckte die Achseln. »Lehm mit den Füßen eines Gottes.«

Brad lächelte wissend und berührte die Glocke. Einen Augenblick später wurden sie zum Eintreten aufgefordert, indem die Tür beiseite glitt.

Das Mobiliar hatte hier eindeutig femininen Charakter. Hübsche kleine Vorhänge verzierten die Luftschlitze der Klimaanlage, und die Wände waren in Pastellrosa gehalten. Die Oberfläche des Standardtisches war bedeckt von Bürsten, Tiegeln und dergleichen, und dahinter hing ein Spiegel, um das Ganze in so etwas wie eine Frisiertoilette zu verwandeln.

Hier, sagte sich Ivo, residiert jemand, der die ganze Station wissen lassen wollte, daß eine Lady zugegen war. Vielleicht jemand, der seiner selbst nicht sicher war?

Wieviel Frauen mochten hier an Bord der Makroskop-Station sein? Wie war ihr Status, was auch immer ihre offizielle Tätigkeit sein mochte? Es war jedenfalls etwas Ambivalentes in Brads Haltung gegenüber dieser Frau.

Sie erschien aus dem angrenzenden Raum. Sie war ein wenig mehr als mittelgroß, hatte einen schmalen Hals, schlanke Taille und Fesseln, war etwas üppig um die Hüften und hatte eine bemerkenswerte

Oberweite. Ein Starlet-Typ, dachte Ivo im ersten Moment, von Brads Oberflächlichkeit überrascht. Ihre Haare waren schulterlang und ziemlich rot, ihre Augen dagegen von einem Blau, das einen guten Kontrast dazu abgab.

»Afra, das ist Ivo Archer, mein alter Freund vom Projekt nebenan.«

Ivo grinste, fühlte sich ein wenig unbeholfen, ohne zu wissen, weshalb.

»Ivo, das ist Afra Glynn Summerfield.«

Sie lächelte. Es war wie ein Sonnenaufgang.

Brad redete weiter, aber Ivo hörte seine Worte nicht. Mit einer einzigen fotografischen Momentaufnahme war sie voll und ganz seinem Denken und Empfinden aufgeprägt worden.

Afra Glynn Summerfield: frühere Eindrücke, frühere Verbindungen — plötzlich wie weggewischt. Sie trug ein silbern glitzerndes Kleid von etwas altertümlichem Geschmack, dazu weiße Slipper.

Afra Glynn Summerfield: auf diesen Blick hin von Ivo geliebt.

Er hatte gedacht, in bezug auf Dinge der Liebe fest auf dem Boden zu stehen, mit disziplinierten Träumen, doch die Wirklichkeit hatte ihm das vorenthalten.

»He, Mondsüchtiger — wach auf!« rief Brad fröhlich. »Sie haut jeden glatt um, beim erstenmal. Muß an diesem kupferglänzenden Haar liegen, mit dem sie prunkt.« Er wandte sich Afra zu. »Ich bringe ihn besser weg, bis er sich wieder erholt hat. Er hat immer einen Knoten in der Zunge, wenn er sich in der Nähe hübscher Mädchen aufhält. Wir sehen uns in einer Stunde, okay?«

Sie nickte und hauchte ihm einen Kuß zu.

Ivo folgte ihm hinaus, kaum begreifend. Er *war* schüchtern Mädchen gegenüber, aber das hier war von ganz anderem Ausmaß. Niemals zuvor war er sich so grenzenlos verwüstet vorgekommen.

»Komm mit. Das Makroskop wird deinen Magen wieder beruhigen.«

Gleich darauf befanden sie sich auf der ersten Ebene. Sie legten leichte Druckanzüge an und betraten einen Raum, der Ivo wie eine Luftschleuse erschien. Es war ein hoher Zylinder, weniger als ein Meter zwanzig im Durchmesser und mit einer blasenförmigen Decke, der in schrägem Winkel auf den Mittelpunkt der krapfenförmigen Station zeigte.

Brad berührte einige Knöpfe, und die Luft um sie herum wurde abgesogen und durch einen gelblichen Nebel ersetzt. »Jetzt stell dich fest hin und preß deine Handschuhe zusammen, wie ich es dir zeige«, sagte Brad und machte es ihm vor. »Achte darauf, daß du das Gleichgewicht hältst und streck deine Ellbogen aus, aber angespannt, als müßtest du an ihnen hängen. Atme zur Hälfte aus und halte dann den Atem an, und keine Angst aufkommen lassen. In Ordnung?« Seine Stimme klang etwas verzerrt durch die geschlossenen Helme.

Ivo tat, wie ihm gesagt wurde, denn er wußte, daß sein Freund niemals sinnlose Anweisungen gab. Brad zog eine durchsichtige Röhre mit einem Filter am einen Ende aus der Tasche und steckte einen kleinen Pfeil hinein. Er befestigte eine Art Gummiball am Ende mit dem Filterstück.

»Ein Erbsenblasrohr«, erklärte er. »Ich bin in meinem Herzen jung geblieben.« Er zielte mit der Röhre direkt nach oben und preßte den Gummiball blitzschnell zusammen.

Ivo sah den hochschwirrenden Pfeil, als der Schuß losging. Dann wurde er in den Raum gewirbelt, sich unkontrollierbar überschlagend. Die riesige Torusform der Station, die aussah wie ein riesiges Maul, drehte sich um ihn, und die vertikalen Verbindungen der Konstruktionssegmente erinnerten an rissige, ausgetrocknete Lippen.

Eine Hand packte seinen Fuß und stoppte seine Taumelbewegung ab. »Du hast mir nicht zugehört«, sagte Brad vorwurfsvoll, und sein Gesicht hinter der Helmblase war ausdruckslos. »Ich habe dir gesagt, du sollst auf dein Gleichgewicht achten.« Seine Stimme schien aus fernen Tiefen zu kommen, wurde jetzt nur durch den physischen Kontakt zwischen ihnen übertragen.

»Habe ich ganz überhört«, bedauerte Ivo. Er sah sich um und stellte fest, daß sie auf den Mittelpunkt der Station zuflogen: eine Metallkugel von 15 Meter Durchmesser, von Nylonseilen gehalten, die zum inneren Rand des Torus führten. Er und Brad drehten sich noch immer langsam, da er seinem Freund etwas von seiner Bewegung mitgegeben hatte. Im freien Fall war das zwar etwas unangenehm, aber nicht besonders störend. Er hatte nur etwas Mühe, ihr Ziel im Auge zu behalten.

»Sag es mir nicht, laß mich raten«, bat Ivo schnell, als er bemerkte, daß Brad zu einer Erklärung ansetzte. »Du hast eine – eine Blase zum Platzen gebracht, die die Schleuse oben abschloß, und der atmosphärische Druck hat uns hinausgeschleudert. Da deine Luftpistolen-Druckschleuse auf den Stationsmittelpunkt gerichtet ist . . .«

»Ich sehe, daß du deine Sinne allmählich wieder beisammen hast. Tatsächlich habe ich eine kleine Schau abgezogen; das ist nicht gerade die offiziell empfohlene Technik. Verschwendet Gas und ist gefährlich für den Unerfahrenen, um nur ein paar Einwände zu nennen. Wir sollten eigentlich auf das Katapult warten. Das macht natürlich niemand. Im übrigen täuschst du dich, was das Ziel angeht. Der Schleusenzylinder ist etwas gekippt, um das Drehmoment auszugleichen; wäre dem nicht so, dann würden wir das Ziel wegen der Drehung des Torus jedesmal verfehlen. Abgesehen davon trifft deine Vermutung aber voll zu.«

»Hm.«

»Jetzt achte auf deine Füße, während wir aufsetzen.« Brad löste seine Hand und stieß dabei den Fuß gerade so ab, daß die noch verbliebene Drehbewegung aufgefangen wurde und Ivo etwas vor ihm zu schweben kam, und dann fielen sie aufrecht auf die dunkle Oberfläche des künstlichen Planetoiden.

Er sah jetzt, daß die Halteseile in Wirklichkeit leichte Ketten waren. Sie hielten den Körper lediglich in seiner Position, so daß ein Betreten oder Verlassen der Kugel ihre Ausrichtung nicht veränderte. Sie waren an magnetisch haftenden Rollen befestigt, damit die Rotation der Station sich nicht auf die Kugel übertrug.

»Das ist wohl das Gehäuse des Makroskops?« erkundigte er sich, bevor er sich daran erinnerte, daß seine Stimme nicht durch das Vakuum dringen konnte, da kein Kontakt mehr zwischen ihnen bestand. Ganz offensichtlich *war* es das Makroskop, mit jedem erdenklichen Aufwand vor ungewollten Bewegungen und Störungen geschützt. Er hatte keinen Zweifel daran, daß ihre Annäherung beobachtet, beziehungsweise rechtzeitig angekündigt worden war.

Das Makroskop war das teuerste und wichtigste Gerät, das der Mensch in den Weltraum gebracht hatte. Das Projekt war international finanziert und ausgeführt worden als Forschungsvorhaben in öffentlichem Interesse: keine Regierung war gewillt gewesen, derart immense Summen für eine so utopische Spekulation auszugeben, keine hatte es sich andererseits leisten können, den möglichen Nutzen anderen zu überlassen.

Der Kompromiß hatte vieles ermöglicht. Das Makroskop funktionierte, und jeder Teilnehmer war berechtigt, es entsprechend seiner Beteiligung zu benützen und einen entsprechenden Anteil aller gewonnenen Informationen zu erhalten. Das war so ziemlich alles, was Ivo darüber wußte; wie viele Stunden welchem Land zufielen, wurde geheimgehalten. Viele Ergebnisse waren von allgemeiner Bedeutung: astronomische Forschungsdaten, die die Astronomen glatt umwarfen. Das Makroskop schien außerordentlich präzise Aufnahmen zu vermitteln. Vieles wurde der Öffentlichkeit vorenthalten, aber die allgemeine Bewunderung dieses Instruments war grenzenlos.

Ivo stellte es sich als eine gigantische Nase vor, die die Geheimnisse der Galaxis erschnüffelte. Es jagte ihm noch immer einen leichten Schrecken ein.

Er setzte auf und befürchtete fast, sein Drehmoment würde die Maschine aus ihrer Position reißen. Brad setzte hinter ihm auf und beherrschte seine Bewegungen dabei so, daß er sicher auf den Füßen landete. Ivo befand, daß er diese Technik noch erlernen mußte; seine Landung war recht ungeschickt verlaufen.

Brad ergriff seine Hand, damit sie sich wieder unterhalten konnten. »Wir müssen warten, bis wir eingelassen werden. Könnte ein paar Minuten dauern, wenn gerade eine Aufnahmesequenz stattfindet. Du kannst ja in der Zwischenzeit die Szenerie hier bewundern.«

Ivo folgte diesem Rat. Er spähte vorsichtig zur Sonnenseite hin, wohl wissend, daß die Sonne hier im Raum viel feuriger und gefährlicher war als für einen Beobachter, der durch die Erdatmosphäre geschützt war.

Ein Raketenungeheuer schwebte in einiger Entfernung, und es ähnelte dem Projektil, an das er sich gut erinnern konnte.

»Was hat eine Saturn VI hier zu suchen? Eine vollständige, meine ich. Ich dachte, die Startstufe käme nie über eine Umlaufbahn hinaus.«

»Das ist richtig. Diese hier befindet sich in Umlaufbahn.«

»*Erd*umlaufbahn, Mister Unschuldig. Das hier ist aber eine Sonnenumlaufbahn, wenn ich nicht völlig verwirrt bin.«

»Oh, sie kann unglaubliche Strecken zurücklegen – wenn sie wieder aufgetankt wird. Das ist Joseph, unser Schiff für den Notfall. Genug Energie, um uns alle ziemlich schnell in Sicherheit zu bringen – wenn das jemals notwendig werden sollte. Ich persönlich halte den Raum für sicherer als die stürmische, aus den Nähten platzende Erde. Joseph ist der Schlepper, der das Makroskop in diese Umlaufbahn gebracht hat. Wir haben ihn vorläufig in den Ruhestand versetzt; wäre ja witzlos, den alten Herrn völlig leer nach Hause zu schicken.«

»Da muß ja schwer was losgehen, wenn du Feuer unter sein Heck legst. Keine Schwerkraft . . .« Er wußte, daß sich der Schub dadurch nicht ändern würde; aber hier wirkte keine planetare Anziehungskraft dagegen, so daß eine weit größere Nutzlast befördert oder eine höhere Geschwindigkeit erreicht wurde.

»Worauf du dich verlassen kannst. Wir haben nämlich ein bißchen mit ihm experimentiert. Er benützt Wasserstoff als Antriebsmasse, und er tankt es in fester Form. Keine Zündung – Verbrennung ist in einem chemischen Triebwerk nur ein Mittel, nicht ein Zweck. Es ist die Geschwindigkeit der ausgestoßenen Masse, die zählt, nicht die Hitzeerzeugung, obwohl –«

»Tut mir leid, Brad. Ich habe keine Ahnung. Wenn du schon mit technischen Dingen anfangen mußt . . .«

»Ich kann es einfacher für dich machen, Ivo. Ich habe nur ein wenig geprahlt, weil ich der Glückliche war, der mit Hilfe des Makroskops den Schlüssel gefunden hat.«

»Du beziehst tatsächlich technologisches Wissen aus dem . . .«

Er stockte. Brad bewegte einen Finger so, daß Ivo wie früher sofort begreifen mußte: Vorsicht! Das bedeutete, daß die Frage gewisse Aspekte hatte, über die hier nicht gesprochen werden konnte, und das bedeutete, daß ihre gegenwärtige Unterhaltung auf irgendeine Weise abgehört werden konnte. Vielleicht durch ein Aufnahmegerät im Kugelgehäuse des Makroskops. Und *das* konnte bedeuten . . .

»Wir haben seit Jahren eine grundlegende Theorie, um die Kernreaktion eines gasförmigen Stoffs für den Antrieb anzupassen, aber die Sache ist nicht ungefährlich. Wir können die Antriebsmasse – den Wasserstoff, den wir aus dem Heck der Rakete schleudern – in der Brennkammer direkt durch einen Reaktor jagen. Das bringt das Gas auf eine Temperatur, die einen zehnfach stärkeren Impuls möglich macht, als wir mit einer chemischen Verbrennung erreichen können. Aber es ist *zu* heiß. Es schmilzt jedes Material zusammen, das wir kennen. Was ich entdeckt habe, ist eine Hitzeabschirmungstechnik – nun, Joseph mag dir ganz gewöhnlich vorkommen, aber er ist nur noch äußerlich eine Saturn VI. Sein Triebwerk produziert einen Schub von mehr als zehn Schwerkrafteinheiten – und er hält das fast eine Woche durch, bevor ihm der Treibstoff ausgeht. Willst du wissen, um welchen Faktor das das Beste schlägt, was die Erde jemals vorher gekannt hat?«

»Brad, ich weiß deine Erklärungen gewiß zu schätzen. Aber ich bin Laie. Ich habe nie eine technische Ausbildung gehabt. Ich bin zufrieden, wenn du sagst, daß das Ding leistet, was immer es soll.«

Ihre Unterhaltung brach ab. Ivo wußte, daß er nicht etwa Brads Gefühle verletzt hatte. Sie hatten lediglich den Dialog über den Gefahrenpunkt hinausgeführt – seine Bedeutung für das Makroskop? –, so daß er jetzt risikolos abgebrochen werden konnte.

Seine Aufmerksamkeit war bis jetzt auf nahegelegene Dinge gerichtet gewesen, jetzt starrte er über den Rand der Station hinaus und — sah die Sterne. Zu seiner Überraschung entdeckte er, daß sie ihm vertraut waren.

Ursa Major — der Große Bär — war deutlich auszumachen, und seine Pranke wies auf Ursa Minor.

Das Licht, das er in diesem Augenblick wahrnahm, war von jenen Sternen vor über einem Jahrhundert erzeugt worden, oder gar vor noch längerer Zeit. Einer dieser glänzenden Punkte datierte vielleicht aus einer Zeit, als er im Alter von vierzehn Jahren eine Gruppe von etwa fünfzig Jugendlichen organisiert hatte, um sie im Gebrauch von Pfeil und Bogen auszubilden. Daher ›Archer‹ — so begeistert patriotisch, als sich die Wolken der nationalen Zwietracht sammelten, das Ende des Lebens ankündigend, wie er es gekannt hatte. Doch hätte man ihn ebensogut nach der Flöte nennen können, mit der er jungen Damen ein Ständchen zu bringen pflegte. ›Tutor‹ war von den Studenten, als er später auf dem College lehrte, in ›tooter‹ verballhornt worden. Oder sie nannten ihn ›Plowman‹, wegen der Verse, aus *Piers Plowman,* die er gern und oft zu zitieren pflegte.

Zu jener Zeit war er bereits kultiviert gewesen, freundlich, leutselig, würdevoll. Mit noch nicht ganz fünfzehn hatte er bereits die Oglethorpe University in Midway, Georgia, besucht, dabei sein blondes Haar gescheitelt und hinter die Ohren gebürstet. Er trug gute, aber nicht zu auffällige Kleidung. Bereits die Andeutung einer leicht gebeugten Haltung, aber ein beschwingter Gang. Für Sport hatte er nur wenig übrig.

Das College hatte fünfzig Studenten.

Musik und Bücher waren ihm die liebsten Gesellschafter — aber diese hübschen jungen Damen konnte er nie ganz vergessen.

Einmal mißverstand ihn ein Student und bezichtigte ihn als einen Lügner. Er schlug diesen Burschen, ohne zu zögern, obwohl er selbst nicht besonders stark war. Der Student zog ein Messer und stieß es ihm mehrere Zentimeter tief in die linke Seite.

»Was hältst du von Afra?« fragte Brad.

Das brachte ihn augenblicklich in die Gegenwart zurück.

»Du meinst es ernst mir ihr?«

»Wer würde das nicht? Du hast sie gesehen.«

»Brad, sie ist selbst in der Abenddämmerung als eine 102-prozentige Kaukasierin auszumachen!«

»Ist sie auch! Ihr Stammbaum geht bis zum Einfall der Sachsen zurück.«

Ivo lächelte pflichtbewußt. »Das Projekt . . .«

»Das Projekt ist vorbei. Du weißt es. Wir sind jetzt freie Bürger.«

»Du kannst die Vergangenheit nicht auslöschen. Wenn sie wüßte . . .«

Brad sah ihn mit einem merkwürdigen Ausdruck an. »Ich habe ihr gesagt, daß es verschiedene, miteinander verbundene Projekte gab, aber alles nur angedeutet. Außerdem habe ich ihr erklärt, daß ich meines IQ wegen ausrangiert wurde.«

»Ausrangiert?«

»Wie würdest du einen Intelligenzquotienten von hundertundsechzig einschätzen, wenn das Ziel zweihundert lautet?«

»Ich verstehe. Und was hast du ihr gesagt, wo *ich* herkomme?«

»Nur die Wahrheit, Ivo. Daß eine private Stiftung das beste Erbmaterial aus allen Ecken der Welt zusammengesucht hat und . . .«

»Und zurückgezüchtet hat zu dem vielrassigen Vorfahren, von dem sie annahmen, daß mit ihm die Geschichte der Menschheit begann. Also bin ich ein Geschöpf des Paläolithikums.«

»So habe ich es nicht formuliert, Ivo. Du weißt . . .«

Eine Platte schob sich beiseite, eine rechteckige Öffnung entstand; sie wurden eingelassen.

Die Räumlichkeit dahinter erwies sich als ziemlich eng, aber ein paar Leute fanden durchaus Platz, wenn sie auf ihre Ellbogen achteten. Ein kurzer Tunnel hinter der Luftschleuse führte in ein kugelförmiges Abteil. Ivo sah eine verwirrende Vielfalt komplizierter Apparaturen, Skalen und Hebeln. Es war ziemlich schwierig, sich zu orientieren, da keine Schwerkraft vorhanden und auch optisch nicht festzustellen war, wo sich ›oben‹ befand. Wo immer er seine Füße aufsetzte, war der Boden; der leichte Magnetismus, der ihn an der Außenhülle festgehalten hatte, war auch hier wirksam.

Der diensthabende Techniker legte bereits seinen Anzug an. Brad unterhielt sich in einer fremden Sprache mit ihm, erhielt eine kurze Antwort und sagte: »Ivo Archer — Amerikaner.« Der Mann nickte höflich.

»Du siehst, es ist alles sorgfältig vorbereitet«, sagte Brad, während sie warteten und zusahen, wie der Mann seinen Schutzanzug überprüfte. »Dreißig Nationen haben das Geld für dieses Projekt aufgebracht, und jegliche Nutzung des Makroskops ist entsprechend zugeteilt; aber das wirst du ja bereits wissen. Wir haben jeden Tag genaue Berichte darüber abzugeben.«

»Dies ist die amerikanische Stunde?«

»Nein. Das Personal hier kümmert sich wenig um die offiziellen Narreteien. Dieser Gentlemen hier ist zum Beispiel ein israelischer

Geologe, der eine Arbeit für Indonesien durchführt. Der indonesische Geologe ist nämlich mit einem privaten Projekt beschäftigt.«

»Also tut einer dem andern einen Gefallen?«

»So ist es. Indonesien wird seine Ergebnisse bekommen, und die Heimatnation wird den Unterschied niemals erfahren.«

»Wie können wir dann drankommen?«

»Ich habe Zeit für eine wichtigere Arbeit beansprucht. Er versteht es.«

»Nur, um mir das Makroskop zu zeigen? Brad, du kannst doch nicht . . .«

Der Israeli hielt eine Hand hoch. »Es ist schon in Ordnung, Mr. Archer«, sagte er. »Dr. Carpenter hat unser aller Vertrauen.« Er setzte den Helm auf, erhöhte den Innendruck seines Anzugs und bewegte sich auf die Luftschleuse zu. Ivo nahm keine Erschütterung durch plötzlich entweichende Luft wahr; vermutlich zog sich der Mann an einer der Halteketten entlang, da er es nicht wagte, sich durch das Vakuum treiben zu lassen. Das war die Art vernünftigen Vorgehens, die Ivo bevorzugte.

Brad ließ sich in einem Kontrollsitz nieder und begann an den Instrumenten zu hantieren. Ivo versuchte, an den Reihen von Skalen und Lichtanzeigen eine sinnvolle Ordnung auszumachen; aber es war bei weitem zu kompliziert.

»In Ordnung, mein Freund, wir sind allein. Keine Wanzen hier. Und ich bin in der Lage, das festzustellen.«

Erneut überkam ihn Nervosität. Das war es. »Warum hast du mich also kommen lassen?«

»Wir brauchen Schön.«

Ivo begegnete dem mit Schweigen. Er hatte es gewußt.

»Ich tue dir das nicht gerne an, glaub mir das«, sagte Brad zu seiner Entschuldigung. »Aber es ist eine entscheidend wichtige Sache. Wir haben großen Ärger hier, Ivo.«

»Natürlich war es nicht meine liebenswürdige, wenn auch nur bescheiden witzige Gesellschaft, die du vermißt hast. Natürlich wolltest du mir nicht nur deine hübsche Technologie und dein hübsches Mädchen vorführen.«

Brad wirkte gereifter, wenn er ernst wurde, und es war ihm jetzt weit ernster, als es seinen Worten zu entnehmen war. »Du weißt, daß ich dich mag, Ivo. Du bist im Grunde deines Herzens ein verdammter Puritaner, und du hast Angst vor allem, was zu sehr nach Vergnügen schmeckt. Und warum du hier im Raumzeitalter lebst und nicht in der Konföderation des neunzehnten Jahrhunderts, das werde ich nie begreifen können. Ich genieße deine Gegenwart *noch immer*, mehr als die Schöns, und ich würde kein Jota deiner archaischen und poetischen Fantasien ändern. Aber es geht hier – nun, es klingt ziemlich klischeehaft, aber es geht um die Sicherheit der Welt. Es ist eine Sache, mit der ich allein nicht fertigwerde. Wenn deine abnormen Fähigkeiten ausreichten . . .«

»Es ist also bereits abnorm, Flöte zu spielen, und . . .« Aber er wußte, was Brad meinte, so sehr er es auch von sich weisen wollte. »Und soll etwa ein Dummkopf, der sich anstrengen muß mit hundertfünfundzwanzig, seinen Rat einem Geniemodell mit hundertsechzig anbieten? Da er noch dazu weiß, daß das eine Lüge des einzigen ist, dem innerhalb des Projekts zweihundert zuerkannt wurden, und . . .«

»Laß es sein, Ivo. Du weißt besser als jeder andere, wie sinnlos Zahlen sind. Ich versichere dir mit aller Entschiedenheit, daß die Situation *verzweifelt* ist, und Schön ist der einzige, den ich kenne, der über die Fähigkeiten verfügt, die Sache zu handhaben. Ich verfüge über das Privileg, ihn rufen zu können, wenn ich ihn wirklich brauche. Nun, es sind zwanzig Jahre vergangen, und ich *brauche* ihn. Die *Erde* braucht ihn. Du mußt es tun.«

»Ich denke nicht nur an mich selbst. Brad, wenn du das Genie erst einmal aus der Flasche läßt. Du weißt, was Schön ist. Deine Arbeit, dein Mädchen . . .«

»Ich gebe vielleicht alles auf. Ich weiß es. Ich habe keine Wahl.«

»Nun, *ich* habe eine Wahl. Du wirst mir ziemlich zweifelsfrei beweisen müssen, daß die Therapie nicht schlimmer ist als die Krankheit selbst.«

»Deshalb sind wir hier. Ich werde dich freilich zuerst mit Natur und Funktion des Makroskops vertraut machen müssen, bevor ich zur Sache kommen kann. Dann . . .«

»Mach es auf jeden Fall so einfach wie möglich. Ich kann nicht einmal diese Skalen hier lesen.«

»Gut. Im Prinzip ist das Makroskop eine monströse Ansammlung eines einzigartigen Kristalls, das auf einen Aspekt von Strahlungen reagiert, der nichts gleicht, was dem Menschen jemals zuvor begegnet ist. Es läuft auf ein extrem schwaches, aber phänomenal klares Raumsignal hinaus. Der angeschlossene Computer filtert alles Rauschen heraus und übersetzt die Impulse in ein zusammenhängendes Bild. Der Vorgang ist kompliziert, aber wir kommen damit zu einer weit besseren Bildschärfe, als durch jedes andere Medium – ohne

Ausnahme – möglich wäre. Das war zunächst die Hauptschwierigkeit.«

»Eine überlegene Schärfe ist ein *Problem*?«

»Ich werde es dir vorführen.« Brad setzte ein helmähnliches Ding mit dunkel getönter Schutzbrille auf und legte seinen Kopf schief, als horche er. Ivo spürte seine Nervosität wieder aufwallen, und er begriff, daß das mit der oberflächlichen Ähnlichkeit zwischen der Schutzbrille und der Sonnenbrille zusammenhing, die er gekauft hatte, als er Harold Groton auszuweichen versuchte. Diese ganze Episode war ihm recht unangenehm, wenn er daran zurückdachte; er hatte sich ziemlich blödsinnig benommen. Er schleuderte die Erinnerung daran von sich und konzentrierte sich auf Brads Bewegungen.

Seine linke Hand glitt über eine Tastatur hinweg, die einer Computereingabe ähnelte. Ivo nahm an, daß es tatsächlich die Computereingabe war. Ein Halteband über dem Handgelenk diente dazu, ein unkontrolliertes Wegschwenken der Hand durch die fehlende Schwerkraft zu verhindern; es mochte schwierig genug sein, Knöpfe zu drücken, ohne die Hand durch das Körpergewicht sicher führen zu können. Mit der rechten Hand hielt er sich an einer Art Kugel fest, die auf einem schmalen Stab befestigt war – sie sah so ähnlich aus wie der Schalthebel eines altmodischen Automobils. Als sich die Finger der linken Hand bewegten, flammte eine große konkave Fläche über Brads Kopf auf.

»Ich schließe für dich den Hauptschirm an«, sagte Brad. »Ich aktiviere jetzt die Computerfunktionen; die Einstellung von Richtung, Reichweite und Brennpunkt, das ist alles schon zu schwierig, um mit menschlichen Reflexen beherrscht werden zu können. Allein die wunderlichen Launen der planetaren Eigenbewegung, wenn es sich nicht um unseren eigenen Planeten handelt, sind zu kompliziert, um sie ausgleichen zu können, insbesondere wenn man eine bestimmte Einstellung auf die Oberfläche des Planeten herstellen will.«

»Ich bin mir der planetaren Eigenbewegung wohl bewußt.« Er erinnerte sich an ein Lieblingsproblem, das ihn vor langer Zeit einmal sehr beschäftigt hatte. »Ich mußte mich näher damit befassen, als ich die Idee der Zeitreise kritisch untersuchen wollte. Angenommen ein Mensch hätte die Möglichkeit, in der Zeit vorwärts oder rückwärts zu springen. Wenn er sich aber nicht gleichzeitig räumlich bewegte, dann würde er mitten im All oder tief unter der Erdoberfläche herauskommen.«

»Dank des Makroskops reisen wir dennoch in der Zeit«, sagte Brad lächelnd.

»Du willst dich also zurückbegeben, um dir die Empfängnis deines Großvaters anzusehen?«

»Das allerdings verbietet mir mein Gefühl für Anstand.« Brads Hände spielten über die Tastatur. »Ich werde es auf einen Punkt einstellen, dessen Daten bereits eingegeben sind: den Planeten Erde. Der Computer ist imstande, alle Planeten und Monde des Sonnensystems genau hereinzubekommen, und eine ganze Anzahl der Kometen und Asteroiden ebenso. Mit diesem Ding zu meiner Rechten kann ich manuell die Einstellung verändern; wenn die schwierigen Kompensationen vorgenommen sind, benützen wir diese Kontrolle, um die Einstellung über einen oder mehrere Meter zu verändern, oder um verschiedene Aufnahmewinkel herzustellen. Im Augenblick sind wir auf unserer Umlaufbahn um die Sonne etwa neunhunderttausend Meilen von der Erde entfernt – wir haben sie also direkt vor der Haustür. Gerade weit genug, um die Störungen des Mondes gering zu halten. Da.«

Der Bildschirm bildete etwas ab, was nur aus dunklem Rot zu bestehen schien. »Wenn das die Erde ist, dann hat sich die politische Situation seit meiner Abreise beträchtlich verändert«, bemerkte Ivo sarkastisch.

»Das *ist* die Erde – ihr toter Kern. Durch die Koordinaten bestimmt.«

»Der Kern? Tatsächlich?«

»Die Schärfe der Übermittlung ist unser Problem, erinnere dich. Unsere korrigierten Koordinaten treffen genau das Herz des gesuchten Körpers. Das Bild ist eine Übertragung im Verhältnis eins zu eins.«

»Originalgröße? Es kann . . .«

»Das Makroskop kann Materie durchdringen, ja. Wie ich dir sagte, haben wir es mit etwas anderem als Licht zu tun, obwohl eine ähnliche Zeitverzögerung damit verbunden ist. Das ist eine Wiedergabe des glühenden Kerns unseres Planeten, wie er vor jeweils fünf Sekunden aussah, natürlich verändert durch automatische optische Sicherheitseinrichtungen und Filter. Wir werden uns von da aus etwa viertausend Meilen bewegen müssen, um die Oberfläche zu treffen, von der die meisten Leute anzunehmen scheinen, daß es das einzige ist, was mit dem Makroskop ins Bild zu bringen ist. Du siehst also, was das bedeutet für Geologie, Bergbau, Paläontologie . . .«

»Paläontologie?«

»Fossilien. Wir haben bereits durch unsere Routineüberprüfungen einige spektakuläre Sachen ausgemacht. Da wartet Arbeit vom Ausmaß eines ganzen Lebenswerks auf jemanden.«

»Glaube nur nicht, daß ich ein völliger Ignorant bin, Professor. Ich dachte, daß die Fossilien ziemlich weit verteilt seien, selbst in anerkannt fossilienhaltigem Gestein. Wie kann man ein einzelnes ausmachen, wenn es sich im Gestein und nicht in einem Schaukasten befindet? Du kannst es doch nicht einfach *sehen.*«

»Hab nur Vertrauen zu mir, Junior. Wir suchen eine Lage mit beträchtlicher Geschwindigkeit ab und nehmen die Sequenz auf Band auf. Die Maschine führt eine fortlaufende spektroskopische Analyse durch und gibt ein Signal, wenn sie auf etwas stößt, das uns interessieren könnte. Und damit fängt die Sache erst an.«

»Eine spektroskopische Analyse? Du sagtest doch, das Makroskop benützt kein Licht.«

»Das Makroskop nicht, aber wir. Wir haben es auf Bodenproben eingestimmt: jedes Element des Periodensystems. Dadurch sind wir in der Lage, die hereinkommenden Impulse in eine visuelle Wiedergabe umzusetzen, in ähnlicher Weise, wie es jeder Fernsehempfänger macht. In Wahrheit sind die Makronen weit spezifischer als Licht, weil sie sich nicht so leicht streuen lassen und keine Schwierigkeiten vergleichbar der Rotverschiebung bereiten. Spektroskopie ist dabei eigentlich ein überflüssiger Schritt, aber wir tun ihn, weil wir hier dafür ausgerüstet sind, Licht aufzuzeichnen und zu analysieren. Wenn wir einmal umrüsten, um vom Originalimpuls ausgehen zu können, wird unsere Genauigkeit um ein Hundertfaches zunehmen.«

»Die Makronen lassen eine derartige Genauigkeit zu?«

»In der Tat. Wir beginnen die Möglichkeiten dieser Technik erst zu erahnen. Das Makroskop ist ein größerer Schritt zum universellen Wissen hin, als es die Atomkraft zur universellen Macht hin war.«

»Das habe ich schon vernommen. Aber meine Auffassungsgabe ist etwas begrenzt, wie du weißt. Du wolltest mir erklären, wieso es trotz des Computers so schwierig ist, mit der überlegenen Aufnahmeschärfe des Makroskops zurechtzukommen.«

»Ja, das wollte ich. Hier siehst du die Erdoberfläche, aus einer Höhe von fünfzehn Metern über dem Meeresspiegel.«

Der Schirm wies ein schnell dahinziehendes Band von Farben auf.

»Laß mich noch einmal raten. Deine Einstellung ist stationär, nicht? Und die Erde dreht sich am Äquator mit etwa tausend Meilen in der Stunde. Es ist etwa so, als würde man mit einem Flugzeug in geringer Höhe nahe dem Äquator dahinfliegen und durch den Bombenschacht nach unten spähen.«

»Für einen Pazifisten entwickelst du recht martialische Metaphern. Aber das trifft es in etwa. Manchmal über dem Ozean, manchmal über dem Land, manchmal *unter* Bergen, die über die Aufnahmehöhe hinausragen. Und wenn wir höhergehen . . .« Er nahm Einstellungen an den Kontrollen vor, und eine andere Bildeinstellung kam auf den Schirm.

»Etwa eine Meile hoch«, sagte Ivo. »Läßt die Aufnahme deutlicher werden, aber zu entfernt, um Genaueres ausmachen zu können.« Er sah zu, wie das Land unter ihm dahinzog. »Warum sehen wir nicht nur einen Ausschnitt aus der Luft selbst? Was wir jetzt haben, ist doch ein *Licht*bild, mit Perspektive und allem.«

»Was wir sehen, ist die Rückübersetzung des Makronenbildes, das zustande kommt durch die sichtbare Strahlung, die durch diesen Punkt im Raum geht. Vielleicht sollte ich dir doch noch die technischen Daten geben.«

»Lieber nicht. Nur noch eins: Wenn die Aufnahme des Planeten Erde aus fünf Lichtsekunden Entfernung so scharf ist, kann es dann auch andere Planeten in gleicher Weise erfassen? Kann man damit den Jupiter aus einer Meile Höhe betrachten, oder den Pluto? Wenn das möglich ist . . .«

Die Schutzbrille verrutschte, als Brad mit einem müden Nicken bejahte. »Du beginnst zu verstehen, was für ein wunderbares Werkzeug wir hier haben. Ja, wir können die anderen Planeten unseres Sonnensystems von einer Meile über der Oberfläche aus erforschen — sofern sie eine Oberfläche haben — oder aus ein paar Zentimetern Entfernung, oder von jedem beliebigen Punkt innerhalb eines festen Körpers aus. Auf diese Weise können wir aber auch die Planeten anderer Sonnensysteme erforschen, wobei durch die Entfernung nur so wenig an Schärfe verlorengeht, daß es ignoriert werden kann.«

»Andere Systeme . . .« Das war auf jeden Fall weit mehr, als er erwartet hatte. »Wie weit . . .«

»Fast überall in der Galaxis. Es gibt Störungen von sich überlappenden Bildern in der Nähe des galaktischen Zentrums, was die Beobachtung ziemlich erschwert, wie ich zugeben muß, aber wir haben Grund zur Annahme, daß das, was wir hereinbekommen können, unsere Forschung für Jahrhunderte beschäftigen wird.«

Ivo schüttelte den Kopf. »Ich muß dich irgendwie falsch verstanden haben. Meines Wissens hat die Milchstraße einen Durchmesser von mehr als hundertzehntausend Lichtjahren, und unsere Erde befindet sich etwa fünfunddreißigtausend Lichtjahre vom Zentrum entfernt. Behauptest du im Ernst, daß du eine lebensgroße Aufnahme von der Oberfläche eines Planeten hereinbekommen kannst, der um eine Sonne kreist, die — sagen wir mal — fünfzigtausend Lichtjahre entfernt ist?«

»Ja, theoretisch.«

»Dann ist das der Schlüssel zur interstellaren Forschung — ohne die Notwendigkeit der physikalischen Fortbewegung. Warum soll man sich zum Ort eines Ereignisses begeben, wenn man es im Fernsehen besser sehen kann?«

»Genau. Aber wir werden etwas von lokalen himmelsmechanischen Schwierigkeiten behindert, von denen wir eben geredet haben. Wir können bis zu einem gewissen Grad die Eigenrotation, die Umlaufbahnbewegung sowie die Bewegung der Sterne kompensieren — aber das ist nicht bei jedem Planeten so einfach wie bei der Erde, weil wir die exakten Daten nicht kennen.« Er krümmte einen Finger, und die Höhe von fünfzehn Metern kehrte zurück, diesmal mit einer Aufnahme im Stillstand. »Mit entsprechender Programmierung vermag der Computer mit seiner Einstellung den schwindelerregenden Kreisen und Schleifen eines bestimmten Planeten zu folgen — wie jetzt eben — und ein stetes, auf einen Ort bezogenes Bild liefern. Es ist ein ziemlich aufwendiger Vorgang, aber dafür ist die Maschine ja da. Zumindest wissen wir, welche Kompensationen notwendig sind.«

»Aber ihr kennt nicht die Bewegungen der Planeten, die mit den regulären Teleskopen nicht auszumachen sind. Ihr solltet sie jedoch rasch genug berechnen können aus den . . .«

»Wir können diese Planeten nicht einmal *finden,* Ivo. Es ist die alte Geschichte mit der Nadel im Heuhaufen. Hast du eine Vorstellung davon, wie viele Sterne und wieviel kosmischen Staub es allein in unserer Galaxis gibt? Wir können unsere unwahrscheinliche Aufnahmeschärfe gar nicht nützen, wenn wir nicht genau wissen, worauf wir sie einstellen sollen. Wir bräuchten Jahre der gezielten Suche, um eine nennenswerte Anzahl von Planeten außerhalb unseres eigenen Systems aufzuspüren, und die Zeit dieses Instruments ist so knapp bemessen, daß wir sie nicht auf diese Weise verschwenden können.«

»Hm. Ich kann mich daran erinnern, daß ich einmal einen Penny auf einem ziemlich bewachsenen Flecken verloren habe. Ich wußte, wo die Münze sein mußte, in einem Umkreis von drei Metern, und ich hatte fünf Minuten, bis der Bus kam. Ich glaube, nichts hat mich seither so verrückt und wütend gemacht!« Seine Finger tasteten wieder nach der Münze in seiner Tasche: er hatte den Bus verpaßt, aber den Penny gefunden, und er hatte ihn noch immer.

»Mach aus diesem Penny eine Schrotflinte, und aus diesem Flecken Erde die Wüste Sahara, und aus dem Bus ein Flugzeug, das dich mit Bordwaffen angreift, dann hast du einen in etwa zutreffenden Vergleich.«

»*Wer* benützt jetzt martialische Vokabeln? Die Flinte und die Wüste kaufe ich ja noch, aber ein angreifendes Flugzeug?«

»Darauf werde ich gleich kommen. Das ist der Grund, warum wir Schön brauchen. Jedenfalls bräuchten wir Tausende von Makroskopen, um uns diese Art von Forschung leisten zu können, und es war schwierig genug, dieses eine hier finanziert zu bekommen. Es gibt weit wichtigere Forschung, die Vorrang hat.«

»Wichtiger als Geologie, wenn die Ressourcen der Erde erschöpft sind? Als die Geheimnisse des Universums? Als den Raum abzusuchen in der Hoffnung, irgendwo auf intelligentes Leben zu stoßen; als die mögliche Erkenntnis, daß wir nicht einmalig sind im Universum, nicht – allein?« Er hielt inne und kam unvermittelt auf einen ganz anderen Zusammenhang. »Brad, du willst doch nicht etwa sagen, daß es an politischer Einmischung liegt?«

»Die gibt es, und sie ist ernst genug, aber daran dachte ich nicht. Sicher, wir könnten militärische Geheimnisse erschnüffeln und Schmutz auf bekannte Leute werfen – aber das tun wir nicht. Ich gebe zu, daß ich einmal eine Aufnahme von einem Starlet erwischt habe, das sich gerade duschte, und du würdest dich wundern, was sich zur richtigen Stunde in einer Durchschnittsfamilie so alles abspielt. Aber abgesehen von der Moral, es ist einfach Unsinn. Es wäre lächerlich, wollte man mit diesem Ding dahinterkommen, was drei Milliarden Leute so treiben, und zwar aus dem gleichen Grund, warum wir die Planeten der Galaxis nicht zu lokalisieren vermögen. Das wäre, als wollte man Wanzen mit einer Wasserstoffbombe ausrotten. Nein, wir haben viel höher gesteckte Ziele: interstellare Kommunikation.«

Ivo spürte, wie ihn ein kalter Schauer überlief. »Du *hast* also bereits Kontakt mit Fremden hergestellt! Wie weit sind sie entfernt? Wie steht es mit der Zeitverzögerung? Sind sie . . .«

Brads Mund verzog sich zu einem breiten Lächeln. »Immer langsam, Junge. Ich habe nicht gesagt, daß wir einen Kontakt hergestellt haben, sondern nur, daß wir daran denken, und wir haben das Problem der Zeitverzögerung keinen Augenblick lang vergessen.« Seine Hände begannen über die Kontrollen zu spielen. »Ich habe einige Probleme des routinemäßigen Forschens und Aufzeichnens angedeutet, aber wir haben auch Techniken, die nicht Routine sind. Zeitverzögerung oder nicht, wir haben eine ziemlich genaue Vorstellung von dem, was als Leben zu betrachten ist, und – nun, sieh es dir mal an.«

Der Bildschirm wurde zu einem Rahmen, in dem sich eine fremde Landschaft abbildete. Im Vordergrund stand ein knorriges baumstammähnliches Gebilde, gelblich und grotesk gewunden. Dahinter befanden sich rötliche Sträucher, deren Stämme an gewundene und in Leim getauchte Nudeln erinnerten. Der Himmel war leuchtend blau mit ein paar flockigen weißen Wolken gesprenkelt, aber Ivo war sicher, daß das nicht die Erde war. Da war eine Fremdheit, die ihn faszinierte und zugleich ungute Gefühle in ihm aufkommen ließ, obwohl er – abgesehen von der merkwürdigen Vegetation – nichts Außergewöhnliches ausmachen konnte.

»Schön«, sagte er schließlich, »was ist das?«

»Der Planet Johnson, zehn Lichtminuten von einem F-8-Stern entfernt, der von uns zweitausend Lichtjahre entfernt ist.«

»Ich meine, was ist es, was mich daran so sehr berührt? Ich weiß, es ist etwas Fremdes, aber ich weiß nicht, wie ich darauf komme.«

»Dein Auge reagiert auf die Größenverhältnisse der Vegetation. Das ist eine etwas größere Welt als unsere, und die Atmosphäre ist dichter, dadurch haben der Stamm und die Äste gegen stärkere Gravitation und stärkere Winde anzukämpfen, und sie reagieren anders, als eine Erdpflanze in einer ähnlichen Situation reagieren würde.«

»Ich habe es bemerkt!« lachte er.

Brad machte sich erneut an den Kontrollen zu schaffen, und die Szenerie veränderte sich; eine Sicht aus größerer Höhe auf eine grasbewachsene Ebene, obwohl es ein seltsames Gras war, aus dem da und dort Stalagmiten herauszuwachsen schienen. Niedrige Berge zeichneten sich verschwommen in der Ferne ab.

»Erde oder eine fremde Welt?« versuchte Brad zu sticheln.

»Fremd – aber ich kann nichts in bezug auf die Luft oder die Schwerkraft feststellen, nicht einmal unbewußt. Was ist es diesmal?«

»Die Gegenstände werfen zwei Schatten.«

Ivo machte eine Geste, als stäube er Sägemehl aus seinem Ohr.

»Das ist der Planet Holt. Es gibt hier ein paar hübsche Arten säugetierähnlicher Fleischfresser, aber ich müßte sie erst suchen, und das kostete jetzt zuviel Zeit. Vermutlich würde ich sogar das ganze Bild verlieren, wenn ich die automatische Einstellung aufgäbe.

Dieser Planet hier kreist um eine G-3-Sonne, die etwa fünftausend Lichtjahre entfernt ist.«

»Also ist dieses Bild fünftausend Jahre alt?«

»Diese Szene, ja, denn so lange brauchen die makronischen Impulse, um zu uns zu gelangen. Ich sagte dir schon, daß wir hier durch die Zeit zu reisen pflegen.«

Brad kehrte zu den Kontrollen zurück, aber Ivo hielt ihn zurück. »Wenn dieser Planet um *eine* Sonne kreist – woher kommt dann dieser zweite Schatten?«

»Ich dachte schon, diese Frage würde dir niemals einfallen. Hinter unserem Aufnahmepunkt ist eine reflektierende Felswand – ein Phänomen, wie es für Holts Oberfläche typisch ist.«

»So hat mein Unterbewußtsein wieder einmal mehr gesehen. Wie viele Welten hast du bereits gefunden?«

»Erdgleiche Planeten? Bis jetzt fast tausend.«

»Du sagtest, ihr wärt nicht in der Lage, Planeten aufzuspüren . . .«

»Das gilt für bestimmte Planeten. Aber mit viel Glück und genauen Sequenzen entdecken wir hin und wieder einen. Das ist natürlich nur ein Bruchteil derer, die es gibt, und wir dürften die meisten von denen übersehen haben, die uns am nächsten sind, aber der Zufall spielt eben eine entscheidende Rolle bei solchen Entdeckungen. Diese tausend Planeten sind nur eine zufällige Auswahl von Milliarden, von denen wir wissen, daß es sie geben muß.«

»Und sie alle sind mit Bäumen und Tieren bestückt?«

»Kaum. Wir benennen ohnehin nur die wichtigsten. Weniger als zweihundert tragen überhaupt Leben, soweit wir das zu erkennen vermögen, und nur einundvierzig von *diesen* weisen Landlebewesen auf. Eine verbreitete Besonderheit scheint die enorme Größe zu sein. Ich kann dir Monster vorführen . . .«

»Vielleicht das nächste Mal. Ich mag Monster; ich fühle mich ihnen persönlich verbunden, weil sie in den alten Science Fiction-Filmen immer so schlecht wegkommen. Ich könnte mich stundenlang mit ihnen beschäftigen. Aber zur Sache: Habt ihr *Intelligenz* gefunden?«

»Ja. Paß auf.« Brad wechselte die Einstellung.

Ein gewaltiger Hügel erschien, von Tunneln durchzogen und von Gräben bedeckt, teilweise mit Flüssigkeit gefüllt. Seltsame entfernt tintenfischähnliche Kreaturen planschten und schwammen und kletterten durch den Irrgarten, verschwanden und tauchten so schnell wieder auf, daß Ivo niemals zu sagen vermochte, ob er das gleiche Wesen zum zweitenmal sah.

»Das ist der Planet Sung, etwa zehntausend Lichtjahre von hier entfernt. Wir haben ihn in den letzten paar Monaten mit erheblichem Zeitaufwand beobachtet, und wir sind nicht begeistert von den Ergebnissen, die wir erzielt haben. Tatsächlich sind sie ziemlich alarmierend.«

Die Aufnahme geriet in Bewegung und zog über die Planetenoberfläche hin, zeigte offenes Wasser und Wüstenlandschaften — und häufig diese merkwürdigen Termitenhügel, ziemlich dicht bevölkert von diesen Geschöpfen, die halbe Wasserkreaturen zu sein schienen. Ivo fühlte sich an Bilder von Stränden erinnert, auf denen Robben lagerten; von Vegetation war überhaupt nichts zu sehen. Er fragte sich, wovon sich die Sung-Bewohner wohl ernähren mochten.

»Das soll eine intelligente Lebensform sein? Ich habe bis jetzt nichts entdecken können, was mich alarmiert oder beeindruckt hätte. Nur eine Art Termiten-Gesellschaft mit ziemlich wenig Weideland. Sie werden doch wohl nicht vorhaben, eine Bombe auf den Weg zur Erde zu schicken?« Aber sein Spott verdeckte nur das beginnende Entsetzen. Das war wirklich eine extraterrestrische Spezies, und schon die Gewißheit ihrer Existenz war schwer genug zu verkraften.

»Die Erde dürfte ihnen ziemlich gleichgültig sein. Vergiß nicht, wir befanden uns noch in unserer Vorgeschichte, als die Aufnahme entstand. Ich habe nicht den geringsten Zweifel, daß sie inzwischen ausgestorben sind.«

Eine einzelne Höhle innerhalb eines Baus kam ins Bild. Aus der Nähe betrachtet, wirkten die Bewohner weit weniger wie Robben oder Tintenfische. Ihre Körper waren fischähnlich, aber sichtlich schwerfällig, mit schweren Steuer- oder Schwimmflossen an den Seiten und einem rüsselähnlichen Schlauch am Rumpf. Oben befanden sich zwei große Froschaugen, die nach hinten gerichtet waren. Der Schlauch schien eine Art Greifwerkzeug zu sein, ähnlich dem Rüssel eines Elefanten.

»Kommt das etwa von allem, was du gefunden hast, einer Zivilisation am nächsten? Kreaturen, die in vielstöckigen Biberbauten hausen und in Wassertümpeln herumplanschen?«

»Unterschätze sie nicht, Ivo. Sie sind technologisch fortgeschritten. Tatsächlich sind sie uns mehr als zehntausend Jahre voraus. Sie hatten das Makroskop bereits seit einem Jahrhundert.«

Ivo sah genauer hin, aber er sah nur eine kleine Höhle mit einigen fetten fischähnlichen Kreaturen, die sich gleichgültig in einer Flüssigkeit räkelten, die sicher nichts anderes als lauwarmes Wasser war. Dann und wann stieß eins der Wesen Flüssigkeit aus dem Rüssel und glitt durch den Rückstoß ein Stück weiter. »Vielleicht solltest du mich etwas mehr über den Hintergrund aufklären. Mir scheint, daß mir da etwas entgeht.«

»Ich werde dir ihre – von ihnen selbst herausgegebene – Paläontologie geben. Wir haben ihre Bibliotheken und Museen ebenso durchforscht wie ihre Schlafzimmer – ja, sie haben das alles, nur in etwas anderer Form –, und wir haben einige ihrer Filme aufgezeichnet. Wir haben sie noch nicht mit Ton versehen – das wird erst gemacht –, aber ich werde den laufenden Kommentar dazu abgeben.« Er schaltete von der Direktaufnahme zur Aufzeichnung über. »Paß auf: Die Geschichte der Proboscoiden – kurz ›Probs‹ – von Sung.«

Und Ivo versenkte sich in die Darstellung, nahm die Bilder und den Kommentar als Einheit auf. Er sah, wie Sung vor Millionen von Jahren ausgesehen hatte: riesige Farnwälder auf dem Land, Schwammkulturen im Meer. Aus diesem biologisch reichhaltigen Wasser kamen die Lungenfisch-Arten, saugten die feuchte und dichte Atmosphäre in sich hinein, und bald ließen sie ihre weichen Eier auf dem Land ausbrüten. Raubtiere brachen sie auf, bevor es die Sonne tat, bis das Gesetz des Überlebens das Ausbrüten innerhalb des Körpers diktierte: die Lebendgeburt. Aber auch dann waren die kleinen Neugeborenen noch schwach und verletzlich, und die natürliche Auslese ließ schließlich einen erfolgreichen Kompromiß entstehen: Amphibien. Das war die Ausgangsbasis für die Art von Tieren, die einmal auf dem Planeten dominieren sollte.

Die primitiven Proboscoiden waren keine besonders eindrucksvolle Art. Sie schwammen in Herden durch die seichten Ozeane, indem sie Wasser aus ihren Rüsseln stießen, und mit Hilfe ihrer Flossen kletterten sie unbeholfen ans Ufer. Sie waren furchtsam; ihre Augen blieben stets auf die Verfolger gerichtet, vor denen sie sich zurückzogen, anstatt auf das Ziel, das sie anstrebten. Wenn sie starben, dann starben sie auf der Flucht, manchmal durch ihre Panik, indem sie gegen Hindernisse rasten und sich sinnlos umbrachten. Doch ihre Fortbewegungsart war nicht ungeschickt; das ausgestoßene Wasser konnte durch ein Schwenken des Rüssels in jede Richtung gelenkt werden, und bei einigen Familien war es mit einer faulig schmeckenden Substanz versehen, was den Verfolger zurückhalten sollte. Ihr Geruchssinn schärfte sich; sie waren immer auf Gefahren gefaßt.

Eine Gattung zog sich zu den Felsen der gefährlichen Brandung zurück, einem Gebiet, das sich keine andere bewegliche Art als Wohnstatt aussuchen mochte. Das Meer hatte außerordentlich starke

Gezeiten, und die Flutwellen, verursacht durch die beiden nächsten Monde, rollten wie Gebirge aus Wasser gegen die Strände. Große, abgeschliffene Felsen rollten herum und zermalmten alles, was unter sie kam, gruben Kanäle in den Strand und den Meeresboden. Sowohl Landlebewesen wie Wasserbewohner mieden diese gefährlichen Zonen.

Diese Probs entwickelten sich zu vollständigen Amphibien, ihr ursprünglicher Atemapparat funktionierte sowohl mit Wasser als auch mit Luft und ganz besonders, wenn beides verfügbar war. Sie vermochten alsbald anhand der Strömungen zu erkennen, wann sich ein Wechsel der Gezeiten ankündigte, und flohen von Kanal zu Kanal, wenn die Gefahr kam. Wenn sich größere Verfolger aus dem Meer zu weit in die Untiefen wagten, dann wußten die Probs gewisse Strömungen umzulenken, um den Feind zu verwirren oder gar auf dem Trockenen auflaufen zu lassen. Wenn Landbewohner ihren Fuß ins Wasser setzten, dann konnten auch sie in die Fallen der Natur gelockt werden. Noch immer furchtsam und vorsichtig, entwickelten die Probs dennoch allmählich wachsenden Appetit auf Fleisch.

Dann hob sich das Land, und es war mit den schützenden Untiefen vorbei. Es war eine Zeit der Verzweiflung für die Probs, und nur wenige überlebten, denn sie konnten im jeweiligen Bereich weder mit den Kreaturen des Landes noch des Meeres konkurrieren. Eine Art, die klügste von ihnen, entdeckte schließlich, wie man sich eine Heimstatt schaffen konnte, wo die Natur keine bereitgestellt hatte. Da sie nicht geschickt genug laufen, nicht schnell genug schwimmen und auch nicht in die Luft entkommen konnten, benützten sie ihre relativ wenig spezialisierten Gliedmaßen, um Gräben entlang der Strandlinie zu ziehen und mit Wasser vollaufen zu lassen. Labyrinthe wurden angelegt, die der Verwirrung der Verfolger dienten. Die es wagten, in sie einzudringen, stießen auf Sackgassen oder sich verengende Kanäle, die sie am Weiterkommen hinderten und keine Umkehr erlaubten, während sie mit Steinen beworfen oder von Quergräben aus mit langen Stangen traktiert wurden.

Diese Stecken und Steine fanden schließlich ihre Fortsetzung in bearbeiteten Gegenständen, und das Zeitalter der Werkzeuge und Waffen war gekommen. Der rüsselähnliche Schlauch wurde nicht mehr ausschließlich zur Fortbewegung benötigt und entwickelte sich zu einem vielseitig verwendbaren Organ; die Flossen wurden zu starken Erdschaufeln umgebildet. Die Gehirne wurden größer. Eine höhere Kommunikationsform entwickelte sich. Luft, durch den Rüssel zum Vibrieren gebracht, ermöglichte so etwas wie eine aus Trompetentönen bestehende Sprache.

Das Labyrinth entwickelte sich im Verlauf von hunderttausend Jahren in etwas, was einer Stadt vergleichbar war.

Die Landmassen hoben sich erneut, und die Stadt wurde zerstört — aber so geschah es auch mit der Heimstatt vieler anderer Geschöpfe. Die Probs bauten wieder auf; die weniger intelligenten oder anpassungsfähigen Tiere verschwanden. Die Probs verloren viel von ihrer Furchtsamkeit, und ihr Appetit auf Fleisch nahm zu.

Der Erfolg bewirkte einen Bevölkerungsdruck und das anhaltende Verlangen nach mehr Nahrung und mehr Lebensraum. Anstelle der früheren lemminggleichen Auszüge wurden planmäßig Kolonien organisiert. Vielleicht war die erste erfolgreiche Kolonie auch nur die letzte der blinden Exodus-Unternehmungen. Es wurde nicht deutlich, wie man bestimmte, wer zu gehen oder zu bleiben hatte, aber bei jeder Gruppe waren in gleichem Maße Baumeister, Jäger und Träger der Fortpflanzung zu finden. Die erste Kolonie wurde etwa siebenhundert Meilen von der Heimat entfernt begründet, an einem anderen Meeresstrand. Die zweite noch weiter entfernt.

Schließlich waren die Strände aller Kontinente mit Labyrinth-Städten überzogen.

Die Probs hatten jetzt nichts Furchtsames mehr an sich. Sie waren groß und geschmeidig und drangen immer mehr in die Territorien ihrer früheren Feinde ein. Sie eroberten — klug und gut organisiert. Sie erweiterten ihren Lebensraum ins Land hinein, entwickelten Methoden, zu pumpen, zu belüften und das Wasser über der Höhe des Meeresspiegels zu halten. Die Technologie war über sie gekommen.

Größerer Einfallsreichtum wurde nötig, als das Land immer weniger bewohnbar wurde. Weniger Regen fiel, und bessere Pumpen wurden entwickelt; das natürliche tierische Leben verschwand allmählich, mehr und bessere Nahrung mußte herangezüchtet werden. Der Prob-Rüssel konnte mittlerweile umgekehrt benützt werden, um Gegenstände durch Ansaugen festzuhalten und bewegen zu können, aber er blieb ziemlich schwach; es war leichter, seine große Geschicklichkeit auszunutzen, um Maschinen zu bauen, damit sie dann die schweren Arbeiten den Maschinen überlassen konnten.

Die Eroberung der Kontinente und die damit verbundene fortwährende Dezimierung der Vegetation, der Tiere und der Mineralien bewegte die Probs dazu, ihre Technologie auf wirklich einträgliche Nahrungsproduktion anzuwenden. Meeresfarmen erzeugten

Fleisch; hydroponische Anlagen ersetzten alles andere. Ihre Wissenschaft wuchs den neuen Anforderungen entsprechend und erstreckte sich bald bis in den Himmel und in den Raum. Das erforderte enorme Energien, und ihre Welt war bereits erschöpft durch die verschwenderische Verwüstung vergangener Jahrhunderte. Sie versuchten eine andere Welt zu kolonisieren, wie sie es mit den Stränden und Kontinenten von Sung getan hatten, aber sie vermochten nicht den Aufwand an Zeit und Ausrüstung für langdauernde interstellare Reisen aufzubringen, die nur wenig Nutzen versprachen.

Doch die Technologie entwickelte sich weiter, obwohl ihre Welt zu hungern begann. Sie entwickelten das Makroskop – und wichen vor seinen Enthüllungen zurück. Die Landflächen waren von wassergefüllten Hügelbauten bedeckt, die Ozeane parzellierte Riesenfarmen. Diejenigen unter ihnen, die ihre Schulden nicht zurückzahlen konnten, wurden geschlachtet; diejenigen, die keinen befriedigenden Erfolg im Leben hatten, konnten ein paar Jahre des Lebens im Wohlstand gewinnen, indem sie den Fleischertrag ihres Körpers im voraus verkauften. Es war eine modische und bequeme Art des Selbstmords, und zur Zeit sublimierten etwa die Hälfte der Bewohner ihren Lemming-Instinkt auf diese Weise. Doch die Geburtenrate, begünstigt durch eine hervorragende Medizin, entwikkelte sich so, daß die Bevölkerungszahl noch immer nach oben tendierte. Die unersetzbaren Ressourcen des Planeten gingen zur Neige.

»Warum führen sie keine Geburtenkontrolle ein?« verlangte Ivo zu wissen. »Sie könnten die Bevölkerungsziffer doch sicher schnell genug herunterbringen. Sie haben alle Voraussetzungen dafür.«

»Warum bringen wir Menschen *unsere* nicht herab?«

Ivo dachte einen Augenblick lang darüber nach und zog es dann vor, nicht darauf zu antworten.

»Ich hatte einen Traum heute nacht«, sagte Brad. »Ich stand auf einem Berggipfel und bestaunte die Wunder, die meine Spezies auf das Antlitz der Erde und in den benachbarten Raum gebracht hatte, und ich sah einen lebenden Prob. Es war ein männlicher Proboscoid, sehr alt und groß und häßlich, und er stand da auf einem gewaltigen Berg aus Müll und Schlacke und Knochen, und er sah mich an. Dann warf er sich in den Müllschlamm und schleuderte etwas davon in meine Richtung, so daß ich zurückwich; darauf hob er seinen Rüssel und lachte. Er lachte mit dem Rüssel wie mit einer Trompete, so vieltönig, daß die Melodie aus allen Richtungen zu kommen schien. Zuerst nahm ich an, daß er sich über meine aufrechte Haltung amüsierte, von der wir immer angenommen haben, daß kein wirklich höheres Wesen ohne sie auskommen kann. Dann aber schien mir seine Belustigung gegen meine ganze Art, gegen meine Welt gerichtet zu sein. Das schallende Gelächter hörte nicht auf, und ich begriff, daß er mir damit praktisch sagte: ›Wir waren auf diesem Weg, und jetzt sind wir es nicht mehr. Jetzt seid ihr an der Reihe – und ihr seid dumm genug, nicht aus unserem Beispiel zu lernen, das wir euch so deutlich vorgelebt haben!‹ Und ich versuchte zu antworten, es zurückzuweisen, meine Spezies zu verteidigen, aber sein Spott traf mich tief, und ich sah, daß es bereits zu spät war.«

»Zu spät?«

»Sieh dir die Statistiken an, Ivo. Zur Zeit von Christi Geburt mag es eine Viertelmilliarde Menschen auf der Welt gegeben haben. Heute gibt es allein in den Vereinigten Staaten soviel, und die sind noch nicht einmal dicht bevölkert im Vergleich zu einigen anderen Ländern. Die Weltbevölkerung nimmt mit Rekordgeschwindigkeit zu, und so auch die damit verbundenen Krankheiten: Hunger, Frustration, Verbrechen. Wenn unsere Vorausschätzungen zutreffen – und sie sind vermutlich eher optimistisch –, dann wird es kaum noch eine Generation dauern, bevor es losgeht. Das bedeutet, daß wir es noch zu spüren bekommen werden – und in einem wehrlosen Alter.«

»Bevor *was* losgeht? *Was* werden wir zu spüren bekommen, abgesehen vom Wohlstand des einundzwanzigsten Jahrhunderts?«

»Das Unvermeidliche. Du hast es bei den Probs gesehen. Und wenn du ein paar gezielte Blicke in die Ghettos der Welt wirfst – und ganze Nationen sind Ghetthos –, und du kannst es durch das Makroskop sehen ... Ich sage dir, Ivo, da spielen sich heute schon Dinge ab, die erschreckend sind. Erinnerst du dich an Swifts *Ein bescheidener Vorschlag*?«

»Ich weiß nicht, worauf du hinauswillst.«

»Ivo, ich will dich bestimmt nicht aufziehen, indem ich dir meine Gelehrsamkeit vorführe. Es gibt einfach Dinge, die man nicht mit ein paar dürren Worten ausdrücken kann. Jonathan Swift schrieb – in satirischer Absicht – über einen Plan, die überflüssigen Babys von Irland als Nahrung zu verwenden. Ironischerweise gelang ihm dieser Vorschlag recht überzeugend – wenn man ihn wörtlich nahm, was von gewissen Leuten durchaus zu erwarten ist. Er ging davon aus, daß ein junges, gesundes, wohlgenährtes Kind im Alter von einem Jahr eine äußerst wohlschmeckende, nahrhafte, bekömmliche Nahrung darstellt, ob es geschmort, geröstet, gebacken oder gekocht wird. Er schrieb diese Information übrigens einem Amerikaner zu, und er meinte das vielleicht nicht so ganz unernst, wie es sich anhören sollte. Er sagte dazu, daß ein solcher Kinderverzehr die Bevölkerung verringern würde – Irland war zu dieser Zeit erheblich überbevölkert –, und außerdem würden die ärmeren Bewohner des Landes dadurch über etwas von Wert verfügen, was sie verkaufen konnten, um somit den Unterhalt ihrer Familien leichter bestreiten zu können.«

Ivo spürte ein unangenehmes Kribbeln im Magen und in anderen Regionen seines Körpers. »Was also hast du gesehen?«

»Da laufen bereits Geschäfte in den Ghettos gewisser volkreicher Länder. Kopfgeld wird gezahlt für frische Leichen, je nach Gewicht und Gesundheitszustand. Gewisse Organe werden tiefgefroren auf dem schwarzen Markt an Krankenhäuser verkauft – Herzen, Nieren, Lungen und so weiter –, die sich gar nicht erst erkundigen, woher diese Sachen kommen. Alles Blut wird konserviert und an die meistbietenden Institutionen verhökert. Das Fleisch taucht in Form von Hamburgern wieder auf, um seine Herkunft zu verschleiern, zusammen mit einem großen Teil der ...«

»Babys?«

»Menschliche Babys, ja. Ältere Körper zu beschaffen ist weit gefährlicher, und sie sind auch mit zu vielen Mängeln behaftet, obwohl es in begrenztem Ausmaß auch einen Handel in allen Altersstufen gibt. Die meisten sind gestohlen, aber einige werden tatsächlich von verzweifelten Eltern verkauft. Es ist billiger als Abtreibung. Der Preis liegt zur Zeit zwischen hundert und tausend Dollar, je nach der Gegend. Für einige Familien scheint es der letzte Ausweg zu sein, um nicht noch einen Mund zu füttern; ihre Lebensbedingungen sind so elend, daß sie ihre Existenz nicht als einen Segen betrachten können. Aber sie bekommen natürlich nichts, wenn ihre Kinder gestohlen werden.«

»Das kann ich nicht glauben, Brad. Nicht Kannibalismus.«

»Ich habe es gesehen, Ivo. Durch das Makroskop. Und da war nichts, was ich hätte tun können, da keine Regierung der Erde diese Vorkommnisse zugeben würde, und eine Beschuldigung dieser Art könnte nur zu der Forderung führen, die Benützung des Makroskops zu unterbinden. Die Leute beharren auf ihrem Recht auf Selbsttäuschung, insbesondere wenn die Wahrheit häßlich ist. Aber wie ich schon sagte, in einer weiteren Generation wird das zu einer legalen Einrichtung werden, wie es bei den Probs geschah. Ein Vorschlag, der nicht mehr so bescheiden ist wie der von Swift.«

Ivo hielt seine Augen weiter auf den Schirm gerichtet. »Ich verstehe nicht, warum das, was den Probs widerfahren ist, auch mit *uns* geschehen muß. Die Gefahr existiert, gewiß, aber ist die Katastrophe unvermeidbar? Nur weil *sie* sie nicht vermeiden konnten?«

Brads Finger bewegten sich über die Kontrollen. Ivo bemerkte, daß die Vorrichtungen für das Makroskopbild vergleichsweise einfach waren; der größte Teil der Kontrollen diente offenbar anderen Einstellungen. Die Szene wechselte.

»Du urteilst subjektiv«, sagte Brad. »Vergleiche mal mit diesen hier.«

Der Schirm zeigte ein engelgleiches humanoides Gesicht, weiblich und äußerst reizvoll. Die Augen waren groß und golden, der Mund klein und schön geformt. Die ruhigen Züge umrahmte eine Frisur aus Daunen – es waren weder Haare noch Federn – in einem grünlichen, aber harmonisch weichen Farbton. Ein seidengewirktes Kleid verhüllte einen hageren Körper, aber Ivo konnte dennoch erkennen, daß die weichen Kurven des Körpers nicht genau denen eines Säugetiers entsprachen. Es war, als ob sich eine menschliche Frau in ein sublimeres Wesen verwandelt hätte, frei von den weniger ästhetischen biologischen Funktionen.

Es war ein Gemälde; als Brad die Einstellung veränderte, kam ein Rahmen ins Bild, dann die Säulen und Bögen eines stilvollen Bauwerks. Ein Museum, entworfen von einem Meisterarchitekten.

»Intelligent, zivilisiert, schön«, murmelte Ivo. »Aber wo befinden sich die Lebenden?«

»Es gibt keine lebenden Wesen auf dem Planeten Mbsleuti. Dies ist ein königliches Grab, soweit sich das mit Sicherheit feststellen läßt – eins der wenigen, das sich tief genug befand, um zu überdauern.«

»Um *was* zu überdauern?«

Die Szene wechselte. Ein müllbedecktes Gewässer kam ins Bild, das gegen einen kahlen, leblosen Uferstrand schwappte. Ivo konnte fast riechen, wie vergiftet die rauchige Atmosphäre war.

»Totale Umweltverschmutzung«, sagte Brad. »Erde, Luft, Wasser. Wir haben die Inhaltsstoffe analysiert und festgestellt, daß alles künstlichen Ursprungs ist. Sie wurden von ihren Maschinen abhängig, um existieren zu können, und konnten die chemischen und atomaren Abfallprodukte nicht mehr unter Kontrolle halten. Willst du wissen, woher sie ihr Frischfleisch bezogen, bevor es mit ihnen zu Ende ging? Aber das beschleunigte nur die Auslöschung ihrer Art.«

Zu Ivos Erleichterung kehrte das Bild der königlichen Frau zurück, aber er sah immer noch ihre verwüstete Welt vor sich. »Weil sie ihre Ressourcen überzogen?« fragte er. »Weil sie sich selbst keine Grenzen setzen konnten, bis die Natur es für sie tun mußte?« Er schüttelte den Kopf. »Wie lange ist das her?«

»Fünfzehntausend Jahre.«

»Schön«, sagte Ivo. »Das sind zwei. Noch eine technologische Spezies auf Band?«

»Noch eine.« Brad nahm eine neue Einstellung vor, und eine Ruinenlandschaft kam ins Bild. Nach einiger Zeit watschelte eine groteske vierbeinige Kreatur einen Pfad zwischen zwei übergroßen Trümmerbergen entlang. Glanzloses Haar verbarg die Sinnesorgane, und das Geschöpf ging mühsam, mit nach unten eingerollten Zehen — wie ein Gorilla, dachte Ivo. Es wirkte krank und hungrig.

»Wir schätzen, daß diese Zivilisation weniger als fünfhundert Jahre vor dieser Aufnahme zusammenbrach«, erklärte Brad. »Die Bevölkerungszahl ging von etwa zehn Milliarden Individuen auf nicht mehr als eine Million zurück, und sie nimmt noch immer stetig ab. Es gibt *noch immer* nicht genug zu essen, und natürlich auch keine Medikamente. Die meisten überlebenden Pflanzen sind ebenfalls verseucht . . .«

Ivo fragte gar nicht erst, ob diese gequälte Kreatur ein Abkömmling der einst dominierenden Art war. Ganz offensichtlich waren sie einst Zweibeiner gewesen.

Natürlich bewiesen drei Beispiele noch nicht alles. Es konnten drei abnorme Zufälle sein. Aber ohne es zu wollen, akzeptierte er bereits die Vorstellung, daß der Mensch ebensogut die vierte solche Abnormität sein mochte. Überbevölkerung, Umweltverschmutzung, Barbarei — er weigerte sich, zu glauben, daß das bis zur Auslöschung der eigenen Art weitergehen *mußte,* aber es *konnte* zweifellos so geschehen.

Dennoch *waren* die Beispiele untypisch, denn unter ihnen befand sich keine neolithische Kultur. Der Zufall konnte viele weitere Arten in dieses Stadium bringen . . .

»Es waren die Probs, denen ich die Hitzeabschirmtechnik abguckte«, sagte Brad und erlaubte sich damit, das Thema zu wechseln. Er hatte das Bild wieder auf ihren Planeten Sung eingestellt. »Wir arbeiten noch immer an ihren Büchern und ihrer Ausrüstung, und wir lernen sehr viel davon. Und wenn wir Glück haben, werden wir eines Tages eine *wirklich* fortgeschrittene Zivilisation entdecken, eine, die das Problem der Überbevölkerung gelöst hat, von der wir lernen können, den Schaden wiedergutzumachen, den wir unserem eigenen Planeten angetan haben. Das Makroskop bietet uns die Chance, unsere Wissenschaft in wenigen Tagen mehr voranzubringen, als sie bisher mit eigener Kraft in Jahrhunderten erreichen konnte.«

»Diesen Punkt sehe ich ein. Das ist entscheidend. Aber . . .«

»Aber warum verschwende ich meine Zeit mit dir, statt nach den Lösungen für die Probleme der Menschheit zu suchen? Weil sich da etwas ereignet hat.«

»Das habe ich mir mittlerweile gedacht«, erwiderte Ivo mit freundlicher Ironie. »*Was* ist geschehen?«

»Wir empfangen etwas, was sich nach Rundfunksendungen anhört.«

Ivo konnte seine Enttäuschung nicht verbergen. »Ihr könnt nicht einmal lokale Störungen ausschalten? Ich dachte, ihr arbeitet mit einer ganz anderen Wellenlänge, oder wie auch immer.«

»Fremde Sendungen. Künstliche Signale auf dem ersten makroskopischen Band.«

Ivo mußte das erst einmal verdauen. »Dann *habt* ihr also einen wirklichen Kontakt hergestellt?«

»Einen Kontakt in nur einer Richtung. Wir können nicht senden, wir können nur empfangen. Wir wissen nicht, wie man Makronen zähmen kann, aber irgend jemand scheint es zu wissen.«

»Also strahlt eine galaktische Zivilisation kostenlos Unterhaltungssendungen aus?« Es klang etwas lächerlich, wie er es sagte, aber ihm fiel so schnell keine bessere Bemerkung ein.

»Es handelt sich nicht um Unterhaltung. Sondern um Unterricht. Verschlüsselte Informationen.«

»Und ihr könnt es nicht entschlüsseln? Ist das der Grund, weshalb ihr Schön braucht?«

»Wir verstehen es. Es ist so codiert, daß es leicht verstanden werden kann, wenn auch nicht ganz in der Art, wie wir es erwartet hatten.«

»Also nicht digitale Signale, die ein mathematisches Gebäude aufbauen oder ein Bild ihres Sonnensystems formen? Nein, keine Einzelheiten bitte; das war nur eine rhetorische Frage. Kommt es von einem nahegelegenen Planeten? Ein Ultimatum, in dem wir zur Übergabe aufgefordert werden?«

»Die Signale kommen aus etwa fünfzehntausend Lichtjahren Entfernung, aus der Richtung des Sternbilds Skorpion. Keine Invasion, kein Ultimatum.«

»Aber wir hatten noch gar keine Zivilisation vor fünfzehntausend Jahren. Wie konnten sie uns eine Botschaft senden?«

»Sie senden offenbar in alle Richtungen zugleich. Das war eine weitere Überraschung. Wir nahmen an, daß künstliche Signale von großer Reichweite genau ausgerichtet sein müßten, um die Energie sinnvoll auszunützen. Es muß sich um eine Technologie des Typs II handeln.«

»Ich . . .«

»Typ I entspräche unserem Stand der Verfügbarkeit von Energie wie auch dem der Probs. Typ II bedeutet, eine Zivilisation vermag den gesamten Strahlungsausstoß ihrer Sonne nutzbar zu machen. Diese Unterscheidungen waren theoretisch – bis vor kurzem. Vermutlich ist diese Botschaft an alle Kulturen innerhalb ihrer Reichweite gerichtet, die das Makroskop entwickelt haben.«

»Aber – das ist eine beabsichtigte Verbindung zwischen intelligenten Arten! Ein fantastischer Durchbruch! Oder etwa nicht?«

»Ja, das ist es«, stimmte Brad wenig begeistert zu. »Genau in dem Augenblick, in dem wir den Rat einer höheren Zivilisation am dringendsten brauchen. Du siehst also, warum alle anderen Funktionen des Makroskops nebensächlich geworden sind. Warum sollten wir in langwieriger Arbeit den Raum absuchen, wenn wir den programmierten Text einer Kultur vor uns haben, die uns technologisch um viele Jahrhunderte voraus ist?«

Ivo hielt seine Augen auf den Schirm gerichtet. »Die Probs hatten das Makroskop, und dieses Programm wurde damals vermutlich bereits mindestens fünftausend Jahre lang ausgestrahlt. Warum haben sie keinen Nutzen daraus gezogen? Oder befanden sie sich in der entgegengesetzten Richtung, so daß es sie noch nicht erreicht hatte?«

»Sie empfingen die Programme. Und das gilt auch für die Humanoiden, wie ich glaube. Das trug wesentlich zum ganzen Ärger bei.«

»Du sagtest, daß sie aufhörten, das Makroskop zu benützen. Das kommt mir so vor, als würde jemand das Lesen lernen, um dann alle seine Bücher zu verbrennen. Sie hätten die fremden Instruktionen aufnehmen und ihren Nutzen daraus ziehen sollen, wie auch wir es tun sollten. Die Alternative – oder willst du sagen, daß wir uns als Versager betrachten müssen, wenn wir den Rat einer älteren Zivilisation annehmen?«

»Nein, wir stimmen hier in der Station überein, daß der Nutzen einer solchen frei verfügbaren Unterrichtung die Risiken wert ist. Ich glaube nicht, daß sich die Menschheit dadurch etwas vergibt. Zum anderen würden wir natürlich weiterhin auch alle anderen Wege zum Wissen aus eigener Kraft zu gehen versuchen.«

»Was hält euch davon ab?«

»Das griechische Element.«

»Das — was?«

»Vorsicht vor Leuten, die Geschenke bringen.«

»Du sagtest, das Wissen selbst könnte uns nicht schaden — und was könnten sie dafür verlangen, nach fünfzehntausend Jahren?«

»Das äußerste. Sie können uns zerstören.«

»Brad, ich bin vielleicht ein Tölpel, aber . . .«

»Insbesondere unsere besten Gehirne. Wir haben bereits Verluste gehabt. Das ist die Krise.«

Ivo wandte sich endlich von der Szene mit den Probs ab. »Ist ihnen das gleiche passiert?«

»Ja. Sie konnten das Problem nicht lösen.«

»Was ist es — ein Todesstrahl, noch immer wirksam nach zehn- oder fünfzehntausend Jahren? Wenn wir über Comicstrips reden wollen . . .«

»Ja und nein. Unsere Sicherheitsvorkehrungen verhindern die Übermittlung einer irgendwie im physikalischen Sinne gefährlichen Übertragung — vergiß nicht, wir haben einen Computer dazwischengeschaltet —, aber sie vermögen unser Bewußtsein nicht vor gefährlichen Informationen zu schützen.«

»Das will ich auch nicht hoffen! Der Tag, an dem wir Gedankenkontrollen haben . . .«

»Denk nicht an ›1984‹ und all das, Ivo. *Wir haben* bereits durch Drogen bewirkte Gedankenkontrolle, und das seit Jahren. Aber das — fünf der wahren Genies der Erde sind durch das Makroskop zu Schwachsinnigen geworden. Etwas kam durch — eine Art von Information —, etwas, das ihr Bewußtsein zerstörte.«

»Bist du sicher, daß das keine internen Gründe hatte? Überarbeitung, Nervenzusammenbruch . . .?«

»Wir sind uns dessen absolut sicher. Die EEGs — ich sollte dir das besser erklären . . .«

»Du hast diese Geschichte mit der aufgemöbelten Rakete, die ihr Josef nennt, für mich vereinfacht. Du hast Dinge vereinfacht, als du das Makroskop erklärt hast. Ich glaube, weitere Erklärungen kann ich nicht mehr verkraften.«

»Ist gut, Ivo. Ich lasse die EEGs aus. Nimm nur mein Wort dafür, daß wir — ohne Gehirne auseinandergenommen zu haben — wissen, daß dieses fremde Signal eine geistige Rückentwicklung bewirkt hat, die zugleich eine physische Gefahr für das Gehirn bedeutet. Und all das nur durch die Vermittlung von Vorstellungen. Wir wissen, wie es ungefähr gelaufen sein muß: Es gibt gewisse Gedanken, die ein intelligentes Bewußtsein nicht denken sollte.«

»Aber ihr wißt nicht genau, wie das geschehen ist? Nur, daß das ausgestrahlte Programm Verblödung bewirkt?«

»So ungefähr, ja. Die Programme sind so aufgebaut, daß sie schrittweise vorangehen. Man muß ihnen Schritt für Schritt folgen, wie bei Lektionen im Differential- und Integralrechnen. An den Fingern zählen, Arithmetik, allgemeine Mathematik, Algebra, höhere Mathematik, symbolische Logik und so weiter, in einer unveränderlichen Reihenfolge. Andernfalls verliert man den Faden. Man muß den ersten Teil der Programmserie aufnehmen, bevor man den Rest angehen kann, was sie einem Intelligenztest ähnlich macht. Aber es ist so aufgebaut, daß man den Anfang unter keinen Umständen weglassen kann; es beginnt immer mit der richtigen Sequenz, wann immer man es anlaufen läßt. Es ist eine ziemlich strenge Prüfung; sie scheint unzugänglich zu sein für jeden, der nicht das erreicht, was wir mit IQ hundertfünfzig bezeichnen, obwohl wir noch nicht wissen, wieviel durch gründliche Durcharbeitung zu erreichen wäre. Eine Gruppe von Arbeitern hat sich das Programm angesehen, und sie meinten, sie ständen nicht auf einem so modernistischen Zeug. Unsere besten Leute dagegen waren davon fasziniert und ließen die ganze Sequenz auf einmal über sich ergehen. Bis zu dem Augenblick, in dem sie – ausfielen.«

»Sie können nicht geheilt werden?«

»Das wissen wir noch nicht. Das Gehirn eines intelligenten Menschen hat nicht notwendigerweise mehr Zellen als das eines Schwachsinnigen. Es hängt alles von der Eigenart der Zellen ab, die vorhanden sind. Die Zellen eines Genies haben mehr Synapsen – mehr Verbindungen *zwischen* den Zellen. Die aus dem All übermittelten Vorstellungen scheinen eine abtrennende Wirkung auf diese zusätzlichen Synapsen zu haben. Das hebt sie über jede Gehirnchirurgie hinaus ...« Ivos möglichen Einwand ahnend, unterließ er die ausführlichen Erklärungen, zu denen er ansetzen wollte. »Es ist jedenfalls so, daß die teure Uhr leichter zu Schaden kommt, wenn sie zu Boden fällt.«

»Aha, die billige Uhr beginnt zu ticken. Ich könnte es mir ansehen, aber wenn du ...«

»Ich glaube nicht, daß du es dir ansehen solltest, Ivo.«

»Ich muß jedenfalls zugeben, es ist eine ziemlich wirkungsvolle

Straßensperre. Wenn du blöd bist, dann verlierst du; wenn du klug bist, dann machen wir dich blöd.«

»Ja. Die Frage ist, *was versteckt sich dahinter*? Wir müssen es wissen. Jetzt, da wir die Wirkung verspürt haben, können wir es einfach nicht mehr ignorieren. Wenn eine Schritt um Schritt aufbauende Botschaft, die optisch wiedergegeben wird, nachdem sie durch unseren Computer gefiltert wurde, derartiges anrichten kann, welche weiteren üblen Überraschungen warten dann noch auf uns? Wir können nicht sicher sein, daß sich die Gefahr auf die ausgestrahlten Sendungen beschränkt. Schlimmere Fallen könnten anderswo auf uns lauern. Das könnte der Grund sein, warum die Probs ihre Nerven verloren.«

»Schlimmer als aufgezwungenes Idiotentum?«

»Nimm an, daß jemand die Sache durchsteht, aber auf eine nicht sofort erkennbare Weise durchdreht — so daß er das Verlangen in sich spürt, die Welt zu zerstören. Es gibt einige in dieser Station, die das sehr wohl schaffen könnten, wenn sie diese Absicht verfolgen würden. Jemand wie Kovonov — er könnte intelligenter sein als ich, und er hat weit mehr Erfahrungen. Das Makroskop könnte ihm exakte Informationen über militärische Geheimnisse und wichtige Personen liefern — oder er könnte vielleicht eine uns unverständliche Waffe entwickeln . . .«

»Ich beginne allmählich zu verstehen, warum ihr Schön braucht.«

Brad setzte den Helm ab, sah Ivo an und nickte. »Wirst du . . .«

»Nein, tut mir leid.«

»Du bist nicht überzeugt? Ich kann alles beweisen, was ich dir gesagt habe. Wir müssen uns einen Zugang zu den Informationen aus dem All verschaffen, von dieser Typ-II-Quelle. Wir fürchten, daß die Menschheit die Geburtenrate nicht herabzusetzen vermag, oder keinen vernünftigen Gebrauch von den Ressourcen der Welt wird machen können. Das Problem ist ein soziologisches, kein physikalisches, und keine zur Zeit erreichbare Lösung kann diese Barriere überwinden. Wir müssen uns den Lernstoff und die Technologie der Sterne aneignen, bevor wir — im wahrsten Sinne des Worts — anfangen, uns selbst aufzufressen.«

Ivo blieb widerspenstig. »In Ordnung — in Ordnung! Ich akzeptiere das alles, jedenfalls für den Augenblick. Ich bin nur nicht sicher, ob die heutige Situation nach dieser Maßnahme verlangt.«

»Ich weiß nicht, wie ich es anders darlegen soll, Ivo. Schön ist der einzige, von dem ich annehme, daß er eine Chance hat, damit fertigzuwerden. Wir können nicht wagen, dieses Band auf dem Makroskop noch einmal anzustellen, bevor das geklärt ist, und wenn etwas davon auch in den benachbarten . . .«

»Ich sagte nicht niemals. Ich sagte nein – nicht jetzt. Ich habe noch nicht genug Informationen. Ich würde mir zunächst gern diese ›Ausfälle‹ ansehen. *Und* diese angeblich das Bewußtsein zerstörenden Programme. Dann werde ich darüber nachdenken.«

»Die Ausfälle, sicher. Programme, nein.«

»Ich habe einen Vorschlag, Brad. Wie wäre es, wenn du mir gestatten würdest, die Sache auf *meine* Weise anzugehen?«

Brad seufzte, verbarg seine Enttäuschung durch scheinbare Unbekümmertheit. »Wie du es immer getan hast, Junior. Du bist der sturste Sterbliche, den ich kenne. Wenn du nicht mein einziger Schlüssel zu Schön wärst . . .«

Es war nicht verletzend gemeint. Sie kannten beide den Grund für diese Sturheit.

2

Afra Summerfield wartete an der Torus-Luftschleuse auf sie. Sie sagte zu Brad, als er seinen Helm abnahm: »Kovonov will dich sofort sprechen.«

Brad wandte sich an Ivo. »Dieser Russe unterhält sich nicht zum Vergnügen mit einem. Es liegt Ärger in der Luft, vermutlich politisch und vermutlich amerikanisch, sonst würde er nicht nach mir rufen. Ich muß mich auf den Weg machen. Du hast sicher nichts dagegen, wenn ich dich Afra überlasse?« Er war aus seinem Anzug heraus und schon unterwegs, während er noch sprach.

Wer war dieser Kovonov, daß Brad es so eilig hatte?

Ivo sah Afra an und fand sie so umwerfend wie zuvor. Sie trug einen blauen Overall mit einem dazu passenden Band, das ihr Haar zurückhielt, und beides paßte fast zu ihren hellen Augen. Die erstaunlichen Enthüllungen im Zusammenhang mit dem Makroskop hatten seine Gedanken eine Stunde lang von ihr ferngehalten, aber jetzt war er erneut hingerissen.

»Laß dir ruhig Zeit!« rief er Brad großmütig nach, doch dieser war bereits im Lift verschwunden. Afra lächelte flüchtig, und auf ihren Wangen zeigten sich Grübchen, die sie noch hinreißender machten.

»Ich glaube, ich zeige dir erst einmal den Gemeinschaftsraum«, sagte sie. »Er wird dort zuerst nach uns sehen, wenn er wiederkommt.«

Allein der Gedanke, sie irgendwohin zu begleiten, unter welchem Vorwand auch immer, erregte ihn. Die unsichere Zukunft der Menschheit trat in den Hintergrund, während sich Afra in den Vordergrund schob. Im Augenblick gehörten sie und ihre Aufmerksamkeit ihm, so zufällig diese Verbindung auch sein mochte. Es war bereits ein Vergnügen, neben einem so schönen Mädchen zu gehen, und er hoffte, daß sie noch einen langen Weg vor sich hatten.

»Wirst du uns helfen, Ivo?« verlangte sie zu wissen.

»Was hat Brad über mich gesagt?« fragte er zurück. Aus der Nähe war ihr Parfüm wie der Duft einer sich öffnenden Rose.

Sie führte ihn zum Lift, der inzwischen wieder zurückgekehrt war. »Nicht viel, wie ich zugeben muß. Nur, daß du ein Freund von einem der Projekte bist, und daß er dich braucht, um mit einem anderen Freund von einem anderen Projekt in Verbindung zu kommen, einem gewissen Shane.«

Er hatte vorher nicht bemerkt, wie klein diese Aufzugkabinen waren. Sie mußte gezwungenermaßen sehr dicht neben ihm stehen, so daß ihre rechte Brust seinen Arm berührte. *Es ist nur unsere Kleidung, die sich berührt,* sagte er sich krampfhaft und verbesserte sie: »Du meinst Schön, mit Umlaut O. Das deutsche Wort für ›gutaussehend‹, ›ästhetisch‹.«

»Ach, natürlich!« rief sie. »Daß ich nicht selbst darauf gekommen bin? Dabei spreche ich Deutsch, von klein auf.«

Sie war noch immer ein kleines Mädchen. Er suchte nach einer Möglichkeit, die Unterhaltung in Gang zu halten. »Sprichst du noch andere Sprachen?« fragte er. *Infantil!*

»O ja, natürlich. Die meisten indo-europäischen Sprachen – Russisch, Spanisch, Französisch, Persisch – aber ich arbeite jetzt an Arabisch und Chinesisch, erst einmal an der geschriebenen Form des Chinesischen, da es so viele gesprochene Formen eröffnet. Ich komme mir so beschränkt vor, wenn mich Brad mit Melanesisch oder einem Alonquin-Dialekt aufzuziehen versucht. Ich hoffe, du bist nicht auch einer dieser perfekten Linguisten . . .«

»Ich bin in der Schule wegen Latein sitzengeblieben.«

Sie lachte.

Ivo versuchte die emotionale Reaktion, die ihm widerfuhr, vom intellektuellen Gehalt ihrer Unterhaltung fernzuhalten; zu leicht konnte ihm eine Freudsche Fehlleistung unterlaufen. »Das stimmt tatsächlich. ›Schön‹ ist das einzige Wort einer anderen Sprache, das ich kenne.«

Sie sah ihn verwundert an. »Ist es – ein Gedankenblock? Du bist doch sicher auch Spezialist auf einigen Gebieten, aber nicht in ...«

Der Lift hielt, und ihre Brust löste sich von seinem Arm. Sie stiegen in einen Wagen. Jetzt war es ihr Schenkel, gegen den seinen gedrückt, der ihn ablenkte. Ahnte sie wirklich nichts von den Verwüstungen, die sie entlang seiner Nervenbahnen anrichtete? »Ich nehme an, Brad hat dir in dieser Hinsicht nichts gesagt. Ich bin kein Genie. Ich *bin* ziemlich gut in bestimmten Denkweisen, in der Art, wie manche Schwachsinnige komplizierte mathematische Probleme im Kopf lösen oder meisterlich Schach spielen können – aber abgesehen davon bin ich ziemlich durchschnittlich. Du hast wahrscheinlich angenommen, ich wäre wie Brad, was?«

Sie errötete. »Das habe ich wohl tatsächlich, Ivo. Entschuldige. Ich habe so viel über Schön gehört; dann kamst du ...«

»Was hat er dir über Schön erzählt?«

»Das würde schon ein kleines Lexikon füllen. Wie bist du ihm eigentlich begegnet, Ivo?«

»Schön? Ich bin ihm nie begegnet.«

»Aber ...«

»Du weißt über die Projekte Bescheid? Und darüber, daß er ...«

Sie sah weg, und ihr Pferdeschwanz berührte einen Augenblick lang sein Gesicht. Sollte sie absichtlich flirten? Nein, sie verhielt sich ganz natürlich; *er* war es, der überreizt wie ein Schuljunge reagierte. »Ja«, sagte sie. »Brad hat mir auch davon erzählt. Daß Schön in dieser – Freie-Liebe-Gemeinschaft war. Nur ...«

»Und du darfst mir glauben, ich habe nicht mit ihm zusammen gewohnt.«

»Ja, das wußte ich. Aber warum bist du der einzige, der weiß, wo er zu finden ist?«

»Das bin ich nicht. Brad weiß es. Auch andere Mitglieder des Projekts wissen es, obwohl sie nie darüber sprechen.«

Diesmal errötete sie vor Ärger, und er spürte die wütende Anspannung ihrer Beinmuskeln. *Sie haßt es, getäuscht zu werden.*

»Brad sagte mir, du wärst der einzige, der ihn herbeirufen könnte!«

»Das ist eine Art – Vereinbarung, die wir getroffen haben.«

»Brad weiß, wo Schön ist, aber er will nicht selber gehen, um ihn zu holen? Das hört sich nicht an wie ...«

»Brad selbst kann nicht gehen. Ich glaube, man könnte mich als Vermittler betrachten oder als persönlichen Sekretär. Ein Antwortdienst: das kommt der Sache am nächsten. Es ist einfach so, daß Schön mit niemandem in Verbindung tritt, solange ich die Sache nicht handhabe. Er gibt sich nicht mit Dingen ab, die keine hinreichende Herausforderung für ihn bedeuten.«

»Eine fremde Waffe, die unsere ganze Forschung gelähmt hat — ist das nicht genug?«

Also wußte sie, was Brad ihm gesagt hatte. »Da bin ich nicht so sicher. Schön ist ein Genie, mußt du wissen.«

»Das hat mir Brad auch schon des öfteren gesagt. Ein IQ, der nicht mehr meßbar ist, und dabei völlig amoralisch. Aber dies *ist* zweifellos ein Grund, ihn zu rufen!«

»Das zu entscheiden, bin ich hier.«

Sie erreichten den Gemeinschaftsraum: ein großer Raum mit fast normaler Erdschwerkraft, mit bequemen Stühlen und einigen Spieltischen. Ivo fragte sich, wie es sein mochte, Billard oder Tischtennis bei geringer Schwerkraft zu spielen. Neben dem Eingang hingen verschiedene Rahmen, Spielanzeigen, Leitern mit austauschbaren Stufen. Jedes Stufenbrett war mit einem Namen versehen.

»Wer ist Blank?« fragte er, als er den obersten Namen auf der ersten Leiter gelesen hatte.

»Das ist ein richtiger Name«, sagte sie. »Fred Blank, einer der Wartungsarbeiter. Er ist ein meisterlicher Tischtennisspieler. Ich glaube nicht, daß diese Leute . . . ich meine, dieser Raum ist für die Wissenschaftler, die Akademiker, um sich zu entspannen.«

»Und die Wartungsarbeiter brauchen sich nicht zu entspannen?«

Sie wirkte ein wenig nervös. »Dort sitzt Fred, der mit der Zeitschrift.«

Er war Neger, hatte einen Arbeitsoverall an und ungekämmte Haare. Neben ihm saß ein weißer Wissenschaftler, ein hochgewachsener, sichtlich umgänglicher Typ. Beide wirkten erhitzt; offenbar hatten sie soeben ein Spiel beendet. Ivo hatte den Eindruck, daß die Anwesenheit des Wartungsarbeiters nur Afra störte, und das verriet ihm etwas über sie wie auch über die übrige Besatzung der Station. Die Wissenschaftler respektierten Können, wo immer sie es fanden; Afra sah es anders. Vermutlich neidete der Wissenschaftler Blank in diesem Augenblick sein Geschick im Umgang mit dem Schläger, ohne an so irrelevante Dinge wie Bildung oder Herkunft auch nur zu denken.

Im Mittelpunkt des Raums stand ein Sockel, auf dem in Augenhöhe ein schimmerndes Modell befestigt war. Ivo blieb davor stehen, um die ehrwürdige Konstruktion näher zu betrachten. Es war das

Spielzeugmodell eines Schaufelraddampfers, wie aus einem Bilderbuch, mit einem netten kleinen Schaufelrad. Der Führerstand war mit Schindeln gedeckt, wie das Dach eines rustikalen Landhauses, mit einem schwach durchhängenden Giebeldach und einem leuchtenden Halbmond auf der Tür. Am Bug des Schiffs befand sich eine Kugel von der Größe einer Murmel, die so fein gearbeitet war, daß er den genauen Umriß des nordamerikanischen Kontinents erkennen konnte, der in die Oberfläche dieses kleinen Globus eingeritzt war.

Der Sockel trug die Schmuckbuchstaben SDPS.

»Was heißt das?«

Afra wirkte erneut verlegen. »Brad nennt es die ›Platinveredelte Geheimschatulle‹«, murmelte sie leise, obwohl niemand in der Nähe war. »Das ist sie wirklich. Ich meine, platinveredelt. Er — hat das Ding entworfen, und die Werkstatt hat es hergestellt. Die Leute hier scheinen es zu verstehen und zu schätzen.«

»Aber diese Buchstaben. SDPS. Die stehen doch sicher nicht für . . .«

Sie errötete leicht, und er mochte sie dafür, spürte eine Gemeinsamkeit, obwohl ihre Ansichten in anderer Hinsicht weit auseinandergingen. »Da solltest du ihn selber fragen.« Sie wechselte abrupt das Thema. »Wir reden hier über unwichtige Dinge und denken gar nicht an dich. Woher kommst du, Ivo? Wohin bist du gegangen, nachdem du das Projekt verlassen hast?«

»Ich bin die meiste Zeit in Georgia herumgereist. Alle, die am Projekt teilgenommen hatten, haben eine Pension erhalten, und zwar so lange, wie sie es brauchten. Es ist nicht viel, aber ich brauche auch nicht viel.«

»Das ist interessant. Wußtest du, daß ich in Macon geboren bin? Georgia ist meine Heimat.«

Macon! »Das wußte ich *nicht.*« Und doch, irgendwie *hatte* er das gewußt.

»Aber was hat dich an dieser Gegend so interessiert? Kennst du jemanden dort?«

»So ungefähr.« Wie konnte er zehn Jahre scheinbaren Nichtstuns erklären, in denen er den Wegen eines Sohnes von Georgia nachgegangen war?

Sie bohrte nicht nach. »Ich sollte dir noch das Krankenrevier zeigen; Brad hat es erwähnt; ich nehme an, damit du in der Lage bist, es Schön genau zu beschreiben.«

Sie bewegten sich weiter. Ivo fragte sich, was an der Krankenstation so wichtig sein mochte, aber er begnügte sich damit, auf ihre Erklärung zu warten. Er brachte mit jedem Augenblick mehr in Erfahrung und positiv oder negativ, er wollte Erfahrungen sammeln.

»Eines verstehe ich nicht«, kam Afra auf ihre Unterhaltung zurück. »Warum war Schön in diesem anderen Projekt? Er hätte doch bei Brad sein sollen.«

»Er hat sich versteckt. Kennst du die Parabel von den guten Fischen?«

»Den guten *Fischen?«* Sie hob fragend die Augenbrauen, eine reizende Geste bei ihr.

»Von den guten Fischen, die der Fischer in seinem Netz fing und im Boot sammelte, während er die schlechten wieder zurückwarf. Matthäus 13, Vers 48.«

»Ach so. Ja, natürlich. Was bedeutet das?«

»Angenommen, du wärst einer der Fische in diesem See, zu welcher Sorte würdest du lieber gehören?«

»Natürlich zu den guten. Die Moral dieser Geschichte besagt doch, daß die guten Menschen Gottes Gefallen finden, während die schlechten untergehen werden.«

»Aber was *geschieht* tatsächlich mit den guten Fischen?«

»Nun, sie werden zum Markt gebracht und ...« Sie hielt inne. »Jedenfalls finden sie eine nützliche Verwendung.«

»Während die schlechten Fische weiterhin im See herumschwimmen, wie sie es immer taten, weil kein Fischer sie haben will. *Ich* wäre lieber einer von ihnen.«

»Zugegeben, wenn man es so sieht. Aber was hat das zu tun mit ...« Sie brach erneut ab. »Was haben sie mit den Genies in Brads Projekt gemacht?«

»Nun, damit hatte ich nichts zu tun. Aber ich könnte mir denken, daß Schön sein eigenes Leben leben wollte, ohne ständig von Experimentatoren überwacht zu werden. Also versteckte er sich dort, wo sie ihn niemals finden würden. Ein schlechter Fisch.«

»Brad hatte keinen Ärger. Ich weiß, daß er sie nur wenig mehr getäuscht hat als mich. Er ist weit intelligenter, als er zugibt.«

Ivo erinnerte sich, daß Brad sich ihr mit einem IQ von 160 vorgestellt hatte. »Tatsächlich? Er ist mir eigentlich immer ziemlich normal vorgekommen.«

»Das ist seine Art. Er kommt mit jedem zurecht, und man muß ihn wirklich erst kennenlernen, um zu begreifen, was sich an Tiefgang und Schlauheit dahinter verbirgt. Er war der große Erfolg des Projekts – aber das weißt du ja. Auch wenn er selbst die Behauptung aufstellt, daß er im Vergleich zu Schön einfach blöd ist. Ich habe eine Zeitlang angenommen, daß er Schön nur zu meiner Unterhaltung ausgedacht hätte; aber seit dieser Krise . . .«

»Ja. So ähnlich erging es mir auch. Aber ich *muß* jetzt an Schön glauben, so liebend gern ich alles über ihn vergessen möchte, oder es hat keinen Sinn mehr, daß ich mich weiterhin hier herumtreibe.«

Sie lächelte. »Ich würde dir jetzt empfehlen, kein Selbstmitleid zu empfinden, wenn es mir nicht oft genug ebenso erginge. Niemand kommt sich gerne blöd vor, aber bei Brad . . .«

»Ja«, sagte er nur.

Sie betraten die Krankenstation. Die üblichen aseptischen Gerüche schlugen ihnen entgegen, die gewohnte Aura fleckenloser Niedergeschlagenheit. »Das sind sie – die Fünf«, sagte sie, indem sie ihn zu einer Reihe von sitzenden Männern führte. »Dr. Johnson, Dr. Smith. Dr. Sung, Dr. Mbsleuti und Mr. Holt. Alles angesehene Astronomen und Kryptologen.«

»Johnson? Holt? Sung? Diese Namen habe ich schon einmal gehört.«

»Ja, Brad hätte sie wohl erwähnt, wenn sie dir nicht schon bekannt gewesen wären. Die bedeutendsten Planeten, die sie entdeckten, wurden nach ihnen benannt. Hat Brad erklärt . . .?«

»Er hat mir einige Planeten gezeigt. Ich habe nicht geahnt – nun, das macht nichts. Ich weiß es jetzt.«

Er wandte sich den sitzenden Männern zu. Dr. Johnson war ein Mann um die sechzig, der entfernt einem Heiligen ähnlich sah, mit dichtem weißen Haar, buschigen Augenbrauen und tiefen Linien um die Augen herum. Sein Blick war direkt und zwingend, aber unbeweglich, als konzentriere er sich auf etwas Jenseitiges und Unfaßbares.

»Doktor«, sagte Ivo, während er näher trat. Ich habe Ihren Planeten sehr bewundert, mit seinen Nudelpflanzen und gelben Bäumen.«

Die ruhigen grauen Augen veränderten sich. Das feste Kinn sank nach unten; nach ein oder zwei Sekunden teilten sich die Lippen. »Hm-hm-hm«, sagte Johnson. Etwas Speichel rann ihm aus dem Mundwinkel.

»Hallo«, sagte Afra laut. »Hal-lo.«

Johnson lächelte, ohne den Mund zu schließen. Es roch ein wenig nach Exkrementen.

»Das ist es, was er zu sagen versuchte«, erklärte Afra. »Hallo. Er war immer sehr höflich.« Sie zog die Nase hoch. »O je. Pfleger!«

Ein in Weiß gekleideter junger Mann erschien. »Ich werde mich darum kümmern, Miß Summerfield«, sagte er. »Sie sollten jetzt vielleicht besser gehen.«

»Ja.« Sie führte Ivo wieder aus dem Krankenrevier hinaus. »Sie haben nicht mehr viel Kontrolle über sich«, sagte sie. »Wir müssen bei ihrer Erziehung wieder ganz von vorn beginnen. Aber bis jetzt haben wir noch nicht in Erfahrung bringen können, inwieweit sie sich überhaupt wieder erholen werden. Es ist wirklich furchtbar, was mit ihnen geschehen ist, und wir wissen noch immer nicht . . .«

Brad kam ihnen mit schnellen Schritten entgegen geeilt. »Krise«, sagte er, während er sich ihnen anschloß. »Ein amerikanischer Senator kommt, und noch dazu ein ziemlich sturer. Jemand hat ihm etwas von dem Bewußtseinsvernichter geflüstert, und er will die Sache untersuchen.«

»Ist das schlecht?« fragte Ivo.

»Wenn man in Betracht zieht, daß wir bis jetzt noch niemanden außerhalb der Station informiert haben, ja«, erklärte Brad. »Laß dich nicht von unserer Offenheit dir gegenüber täuschen, Ivo. Es ist eine streng geheime Sache. Wir haben Berichte von allen fünf Opfern gefälscht, damit ihr Verschwinden nicht auffällt, bevor wir über den toten Punkt hinausgelangen. Bevor wir die Sache nicht gelöst haben, verläßt niemand die Station – soll heißen, niemand, der davon weiß.«

»Was ist dann mit dem Mann, der mich hergebracht hat? Groton?«

»Er kann seinen Mund halten. Außerdem wußte er zu diesem Zeitpunkt nur, daß ich dich brauchte, wo du zu finden warst, und was er zu dir sagen sollte, wenn er dich unter vier Augen erwischte.«

Das erklärte die Heimlichtuerei. Groton hatte ihn nicht in der Öffentlichkeit kontaktieren wollen, obwohl ihm schließlich doch nichts anderes übriggeblieben war.

»Aber hüte dich davor, ihn falsch einzuschätzen«, sagte Afra. »Harold und Beatrix sind sehr freundliche und umgängliche Leute.«

Sollte das heißen, daß Groton verheiratet war? Das hatte Ivo nicht vermutet. Es bewies erneut, wie falsch erste Eindrücke sein konnten.

»Das also ist die Situation«, sagte Brad, der sie in seinen Raum führte. »Senator Borland ist unterwegs. Er bringt garantiert Ärger 1. Klasse. Borland ist das erstemal gewählt worden, aber er ist bereits geschickt dabei, überregionale Popularität zu erwerben, und er ist rücksichtslos. Er ist alles andere als dumm; es ist sogar gut möglich, daß er intelligent genug ist, um auch von der Vernichtungssequenz erfaßt zu werden. Auf jeden Fall wird er die Schau sehen wollen, und er wird uns die Hölle heiß machen, wenn wir ihn mit etwas anderem abzuspeisen versuchen.«

»Aber du kannst ihm doch das Vernichtungsprogramm nicht zeigen!« rief Afra entsetzt.

»Wir können ihn nicht daran hindern, wenn er es unbedingt will – und er will tatsächlich. Er weiß, daß er einer ganz großen Sache auf der Spur ist, und er will weltweite Schlagzeilen machen, bevor er uns fertigmacht. Kovonov hat es mir unmißverständlich klargemacht: Borland ist Amerikaner, also ist er mein Baby. Ich muß ihn irgendwie außer Gefecht setzen, bis wir das Programm geknackt und unter Kontrolle gebracht haben, oder alles hier wird in die Luft gehen.«

»Wann wird er ankommen?« fragte Ivo.

»In sechs Stunden. Wir haben den Hinweis erst bekommen, als er gestartet ist, und wir haben bis jetzt gebraucht, um seine Absichten herauszufinden. Er ist ein wirklich altmodisches Großmaul, aber er kann ein Geheimnis für sich behalten, wenn sich das für ihn auszahlt, und er ist kein politischer Amateur. Er hat das offenbar schon seit einiger Zeit vorgehabt, und jetzt kommt er, um uns zu melken – durch uns stimmenfördernde Popularität zu gewinnen.«

»Warum sollen wir ihm dann nicht die Wahrheit sagen? Wenn er soviel Verstand hat, dann sollte er doch auch bereit sein, etwas Konstruktives für seine Stimmen zu leisten, anstatt . . .«

»Die Wahrheit ohne die Lösung wäre unser Ende – und könnte Borland zum nächsten Präsidentschaftskandidaten seiner Partei machen. Schlagt euch das aus dem Kopf. Er ist nicht an *unserem* Wohlergehen interessiert, oder an der Zukunft der Raumforschung. Er würde mit Freuden den Ruhm auf sich nehmen, Amerika aus dem Makroskop-Projekt herausbefördert zu haben.«

»Aber die anderen Nationen der Welt würden es weiterführen, oder nicht? Steht es nicht nominell unter UN-Kontrolle?«

»Mehr als nominell. Das könnten sie tatsächlich – und in diesem Fall wären wir binnen kurzem eine ausrangierte Macht, sowie weitere Durchbrüche wie etwa der Hitzeschild erreicht werden. Amerika könnte technologisch niemals mithalten, wenn für die anderen die fremde Wissenschaft verfügbar wird, von der wir wissen, daß es sie gibt. Oder – das Makroskop-Projekt würde zum Scheitern gebracht durch die Furcht vor einem rätselhaften Todesstrahl aus dem All. Die durchschnittliche Bevölkerung hegt ein grundsätzliches Mißtrauen gegenüber den fortgeschrittenen Raumwissenschaften; vielleicht, weil sie nicht den alten Space-Opera-Vorstellungen entsprechen. Die Leute könnten vielleicht die Vorstellung von Astronauten akzeptieren, die furchtlos in ihren Raketen durch den Weltraum rasen, aber die dünne Höhenluft der relativistischen Kosmologie und der Quantenphysik . . .«

»Warum geben wir dem Senator nicht einfach, was er will – einen Blick auf die Sequenz, wenn es so weit kommt?«

»Was hätten wir damit gewonnen? Entweder würde es ihn gar nicht erreichen, was er wohl als ›Beweis‹ dafür betrachten würde, daß wir die weltberühmten Wissenschaftler mit weit weniger exotischen Mitteln fertiggemacht hätten als behauptet – natürlich würde er eine internationale Verschwörung wittern – oder es würde ihn treffen. Dann hätten wir fünf Wissenschaftler *und* einen US-Senator zu erklären.«

Ivo zuckte die Achseln. »Ich schätze, dann steckt ihr ganz schön in der Klemme.«

»Unsere einzige Chance besteht darin, den Fall zu knacken, bevor er hier eintrifft. Deshalb sind wir jetzt auf Schön noch dringender angewiesen.«

»Wir haben nicht mehr genug Zeit, ihn von der Erde zu holen«, bemerkte Afra.

Brad gab keine Antwort.

»Ich bin ohnehin nicht sicher, ob Schön zu helfen bereit wäre«, sagte Ivo. »Vielleicht wäre ihm Amerika egal, vielleicht auch das Makroskop.«

»*Was* ist ihm eigentlich nicht egal?« verlangte Afra zu wissen.

Brad schnitt jede mögliche Antwort ab. »Legen wir eine Pause ein. Wir führen uns so auf, als wäre niemand sonst in der Station betroffen.«

Afra wollte protestieren, aber er legte nur seinen Finger auf ihre Lippen und zwang sie damit zum Nachgeben. Ivo sah, daß sie von Brad akzeptierte, was sie sich von niemand anderem hätte bieten lassen. Und im Grund war ihr Einwand vernünftig. Brad hatte ihnen eine Bombe mit einem Sechs-Stunden-Zünder in den Schoß geworfen und sodann eine Pause ausgerufen, als ob die Angelegenheit völlig gleichgültig wäre. Wie konnte dieses geistvolle Geschöpf ahnen, daß Brad bereits sein Möglichstes getan hatte, um die Kavallerie zu rufen, oder daß die empfohlene Unterbrechung nicht das geringste mit Lässigkeit zu tun hatte, wie es dem Anschein nach hätte sein können. Dennoch vertraute sie ihm blindlings.

Ein Mädchen wie dieses zu haben . . .

Die ›Pause‹ fand in Form eines gepflegten Essens mit den Grotons statt. Ivo hatte angenommen, daß Harold Groton ein Ad-hoc-Botschafter war, und mußte seinen Eindruck von dem Mann erneut korrigieren. Brads Geschmack war immer gut, auch in bezug auf seine Freunde.

Beatryx, Harolds Frau, war eine dickliche, freundliche Frau in den Vierzigern, blond und mit hellen Augen, aber physisch war sie vermutlich niemals reizvoll gewesen. Ihr Apartment war in einer unaufdringlichen Weise geschmackvoll und ließ erkennen, daß seinen Bewohnern die Bequemlichkeit wichtiger war als die äußere Erscheinung, ganz im Gegensatz zu dem, was Afras Wohnung aussagte.

Ivo hatte den Eindruck, sich in einer Wohnung auf der Erde zu befinden, und er nahm fast an, eine Straße oder einen Hof erblicken zu müssen, wenn er aus dem Fenster sah. Wenn er ein Fenster hätte finden können.

Er fand etwas Besseres. Die Grotons wohnten am Rand des Torus, wo die Seitenwände auf die Ringfläche trafen. Die ringförmige Station war mit ihrer flachen Seite zur Sonne hin orientiert, so daß eine Wand ständig dem Licht zugewandt war, während die andere im Schatten blieb. Das hier war die dunkle Seite. Und sie hatte eine große Sichtluke, durch die man direkt in die Nacht des Raums hinausschauen konnte.

»Es wechselt mit den Jahreszeiten«, erklärte Brad, dem nicht entgangen war, worauf sich seine Aufmerksamkeit gerichtet hatte. »Technisch gesehen, ist die Station ein Planet, und sie hat einen Jahreszyklus. Sie rotiert, um ihren Bewohnern Schwerkraft zu verschaffen, und diese Rotation bewirkt zugleich gyroskopische Stabilität. Die Station behält ihre Ausrichtung in einem absoluten Sinn bei, während sie die Sonne umkreist, wodurch ihr Tag siderisch ist. In drei Monaten wird hinter dieser Luke Zwielicht herrschen, und in sechs Monaten wird es erforderlich sein, sich mit starken Filtern vor der grellen Sonne zu schützen.«

Ivo blickte hinaus zu den unwirklich beständig leuchtenden Sternen dieser arktischen Nacht. »Sie bewegen sich!« rief er, um sich dann wie ein Narr vorzukommen. Natürlich schienen sie sich zu bewegen; der Torus drehte sich, wodurch der Himmel, wie er durch dieses Fenster gesehen wurde, sich alle paar Minuten einmal mitdrehte, als wäre er an einem kosmischen Rad befestigt. Es waren die gleichen Sterne und Sternbilder, die er vom Makroskop-Gehäuse aus gesehen hatte, aber diese Lukenaussicht veränderte seine Perspektive vollkommen. Es war — im wörtlichen Sinn — ein schwindelerregender Anblick.

Sie alle lächelten. »Es ist schwer zu glauben, daß all diese Sterne wie nach einer großen Explosion auseinanderstreben«, sagte er dann etwas schwerfällig.

»Die meisten, die du siehst, nicht«, sagte Afra. »Sie gehören zu unserer Galaxis, einer vergleichsweise stabilen Einheit. Selbst die anderen Galaxien unserer Gruppe halten so ziemlich ihre Positionen.«

Ivo begriff, daß er von einer Banalität in eine noch schlimmere gestolpert war. Doch Beatryx kam ihm zufällig zur Rettung. »Oh«, sagte sie. »Ich dachte, alle Galaxien trieben mit furchtbarer Geschwindigkeit voneinander weg. Wegen diesem großen Krach.«

»Dem sogenannten großen Knall«, korrigierte Brad, diesmal ohne zu lächeln. »Du hast recht, Tryx. *Gruppen* von Galaxien bewegen sich auseinander, oder zumindest sieht das von unserem Standpunkt so aus. Aber das dürfte ein vorübergehendes Stadium sein, und die Umkehrung dürfte bereits beginnen, da unser Universum begrenzt ist und nicht über den berechenbaren Gravitationsradius hinausgeht. Noch ein paar Jahre der Beobachtung mit dem Makroskop, und wir werden eine bessere Vorstellung davon haben. Vorausgesetzt, wir werden mit den galaktischen Störungen fertig.«

»Umkehrung?« fragte Beatryx besorgt. »Du meinst, alles fängt an, sich *aufeinander zu* zu bewegen?«

»Ich fürchte, ja. Es wird dann wohl zu einem ziemlichen Gedränge kommen.«

»Oh«, sagte sie bekümmert.

»Ja, in fünf oder sechs Milliarden Jahren könnte der Tanz wirklich losgehen.«

Brad zog sie auf, und zwar ein wenig zu grausam, wie es Ivo erschien. Jetzt war er an der Reihe, ihr zur Rettung zu kommen. »Was ist mit diesen galaktischen Störungen? Du meinst doch nicht das . . .«

»Nein, nicht das Vernichtungsprogramm. Das ist eine weniger aufregende Sache. Innerhalb der Galaxis ist die Reichweite des Makroskops in jeder Hinsicht unbegrenzt — aber es sieht so aus, als könnten wir keine vernünftigen Bilder aus anderen Galaxien empfangen. Das heißt, keine Bilder natürlichen Ursprungs. Nichts als ein wirres Durcheinander, das schwächer und stärker wird. So sind unsere Teleskope im Entfernungsbereich von Millionen und Milliarden Lichtjahren noch immer überlegen.«

»Das Große Auge und das Große Ohr sind auf die Entfernung besser als die Große Nase«, bemerkte Ivo.

»Wir sind jedoch zuversichtlich, daß die Fortschritte unserer Kunst die Schnüffelfähigkeiten des Makroskops erheblich verbessern werden.«

»Bis dahin werdet ihr wohl mit unserer bescheidenen Galaxis vorlieb nehmen müssen«, sagte Ivo. »Mit hundert Milliarden oder noch mehr Sternen, die in drei oder vier Dimensionen zu erschnüffeln sind.«

»Und jeden Planeten und jedes Staubkorn, wenn wir die Zeit dazu haben«, stimmte Brad zu. »Wir können praktisch alles ins Blickfeld bekommen – genügend Makroskope und Leute zu ihrer Bedienung vorausgesetzt.«

»Vier Dimensionen?« Beatryx war wieder an der Reihe.

»Raum-Zeit-Kontinuum«, sagte Brad. »Oder, in menschlichen Begriffen, unser altes Problem der Zeitreise. Je weiter der Stern, den wir sehen, entfernt ist, desto älter ist unser Bild von ihm, der Zeit wegen, die die Makronen benötigen, um zu uns zu gelangen. Das macht nicht viel aus, wenn wir auf der Erde schnüffeln, weil die Verzögerung dann nur fünf Sekunden beträgt. Der ganze Durchmesser unseres Sonnensystems macht nur ein paar Lichtstunden aus. Aber Alpha Centauri ist vier Jahre entfernt, und ein interessantes Ungeheuer wie Beteigeuze bereits dreihundert. Diese zivilisierte Art auf Sung, die Probs, die ich Ivo heute gezeigt habe, ist zehntausend Jahre entfernt. Also wäre unsere galaktische Karte bereits in dem Augenblick, in dem wir sie anfertigen, um einen veränderlichen Faktor bis zu siebzigtausend Jahren überholt. Wir wären hoffnungslos verloren, würden wir diese zusätzliche Dimension der Zeit ignorieren.«

»Verstehe«, sagte Ivo.

»Selbst wenn wir über eine Form der augenblicklichen Fortbewegung verfügten – aber das ist nicht in den Karten, paßt nicht in das Gerüst unserer Wirklichkeit –, dann würde es uns immer noch beträchtliche Schwierigkeiten bereiten, diese Sung-Zivilisation zu besuchen, vorausgesetzt, daß sie überhaupt noch existiert«, fuhr Brad fort. »Wir müßten voraussetzen, daß unsere Augenblick-Methode auf einem Stillstand des Universums beruht, und genau da liegt der

Hase begraben. Unsere Galaxis bewegt sich und rotiert mit beträchtlicher Geschwindigkeit. Ein dreißigtausend Lichtjahre entfernter Stern befände sich nirgendwo nahe den Koordinaten unserer Karten – selbst wenn sie gemäß unserem gegenwärtigen Bezugssystem vollkommen genau wären.«

»Warum könnte man sich dann nicht an der Galaxis orientieren?« erkundigte sich Ivo. »Die Sterne innerhalb der Milchstraße sind doch ziemlich stabil im Verhältnis zueinander, oder nicht?«

»Zu leicht, Ivo. Das würde heißen, die galaktische Rotation zu ignorieren, und das geht nicht. Du springst dreißigtausend Lichtjahre auf das galaktische Zentrum zu und trägst einen ziemlichen Energieüberschuß mit dir. Das Drehmoment muß erhalten werden. Es ist wie die Corioliskraft oder das Ferrelsche Gesetz auf der Erde. Du . . .«

»Darf ich?« erkundigte sich Harold Groton und unterbrach damit auf höfliche Weise. »Ich habe mir diese Frage auch schon gestellt. Ivo, hast du jemals so ein lärmendes Spielzeug gehabt, das man am Ende seiner Schnur kreisen läßt?«

»Nein, aber ich weiß, was du meinst.«

»Und du weißt, was passiert, wenn du die Schnur kürzer machst?«

»Es surrt doppelt so schnell herum.«

»Und genau das passiert, wenn man in das Zentrum einer wirbelnden Galaxis hineinstößt.«

»*Wenn* augenblickliche Beförderung möglich wäre«, sagte Brad. »Aber das Problem ist akademischer Natur, also macht es auch kaum etwas aus, wenn unsere Karten überholt sind, noch bevor wir sie fertiggestellt haben.«

Das Essen war vorüber, und Ivo stellte fest, daß es ihm wohl bekommen war, ohne daß er überhaupt darauf geachtet hatte, was es eigentlich gewesen war. Schokoladekuchen als Nachtisch, und . . .

»Komm schon, Bradley«, sagte Groton. »Entspanne deine überschweren Gedanken mit einem *Sprouts.*«

Und ein leichter Weißwein, und . . .

Brad lachte. »Du gibst niemals auf. Warum versuchst du es nicht mit Ivo?«

Groton wandte sich an Ivo. »Kennst du das Spiel?«

»Und Kartoffelpüree . . .«, sagte Ivo laut, um sogleich zu erröten, als sie ihn alle verwundert anstarrten. Er mußte sich endlich bemühen, seine Gedanken zusammenzuhalten! »Ach, das Spiel. Ich glaube nicht, da ich nicht weiß, wovon du redest.«

Afra wirkte wieder etwas ruhelos, und jetzt begann sich auch

Ivo zu wundern. Brad *wußte,* daß ihm Schön bei der kommenden Auseinandersetzung mit der Bürokratie nicht beistehen würde. Warum bestand er dann auf diesen läppischen Party-Spielereien? Es kostete nur wertvolle Zeit. Warum bereitete Brad nicht alles vor, um den Senator abzulenken und die Katastrophe zu verschieben?

Dennoch, was konnten sie schon anderes tun, als eben mitzuspielen? Brads Gedanken waren weit subtiler, als die meisten Leute vermuteten, und er wich niemals vor einem Problem zurück.

Groton brachte ein Blatt Papier und zwei Schreibstifte. »Sprouts ist ein intellektuelles Spiel, das seit vielen Jahren eine ungeheure Popularität unter Wissenschaftlern genießt. Es gibt verschiedene Varianten, aber wir werden diesmal bei der ursprünglichen Version bleiben; sie ist noch immer die beste.« Er malte drei Punkte auf das Papier. »Die Regeln sind einfach. Man braucht nur die Punkte zu verbinden. Hier, ich fange damit an.« Er zog eine Linie zwischen zwei Punkten und fügte dann einen neuen Punkt in der Mitte dieser Linie hinzu. »Jedesmal kommt ein neuer Punkt hinzu, siehst du. Jetzt kannst du zwei beliebige Punkte verbinden oder einen Bogen ziehen, der zum gleichen Punkt zurückführt, um dann deine Linie mit einem neuen Punkt zu versehen. Du darfst dabei keine Linie und keinen Punkt überqueren, oder eine Linie zu einem Punkt führen, von dem bereits drei Linien ausgehen. Die neuen Punkte auf den Linien haben immer bereits zwei Verbindungen, wie du siehst, können also nur noch einmal benutzt werden.«

»Scheint mir ziemlich einfach zu sein. Und wie wird man eigentlich Gewinner?«

»Gewinner ist, wer den letzten Zug hat, bevor die Punkte ausgehen. Da bei jeder Runde zwei aufgebraucht werden, aber nur einer hinzukommt, hat das Spiel eine klare Grenze.«

Ivo sah sich das Blatt Papier näher an. »Das ist kein Spiel«, protestierte er. »Wer anfängt, muß immer gewinnen.«

Brad und Afra lachten. »Diesmal bist du erkannt worden, Harold, du alter Betrüger«, sagte Brad.

»Ich mache gern den Zweiten«, erklärte Groton bereitwillig. »Vielleicht fangen wir mit einem einfachen Zwei-Punkte-Spiel an, um das Gefühl dafür zu bekommen.«

»Das ist ein sicherer Gewinn für den Zweiten.«

Groton sah ihn prüfend an. »Hast du dieses Spiel wirklich noch nie gespielt?«

»Es ist kein Spiel. Es läßt keinen Raum für Zufall oder Geschicklichkeit.«

»Sehr schön. Fang mit einem Drei-Punkte-Spiel an, und ich werde mein Glück mit dem nicht vorhandenen Zufall bzw. der Geschicklichkeit versuchen.«

Ivo zuckte die Achseln. Er bildete ein Dreieck aus drei Punkten.

und zog eine Linie zwischen der Spitze und dem Punkt links unten, fügte einen neuen Punkt hinzu.

Groton verband den neuen Punkt auf Ivos Linie mit dem freistehenden rechten Punkt.

Ivo führte einen Bogen über das entstandene Gebilde hinweg.

Groton zuckte die Achseln und fügte noch einen Bogen hinzu.

Zwei weitere Züge statteten die Figur mit einem Auge und einer Grundlinie aus.

Ivo machte dem Spiel ein Ende, indem er einen Bogen zur Grundlinie zog und Groton zwei Punkte beließ, aber keine Möglichkeit, sie zu verbinden, da sich der eine innerhalb und der andere außerhalb befand.

»Also«, sagte Groton, »wie wäre es mit einem größeren Einsatz? Vielleicht fünf oder sechs Punkten?«

»Fünf bedeutet, daß der erste Spieler gewinnt, sechs . . .« Er überlegte einen Augenblick. »Bei sechs Punkten gewinnt der zweite. Es ist noch immer kein Spiel.«

»Wie willst du das wissen?«

Brad mischte sich ein. »Ivo hat da eine besondere Begabung. Er weiß es – und in Sprouts kann er uns alle schlagen, dessen bin ich sicher.«

»Auch Kovonov?«

»Möglich.«

Groton wiegte zweifelnd den Kopf. »Das glaube ich erst, wenn ich es sehe.«

Ivo blickte auf und bemerkte, wie ihn Afra intensiv musterte. »Tut mir leid«, sagte er schwerfällig. »Ich dachte, ich hätte das schon erklärt. Ich kann so etwas intuitiv vorausberechnen. Ein Trick, den ich mir selber nicht erklären kann. Ich konnte es schon immer, so weit ich mich zurückerinnern kann.«

»Das interessiert mich«, sagte Groton. »Könntest du mir vielleicht verraten, wann du geboren wurdest?«

»Tu es nicht, Ivo!« riet Brad. »Du gibst ihm damit alle Geheimnisse deines Lebens preis.«

»Unsinn!« rief Afra. »Das ist doch alles lächerlich.«

Ivo sah sie alle der Reihe nach an, zwang sich dabei, seinen Blick nicht zu lange auf Afras Gesicht, das ihm jetzt noch reizvoller erschien, verweilen zu lassen. »Ist mir vielleicht etwas entgangen?« *Schon wieder?* fügte er für sich hinzu.

»Harold ist Astrologe«, erklärte Brad. »Gib ihm dein Geburtsdatum auf die Minute genau an, und er wird dir ein Horoskop anfertigen, das wirklich deine Nummer hat.«

Groton wirkte selbstgefällig und verletzt zugleich. »Die Astrologie *ist* ein Hobby von mir. Ihr könnt das als ein Salonspielchen betrachten, aber ich bin von ihrem Wert überzeugt, wenn sie richtig angewandt wird.«

Ivo bedauerte es, an dieser Unterhaltung beteiligt zu sein, nicht des Themas wegen, sondern weil er dazu benützt wurde, jemanden auf die Palme zu bringen. Er konnte nicht sagen, daß er Groton mochte, aber Grausamkeit, selbst in dieser mäßigen Form, war nicht seine Sache.

Brad schien manchmal wenig feinfühlig gegenüber den schwachen Seiten jener zu sein, die weniger intelligent waren als er selbst. »29. März 1955«, sagte er.

Groton notierte es auf einem kleinen Block. »Weißt du zufällig auch die genaue Zeit?«

»Ja. Ich habe es einmal auf irgendeinem Dokument gelesen: sechs Uhr zwanzig.«

Groton notierte auch das. »Und ich glaube, du hast einmal erwähnt, daß du in Philadelphia, Pennsylvania oder Mississippi geboren wurdest?«

Ivo versuchte sich zu erinnern, wann er so etwas gesagt haben könnte. »Pennsylvania. Macht das einen Unterschied aus?«

»Es gibt nichts, was in der Astrologie keinen Unterschied ausmacht. Ich will es gern erklären, wenn es dich interessiert.«

»Wir wollen doch wohl keine Schulstunden abhalten«, sagte Afra ungeduldig. Ivo fiel auf, daß auch sie manchmal wenig feinfühlig war; oder vielleicht war es nur ihr impulsives Temperament. Sie war wie ein Rennpferd, ungeduldig, immer auf dem Sprung, und gleichgültig gegenüber den ihr nicht so wesentlichen Interessen anderer.

Warum begehrte Brad ein Rennpferd?

Und warum Ivo?

»Interessante Metapher«, stellte Groton ruhig fest. »Die Astrologie könnte wirklich auch im Schulunterricht ihren Platz finden. Ich wünschte, ich wäre bereits ein Dutzend Jahre früher mit ihr in Berührung gekommen.«

»Ich *verstehe* einfach nicht«, sagte Afra, die ihren Ärger sichtlich bremsen mußte, »wie ein kompetenter Ingenieur wie du auf einen so gewöhnlichen Aberglauben hereinfallen kann. Ich meine, das ist doch wirklich ausgemachter . . .«

»Hast du nicht früher einmal unterrichtet, Harold?« fragte Beatryx, die sich so unaufdringlich einmischte, daß Ivo erst einen Augenblick später begriff, daß sie damit einen beginnenden Streit zu verhindern suchte. Afra und Groton mußten sich schon oft über dieses Thema in die Haare geraten sein, und die gute Frau kannte die Anzeichen. Ivo wußte sie ebenfalls zu deuten: Der gleichmütige Groton ging ernsthaft auf spaßhaft gemeinte Fragen ein, verlor nie die Fassung, während sich das leicht erregbare Mädchen in eine Raserei hineinsteigerte. Vielleicht verteidigte Groton die Astrologie nur, weil es so lächerlich war, weil er sie damit auf subtile oder nicht ganz so subtile Weise reizen konnte.

Hatte er mit der falschen Person sympathisiert? Afra war klug und schön, aber ihr Temperament verriet sie. Bei einer solchen Auseinandersetzung mochte sie tatsächlich im Nachteil sein.

Brad nahm Ivo mit, als der Senator angekommen war. Afra war anderweitig beschäftigt, und er versuchte, sie aus seinen Gedanken zu verbannen.

Senator Borland erinnerte ihn auf schockierende Weise an den katatonischen Dr. Johnson, der ihm in der Krankenstation vorgestellt worden war. Borlands Art widerlegte diesen Eindruck jedoch schnell; er war jünger und weit energischer, als es der Wissenschaftler jemals gewesen sein mochte. Ivo bemühte sich, ihn nicht automatisch als Feind einzustufen.

Es war erstaunlich, daß man es jemand in Brads Alter überließ, mit einem derartigen Mann fertigzuwerden. Aber Brad war eben — Brad.

Der Senator kam mit seinem persönlichen Sekretär; einem lärmenden jungen Mann, den man eigentlich nur als ›Lakai‹ beschreiben konnte. Der Lakai führte das große Wort, sprach von Borland immer nur in der dritten Person, als ob er gar nicht anwesend wäre, während sich Borland aufmerksam umsah, als ob ihn die Unterhaltung gar nichts anginge.

»Sie!« rief der Lakai gebieterisch, nachdem er Brad ins Auge gefaßt hatte. »Sie sind Amerikaner, nicht? Der Senator will mit Ihnen reden.«

Brad trat langsam näher. Ivo konnte ihm nachfühlen, wie er sich im Zaum halten mußte; er war nicht der Typ, den man einfach herumkommandieren konnte.

Der Lakai sah in seinen Notizen nach. »Sie sind Bradley Carpenter, nicht? Der Wunderknabe vom Kennedy Tech, nicht? Der Senator will wissen, was Sie hier treiben.«

»Astronomie«, sagte Brad. Es kam zu einer gewissen Unruhe unter der Stationsbesatzung, die sich versammelt hatte, und ein großgewachsener Mann mit dem Sowjet-Insignium auf dem Revers lächelte breit, ohne seine Verachtung der kapitalistischen Hierarchie zu verbergen. Die Westeuropäer hingegen setzten ausdruckslose Mienen auf, nur einer konnte ein Hüsteln nicht unterdrücken. Borland hatte keinen direkten Einfluß auf sie, aber es gab Höflichkeiten, die gewahrt werden mußten.

»Ein Sternengucker, aha«, bemerkte der Lakai. »Der Senator möchte diese nutzlosen und verschwenderischen Ausgaben stoppen. Haben Sie eine Ahnung, wieviel vom schwerverdienten Geld der Steuerzahler Sie im letzten Jahr hier vergeudet haben?«

»Ja«, antwortete Brad.

»Der Senator möchte dieser unsinnigen Sache auf den Grund gehen. Das ...« Er holte zweimal Luft. »Wie?«

»Nichts.«

»Nichts – wie meinen Sie das?«

»Es ist nichts verschwendet worden. Sie scheinen davon auszugehen, daß Forschung nur die Herstellung von greifbaren Produkten bezweckt. Dieser Irrtum ist nicht der Forschung anzulasten; vielmehr Ihren Definitionen.«

Borland schwang herum und wandte sich Brad zu. Er berührte den Arm seines Untergebenen mit einem Finger, und der junge Mann erstarrte. »Laß es gut sein, Junge. Nehmen wir an, Sie können diese Feststellung beweisen. Was ist so besonders an Ihrem Teleskop, daß es so viele Milliarden Dollar wert ist? Geben Sie mir einfach die Einführung, wie sie einem jeden Besucher hier gegeben wird.«

»Es ist kein Teleskop.«

»Der Senator hat Sie nicht gefragt, was es *nicht* ist!«

Ivo konnte dem eingetretenen Schweigen entnehmen, daß selbst die nicht-englischsprachigen Mitglieder der Besatzung darauf warteten, daß die lästige Stechfliege an die Wand geklatscht wurde. Brads hintersinniger Humor war nicht der einzige Zug an ihm, den Freunde zu schätzen wußten.

Diesmal wurden sie enttäuscht. Brad *ging* die elementare Einführung durch, die für besichtigende Würdenträger gedacht war. Einen Augenblick später begriff Ivo, warum: Brad schlug nicht nach der Fliege, sondern nach ihrem menschlichen Herrn.

»Nach Newtons Gravitationstheorie zieht jedes Objekt im Universum jedes andere Objekt mit einer Kraft an, die direkt proportional ist zu ihrer Masse und umgekehrt proportional zum Quadrat der Entfernung zwischen ihnen. Seit einiger Zeit ziehen wir es vor, uns die Gravitation als die physikalische Manifestation der Raumkrümmung im Einflußbereich der Materie vorzustellen. Das heißt ...«

»Was ist mit dem *Teleskop?*« verlangte der Lakai zu wissen. »Der Senator hat keine Zeit für unwichtige ...«

Borland berührte erneut seinen Arm. Was etwa die gleiche Wirkung hatte, als würde die Nadel von einer Schallplatte abgehoben.

»Das bedeutet«, fuhr Brad fort, der die Unterbrechung benützt hatte, um zu einer der Wandtafeln zu gelangen und eine darauf befindliche komplizierte ›Sprouts‹-Graphik auszulöschen, »wir können uns den Raum als einen gespannten elastischen Stoff vorstellen, und die Masse-Objekte unseres Universums sind verschiedene Gegenstände, die darauf liegen. Die schwereren Gegenstände drücken die Oberfläche natürlich stärker ein.«

Er zog eine durchhängende Linie mit einem Kreis im Mittelpunkt und fügte dann einen kleineren Kreis hinzu. Ivo versuchte sich vorzustellen, wie ein Sprouts-Spiel zu einer solchen Darstellung führen konnte, aber sein Talent ließ ihn diesmal im Stich.

»So könnte man darstellen, wie das Absinken des Raums in der Nähe der Sonne auf die Erde einwirkt«, sagte Brad. »Es ist natürlich der zweidimensionalen Darstellung wegen etwas vereinfacht. Wie Sie sehen können, hat das kleinere Objekt die Neigung, zum größeren hinabzurollen – es sei denn, es kreist so schnell darum herum, daß die Zentrifugalkraft diese Wirkung ausgleicht. Aber natürlich bewirkt die Erde auch einen eigenen Eindruck auf die Unterlage, und Objekte in ihrer Nachbarschaft würden ganz ähnlich auf sie zurollen, sofern sie in keiner Umlaufbahn um sie kreisen.

Das Universum als Ganzes ist also sowohl gekrümmt als auch unermeßlich kompliziert, da es keine wirkliche Grenze für einen jeden Eindruck gibt, ob klein oder groß. Nicht eigentlich Kraft ist erforderlich, um die Wirkungen des Vorhandenseins von Materie zu erklären, abgesehen von der grundlegenden Natur dieser Situation. Die Wechselwirkungen der Schwerkraft sind jedoch überall festzustellen, Welle um Welle, und die Werte ändern sich ständig. Haben Sie irgendeine Frage zu all dem?«

»Relativität«, sagte Borland.

»Die Allgemeine Relativitätstheorie, ja. Wir beschäftigen uns mit diesen Wechselwirkungen.« Brad markierte einen Punkt auf dem Diagramm, zwischen Sonne und Erde, aber näher an der letzteren, so daß er auf den Kamm der Wellenlinie kam. »Wir haben herausgefunden, daß die besondere Belastung sich überlappender Eindrücke – Gravitationsfelder, wenn Sie so wollen – eine schwache, aber einzigartige Turbulenz erzeugt, besonders an Punkten des Raums, an denen sich zwei oder mehrere Felder von gleicher Stärke befinden. Sie können es mit dem Überschallknall vergleichen, wenn die Geschwindigkeit eines physikalischen Objekts die Schallgeschwindigkeit überschreitet, oder mit der Cerenkov-Strahlung. Es ist, wie bei Cerenkov, eine Form von Licht – genauer gesagt eine geringfügige Veränderung, die dem Licht mitgegeben wird, das sich durch die Turbulenz hindurchbewegt. Dieser Aspekt des Lichts konnte bis vor kurzem nicht verstanden oder gar gemessen werden; unsere Technologie war noch nicht verfeinert genug, um solche Störungen aufzuspüren und ihren Ursprung festzustellen.«

Borland hielt seine Hand hoch, als ob er sich in einem Klassenzimmer befände. Jetzt ging es ins Politische. »Und *jetzt* eine Frage, wenn Sie gestatten. Sie erzählen mir, daß ein Lichtstrahl sich durch diese Gravitationsturbulenz zwischen zwei Objekten im Raum bewegt und dabei ein wenig geknickt wird. Aber wie ich mir das vorstelle, gibt es kaum ein stilles Plätzchen im Universum, das keine – Verformung durch Schwerkraft aufweist; es gibt einfach zu viele Sterne, zu viele Staubkörner, alle mit ihren kleinen Feldern, die in die Unendlichkeit streben. Ihr Lichtstrahl müßte tausend Knicke bekommen, und selbst mehrfach geknickte Knicke, wenn er größere Entfernungen zurücklegt. Wie können Sie da noch feststellen, was was ist? Scheint mir doch effektvoller zu sein, das Licht als das zu nehmen, was es ist, durch ein normales Teleskop; da ist es wenigstens nicht völlig durcheinandergebracht.«

Ivo bemerkte mit einem gelinden Schock, daß hinter der Senatorenfassade ein äußerst scharfer Verstand lauerte.

»Das ist im Grunde wahr«, gab Brad vorsichtig zu. »Die Knicke, die von unseren Instrumenten aufgezeichnet werden, sind ziemlich dicht gedrängt. Aber während das normale Licht sowohl für kurze wie auch für sehr weite Entfernungen überlegen ist, verliert es erheblich an Schärfe im Zwischenbereich von – sagen wir: einer Lichtminute bis zu hunderttausend Lichtjahren. Die makronische Modulation hingegen ist aus Gründen, die wir noch nicht verstehen, weit beständiger. Die Makronen aus tausend Lichtjahren Entfernung sind fast so deutlich wie jene aus dem Feld unserer eigenen Sonne. Das gleiche gilt praktisch für jede galaktische Entfernung. Da unsere Reichweite zunimmt . . .«

»Ich hab's kapiert. Man kann sich in einer großen Halle durch Rufen verständigen, aber zur nächsten Stadt braucht man ein Telefon, selbst wenn es blechern klingen sollte, und das funktioniert auch nur bis zum nächsten Kontinent. Nun, dieser Begriff, den Sie da benützt haben — Makronen — das hört sich mehr nach einem Ding an, weniger nach einer Qualität.«

»Ja. Unsere Terminologie ist noch so vage wie unser Verständnis. Wir scheinen es offenbar auch mehr mit dem Partikel-Aspekt des Lichts zu tun zu haben als mit dem der Welle, vielleicht tatsächlich mit Gravitationspartikeln. Das könnte auch der Grund sein, warum die Wirkung von manchen physikalischen Gesetzmäßigkeiten unabhängig zu sein scheint.«

»Man paare ein Photon mit einem Gravitron, es entsteht ein Makron«, bemerkte Borland. »Verdammt interessant, ich sehe da gewisse Implikationen einer solchen Wechselwirkung zwischen Licht und Gravitation, so wenig ich auch von der Quantenphysik verstehe.«

Er ist alles andere als ein Ignorant, dachte Ivo.

»Also bekommen Sie entweder das *ganze* Makron, oder nichts davon«, fuhr der Senator fort. »Aber wie kommen Sie zu Aufnahmen von Objekten auf oder innerhalb eines Planeten, wo es kein Licht gibt?«

»Die Turbulenz befindet sich in einiger Entfernung vom Ursprung des Feldes, da es die Entsprechung zu einem anderen Feld ist, die zählt. Selbst ein Objekt in einem Planeten hat eine eigene Masse, und sein Feld steht in Wechselbeziehung zu dem des Planeten oder von benachbarten Objekten. An irgendeinem Punkt muß es eine Wechselbeziehung geben, die mit Licht in Berührung kommt, und einige der so entstandenen Makronen erreichen uns, wie weit wir auch immer entfernt sind. Voraussetzung ist lediglich, daß unser Empfänger und die Ausrüstung empfindlich genug ist. Eine Computerstufe wird für die Anfangsberichtigung benötigt, eine weitere zum Aussortieren und Einordnen der zahllosen Bildfragmente, die wir erhalten. Es ist kein einfacher Vorgang. Aber wenn er einmal abgeschlossen ist . . .«

»Sie sind mit dem Makroskop in der Lage, jeden Punkt im Raum zu beobachten – oder auf der Erde?«

Brad nickte.

»Ich habe Ihr Wahrzeichen bemerkt.«

»Wir benützen es nicht zu einem solchen Zweck«, sagte Brad knapp.

Ivo begriff, daß sie von dem platinveredelten Schaufelraddampfer sprachen: SDPS. Wer konnte durch bloßes Raten hinter seine Bedeutung kommen? Der Senator verstand den Sinn dieser Buchstaben offenbar nur zu gut. Vielleicht war er schon vorher über einige Dinge informiert gewesen? Er kam Ivo weniger wie ein Amateur vor. Hatte Brad einen ebenbürtigen Gegner gefunden?

»Natürlich nicht«, sagte Borland. »Gewisse Leute würden vielleicht sehr unfreundlich auf solche Beobachtungen reagieren. Einige könnten ein so starkes Bedürfnis empfinden, ihre Privatsphäre schützen zu müssen, daß sie scharfe Maßnahmen einleiten würden. Können Sie mir folgen?«

»Ja«, sagte Brad, und sein Ton sagte, was er davon hielt. Er hatte sein wirkliches Ziel noch nicht getroffen, aber die Stechfliege war bereits im Hintergrund verschwunden.

»Nein, das können Sie nicht. Haben Sie jemals in einer Wohnung gewohnt, aus deren Fenster man in lauter gegenüberliegende Fenster sehen konnte?«

»Nein.«

»Dann haben Sie eine Bildungslücke, mein Junge.« Borland sah sich um. »Jemand anders vielleicht?«

Die Wissenschaftler der Station standen unsicher da und rührten sich nicht.

»In einer Mietwohnung«, wiederholte Brad. »Irgend jemand?«

Nahe der Tür wurde eine braune Hand hochgehoben. Es war Fred Blank von der Wartungsabteilung, der Tischtennis-Meister. Er meldete sich zögernd, als ob er es verabscheute, bei einer solchen Versammlung die Aufmerksamkeit auf sich zu ziehen.

Borland wandte sich ihm zu. »Jemals Ferngläser benützt?«

Blank sah verständnislos drein.

»Oder vielleicht ein billiges Teleskop?« beharrte Borland. »Ja, doch, Sie wissen, was ich meine. Zehn, zwanzig, vielleicht hundert Fenster, je nach dem eigenen Standpunkt, und vielleicht die Hälfte davon ohne Jalousien. Wer verschwendet schon Moneten für Jalousien, bei Nigger-Löhnen? Einige Mädchen wissen gar nicht, daß sie eine Schau veranstalten. Einigen macht es nichts aus. Andere nehmen an, es sei gut für das Geschäft. Das gleiche gilt für einige Männer. Und Familienauseinandersetzungen sind ein faires Spiel, das nach Zuschauern verlangt.« Er wandte sich wieder an Brad. »Wissen Sie, wie man einen Schnüffler von seinem Vergnügen abbringt?«

»Ich würde die Polizei rufen.«

Borland schwenkte wieder zu Blank zurück. »Stimmt das, Seelenbruder?«

Blank schüttelte den Kopf. Er lächelte jetzt, zögernd noch.

»Ja, du weißt es.« Borland hatte jetzt sichtlich Oberhand. »Du warst da, Kilroy. Du hast die Erziehung genossen. Einen Cop zu rufen, das steht nicht in den Büchern.«

Die Wissenschaftler der Station standen stumm da, außer jenen, die für andere übersetzten. Borland bewies ihnen allen, was für unpraktische Theoretiker sie doch waren.

»Jetzt fangen Sie vielleicht an zu verstehen. Um es für Sie etwas gehobener auszudrücken: Massenvoyeurismus ist eine typische Folge der kybernetischen Revolution, und Sie werden es nicht eindämmen können, indem Sie vorrevolutionäre Methoden anwenden. Damals in den alten Tagen, als wir noch Nomaden waren, die sich in Zelten auf die Füße traten, bekam jeder, der ungebeten hereinsah, eine harte Faust zu spüren. Die agrikulturelle Revolution, die Seßhaftigkeit, hat das alles geändert, hat Städte ermöglicht – und Städte sind kraft ihrer Definition voll von Leuten. Die industrielle Revolution, etwa zehntausend Jahre später, machte es zehnmal schlimmer, weil nun jeder über die Mittel verfügte, sich ungestraft in die Geschäfte seines Nachbarn einzumischen. Die kybernetische Revolution aber hat die Sache wirklich auf die Spitze getrieben, weil seither jeder die Mittel *und* die Zeit zum Schnüffeln hat – und niemand bezahlt für eine Konservenschau, wenn er umsonst eine echte vor Augen hat.

Jetzt haben wir dieses Superskop, und wir können uns um die Geschäfte unserer interstellaren Nachbarn kümmern, als ob uns unsere eigenen nicht reichten. Was glaubt ihr nun, was ein schlauer Extraterrestrier unternehmen könnte, um seine Privatsphäre zu schützen – wenn da eine Zeitverzögerung von vielleicht fünfzehntausend Jahren besteht?«

Die Stationsmitglieder sahen sich gegenseitig in grenzenloser Überraschung an. Es war offensichtlich – und keiner von ihnen hatte daran gedacht! Eine bewußtseinszerstörende logische Kette, die den Neugierigen auslöschte, wo immer – und *wann* – er sich befand.

Es konnte keine direktere und realistischere Antwort auf Schnüffeln geben.

Borland wartete darauf, daß das Babel der Übersetzungen und Diskussionen erstarb. Die Männer, die ihn zunächst mit verhohlener Verachtung betrachtet hatten, zeigten jetzt Respekt, und der Russe hatte aufgehört zu lächeln. »Nun, Freunde, laßt uns unsere Vorurteile vergessen und das Hauptproblem angehen. Ich kenne die meisten eurer Regierungen besser als ihr – ja, auch die deine, Iwan – weil das mein Beruf ist. Politik. Ich weiß auch einiges über die menschliche Natur – die Wirklichkeit, nicht die Theorie –, und das läßt darauf schließen, daß ich auch einiges von der *fremden* Natur verstehe. Ihr habt hier Schwierigkeiten, und die habe ich auch in gewisser Hinsicht, die euch aber wenig interessieren dürften. Warum vergessen wir nicht unsere Differenzen, legen unsere Fähigkeiten zusammen und finden heraus, was wir machen können? Vielleicht können wir uns gegenseitig ein wenig helfen.«

Die Männer sahen sich während des erneut anschwellenden Übersetzungsgemurmels an. Einige begannen zögernd zu lächeln. »Wir könnten es versuchen, Senator«, gab Bradley zu.

Borland wandte sich an seinen Helfer. »Geh und halte eine vorläufige Pressekonferenz ab, Junge. Sag ihnen, was der Senator vorhat – aber keine Tatsachen rausrücken. Verwirre sie ein wenig, wenn sie zu neugierig werden. Du kennst ja die Routine.«

Der Lakai ging, ohne ein Wort zu sagen.

»Kleiner Wunderknabe, nicht?« bemerkte Borland. »Habe Jahre gebraucht, um so einen zu finden. Also, wo ist dieses Band?«

»Band?«

»Junge, meine Informationen sind nicht *so* genau. Die Aufnahmen, die ihr von dem Zerstörer habt. Dieses Ding, das die Gedanken der Menschen umwölkt, ha-ha-ha. Der Schatten weiß Bescheid.«

»Es ist kein Band, nicht einmal eine Aufzeichnung«, sagte Brad. »Wir können es nicht aufzeichnen – jedenfalls hat das, was wir festhalten können, nicht die Wirkung. Die – Bedeutung läßt sich nicht festhalten.«

»Aber ihr *könnt* es doch direkt reinkriegen? Hätte keinen Sinn, einen toten Virus zu untersuchen. Wir wollen wissen, was die Sache ticken läßt. Es kommt nur auf einer Station herein, nicht? Und es ist fortlaufend; ihr könnt es jederzeit hereinbekommen?«

»Ein Segment des makroskopischen Bandes, ja. Das mittlere Segment, wo der Empfang am stärksten ist. Das auch wir am wirkungsvollsten benützen könnten – wenn es uns gelänge, den Zerstörer rauszufiltern.«

Brad führte den Senator in einen kleinen Vorführraum. Die meisten der Wissenschaftler und übrigen Staatsangehörigen gingen auseinander, zufrieden, daß die Situation offensichtlich wieder unter Kontrolle kam. Afra erschien in Bluse und Kleid, sah selbst in dieser einfachen Kleidung elegant aus. Ivo schloß sich der Gruppe um den Senator an.

»Hier können wir es uns ansehen«, erklärte Brad knapp. »Es läuft auf eine Computerausgabe hinaus, wobei das Hauptsignal im Empfänger verarbeitet wird. Es sind elektronische Sicherheitseinrichtungen vorhanden, damit keine der möglichen Wirkungen über diesen Raum hinausdringen kann. Diese Apparatur ist gefährlich.«

»Ein Programm«, sagte Borland nachdenklich. »Eine Mausefalle in einem Harem. Aber warum geben sie sich solche Mühe, statt einfach einen Sprengsatz in die Sonne zu jagen?«

»Der Sender ist offenbar nicht gegen *alles* Leben gerichtet«, sagte Brad. »Er wählt aus. Es trifft nur die raumfahrenden, Makroskope bauenden Rassen wie die unsere. Die Schnüffler. Solange wir unsere Entwicklung unter einer bestimmten Ebene halten, sind wir sicher.«

»Das vermute ich auch. Ist das die Art von Sicherheit, die Sie anstreben?«

»Nein.«

»Gehen wir es noch mal durch. Ich habe eine Theorie aufgestellt, nur um zu sagen, so könnte es sein, aber ich setze noch nicht mein Geld darauf. Wenn sie nichts taugt, kann man sie ja wieder wegwerfen. Vielleicht ist meine Vorstellung die richtige, aber eliminieren wir erst einmal die andere. Es ist wie mit diesem Song: ›Oh, warum arbeite ich nicht gleich den andern? Wie, zum Teufel, kann ich arbeiten, wenn der Himmel so blau ist? Halleluja, ich bin ein Herumtreiber!‹ Ein Priester wird dazu erklären, es sei eine Gotteslästerung. Versuchen Sie es bei einem Sprachforscher, und er wird erklären, es sei grammatikalisch falsch. Sollte heißen: ›. . . wie es die anderen Leute tun.‹ Ein Arbeiter hingegen wird sagen, das Ganze ist zensiert. Sollte heißen: ›Wie, zum Teufel, kann ich arbeiten, wenn es keine Arbeit gibt?‹ Wir schlichten Gemüter kommen den Dingen manchmal auf den Grund. Nicht immer. Glauben Sie, daß sie sich vor dem Vergleich mit einer aufstrebenden neuen Rasse fürchten?«

»Nach fünfzehntausend Jahren? Und wenn wir den Antrieb hätten, mit dessen Hilfe wir mit Lichtgeschwindigkeit reisen könnten, dann bräuchten wir noch einmal fünfzehn Millennien, um sie zu erreichen. Auch ihre ›Botschaft‹ könnten wir nicht früher beantworten. So beträgt die Verzögerung in Wirklichkeit sogar dreißigtausend Jahre. Und wie konnten sie sicher sein, daß wir in dieser Zeit bereit sein würden, sie zu empfangen und zu antworten?«

»Es könnte sich um eine langfristige Sendung handeln. Nach allem, was wir wissen, könnte sie bereits eine Million Jahre ausgestrahlt werden«, erklärte Borland. »Sie haben vielleicht einfach darauf gewartet, daß wir eines Tages soweit sein würden. Vielleicht läuft die Zeit für sie langsamer ab? Ungefähr so, als wären fünfzehntausend Jahre für sie nur eine einzige Woche?«

»Dagegen spricht, daß die Sendung unserem Zeitempfinden entspricht. Wir mußten keinerlei Anpassung vornehmen. Wenn sie so langsam wäre, dann würde eine Sequenz tausend Jahre dauern und nicht nur ein paar Minuten.«

»Möglich. Glauben Sie, daß sie einen wahnsinnigen Haß auf alles intelligente Leben zu jeder Zeit haben?«

»Xenophobie? Auch möglich. Aber die Zeitverzögerung läßt wiederum daran zweifeln. Wie kann man etwas hassen, was erst in Jahrtausenden existieren wird?«

»Eine fremde Macht. Ihr Bewußtsein – wenn sie eins hat – könnte anders funktionieren als das unsere.«

»Dennoch, es muß von gewissen Kriterien der Intelligenz ausgegangen werden. Es ist einfach nicht vernünftig . . .«

»Hören Sie auf, vernünftig zu sein. Das ist ein Fehler, den ihr Wissenschaftler ständig macht. Versuchen Sie, philosophisch zu denken.«

Brad sah ihn an. »An was für eine Philosophie denken Sie, Senator?«

»Ich meine natürlich eine Philosophie im praktischen Sinne. Sie können so vernünftig wie nochwas sein und sich trotzdem wie ein Narr benehmen – und das ist Ihr Problem. Sie gehen noch immer davon aus, daß die wissenschaftliche Methode die beste ist, um mit den Dingen fertigzuwerden, habe ich recht? Ich sage nein.«

»Die Tatsachen beobachten, eine Hypothese aufstellen, die alle Tatsachen in Rechnung zieht, sie benützen, um andere Tatsachen vorherzusagen, sie überprüfen, um dann die ursprüngliche Hypothese aufzugeben oder abzuändern, wenn das neue Material nicht damit übereinstimmt. Ich finde, es funktioniert. Hatten Aristoteles, Kant oder Marx ein besseres, universelles System?«

»Ja. Der Philosophie geht es nicht in erster Linie um die Wahrheit, sondern um die Bedeutung. Der Zerstörer ist keine Krise der

Wahrheit, sondern eine der Bedeutung, der Interpretation. Man geht nicht von Annahmen aus und setzt sie Stück für Stück entsprechend den Regeln der Mathematik zusammen; man stellt ihre Aussage in Frage, und man stellt die Fragen in Frage, bis nichts mehr gewiß ist. Dann kommt man vielleicht der Bedeutung nahe.«

Brad zog die Stirn in Falten. »Ergibt das für euch beide einen Sinn?«

»Nein«, sagte Afra.

»Ja«, sagte Ivo.

»Es *braucht* für euch keinen Sinn zu ergeben, sofern es nur hilft, das Bewußtsein zu öffnen. Das ist kein Schachspiel, was wir spielen; wir kennen nicht einmal die Regeln. Sicher wissen wir nur, daß wir verlieren — und wir sollten am besten damit anfangen, indem wir das in Frage stellen. Dieses Ding hat also die Eigenschaft, Intelligenz auszulöschen. Ist das schlecht?«

»Wenn man kosmische Maßstäbe anlegt, vielleicht nicht. Aber die Wirkung ist subjektiv gesehen äußerst unangenehm. Es wäre leichter zu ertragen, wenn die am wenigsten Intelligenten ausgelöscht würden, anstatt . . .«

Borland sah skeptisch drein. »Sie sprechen von Gehirnen mit einem bestimmten IQ? Intelligenzquotienten definiert als das geistige Alter geteilt durch das chronologische Alter mal 100?«

»Das nehmen wir an«, nickte Ivo. »Natürlich können wir nicht sicher sein, ob die Zahl der IQ-Punkte nicht mehr bedeutet als nur die Fähigkeit einer Person, in einem IQ-Test Punkte zu sammeln; es wäre insofern möglich, daß wir die Zielrichtung des Vernichtungsprogramms falsch einschätzen. Eine Punktzahl läßt aus, was weit wichtiger sein könnte, nämlich die Faktoren der Persönlichkeit, Originalität und des Charakters, und selbst wenn die einzelnen Punktleistung identisch sind . . .«

»Ist das noch kein sicheres Zeichen dafür, daß auch die Fähigkeiten oder die Leistung der *Menschen* identisch sind«, führte Borland den Satz zu Ende. »Ich bin mir der Fehler des Systems bewußt. Ich erinnere mich an diese Kreativitäts-Methode vor fünfzehn oder zwanzig Jahren, und da gab es auch so eine Mode, in Clubs einzutreten, die für Leute mit hohem IQ reserviert waren. Wenn ich einen guten Mann will, dann halte ich mich von selbsternannten Eierköpfen fern. Ich kann sie schon am Gesicht erkennen, diese Leute, die diesem Club-Syndrom anhängen.«

Borland musterte ihre Gesichter. Er deutete mit einem knorrigen Finger auf Afra. »*Sie!*«

Sie sprang schuldbewußt hoch. »Sie gehören dazu, nicht?« stellte er fest. Ohne ihr überraschtes Nicken der Zustimmung abzuwarten, fuhr er fort. »Sie – nein«, sagte er zu Brad. »Dieser große Russe, der eben gegangen ist – nein.« Er wandte sich Ivo zu. »Sie würden sie gar nicht reinlassen.« Er kehrte zu Brad zurück. »Aber der IQ *ist* der einzige praktische Führer zum Potential einer großen Anzahl von Leuten, den wir haben, also werden wir mit ihm zurechtkommen müssen, bis wir etwas Besseres entdecken. Definieren wir es einfach als die Fähigkeit, zu lernen, und nehmen wir an, daß eine Person mit einem IQ von hundertundzwanzig vermutlich insgesamt etwas klüger ist als sein Bruder mit dem IQ einhundert. Es ist nur eine Bequemlichkeit, damit wir uns den wirklich wichtigen Dingen zuwenden können. O. K.?«

Brad lachte. »Sehr wohl, Senator. Wenden Sie Ihre Philosophie an.«

»Nun wurde mir gesagt, daß dieses Signal nicht sprachlicher Art ist, so daß ihm jedermann folgen kann, aber es hat einen Punkt, an dem es abbricht. Man muß ziemlich intelligent sein, nach welcher Definition auch immer, damit es einen trifft. Trifft es den Superschlauen schneller als den, der sich eben am Rande bewegt, oder ist es wie bei den Makronen: entweder bekommt man alles oder nichts?«

»Es sieht so aus, als träfe es die Intelligentesten noch schneller. Die Intelligenz ist eine so flüchtige Qualität, daß wir nicht sicher sein können, aber . . .«

»Gut. Dann gehen wir diese Sache in einer Reihe mit Abstufungen durch. Sie haben einen IQ von zweihundertfünfzehn . . .«

»Was?« hauchte Afra, wie vor den Kopf geschlagen.

»Das ist nicht . . .«

»Ich weiß, ich weiß«, sagte Borland. »Zahlen bedeuten gar nichts, und selbst wenn sie etwas bedeuten würden, dann würden Sie bei Ihnen noch immer nicht gelten, weil Sie klüger sind als der Kerl, der Sie zu testen versucht. Nein, ich habe Ihren Datenbogen nicht gesehen; es ist meine eigene Schlußfolgerung. Wenn die Zahlen Sie erfassen *würden*, dann wäre das ungefähr die Summe, nicht?«

Brad verneinte es nicht, und Afra sah ihn nicht an. Ivo wußte, was sie dachte. Sie hatte vermutet, daß er bei 175 oder 180 liegen mochte, noch immer nicht allzuweit von ihrer eigenen Punktzahl entfernt. Diese Zahlen waren sehr wichtig für sie. Plötzlich wußte sie, daß er so weit über ihr stand wie sie über dem Durchschnittsmenschen – und der war für sie fast unerträglich stumpfsinnig.

»Bei dieser Gruppe wäre es also wahrscheinlich, daß Sie zuerst getroffen würden«, sagte Borland. »Sie kommen also an den Kopf des Tisches. Ich selber bin vergleichsweise blöd — mindestens fünfzig Punkte weniger als Sie, und das ist übrigens ein militärisches Geheimnis, weil das für ein Überleben im Senat noch zuviel ist. Ihr Mädchen hier liegt noch etwa zehn Punkte tiefer. Dieser Typ hier . . .«

»Etwa hundertfünfundzwanzig«, beeilte sich Ivo zu versichern. »Aber es ist unausgeglichen. Ich habe . . .«

»Soeben wurde ein weiteres militärisches Geheimnis preisgegeben«, murmelte Brad. »Ich glaube nicht, daß Mr. Archer mit uns . . .«

»Ich bestehe darauf, meinen Platz in dieser theoretischen Anordnung einzunehmen«, erklärte Ivo ernsthaft.

»Gut. Sie sind hier, und es ist eine nette Punktzahl, also könnten wir Sie ebensogut gebrauchen«, sagte Borland. »Nun sollten wir noch jemanden holen, der etwa hundert hat, damit die Sache vollständig ist.«

»Wir haben doch niemand in der Station . . .«, begann Afra entrüstet.

»Fragt Beatryx«, murmelte Brad.

»Beatryx?«

»Es ist keine Schande, einen durchschnittlichen Verstand zu haben«, sagte Brad lächelnd. »Wir sind die Abnormitäten, statistisch gesehen.« Afra errötete und ging hinaus.

»Eine wilde Hummel mit viel Temperament«, bemerkte Borland. »Technische Sekretärin?«

»Mehr als das — bis vor zwei Minuten.«

»Fangen wir schon an. Sie können die Übertragung jetzt herüberstellen, nicht?«

»Sie scheinen zu glauben, daß wir es uns tatsächlich ansehen werden.«

»Sie werden doch nicht die Nerven verlieren, mein Sohn? Sie wußten, Sie würden mich nicht hindern können. Gehen Sie hinaus und lassen Sie es mich allein durchstehen.«

»Senator, es ist uns unmöglich, Ihnen den Zerstörer vorzuführen, ohne *Sie* zu zerstören. Sie würden einen geistigen Selbstmord begehen.«

Borland musterte ihn mit zusammengekniffenen Augen. »Nehmen Sie an, ich betrachte mir das Ding und überlebe es. Nehmen Sie an, ich verstehe, was die Fremden zu verbergen suchen. Wohin würde mich das bringen?«

»Entweder Sie wären blöd genug für das Amt eines Senatsvorsitzenden, oder . . .«

Ivo verstand, was nicht ausgesprochen wurde. Der Senator war alles andere als ein Dummkopf. Wenn er den Zerstörer mit intaktem Bewußtsein überstand, dann vermochte er buchstäblich über die Geheimnisse des Universums zu verfügen. Das konnte ihn zum mächtigsten Mann der Erde machen. Er war der Typ, der bereit war, alles aufs Spiel zu setzten, wenn er die Chance sah, einen totalen Sieg erringen zu können.

Er meinte es ernst. Das war der Grund, warum er gekommen war. Er würde sich das Vernichtungsprogramm nicht entgehen lassen. Und Brad konnte ihm nicht gestatten, dieses Spiel allein zu wagen. Ein Sieg des Senators konnte die Erde teurer zu stehen kommen als seine Niederlage – es sei denn, es gelang Brad zuerst, das Zerstörerproblem zu lösen.

Borland starrte ihn entschlossen an. »Sie wollen es darauf ankommen lassen, Junior?«

»Eine Vorladung durch den Kongreß?« Brad zuckte die Achseln. »Nein, wir werden diesen Selbstmordpakt eingehen, und zwar jetzt.«

»Dann mal los!«

Brad sah zu Ivo hinüber, stellte fest, daß auch er nicht ging, und schlug eine Taste unter dem Tisch an. Der Bildschirm, der die gegenüberliegende Wand ausfüllte, flammte in Farben auf. Alle drei wandten sich der Übertragung zu.

Ivo war erstaunt über die plötzliche Entscheidung, begriff dann aber, wie geschickt sie es gemacht hatten. Der Senator, Brad und er hatten vergleichbare Voraussetzungen, und Brad hätte es niemals zugelassen, daß eine Frau dieses Risiko einging. Hätte Afra jedoch geahnt, was im Busch war, hätte sie sich niemals freiwillig ausgeschlossen.

Eine Form erschien, sich drehend, krümmend, verändernd. Eine große rote Kugel – die Schattierungen sagten ihm, daß es eine Kugel darstellte, trotz der Zweidimensionalität des Bildes – und ein kleiner blauer Punkt. Der Punkt weitete sich ebenfalls zu einer Kugel, in hellerem Blau, die die andere überlappte. Das Segment der Überlappung nahm einen purpurfarbenen Kompromiß an.

Ivos Intuition begann zu arbeiten. Seine außergewöhnliche Fähigkeit stellte sich so mühelos auf diese Darstellung ein, als handelte es sich um eine Partie Sprouts. Das war eine bewegte graphische Einführung in die Reihenlehre, die zur Booleanschen Algebra führte, wobei die Farbe als zusätzliches Mittel eingesetzt wurde. Durch die

Reihentheorie war es möglich, einen Anfänger in Mathematik, Logik, Elektronik und alle anderen Gebiete des Wissens einzuführen – ohne daß man dazu eine bestimmte Sprache benötigte. Es war sogar ein brauchbares Mittel, um die Sprache selbst zu analysieren. Ein Rätsel war gelöst; die Fremden hatten die Absicht und die Möglichkeit, mit ihnen zu kommunizieren.

Die Farben zogen sich zusammen, dehnten, überlappten sich, wechselten Form und Intensität und Zahl und Muster in einer Weise, die einem unkundigen Menschen zufällig hätte erscheinen können ... es aber nicht war. In diesen Mustern war eine Logik enthalten, die über die Logik des Mediums hinausging. Es war eine fremde Logik, aber sie war absolut rational, wenn man einmal ihre Voraussetzungen und Begriffe akzeptiert hatte. Schnell und unausweichlich wurden die Postulate in ein erstaunlich sinnvolles Ganzes integriert. Bedeutung und Sinn des Daseins waren ...

Ivos Intuition sprang voraus, nahm das kommende Ergebnis vorweg. Die Bedeutung kam auf ihn zu, traf ihn mit einer Wucht, die über jedes Verständnis hinausging.

Er begriff sofort, daß die Sequenz unter allen Umständen angehalten werden mußte. Er versuchte aufzustehen, zu schreien, aber seine motorischen Reflexe waren gelähmt. Er konnte nicht einmal die Augen schließen.

Er tat das Nächstbeste: Er sah durch den Film hindurch, als versuchte er etwas in weiter Ferne auszumachen. Das sich windende Bild verlor seine Schärfe, und die Kraft seiner Suggestion ließ nach. Allmählich senkten sich seine Augenlider; dann endlich war er in der Lage, sich abzuwenden.

Sein Oberkörper fiel auf den Tisch. Er war zu schwach, um noch etwas zu unternehmen.

Das Programm bewegte sich auf die unausweichliche Schlußfolgerung zu. Er war sich dessen bewußt, obwohl er es nicht mehr sah. Es herrschte vollkommene Stille.

Die Tür wurde aufgerissen. »Brad!« schrie Afra entsetzt. »Du hast nicht gewartet!«

Ivos Trance verlor sich, seine Stärke kehrte zurück. Er kam auf die Füße, fand sein Gleichgewicht wieder. Er schleppte sich um den Tisch herum, suchte nach der Taste, die Brad berührt hatte. Er tastete mit unsicheren Fingern an der Unterseite des Tisches herum, und endlich brach die Bildfolge ab.

Afra kehrte nur allmählich aus ihrer Trance zurück. Der Zerstörer hatte sie bereits in seinen Bann gerissen, obwohl die Sequenz eben erst begonnen hatte und sie ihr lediglich ein paar Sekunden lang ausgesetzt gewesen war. Diese Zeit hatte noch nicht gereicht, um ihr Bewußtsein für immer gefangenzunehmen.

Leute drängten in den Raum, beschäftigten sich mit den Männern, die am Tisch saßen. Auch Ivo mußte es sich nun gestatten, seinen Freund anzusehen.

Bradley Carpenter saß stumm da, apathisch und gleichgültig gegenüber Afras fieberhaften Bemühungen. Seine Augen starrten blicklos in die Ferne, sein Kinn hing schlaff herunter, Speichel lief ihm aus dem Mund. Der Stationsarzt schüttelte den Kopf; eine unwiderrufliche Geste.

Weiter unten am Tisch lag der zusammengebrochene Senator. Der Arzt wandte sich ihm zu und untersuchte ihn eingehend.

»Er ist tot«, sagte er.

3

Anhaltendes Klopfen gegen die Tür riß Ivo aus einem unruhigen Schlaf. Er war nicht an Hängematten gewöhnt, und die Schockwirkung, die das Geschehen auf ihn gehabt hatte, war noch zu frisch. Er hatte nicht vergessen, daß er das Apartment eines Mannes bewohnte, dessen Bewußtsein praktisch tot war; er fühlte sich wie ein Eindringling.

Er richtete sich auf und stolperte durch den Raum. Er schob die Tür auf und rieb sich die Augen.

Afra stand vor ihm, lieblich anzusehen in Bademantel und Hausschuhen. Ihr flammendrotes Haar hochgesteckt und zurückgekämmt in der Art einer beschäftigten Hausfrau, und sie trug kein Make-up.

Ihre blauen Augen ließen ihn dahinschmelzen. »Sonderauslieferung«, sagte sie. »Ein Telegramm.« Sie hielt ihm einen Umschlag hin.

Ivo nahm ihn in Empfang, wurde sich dann plötzlich seines Aussehens bewußt. Er stand vor diesem wunderschönen Mädchen in den zerknitterten halblangen Shorts, in denen er geschlafen hatte. »Ich . . . danke. Muß mich anziehen.«

Sie stützte sich mit einer Hand gegen die Tür und verhinderte damit, daß er sie schloß. »Ist es für *dich?*«

Er sah auf die Adresse. Es war die stilisierte Darstellung eines Pfeils. Sonst nichts.

»Es könnte auch einfach für Entropie stehen«, sagte sie, indem sie noch einen Schritt auf ihn zu trat und ihn damit zwang, einen Schritt rückwärts zu machen. »Der Pfeil der Zeit. Aber ich habe mich daran erinnert, daß dein Vorname, Ivo, eine Variante des teutonischen Ivon darstellt, und das heißt: im Kampf bewährter Bogenschütze. Und dein Nachname . . .«

»Ja, du könntest recht haben«, murmelte er, wobei er sich in seiner Haut äußerst unwohl fühlte. Wenn er wenigstens etwas angehabt hätte!

»Die weibliche Form wäre Yvonne«, fuhr sie munter fort und drängte ihn einen weiteren Schritt zurück. »Namen haben fast immer einen interessanten Ursprung. Meiner bedeutet ›Begrüßerin des Volkes‹ – ebenfalls teutonisch.«

Er musterte sie genauer, da ihm ihre Aufgeräumtheit unerklärlich war. Weder ihre Stimme noch ihr Ausdruck verrieten sie in diesem Augenblick, aber er erkannte sogleich, daß sie dennoch tiefe, beinahe hysterische Trauer um Brad empfand. Ihre Augen waren von Schatten umgeben, und er nahm einen leicht verschwitzten Geruch wahr. Fürchtete sie sich vor dem Alleinsein, oder übte Brads Raum eine gewisse – Anziehungskraft auf sie aus?

»Aber ich denke, du solltest es lesen, um sicher zu sein«, sagte sie. »Ich habe es neben dem Fernschreiber gefunden. Der Techniker war eingeschlafen – überanstrengt, du verstehst –, also nahm ich es an mich . . .«

Sie war ziemlich durcheinander, das war klar. Sie raste offenbar von einem Ort zum andern, sprach mit jedem, griff nach jedem Vorwand, der sich bot, um ihre Aufmerksamkeit von der schrecklichen Erinnerung fernzuhalten. Ivo Archer und seine Kleidung waren ihr egal; es war das rätselhafte Telegramm, an das sich ihre Aufmerksamkeit im Moment klammerte.

Er öffnete es, während sie im Raum herumwirbelte, Gegenstände Brads berührte, ohne sie jedoch in die Hand zu nehmen. Gespannt starrte sie auf das Papier, das irgendeine Botschaft enthalten mußte.

Ein Wort sprang ihm in die Augen. Ivo knüllte das Papier wütend zusammen.

»Was machst du da? Wir wissen doch nicht einmal sicher, ob es für dich ist!«

»Es ist für mich.«

»Was steht drin? Du kannst doch nicht einfach . . .«

»Ich weiß nicht, was das heißen soll. Ich weiß nur, daß es Ärger bedeutet.«

»Laß mich wenigstens . . .«

»Aber sicher«, sagte er etwas zu streng und warf ihr das Papierknäuel zu. »Ich muß mich anziehen.«

Sie ignorierte diesen Wink, faltete das Papier auseinander und konzentrierte sich darauf, während er ihr den Rücken zuwandte und hastig in Hose und Hemd schlüpfte.

»Nanu – das ist vielsprachig!« rief sie aus. »Ich dachte, du verstehst keine ...«

»Ich verstehe keine Fremdsprachen.«

Sie ging zu dem kleinen Tisch und legte die Botschaft darauf. »Wer würde dir eine Nachricht wie diese zukommen lassen? Faszinierend!«

»Es bedeutet Ärger«, wiederholte er. Er ging zu ihr hin, um es noch einmal anzusehen; in Wirklichkeit freilich wollte er nur in ihrer Nähe sein.

Die Buchstaben waren deutlich lesbar: SURULLINEN XPACT SCHÖN AG I ENCAJE.

Ohne Unterschrift, ohne Absender.

»Was für ein Mischmasch!« sagte sie und holte einen Bleistift heraus. »Ich bin nicht sicher, ob ich das alles zusammenkriege, aber ich weiß, daß es etwas bedeutet. Wenn nur Brad ...«

Ihr Kopf fiel nach vorn, sie schluchzte trocken. Dann hob sie den Kopf entschlossen hoch und konzentrierte sich wieder auf die Botschaft. Ivo stand unschlüssig neben ihr, sehnte sich danach, sie berühren zu dürfen – und fühlte sich dieses Verlangens wegen schuldig.

»Schön – das ist natürlich deutsch. Es ...« Sie hielt inne. »Schön! Brads Freund aus dem Projekt! Es war wohl so gedacht, daß du das hier zu Brad bringen solltest, damit er es übersetzt.«

»Möglich.« Er überlegte, ob er nicht besser daran getan hätte, die Nachricht zu vernichten, statt sie ihr zu überlassen. Sie kam Brads Intelligenz nicht nahe, aber sie war auch nicht gerade langsam.

»Schön ... er ist derjenige, der ... wenn es irgend jemand kann ...«

Er mokierte sich innerlich; er wußte, daß sie sich an Strohhalmen festhielt und das auch bald würde einsehen müssen. Selbst Schön konnte das beschädigte Gehirn seines Freundes nicht wiederherstellen. Eine solche Heilung setzte voraus, daß das beschädigte Gewebe organisch erneuert wurde, und so etwas gab es bei höheren Lebewesen nicht.

»Ich muß herausfinden, was das bedeutet. Dann können wir es beantworten ...« Sie wandte sich der Aufgabe mit Eifer zu. »Das letzte Wort — ENJACE — steht im Spanischen für ›Schnur‹. Und das vorletzte — I — könnte englisch sein. Das sähe ganz nach Brad aus, ein ›normales‹ Wort dazwischenzuschieben, und nach allem, was ich gehört habe, soll Schön in dieser Hinsicht noch viel schlimmer sein.« Sie schrieb die englische Bedeutung jeweils unter das ausgedruckte Wort, während Ivo zusah — gegen seinen Willen doch von der Neugier gepackt. Er hatte die Genies nie um ihre vielsprachigen Fähigkeiten beneidet, aber nun, da er sah, wie Afra ihre Fähigkeiten auf diesen Text anwandte, konnte er die Erregung einer solchen Suche mitempfinden. Die Jagd nach einem Wort konnte unter Umständen so aufregend sein wie die Jagd auf Menschen.

Obwohl er das Ergebnis bereits kannte.

»XPACT — das ist kein Wort aus einer romanischen oder germanischen Sprache«, murmelte sie. »Finnisch-Ugurisch? — Nein, aber verwandt. Mal sehen.« Sie schrieb das Wort in einer für Ivo exotischen Schriftart nieder.

Sie sah auf, ihre blauen Augen leuchteten überraschend intensiv. Ivo fragte sich, warum ihm der Glanz einer solchen Farbe nie etwas bedeutet hatte, bevor er ihr begegnet war. »Eichel, das ist es. Gibt das einen Sinn?«

Ivo zuckte die Achseln.

»Und SURULLINEN — das ist finnisch und heißt ›traurig‹. Ein Wort fehlt noch . . . ich glaube, es ist türkisch . . . ›Netz‹ vielleicht.« Sie lehnte sich zurück und las vor: »Traurige Eicheln, schönes Netz ich Schnur.«

Ivo kicherte, und sie lächelte flüchtig. »Aber ›Schnur‹ ist ein Substantiv«, sagte sie, »also haben wir es noch nicht. Ein Verb fehlt — so ist es noch kein Satz — jedenfalls nicht so, wie wir es uns vorstellen. Und dieses ›ich‹ paßt eigentlich nicht — aha! Das könnte das polnische ›und‹ sein. ›Schönes Netz und Schnur‹ im Gegensatz zu den traurigen Eicheln.« Sie brütete weiter darüber, ihre Zunge erschien und verschwand immer wieder zwischen den gleichmäßig weißen Zähnen.

Was war, wenn sie es löste? Sollte er ihr jetzt die Wahrheit sagen? Das schien ihm wenig sinnvoll zu sein.

Er spürte ihre Begeisterung für das Problem und entschied, sie noch eine Weile knobeln zu lassen.

»Düstere Eichen, liebliche Fichten und Gespinst«, murmelte sie schließlich. »Etwas in dieser Richtung. Anders kann ich die Worte nicht deuten, und ich weiß nicht, wo ich bei einer Interpretation anfangen sollte. Mein Gott, bin ich erschöpft! Warum hat er dir nur eine solche Botschaft geschickt, wo es doch viel einfacher ginge?«

»Dämmernis ewiger Eichen, wunderbar geflochten und gewoben«, sagte Ivo.

Sie begriff sofort. »Es *bedeutet* dir etwas. Die Zeile eines Gedichts?«

»Ja.« Sie war zu schnell; er hatte bereits zuviel gesagt.

»Aus einem Werk, das euch beiden vertraut ist? Etwas, aus dem du zitieren könntest? Etwas, das die Richtung angibt, der du folgen sollst?«

»Ja.« Er wußte, sie würde ihn sogleich fragen, *welcher* Dichter und *welches* Gedicht, und er war nicht bereit, ihr das zu sagen. Sie würde es ohnehin herausfinden, oder . . . oder wie würde sie es aus ihm herauszuquetschen versuchen?

»Jetzt kann ich mir eine Ruhepause gönnen«, sagte sie. Sie schlurfte zur Hängematte und warf sich hinein, die Knie auf eine Seite gebogen, ließ sie die Schuhe von den Füßen gleiten und zu Boden fallen.

Sie hatte vergessen, wo sie sich befand — oder es war ihr einfach egal. Vielleicht, überlegte er in sinnloser Eifersucht, war sie es *gewohnt,* hier zu schlafen. In Brads Raum.

Er sah sie an, die weichen, sich lösenden Haare, der schlanke Arm, der über den Rand der Hängematte hinaushing; der nach Umarmung verlangende Umriß ihres entspannten Körpers, die glatten weißen Knie, die festen runden Knöchel und die zierlichen Füße. Er schämte sich für sein Verlangen.

Afra war ihm plötzlich der Inbegriff begehrlicher Weiblichkeit. Es spielte keine Rolle, daß seine Maßstäbe den vorhandenen Tatsachen folgten und nicht umgekehrt. Er hatte sich selbst beigebracht, eine wachere Intelligenz als seine eigene nicht abzulehnen, zugleich aber auch, sie nicht von dem Mädchen zu erwarten, das er eines Tages heiraten würde. Er hatte längst eingesehen, nicht überlegene Schönheit zu begehren, sich nicht an kleinen Charakterfehlern zu stören . . . hundert kleine Vorgaben, um die Möglichkeiten und Wahrscheinlichkeiten zu verbessern. Er war kein außergewöhnlicher Mann, abgesehen von diesem einmaligen Aspekt, der jedem Sinn, den sein Leben gehabt haben könnte, zuwiderlief, und es war daher auch nicht zu erwarten, daß er eine außergewöhnliche Frau für sich gewinnen konnte, oder überhaupt *irgendeine* Frau.

Er wußte jetzt, daß er seine Anfälligkeit für bloße körperliche Attraktivität bei weitem unterschätzt hatte. Er hatte Afra von dem

Augenblick an geliebt, in dem er sie sah, bevor er irgend etwas anderes über sie wußte. Er war besiegt, und er konnte nur noch auf gnädige Bedingungen hoffen.

»Ich dachte, nichts könnte mich wieder so treffen«, murmelte sie verschlafen in das kleine Kissen, »nachdem ich meinen Vater verloren hatte. Aber jetzt Brad — es ist fast genauso, wirklich . . .«

Ivo sagte nichts, wohl wissend, daß keine Antwort erwartet wurde. Sie achtete gar nicht auf ihn. Ihr Bewußtsein war eingeschlossen in einer isolierten Episode, durch größtes Leid wieder an die Oberfläche geschleudert. Diese Neuigkeit überraschte ihn jedoch; er hatte vorher nichts von einer im Hintergrund verborgenen Tragödie geahnt. Ihr Vater mußte plötzlich gestorben oder in geistige Umnachtung versunken sein, so daß sie nur unter extremer Belastung von ihm sprach. Und jetzt war es mit Brad geschehen. Er nahm sich vor, in ihrer Gegenwart niemals von ihren oder überhaupt von Eltern zu reden.

»Und er sagte mir, wie . . . ich kann mich nicht mehr erinnern . . . es hatte etwas mit Schön zu tun . . .«

Plötzlich gewann es auch für ihn Bedeutung. Mit ›er‹ war offenbar Brad gemeint. Was hatte ihr Brad über Schön gesagt? Ivo lauschte gespannt, aber sie war inzwischen in Schweigen verfallen. Ihre Augen waren geschlossen, Tränen quollen aus ihnen hervor.

Brads Mädchen . . .

Ivo verließ den Ram. Er ging, weil es ihn schmerzte, ihr zuzusehen. Auch er trauerte um Brad, aber es war nicht das gleiche.

Er ging zur Krankenstation.

Sechs Personen nahmen die Sitze ein. Es sah aus, als würden sie sich niemals aus ihnen erheben, denn nach Stationszeit war es jetzt Nacht.

»Hallo, Mr. Johnson«, murmelte er im Vorübergehen. Der Patriarch blickte durch ihn hindurch in unendliche Weiten. »Hallo, Dr. Smith. Dr. Sung. Mr. Holt. Dr. Carpenter.«

Ein gähnender Pfleger erschien. »Was wollen Sie?«

Ivo sah Bradley Carpenter an, der zum Glück schlief. Zum Glück für den Beobachter, denn sein Freund verfügte nicht mehr über den Verstand, um davon betroffen zu sein, was mit ihm geschah.

Warum hatte Brad das getan, obwohl er wußte, welche Strafe auf ihn zukommen würde? Es war praktisch Selbstmord gewesen; er hätte das Verlangen des Senators zurückweisen können, wenn er wirklich gewollt hätte. Eine Vorladung durch den Kongreß hätte zwar eine beträchtliche Publizität mit sich gebracht, wäre aber doch bei weitem das kleinere Übel gewesen. Dieser Tod war noch schrecklicher, weil er nur ein teilweiser Tod war. Das Bewußtsein war ausgelöscht, lobotomisiert, während der schlaffe Körper zurückblieb, eine lebenslange Bürde für die Gesellschaft und eine Qual für jene, die Brad als Ganzes gekannt und geliebt hatten.

»Ach – Sie sind sein Freund von der Erde«, sagte der Pfleger, der ihn jetzt offenbar erkannt hatte. »Wirklich schade um ihn.«

Brad erwachte. Die schlaffen Züge begannen zu zucken; die Augen suchten verzweifelt nach einem Halt. Die Lippen schlossen sich. Es kam fast so etwas wie Bewegung in sein Gesicht.

»Sch-sch-sch . . .«, sagte Brad.

Der Pfleger legte eine Hand beruhigend auf seine Schulter. »Es ist alles in Ordnung, Dr. Carpenter. Alles in Ordnung. Entspannen Sie sich.« Zu Ivo gewandt: »Es ist nicht gut, sie aufzuwecken. Vielleicht läßt sich ihre Persönlichkeit teilweise regenerieren, wenn sich ihre Verfassung nicht noch mehr verschlechtert. Wir wissen es einfach noch nicht, und wir können kein Risiko eingehen. Sie verstehen. Sie sollten besser gehen.«

Brad hielt seine Augen mit großer Anstrengung auf Ivo gerichtet. »Sch-sch . . .«

»Schön«, sagte Ivo.

Der Körper, der sich vor Anspannung fast verzehrt hatte, entspannte sich.

Der Pfleger runzelte die Stirn. »Was haben Sie gesagt?«

»Es war ein Wort in deutscher Sprache«, erklärte Ivo, der nicht mehr erklären wollte.

»Er hat versucht, zu . . . das ist mehr als erstaunlich! Es ist erst ein paar Stunden her, seit . . .«

»Es hatte große Bedeutung für ihn.«

Brad war wieder eingeschlafen, nachdem er sein Ziel erreicht hatte. »Die anderen waren in den ersten Tagen nicht in der Lage, es auch nur zu versuchen«, sagte der Pfleger. »Es hat ihn offenbar nicht so schlimm getroffen. Vielleicht wird er sich wieder erholen!«

»Vielleicht.« Ivo ging in der Gewißheit, daß es eine sinnlose Hoffnung war. Nur eine übermäßige Anstrengung, vielleicht die einzige, derer er noch fähig war, hatte dieses Wort hervorgebracht, oder diesen Versuch, ein Wort auszusprechen. In der peinigenden Rückschau wurde es jetzt ganz deutlich: Brad hatte sich selbst geopfert, um damit das Heraufrufen von Schön zu erzwingen. So sicher war er dessen gewesen, daß nur Schön den Zerstörer zu entschärfen und mit dem Problem des Makroskops fertigzuwerden vermochte.

Es war umsonst gewesen. Wie konnte er Schön einer solch gewaltigen Quelle des Wissens und der Macht aussetzen – wohl wissend, was er da der Welt bescheren möchte. Der Senator war ehrgeizig gewesen, doch Schön war amoralisch. Er konnte es nicht tun.

Er traf Groton im Korridor nahe dem Gemeinschaftsraum. »Ivo«, sagte er, indem er vor ihm stehenblieb. »Ich weiß, daß das nicht der richtige Zeitpunkt ist, aber ich brauche eine bestimmte Auskunft.«

»Der Zeitpunkt ist nicht besser oder schlechter gewählt als jeder andere.« In Wirklichkeit war er froh, daß jemand kam, um ihn abzulenken. Er wußte, daß Groton kein stumpfsinniger Ingenieur war; der Mann hatte relevante Ansichten über relevante Dinge, was durch die Unterhaltung bei den Grotons bewiesen worden war. Es war immer gefährlich, wenn man sich von Vorurteilen leiten ließ, wie es ihm bei seiner ersten Begegnung mit Groton ergangen war. »Welche Auskunft? Ich weiß eigentlich nicht viel.«

»Ich habe an deinem Horoskop gearbeitet – bin bis jetzt noch nicht zum Schlafen gekommen – und, nun ja, es würde mir vielleicht helfen, wenn du mir bestimmte Krisen in deinem Leben verraten könntest.«

Also spürte es auch Groton. Jeder reagierte in seiner Weise auf die Belastung. Natürlich konnte die Astrologie ebensogut Ablenkung verschaffen wie alles andere.

»Wie zum Beispiel *diese* Krise? Das kann ich allerdings noch nicht objektiv genug sehen.« Sollte er wirklich weiter auf diese Spielerei eingehen? Freilich, was er soeben in bezug auf Vorurteile überlegt hatte, sollte auch dafür gelten. Die Tatsache, daß Ivo Archer die Astrologie einer ernsthaften Betrachtung für unwürdig befand, mußte nicht auch bedeuten, daß unhöfliches Verhalten gerechtfertigt war; Harold Groton nahm die Sache offensichtlich ernst. Es gab ausgefallenere Hobbies.

»Ich dachte an frühere Erfahrungen. Vielleicht ist in deiner Kindheit etwas geschehen, was dein ganzes Leben verändert hat . . .«

»Ich dachte, das stände alles in deinen Karten, und das Geburtsdatum wäre der Schlüssel zu allem.« Oder war das eine unfreundliche Bemerkung?

»Ganz so einfach ist es nicht. Es ist besser, Bestätigung durch Erfahrung zu gewinnen. Dann können wir auch die Bedeutungen der Symbole besser verstehen. Die Astrologie ist eine Wissenschaft, die in hohem Maße auf empirischer Bestätigung beruht. Wir wenden tatsächlich die wissenschaftliche Methode an.«

»Und etwas Philosophie?« erkundigte sich Ivo, der sich an eine Bemerkung des Senators in diesem Zusammenhang erinnerte.

»Natürlich. Wenn du also . . .«

Sie betraten Grotons Apartment. Ivo nahm Frühstücksgerüche wahr, und er wußte, daß Beatryx bereits ihr Tagwerk begonnen hatte. Es ließ in ihm so etwas wie Heimweh aufkommen; niemand nahm gern das Kantinenessen zu sich, obwohl es außergewöhnlich gut war.

»Ich hatte keine Kindheit«, sagte er.

»Du meinst das Projekt. Eine kontrollierte Situation, gewiß, und vielleicht ohne Ereignisse von Bedeutung. Aber nachdem du sie verlassen hast . . .«

Ivo erinnerte sich an den Wendepunkt. Wenn da überhaupt ein Anfang gewesen war, dann hatte es vielleicht an dem Tag begonnen, an dem er dreiundzwanzig geworden war. 3. Februar 1865. Der Tag, an dem er sich selbst zugeben mußte, daß er die Schwindsucht hatte.

Point Lookout, Maryland — der schrecklichste Ort der Welt, den er sich vorstellen konnte. Das war gewiß die Hölle, und Major Bradly war der Teufel. Kahles und ödes Land, umgeben von Palisaden. Die Gefangenen waren Weiße aus dem Süden; viele der Wachen waren Schwarze. Die Neger fanden Gefallen daran, zu beleidigen und zu quälen, wen immer sie wollten, aber die Kälte des Winters war noch schlimmer. Es gab nicht genügend Nahrung, Kleider oder sanitäre Einrichtungen, und keinerlei medizinische Versorgung der Gefangenen. Das Wasser war brackig. Unterkunft bot nur eine Ansammlung von Steilzelten und Glockenzelten. Sie schliefen auf der bloßen, feuchten Erde, da ihnen sowohl Bretter als auch Stroh als Unterlage verwehrt wurden, und auch Holz zum Feuermachen wurde innerhalb des eingeschlossenen Geländes nicht geduldet. Sich gegen diese Bedingungen zur Wehr zu setzen brachte nur ziemliche Vergeltungsmaßnahmen und eine weitere Verringerung der ohnehin zu knappen Ration mit sich.

Er teilte ein Zelt mit einem Dutzend anderen Männern. Während diese Überbelegung den segensreichen Vorzug hatte, ein gewisses Maß an körperlicher Wärme zu vermitteln, war der gleiche Umstand zum anderen daran schuld, daß sich Seuchen gefährlich schnell ausbreiteten. Durchfall, Ruhr, Typhus, Skorbut und Krätze . . . jeden Tag starben fünfzehn bis zwanzig Männer im Lager. Und dann, eines Tages, vermochte er den tuberkulösen Husten und die Schwäche seines Körpers nicht mehr länger zu leugnen. Er wußte, daß er sterben würde.

War es erst vier Jahre her, daß der große Staat Georgia für die Loslösung von der Union gestimmt hatte? Er war zunächst kein Sezessionist gewesen, aber die Wahl war in Milledgeville abgehalten worden, nur zwei Meilen von dem Ort entfernt, wo er sich mittels Unterricht durchschlug. Die vorherrschende Meinung war, gleich einer Seuche, äußerst ansteckend gewesen; selbst die Priester waren patriotisch bis kriegsbegeistert. *Der flammende Atem des Krieges wehte über ihnen allen.* Irgendwie war er von seiner Fähigkeit überzeugt worden, mindestens fünf Yankees mit einer Hand erledigen zu können; jeder aufrechte Georgier konnte das!

Jetzt sah er die menschliche Verzweiflung von Point Lookout um sich. »Was für Narren wir waren!« murmelte er. Die Selbstüberschätzung eines einzelnen war lächerlich, weil sie ohnmächtig war, aber die Selbstüberschätzung eines ganzen Volkes war furchtbar.

Erhitzt von patriotischen Wahnvorstellungen, hatte er sich freiwillig gemeldet. Er, dessen einzige Begabung in der Musik lag!

Es war nicht alles so übel gewesen. Er erinnerte sich gern an die Zeit, da er als verdreckter Soldat unter Fenstern vorbeikam, hinter denen ein Orchester übte. Er hatte seine Flöte herausgeholt und draußen auf der Straße gespielt — und das Orchester hörte zu üben auf, lauschte seiner Musik und arrangierte es, daß er zum Ehrenbürger der Stadt ernannt wurde.

Während des Urlaubs hatte es Konzerte mit seinen Freunden gegeben, und dann natürlich die Ladies! Er war immer verliebt gewesen, und er hatte nie gezögert, Herzen durch die Musik seiner Flöte zu gewinnen.

Er hatte diese Flöte in das Gefangenenlager geschmuggelt, und ihre Musik war eine der wenigen Annehmlichkeiten, die ihm geblieben waren. Sie war das einzige gewesen, von dem er sich nicht zu trennen vermochte, als die *Lucy* im Golfstrom aufgebracht worden war, nachdem sie in eine Yankee-Blockade gelaufen war. Er war Meldeoffizier gewesen, und er hatte sich nicht als Engländer ausgeben wollen, hatte die Gefangennahme einer unehrenhaften Flucht vorgezogen.

Jetzt ging er an dieser Entscheidung zugrunde, wie auch sein Land durch die Armeen der Union zugrundeging. Noch bis heute hatte er eine ungewisse Hoffnung gehabt. War Gott gerecht?

Harold Groton wartete auf eine Antwort. Was konnte er ihm sagen?

»Das ist sehr schwer zu sagen. Ich war dem Tode nahe, als ich dreiundzwanzig war. Ist es das, was du wissen willst?«

»Wenn es dich sehr mitgenommen hat, ja. Manche Leute kommen fast um und machen sich dann nur sehr wenig daraus, während andere durch eine unschuldige Bemerkung tief getroffen werden. Es geht weniger um das Ereignis selbst, als um die persönliche Bedeutung für dich.«

»Es ist von Bedeutung für mich. Ich war krank – und gefangen. Einige Freunde – haben für mich gebürgt. Auf dem Schiff nach Hause ...«

»Du warst nicht in Amerika?«

»Das nicht gerade. Das Schiff, mit dem ich fuhr, war auf dem Weg nach City Point, Virginia, drei Tage im Eis gefangen.«

Groton enthielt sich eines Kommentars.

War es die Mühe wert, es ihm zu erklären? Nur um der genauen Daten für eine Pseudowissenschaft willen? Doch der Kummer über das Geschehene ließ ihn nicht los, und so war es ihm letztlich egal.

Drei Tage saß das Schiff im Eis fest, im frühen März 1865. Er und andere freigelassene Gefangene kauerten im Rumpf des Schiffes, zähneklappernd in der Kälte. Sein Ende war nahe.

Ein anderer Gefangener übte auf der Flöte. Ein kleines Mädchen, die Tochter eines Passagiers im Oberdeck, hörte es und war von der Melodie hingerissen. »Wenn du glaubst, daß *ich* gut spiele, dann solltest du diesen Kerl da unten erst einmal spielen hören!« sagte ihr der Mann. »Aber er wird es nicht mehr lange machen, bei dieser Kälte.«

Sie erzählte es ihrer Mutter. »Ich kenne nur einen einzigen Menschen, der so geschickt mit der Flöte umgehen kann«, sagte die Frau. »Ein alter Freund von mir. Aber er kann unmöglich *hier* sein!«

Aber sie forschte nach, da es ihr keine Ruhe ließ – und fand ihn, in eine alte schmutzige Decke eingehüllt, die Augen starr, der geschwächte Körper wand sich in schmerzhaften Krämpfen. Sie erkannte ihren Freund.

Der Frachtraum war so überfüllt, daß sie ihn über die Köpfe der anderen Gefangenen hinwegheben mußten, um ihn heraus zu bekommen. Sie flößte ihm Brandy ein, aber er war nicht mehr imstande, ihn zu schlucken.

Sie wärmte und pflegte ihn, sie und ihr kleines Mädchen. Gegen Mitternacht erholte er sich etwas. Sie gab ihm seine Flöte – die beste Medizin! – und leise begann er zu spielen.

Die Gefangenen im Bug schrien vor Freude auf, als sie es hörten. Er war dabei, sich zu erholen.

»Diese freundschaftliche Tat – ich glaube, das war der Wendepunkt!« sagte Ivo. »Andernfalls wäre ich bestimmt gestorben.«

Groton schüttelte den Kopf. »Das ist eine seltsame Geschichte, die du mir erzählt hast, Ivo. Aber wie ich schon sagte, es geht in erster Linie um die Bedeutung, die sie für dich hat, und nicht um die offenkundigen Einzelheiten. Ich werde es für meine Arbeit verwenden.«

Ivo, wieder nervös geworden, lehnte es dankend ab, das Frühstück bei den Grotons einzunehmen, und machte sich auf den Weg zur Kantine. Er war nicht besonders hungrig.

Nachdem er gegessen hatte, war es noch immer früh am Tag – nach Stationszeit gerechnet, und er war noch immer ruhelos. Schlief Afra noch in seinem – Brads – Raum? Sollte er schon wieder zurückgehen?

Er ging austreten – und dabei fiel ihm plötzlich auf, daß alle Toiletten in die gleiche Richtung wiesen. Die Anordnung war so, daß die Blickrichtung im Sitzen der ›Vorwärts‹-Orientierung des Torus entsprach.

Er erinnerte sich an Brads Bemerkung, daß das Heck dort sei, wo der Hintern hindeute, die er zunächst nicht verstanden hatte.

Er schloß die Augen, spürte, daß er kurz vor einem Tränenausbruch stand. Bradley Carpenter, promoviert in verschiedenen Zweigen der Raumtechnologie im Alter von zweiundzwanzig – der sich mit allem, was von seinem Bewußtsein übriggeblieben war, abmühte, ein deutsches Wort herauszubringen ...

Brad – Stolz des namenlosen Projekts, das seine Teilnehmer verächtlich als ›Pecker-Experiment‹ getauft hatten. Es war auf einem Unternehmen aufgebaut, oder zumindest von ihm inspiriert worden, das weit bekannter war und ihm um etwa zwanzig Jahre vorausging: das Peckham-Experiment. Aber wenn die guten Doktoren von Peckham geahnt hätten, was für düstere Folgen ihre gutgemeinte Forschung einmal haben würde, dann hätten sie zumindest ernsthafte Befürchtungen gehegt.

Soweit Ivo davon wußte, hatte es eine britische Ärztegruppe in den 30er Jahren unternommen, mehr über das Wesen der Gesundheit herauszufinden. Sie waren davon ausgegangen, daß es ein Fehler sein mochte, daß die Medizin ihre Aufmerksamkeit vorwiegend der Krankheit schenkte; wieviel besser wäre es doch, wenn alles dafür getan würde, die *Gesundheit* zu erhalten, damit anstrengende und nur teilweise wirksame Hilfsmaßnahmen überflüssig wurden? Sie hielten die regelmäßige und vollständige körperliche Überprüfung eines jeden für notwendig, wobei die Aufmerksamkeit mehr der Familie denn dem einzelnen gehören sollte. Aber wie würde die durchschnittliche Familie auf ein solches Hilfsangebot reagieren?

Das 1935 in Peckham eingerichtete Zentrum bewies schon bald, daß ein Bedürfnis nach einem solchen Dienst bestand. Mehrere Jahre lang nahmen viele der Familien in einem Umkreis von einer Meile daran teil und erfreuten sich eines Wohlbefindens, das sie nie zuvor gekannt hatten. Aus den Aufzeichnungen ging erstaunlicherweise hervor, daß neunzig Prozent der Teilnehmer — die einen repräsentativen Querschnitt der Bevölkerung darstellen sollten — sich zu Beginn des Versuchs keineswegs guter Gesundheit erfreuten. Der ›normale‹ Bürger war ein kranker Bürger.

Wie mochte das Gruppenleben aussehen, wenn neunzig Prozent *gesund* waren? Das Peckham-Experiment hatte nur erste kleine Schritte in dieser Richtung unternommen. Der Zweite Weltkrieg, dieses Trauma der kranken Gesellschaft, hatte alles zunichte gemacht. Der Versuch einer Wiederaufnahme nach dem Krieg scheiterte mangels finanzieller Unterstützung, und das mutige Experiment wurde nicht weitergeführt.

Aber nicht vergessen. Noch viele Jahre später war es Gegenstand kenntnisreicher Analysen. Gewisse Leute untersuchten die mageren Ergebnisse des Experiments und entwickelten daraus eine faszinierende Annahme. Wenn der Durchschnittsmensch krank war, und wenn normal in Wirklichkeit subnormal bedeutete, man das tatsächliche körperliche Potential niemals erkannte — wie mochte es dann mit dem *geistigen* Potential bestellt sein? War es denkbar, daß Gesundheit und ein Aufwachsen unter idealen Bedingungen den durchschnittlichen in einen überlegenen Menschen zu verwandeln vermochten, und den überlegenen Menschen in einen genialen?

Welchen Nutzen konnte man sich von künstlichen herangezüchteten Genies erhoffen? Von welchem Wert würden Angestellte mit einem garantierten IQ für die Industrie sein? Wie konnte eine Nation daraus Nutzen ziehen? Und — wie hoch lag eigentlich die oberste Grenze?

Gewisse private Interessen entschieden sich, darauf zu spekulieren. Geld tauchte auf, und vorläufige Untersuchungen begannen. Wie mußten die Voraussetzungen beschaffen sein, damit man Genies vom Band produzieren konnte? Worin bestand das beste Ausgangsmaterial für diese Produktion? Das Fleisch, nicht aber zufriedene Kühe waren das Ziel der landwirtschaftlichen Tierhaltung, und in diesem Sinn war der IQ, nicht aber eine konventionelle Lebensform, das Ziel dieses Projekts.

In der Zwischenzeit – nach Peckham – durchgeführte Untersuchungen brachten erstaunliche Tatsachen zutage. Die Erbanlagen waren wesentlich, ja – aber die Umwelt war es, die in verschiedenster und vor allem oft unerwarteter Hinsicht stark prägend dazu beitrug. Gesundheit war wesentlich – aber ebenso die Erziehung. Die grundlegende Theorie und Praxis des konventionellen Schulsystems war längst überholt.

Erstens: Die Erwartungen der Lehrperson beeinflußten die Leistungen des Schülers. In Amerika bewirkten daher die ›sich selbst erfüllenden Vorhersagen‹ schlechterer Noten für schwarze und indianische Schulkinder *tatsächlich* schlechtere Noten, hingegen bessere Noten für weiße Kinder prominenter Familien – *ungeachtet der objektiv feststellbaren Leistung.*

Zweitens: Es gab keinen Zusammenhang zwischen der schulischen Leistung und dem, was im Leben erreicht wurde. Zusätzliche Jahre der schulischen Erziehung oder der Besitz von Diplomen brachten keinen praktischen Vorteil – *abgesehen von den sich selbst erfüllenden Vorhersagen der Gesellschaft.*

Drittens: Was von den schulischen Lehrplänen für eine Zeit von acht Jahren überhaupt brauchbar war, konnte von einem normalen Zwölfjährigen innerhalb von vier Monaten bewältigt werden – der das meiste davon *ohne förmliche Unterrichtung* aufnahm.

Viertens: Das wirklich ›kreative‹ Kind war skeptisch, unabhängig, wollte sich durchsetzen und hatte breitgestreute Interessen: ein natürlicher ›Störenfried‹. Der üblichen Definition zufolge war es *kein ›guter‹ Schüler.*

Fünftens: Das Gehirn des menschlichen Kindes erreicht bereits im Alter von drei Jahren achtzig Prozent seines erwachsenen Gewichts, während das Körpergewicht erst zwanzig Prozent erreicht hat. *Jede Hemmung des Lernens und jedes Zurückbleiben in dieser Zeitspanne kann später nicht wieder aufgeholt werden.*

Sechstens: Geschöpfe – jeder Art –, die im Dunkeln aufgezogen wurden, entwickelten keine hinreichende Sehfähigkeit, da sich ihre Augen organisch nicht entsprechend auszubilden vermochten, und sie blieben Zeit ihres Lebens blind. Geschöpfe – jeder Art –, die in einer eingeengten, nicht genügend stimulierenden Umgebung aufwuchsen, schöpften ihr ›normales‹ geistiges oder emotionales Potential niemals voll aus, blieben daher auch für ihr ganzes Leben zurück. Körperliche Krankheiten, Unterernährung, mangelnde sinnliche und kulturelle Ansprache *ließen tatsächlich minderwertige Exemplare entstehen.*

Siebtens: Es war theoretisch möglich, den IQ eines durchschnittlichen Kindes um dreißig Punkte oder mehr anzuheben – allein dadurch, daß für das geeignete Rüstzeug und Informationen gesorgt und zugleich der normalen Eigeninitiative freier Lauf gelassen wurde. Ein so ermutigtes Kind würde einen größeren Teil seines natürlichen Potentials ausschöpfen – *eine Erfüllung, die allen anderen Kindern noch immer vorenthalten blieb.*

Daher das Projekt. In der ganzen Welt wurde verschwenderisch Geld ausgegeben, um potentielles Geniematerial ausfindig zu machen und es mit Gesundheit und Lebenskraft vollzupumpen, daß es außergewöhnlichen Nachwuchs zustande bringen mußte. Der Spitzname des Projekts bezog sich darauf, wie das geschehen sein mochte. Fruchtbare, intelligente Männer jeder Rasse paarten sich mit Frauen, die ihnen nicht angetraut waren, Frauen auf dem Gipfelpunkt ihrer Gesundheit, und beide Teile wurden großzügig für ihren Dienst bezahlt. Die Pflicht dauerte etwa zwei Jahre; Krankheit, Hunger oder zu wenig Sex-Aktivität wurden dabei tunlichst ferngehalten.

Die Babies hatten ihre biologischen Eltern niemals kennengelernt. Sie waren von ihren Geburtsorten weggeholt und auf dem in jeder Hinsicht abgesicherten Gelände des Projekts zusammengebracht worden, um dort in der gesündesten und stimulierendsten Umgebung aufzuwachsen, die von Menschen geschaffen werden konnte. Ihre individuellen Familien wurden durch etwas Besseres ersetzt: die Gruppenfamilie. Die erwachsenen Betreuer, Männer und Frauen, wurden unterwiesen, den Kindern nichts vorzuenthalten außer der Freiheit, das Projekt zu verlassen, und sich nicht unnötig in kindliche Angelegenheiten zu mischen.

Die Jahre schritten voran, und – die Ergebnisse waren im allgemeinen enttäuschend. Nach phänomenal frühem Wachstum erreichte der durchschnittliche Projektzögling eine geistige Entwicklungsstufe, die gut, aber nicht außergewöhnlich war, und zeitigte – im Verhältnis zu den Erwartungen – nur mäßige Talente. Es schien, als hätte diese gewaltige Anstrengung nur eine beschleunigte Wachstumsrate bewirkt, nicht aber das, was erträumt worden war. Die Kinder verteilten sich in der normalen glockenförmigen Kurve, die auf einem IQ von 125 aufbaute – ein Ergebnis, das man bereits aufgrund ihrer Herkunft hätte vorhersagen können, ohne die Einwirkung der verbesserten Umwelt in Betracht zu ziehen. Aus den Tests ging nur ein wahres Genie hervor, obwohl es natürlich eine ganze Anzahl von sehr intelligenten Kindern gab — und ebensoviele, die dem Durchschnitt entsprachen (IQ 100) oder nur wenig darunter lagen.

Offiziell war das Projekt also ein Fehlschlag. Man hatte ganz offensichtlich etwas übersehen. Es würde keine Fließband-Genies geben, die man vermarkten konnte. Die finanzielle Unterstützung schwand dahin. Nach fünfzehn Jahren wurde es aufgegeben, und die Zöglinge erhielten ihre Freiheit.

Daß es Schön gab, hatte niemand herausbekommen.

Im Gemeinschaftsraum saß eine Gruppe von Männern in düsterem Schweigen beisammen. Sie wandten ihm ihre ausdruckslosen Gesichter zu, als er näher kam.

»Bitte — das ist ein privates Treffen«, sagte einer von ihnen unwirsch.

»Tut mir leid.« Ivo durchquerte eilig den Raum und ging auf den gegenüberliegenden Ausgang zu, da er keinesfalls stören wollte. Die ›Nacht‹-Phase war kaum vorüber; warum versammelten sie sich um diese Zeit beinahe heimlich? Was hatten sie ›Privates‹ vor? Nun, es ging ihn nichts an.

Harold Groton kam ihm im Korridor aus der anderen Richtung entgegen, durch sein häusliches Frühstück sichtlich gesättigt. »Da ist eine Versammlung«, berichtete ihm Ivo. »Ziemlich exklusiv. Ich bin eben hineingeplatzt, da im Gemeinschaftsraum.«

»Ich weiß. Ich war eben . . .« Groton hielt inne, ergriff Ivos Arm. »Bei Gott — mir ist eben eingefallen — du hast das Vernichtungsprogramm gesehen und es überlebt!«

»Ich nehme an, ich liege unterhalb der kritischen Grenze.«

»Afra sagte, du kennst eine wichtige Person — jemanden, der diesen Knoten entwirren kann.«

»Sie redet zuviel.« Ivo löste seinen Arm aus dem Griff Grotons, da er das Gefühl hatte, nicht noch mehr Unsinn ertragen zu können.

»Dieser Trick beim Spielen — das intuitive Berechnen. Hat Brad das ernst gemeint? Kannst du jedesmal gewinnen?«

»Ja, wenn es die richtige Art von Spiel ist, und wenn ich die Wahl der Eröffnung habe.« Worauf wollte er hinaus? Ein Senator war tot, sechs weitere Gehirne durch ein fremdes Zerstörungssignal ausgelöscht worden, und ein organisatorisches Chaos begann sich abzuzeichnen. Doch Groton, der ihm gestern noch ziemlich ernsthaft vorgekommen war, beschäftigte sich zuerst mit Astrologie und dann mit einem bedeutungslosen Spiel!

»Komm schon – ich überlasse dir meinen Platz.«

»Wovon redest du?«

»Keine Zeit für Erklärungen. Wir sind bereits spät dran.« Groton zog ihn mit sich in Richtung auf den Gemeinschaftsraum.

Ivo zuckte die Achseln und ließ es mit sich geschehen. Die reglos dasitzenden Gestalten blickten erneut auf, als sie eintraten. Einige waren Frauen, wie er jetzt sah; er hatte zuvor nicht genau hingesehen. »Das ist Ivo«, stellte Groton vor. »Er war Dr. Carpenters Freund. Daher steht ihm das Privileg zu, daß ich ihm meinen Platz im Turnier überlasse.«

Turnier?

Die anderen tauschten Blicke aus und zuckten die Achseln. Sie schienen nicht erfreut zu sein, aber Groton hatte offensichtlich das Recht zu dem, was er vorgeschlagen hatte.

»Ich kann nicht hierbleiben«, sagte Groton zu ihm. »Kibitzen ist nicht gestattet. Spiele ernsthaft. Viel Glück.« Dann war er auch schon weg.

Ivo sah sich um. Da waren acht Männer und zwei Frauen verschiedener Nationalitäten. Er erkannte unter ihnen den großen Russen, der den Senator so verächtlich belächelt hatte, und Fred Blank, den allgegenwärtigen Wartungsarbeiter. Hier fand also keine astronomische Diskussion statt, obwohl die führenden Wissenschaftler des Fachs anwesend zu sein schienen.

Drei Tische waren aneinandergereiht worden, um eine lange Fläche entstehen zu lassen. Darauf stand eine Ansammlung verschiedenfarbiger Kreiden. Jeweils fünf Personen waren an den beiden Seiten der Tischreihen plaziert, so daß sie sich paarweise gegenübersaßen. Für Ivo war kein Stuhl mehr übrig.

Er stand unbeholfen da, bis sich ein Mann erhob und ihn zu einem Einzeltisch führte, der an der Wand stand. Es war der Russe, der ihn jetzt offenbar ebenfalls erkannte. Er setzte Ivo auf einen Stuhl mit Blickrichtung auf die Wand.

Die Bedeutung zweier in hartem Russisch gegebener Anweisungen war klar. Ivo setzte sich und blickte stumm zur Wand.

Der Russe nickte und kehrte zu der Tischreihe zurück.

Ivo vernahm Bewegungen hinter sich, dann war Stille. Er starrte auf die Wand – die, wie er überrascht bemerkte, mit Wandsprüchen in vielerlei Sprachen übersät war – und wartete.

Seine Fantasie begann überzukochen.

Konnte das wahr sein? Nachdem die Wissenschaft versagt hatte, wandten sich die Anführer dieses Weltraumprojekts der Magie zu.

Sie waren eine verschworene Gemeinschaft, die eine Séance abhielten, eine schwarze Messe, eine Beschwörung . . . und alles, was ihnen bis zu diesem Augenblick gefehlt hatte, war ein unschuldiges Lamm für das Blutopfer. Der Gott der Unterwelt mußte versöhnt werden. Zuerst mußten die geheimen Riten zelebriert werden, der Voodoogesang angestimmt, das Messer abgezogen . . .

Ein paar Minuten vergingen. Die Leute kamen wieder in Bewegung, Stühle wurden verschoben. Ivo spürte, wie ihm ein kalter Schauer den Rücken hinablief. *Die Opferklinge* —

Jemand näherte sich seinem Tisch . . .

— *hochgehalten durch einen kräftigen Priester* —

. . . und berührte seine Schulter.

Ivo stand auf, und der Mann nahm seinen Platz ein.

Die anderen hatten wieder ihre Plätze eingenommen. Ein Sitz war jetzt frei. Ivo ging darauf zu und setzte sich.

Ihm gegenüber saß die ältere der beiden Frauen, und zwischen ihnen lagen rote und blaue Kreiden. Das war alles.

Entlang der Tischreihe saßen die anderen vier Paare, vor denen die gleichen Dinge lagen. In unheimlicher Stille wählten Hände Kreidestücke aus und versahen die glänzende Tischoberfläche mit merkwürdigen Markierungen.

Die ihm gegenübersitzende Frau nahm eine blaue Kreide und drückte sorgfältig acht Punkte auf die Tischoberfläche, wodurch der große Umriß eines Herzens entstand.

Ivo sah mit zunehmender Verwirrung zu, ohne zu verstehen, was von ihm erwartet wurde. Er blickte zu dem Paar zu seiner Linken — und begriff.

Sie spielten Sprouts!

Seine Furcht hatte ihn das Offensichtliche übersehen lassen. Groton hatte das Spiel erwähnt, als er ihn zum Gemeinschaftsraum geschleppt hatte.

Er langte nach der anderen Kreide, aber die Frau legte ihre Hand auf die seine und hinderte ihn dadurch daran, sie aufzuheben. Offenbar hatte sie sowohl die Farbe gewählt als auch die Anzahl der Punkte bestimmt. Er ließ die Kreide los, und sie reichte ihm statt dessen die blaue.

Er sollte also beginnen. Er sollte ein Acht-Punkte-Sprouts mit dieser Frau spielen — war sie eine Südamerikanerin? Er würde es wissen, wenn sie etwas sagte — und sie besiegen. Groton erwartete es von ihm.

Er konzentrierte sich, versuchte einen sicheren Gewinn zu berechnen, aber er gewann keine Sicherheit. Es gab zu viele komplexe Zusammenhänge, und zu viel hing vom Aufeinandertreffen entgegengesetzter Strategien ab.

Er entschied sich dafür, einfach zu spielen, bis das Ergebnis vorauszuahnen war. Wahrscheinlich würde er die richtige Strategie erkennen können, bevor sie dazu in der Lage war. Er verband die nach unten gerichteten Punkte, halbierte das Herz und plazierte den neuen Punkt inmitten seiner Linie.

Sie nahm die Kreide wieder und machte einen Bogen ähnlich einem Schmetterlingsflügel, indem sie von der Spitze aus die beiden höchsten Punkte einkreiste. Den neuen Punkt setzte sie in den Spalt.

Müßiges Spiel oder Kunst? Machte das einen Unterschied? Ivo entschied, daß das nicht der Fall war, und fuhr mit einem asymmetrischen Ausläufer fort.

Die Frau führte das Spiel ohne einen Einwand weiter, und er wußte, daß er richtig gehandelt hatte. Diese Spiele wurden nicht nach ihrer Ästhetik bewertet. Schon bald darauf war er in der Lage, die Gewinnmöglichkeit zu bestimmen, und spielte es mühelos bis zum Ende durch.

Die anderen brachten ihre Partien etwa gleichzeitig zu Ende, und wieder standen alle auf, wischten alle Spuren weg und gingen reihum jeweils einen Sitz weiter. Die Bewegung ging im Uhrzeigersinn vor sich; die Frau, die er besiegt hatte, ging zu dem einzelnen Stuhl an der Wand und ließ sich darauf nieder, während der Mann, der eben ausgesetzt hatte, Ivos vorigen Sitz einnahm. Das war jetzt auch klar: Indem sich jeweils fünf Spieler gegenübersaßen und einer aussetzte, brachte jede Umsetzung eine neue Zusammensetzung mit sich, die sich nicht wiederholen würde, bis jeder gegen jeden gespielt hatte.

Es war tatsächlich ein Turnier.

Sein nächster Gegner war ein ehrwürdiger Herr, der das Abzeichen von Nove-Congo trug. Ivo schätzte ihn als einen Bantu-Abkömmling mit starker weißer Beimischung ein; die Haut war mittelbraun, der Körper stämmig, aber ohne die kaukasische Behaarung. Die turbulente Geschichte seines Landes spiegelte sich in seinem Typus wieder, und Ivo empfand Mitgefühl für ihn. Ivo selbst war eine Mischung aus mongolischem, negroidem und kaukasischem Erbe, wie es jedes Mitglied des Projekts war, und er hatte das Gefühl, daß den Reinrassigen etwas fehlte. Aber er hatte seine Chromosomen auf problemlose Weise empfangen, und er war beschützt und verzärtelt aufgewachsen. Dieser Mann konnte nur in Unglück und Elend empfangen worden sein, inmitten heftiger Antipathien gegen Rassenmischung; vielleicht war er die Frucht einer Vergewaltigung. Dennoch hatte er seinen Weg in die höchsten Kreise der modernen Technologie gemacht, und auch das sagte vieles über ihn aus.

Der NoCon wählte die blaue Kreide und setzte neun Punkte auf die Tischfläche – Ivo kam es vor, als zögen sie den ungefähren Umriß seines Landes nach. Bewußt, unbewußt oder nur im Auge des Betrachters?

Unwichtig. Ivo spielte und beobachtete dabei, daß alle Spieler auf der gegenüberliegenden Seite des Tisches Farbe und Punktemuster bestimmten. Die auf seiner Seite hatten die Wahl der Eröffnung – und lehnten es bisweilen ab, den ersten Zug zu machen. Wie beim Fußball: Die eine Seite wählt das Feld, die andere hatte das Anspiel. Wenn er auf die andere Seite der Tischreihe gelangte, würde er die Punkte zu setzen haben.

Er bemerkte auch, daß kein Spiel mit weniger als sechs Punkten begann; die Spieler waren sich der Vorteile bewußt, die bei weniger Punkten demjenigen zufielen, der die Wahl der Eröffnung hatte. Bei den höheren Zahlen hingegen wurde die Geschicklichkeit zum dominierenden Faktor, da niemand mehr den unabänderlichen Gewinn überblicken und herbeiführen konnte.

Er gewann diesmal ohne entsprechenden Aufwand. Diese Leute, so geschickt sie in anderer Hinsicht sein mochten, und soviel Übung sie in Sprouts hatten, entbehrten doch seiner eigenen intuitiv-analytischen Fähigkeiten. Vermutlich war ihm jeder von ihnen auf fast jedem Gebiet überlegen – nur nicht auf diesem. Ein Billard-Turnier, oder Tischtennis . . . aber das hier war zufällig Sprouts, ein Spiel der semimathematischen Analyse. Er war in der Lage, die Gewinnstrategie einige Züge vor ihnen zu bestimmen, und hatte daher den Sieg in der Hand, bevor sie sich dessen bewußt waren. Seine wirkliche Geschicklichkeit erwies sich darin, die zum Gewinn führende Zugfolge zu erkennen, weniger im Spielen selbst.

Groton hatte seine Stärke in dieser Hinsicht gekannt; daß er praktisch einen unfairen Vorteil gegenüber den anderen hatte. Warum hatte Groton ihn an diesem Wettbewerb teilnehmen lassen wollen? Was gab es zu gewinnen, das auf diese Weise gewonnen werden mußte?

Sollte er lieber verlieren?

Nein. Es war nicht seine Sache, einen Wettbewerb aufzugeben, welchen Wettbewerb auch immer. Er konnte den Preis ablehnen, aber im Kampf mußte er sein Bestes geben.

Das dritte Spiel teilte er mit dem Russen. Der Mann nahm die rote Kreide und setzte sieben Punkte.

Ivo strengte sich an, vermochte aber den unabänderlichen Gewinn nicht auszumachen. Sieben Punkte gingen bereits über seine intuitiven Fähigkeiten hinaus. Der Eröffnungszug schien ihm jedoch falsch zu sein, daher lehnte er ihn ab und wies die angebotene Kreide mit einer Handbewegung zurück.

Der Russe nickte und akzeptierte den ersten Zug. Sie spielten, und schon nach kurzer Zeit spürte Ivo die zum Gewinn führende Zugfolge auf.

Der Russe setzte nach dem entscheidenden Zug das Spiel nicht fort, sondern hielt inne, die buschigen Augenbrauen gerunzelt. »Misère?« erkundigte er sich. Es war das erste gesprochene Wort, seit die Spiele begonnen hatten.

Ivo zuckte die Achseln, verwundert darüber, daß der Mann nicht weiterspielte. Wollte er bereits aufgeben?

Der Russe berührte die Schulter der Frau neben ihm. Sie war jünger, nicht älter als fünfunddreißig, und in der vollen Blüte ihrer Weiblichkeit. Sie war eine klassische Asiatin: untersetzt, flaches Gesicht, Mandelaugen, glattes schwarzes Haar und sehr kleine Hände. Sie kam vermutlich aus Rand-China, und sie war auf ihre Art ein so eindeutiges Exemplar einer neuen Rasse wie Afra. Er war dieser Frau so nahe verwandt wie Afra; in ihrer rassischen Herkunft trafen sie sich zu einem Drittel.

Der Russe fragte Ivo etwas, als die Frau aufmerksam wurde. Dann noch einmal: »Misère?«

»Er fragt, ob Sie verstehen, daß diese Partie auf Misère gespielt wird«, erklärte sie Ivo. »Die rote Kreide – sie besagt, daß der letzte Zug zu vermeiden ist.«

Zu spielen, um zu verlieren! Das war die Bedeutung der Farbe. Rot stand natürlich für das Defizitspiel. Ihm war – schon wieder! – das Offensichtliche entgangen, während er sich auf das Besondere konzentrierte. Und er hatte bereits den Gewinn erzwungen – für den Russen, sofern er nicht noch einen Fehler machen sollte. Angesichts dieses Zwischenspiels erschien das freilich äußerst unwahrscheinlich.

Er hatte einen Fehler begangen – indem er sich nicht vollständig mit den Regeln des Spiels vertraut gemacht hatte. Er hätte sich nach dem Zweck der zweiten Farbe erkundigen müssen. Dieser Fehler war so schwerwiegend wie ein falscher Zug im Spiel.

»Ich verstehe«, sagte er.

Das war es. Er führte das Spiel zu Ende, und er verlor.

Fred Blank kam als nächster und nahm ebenfalls die rote Kreide. Ivo besiegte ihn.

Niemand hielt die Ergebnisse offiziell fest. Das hatte offenbar jeder für sich zu besorgen. Als Ivo einmal um die Tischreihe herumgekommen war, hatte er neunmal gewonnen und einmal verloren.

Die Gruppe löste sich auf, das Spiel war vorbei. Es wurde nicht gefeiert und kein Preis verliehen. Er konnte nicht so recht glauben, daß das schon alles war, was er mitbekommen hatte, aber er hoffte, alles weitere alsbald von Groton zu erfahren.

Ivo ging auf den Ausgang zu, fragte sich, ob Afra noch immer in der Hängematte schlafen mochte. Diese ganze ›Nacht‹ hatte etwas Surrealistisches an sich; nichts war ganz so, wie er es erwartete, obwohl er angenommen hatte, gar keine Erwartungen zu haben.

Wieder legte sich eine Hand auf seine Schulter. Er hielt inne. Es war die Frau, die für ihn übersetzt hatte. »Sie – Sie haben nur einmal verloren«, sagte sie.

Er nickte.

»Das gleiche gilt für Dr. Kovonov.« Sie deutete zur Tischreihe hin, und er bemerkte, daß der Russe noch immer auf seinem Platz saß. Alle anderen waren bereits gegangen.

»Ein Entscheidungsspiel? Und worin besteht der Preis?«

Sie ging, ohne zu antworten, und er konnte nur zu Dr. Kovonov zurückgehen. Jetzt ging es ihm endlich auf; das war der Mann im Hintergrund, der so oft erwähnt wurde. Der bedeutende Russe, der selbst Brads intellektuelle Achtung erzwungen hatte.

Hatte dieses mysteriöse Turnier mit Brads gestrigem Treffen mit diesem Mann zu tun? Hatten sie sich darauf geeinigt, daß Brad die Zerstörungssequenz zusammen mit Senator Borland ansehen sollte? Kannte Kovonov Ivos Geheimnis, die Macht, die er über Schön hatte? Er bezweifelte das. Er konnte sich einfach nicht vorstellen, daß Brad das irgend jemand erzählt haben könnte. Außer Afra? – Nein! Dennoch schien dieser Mann die verläßlichste Informationsquelle hinsichtlich Brads Handlung zu sein. Und er sprach kein Englisch!

Kovonov griff nach der roten Kreide und markierte sieben Punkte, wie er es zuvor getan hatte. Ivo lächelte; der gute Doktor wollte auch diesmal gewinnen!

Diesmal spielte Ivo völlig fehlerlos, da mit den Regeln vertraut, und trug den Misère-Sieg davon.

Der Russe erhob sich nicht und blieb völlig ausdruckslos. Ivo wischte die Zeichnung weg und nahm die blaue Kreide, sah sein Gegenüber fragend an. Ein Nicken. Er markierte fünfzehn Punkte.

Kovonov lächelte und nahm die Kreide. Das Spiel hatte begonnen.

Die Strategie war höllisch kompliziert, und sein Gegenspieler ließ sich viel Zeit vor jedem neuen Zug. Ivo spürte die Anspannung, als sein besonderes Talent mit dem Problem rang, und war wie vor den Kopf geschlagen. Er mußte einsehen, daß Kovonovs größere Erfahrung jetzt besser zum Zuge kam. Wenn Kovonov den Spielverlauf vorausahnte, bevor er es tat, dann konnte ihm sein Talent nichts mehr nützen; es würde ihm nur noch sagen, wann er aufzugeben hatte. Die Situation war so kompliziert, daß er verlieren konnte, selbst wenn er den weiteren Verlauf zuerst erfaßte; die richtige Strategie konnte dem Russen ohne vollständige Analyse zum Sieg verhelfen.

Zwanzig Minuten vergingen. Kovonovs breite Stirn war schweißbedeckt, und seine dunklen Haare schienen sich aufzurichten. Ivo war ebenfalls nervös, da er keine Vorstellung davon hatte, wie es um das Spiel stand; zudem wußte er nicht einmal, ob er wirklich gewinnen wollte. Etwas äußerst Wichtiges stand auf dem Spiel; und es stand Kovonov vielleicht eher zu, es zu erringen. Der Preis mußte nicht unbedingt materieller Art sein.

Was bekümmerte es ihn, ob er verlor oder gewann? Groton wollte ihn gewinnen lassen – aber vermutlich wußte auch Groton nicht wirklich Bescheid. Es gab so viele wichtige Dinge, mit denen er sich noch herumzuschlagen hatte, aber er nahm dieses lächerliche Turnier so ernst wie kaum etwas. Was bedeutete der Sprouts-Meistertitel dieser Station, wenn sein bester Freund als Idiot dahinvegetierte? Ein Sieg würde seinen Namen auf die Spitze der Sprouts-Leiter bringen; war das all die Mühe wert?

Dann klärte sich die Spielsituation zusehends: Er sah, daß er gewinnen konnte. Drei Züge später gab der Russe zögernd auf, und es war vorbei.

Kovonov erhob sich und ging bedauernd zu dem in der Mitte des Raums aufgestellten Modell. Ivo sagte sich, daß es nur das sein konnte. Vorsichtig hob der Russe das platinveredelte Modell des Schaufelraddampfers von seinem Sockel – Ivo bemerkte, daß er für seine Größe sehr schwer sein mußte – und schleppte es zum Tisch hinüber.

Das also war der Preis? »Was bedeutet es?« fragte er und deutete auf die Schmuckbuchstaben auf dem Sockel, SDPS.

Er hatte unter diesen Umständen eigentlich keine Antwort erwartet, aber er erhielt sie doch. »Sooper Dooper Pooper Scooper«, sagte Kovonov mit russischem Akzent und lächelte böse. Dann ging auch er, und Ivo blieb allein zurück und starrte auf dieses letzte Zeugnis von Brads verstecktem Humor.

Ein platinveredelter Schaufelraddampfer mit dem Symbol des Halbmonds und einer Welt im Maul. Das sah genau nach Brad aus. Eine freundlich gemeinte Beleidigung der Station mit der wertvollsten Schnüffelnase der Welt.

Also hatten sie ein Turnier zu Ehren Brads durchgeführt, und der Gewinner erhielt dieses Modell. Sein Wert war zweifellos sehr hoch, materiell wie auch symbolisch — aber wollte er es wirklich?

Ivo nahm es etwas ungeschickt unter den Arm — es war wirklich schwer — und kehrte zu Brads Apartment zurück. Er befürchtete, daß es falsch verstanden werden könnte, wenn er es auf den Sockel zurückstellte.

Afra erwachte augenblicklich, als er eintrat. »Was machst du denn damit?« verlangte sie zu wissen. Sie hatte noch immer den Bademantel vom Abend vorher an, und zudem hatte sie vergessen, in ihre Hausschuhe zu schlüpfen.

»Ich glaube, ich habe das Ding gewonnen.«

»Du *glaubst,* du hast es gewonnen!« Auf ihren Zehen waren Spuren rosaroten Nagellacks zu erkennen.

»Ich habe dieses Turnier mitgemacht, und das war der Preis. Soll ich es wieder zurückstellen?«

»Sei still und laß mich überlegen.« Sie entdeckte ihre Pantoffel, stieß die Füße hinein und begann mit großen Schritten auf und ab zu gehen.

Ivo, noch immer das SDPS in den Händen, sah ihr dabei zu. Er stellte fest, daß er auch diese zornige Afra mochte. Ihre flammenden Haare flogen durch die Luft, während sie ihre Kreise zog. Eine absolut reine Kaukasierin, aus Nordwesteuropa, ohne jede Beimischung . . . In Georgia geboren . . .

»In Ordnung. Es ist zwar *nicht* in Ordnung, aber *in Ordnung!* Wir müssen das beste daraus machen. Geh und hole Harold — er hat dich in diese Sache hineingestoßen, dessen bin ich sicher — und bring ihn schnellstens in mein Apartment. Nein, laß das Ding hier. Geh schon!«

Ivo stellte das Modell beiseite und fügte sich ihrer Anweisung.

Er hatte ohnehin zuerst zu Groton gehen und ihn fragen wollen; was hatte ihn mit dem SDPS nach hier zurückkehren lassen?

Wer führte hier wen an der Nase herum? Er *wußte,* was ihn zurückgebracht hatte.

»*Du* hast es getan!« rief Groton, nachdem Ivo ihm berichtet hatte. »*Du* hast den Scooper gewonnen!«

»Das habe ich, ja. Und jetzt ist Afra kurz vor dem Durchdrehen. Sie will, daß du zu ihr kommst. Und zwar schnellstens, wie sie sagte.«

»Richtig. Sie ist ein kluges Mädchen. Wir werden uns höllisch beeilen müssen.« Ivo war noch nie aufgefallen, daß Groton so umgangssprachlich zu reden vermochte, und er interpretierte es als ein Zeichen der Nervosität. *Der Atem des Krieges,* dachte er ironisch, *erfaßte sie alle.* Die Geschichte wiederholte sich, wie immer. Der Senator hatte noch im Tod das Makroskop zerstört, und damit auch alles, was es zum Nutzen der Menschheit hätte bewirken können.

Groton erhob die Stimme. »Beatryx!«

»Ja, Liebling«, antwortete sie augenblicklich.

»Leg deinen Anzug an und warte bei der Schleuse; wir werden in aller Eile ein paar Sachen von hier wegbringen müssen.« Ohne ihre Zustimmung abzuwarten, zog er Ivo in den Korridor hinaus. »Mein Gott, bin ich froh, daß du es getan hast«, sagte er. »Sie sind hinter uns her, und das ist die einzige Möglichkeit.«

»Ich komme überhaupt nicht mehr mit. Wovon redest du eigentlich?«

»Keine Zeit«, sagte Groton.

Ivo rannte hinter ihm her.

Afra hatte bereits ihren Anzug an, der durchsichtige Helm hing an ihrem Rückenteil. »Leg dir ebenfalls so eine Montur um, Ivo«, befahl sie. »Bleib besser bei ihm, Harold; er ist manchmal ziemlich schwer von Begriff.«

»Ich frage noch einmal: Was ist hier eigentlich los?« verlangte Ivo zu wissen, während Groton hastig seinen Raumanzug anlegte. »Warum hast du mich in dieses Turnier geschickt, und warum ist Afra plötzlich so aufgedreht? Ist die ganze Station verrückt geworden?« *Der Atem des . . .*

»Es ist wegen dem Tod dieses Senators«, sagte Groton, als ob das bereits alles erklären müßte. »Borland spielte eine sehr wichtige Rolle in der Politik, und wir sollen den Sündenbock spielen, weil er umgebracht wurde. Dieser Lakai von ihm hatte die Pfoten am Fernschreiber, bevor wir es bemerkten, und verkündete Zeter und Mordio – genau das. Das löscht uns aus.«

»Nun, man wird die Sache natürlich untersuchen wollen. Aber er wollte den Zerstörer doch ausdrücklich sehen, obwohl er gewarnt worden ist. Das sollte doch zu beweisen sein.«

Groton hielt einen Augenblick lang inne. »Du lebst hinter dem Mond! Du scheinst unsere Situation hier kaum zu kennen?«

»Ich weiß nur, daß das Makroskop unter der nominellen Schirmherrschaft der UN steht, wie alle Projekte außerhalb der Erdumlaufbahn. Brad berichtete mir einiges über Nutzungszeit und Finanzierung . . .« Er verstand sehr gut, daß etwas wie das Zerstörungsprogramm zu einer Demontage des Makroskops führen könnte, zumal wenn ein Skandal dieser Art dazukam. Aber er wollte Grotons Erklärung hören, weil er hoffte, damit auch hinter die Geschichte mit dem Turnier und dem SDPS zu kommen.

Groton hatte seinen Anzug angelegt und half jetzt Ivo, den seinen anzulegen. Mit ein paar dürren Worten skizzierte er die politische Wirklichkeit, wie sie von jemandem gesehen wurde, der das Auftreten des Senators nicht persönlich erlebt hatte. Ivo fand es interessant, Borland aus diesem Blickwinkel heraus zu sehen.

Der Senator (so sagte Groton) war kein gewöhnlicher Mann gewesen. Er hatte einflußreiche Verbindungen gehabt, weniger in Amerika als in den UN. Einflußreiche Persönlichkeiten standen hinter ihm, und das Geld im Hintergrund wog nicht viel weniger. Seine Prahlerei, daß er die Regierung der Mitgliederländer der Station besser kannte als ihre eigenen Staatsangehörigen (diese Bemerkung hatte sich unter der Besatzung schnell herumgesprochen), kam nicht von ungefähr, er war ein erfolgreicher Unterhändler auf internationaler Ebene gewesen, der viele Fäden zugleich in der Hand gehalten hatte, der dies und das hätte tun können, wenn er in diese oder jene Position gelangt wäre, und die Männer hinter den Thronen und Präsidentensesseln wußten genau, was und wie. Es lag zum Beispiel in Chinas Interesse, daß er größeren Einfluß auf die amerikanische Agrarwirtschaftsplanung gewann, damit die Aussichten des Getreideeinkaufs erhalten blieben; es lag im Interesse der Sowjetunion, daß er den Vorsitz im Komitee zur Festsetzung von Exportbedingungen der Fahrzeugindustrie führte, das keineswegs nur über den Export von Autos zu bestimmen hatte, sondern auch über den von technischen Produkten, von Präzisionskugellagern bis zu Theodolithen; im Interesse Südafrikas, daß er private Verbindungen zur BlaPow, Inc. aufrechterhielt, und so weiter.

Borland bedeutete alles für jeden — und er machte seine Sache gut. Bestimmte Interessen ließen sich wirksam fördern, wenn einer mit allen Wassern gewaschen war. Borland hatte bereits gezeigt, daß er gut darin war und seine Waren zu liefern vermochte, während er zugleich sein politisches Heu zu machen verstand. Er hatte die Verbindungen, er hatte das Charisma; sein Auftreten bewirkte nicht selten öffentliche Bekehrungen.

Ivo verstand, was gemeint war, da er sich an die Unterhaltung zwischen Borland und Carpenter erinnerte. Ivo selbst war auf diese Weise bekehrt worden.

Der Tod eines solchen Mannes (fuhr Groton fort) zog erheblichen Ärger nach sich, unter welchen Umständen auch immer. Zu viele Projekte hingen noch in der Luft, und das Ableben des Jongleurs bedeutete, daß viele von ihnen abstürzen würden. Versprechen konnten nicht mehr gehalten, Rückwirkungen nicht mehr vermieden werden.

Das Makroskop war die bedeutendste Leistung der UN. In ihr waren mehr und ernsthaftere internationale Interessen zum Ausdruck gekommen als auf jedem anderen Gebiet. Borland hatte die Möglichkeiten des Makroskops gesehen und sie zu seinen eigenen machen wollen. Es schien ihm der beste Weg zu sein, all seinen Verpflichtungen nachzukommen, während er zugleich dem Wohl der ganzen Welt diente. Und vielleicht war genau das seine Absicht gewesen, möglicherweise sogar aus uneigennützigen Gründen. (Diese Wendung hatte Ivo nicht erwartet.) Vielleicht war sein Ehrgeiz über das bloße Machtstreben hinausgegangen, da er sich in einer Position befand, in der er sich einschätzen konnte, wie dringend die Welt der Hilfe bedurfte. Vielleicht war Borland die Antwort auf die Katastrophenvorhersage durch das Beispiel des Planeten Sung gewesen: jemand, der eine praktische Anwendung des immensen Wissens zu organisieren vermochte, das durch das Makroskop verfügbar wurde. Wer konnte das jetzt noch sicher beurteilen?

Aber Borland war gestorben, und auf die schlechtestmögliche Art. Er hatte sich nicht auf das Hörensagen verlassen wollen; er hatte nicht wirklich geglaubt, daß der Zerstörer auch ihn zu treffen vermochte. So hatte er das Spiel gewagt — und verloren. Die UN würden annehmen, daß die Stationsbesatzung ihn umgebracht hatte, vielleicht dadurch, daß sie ihn zu einer Konfrontation mit dem Mordinstrument aus dem All verleitet hatten.

Ärger? Wenn die internationalen Eier zu fallen und aufzuplatzen begannen, dann würde das Bedürfnis nach einem internationalen Sündenbock rasch anwachsen. Und der scheinbare Grund der Krise: das Makroskop.

Sie waren jetzt beide in ihren Anzügen, und Ivo hatte noch immer nicht erfahren, warum ihr hastiger Aufbruch erforderlich war.

Sie fanden Afra im Lagerraum, wo sie dank der stark herabgesetzten Schwerkraft größere Gegenstände mühelos zu bewegen vermochte. Ivo entdeckte Kisten mit Medikamenten, Getreide, Gewürzen, Verbandsmaterial und Käse ebenso wie zylinderförmige Sauerstoffbehälter und Dosen mit flüssigen Nährstoffen. »Was für eine Blutgruppe hast du?« fragte sie.

»0-positiv.« Was konnte er anderes tun als antworten?

Sie wählte einen Kanister aus und stellte ihn nahe der Tür ab. Ivo las: KONDENSIERTES BLUT 0-POSITIV. Es folgten weitere technische Einzelheiten, aber er wandte die Augen ab. Vermutlich gab es zahlreiche Methoden, um die unzähligen anderen Faktoren auszugleichen, die das verwendbare Blut bestimmten. *Wieso nahm sie an, daß er so etwas brauchen würde?*

Der Aufseher des Lagerraums saß an seinem Tisch, und sein Kopf hing nach vorn, als wäre er in tiefen Schlaf versunken. »Ist es nicht seine Aufgabe, diese Sachen zu überprüfen?« fragte Ivo.

»Ich habe ihm ein beruhigendes Mittelchen verabreicht«, sagte Afra. »Oder wolltest du etwa witzig sein?«

Ivo wußte nicht, was er darauf antworten sollte, also versuchte er es gar nicht erst. Er hatte den Überblick über die Situation verloren. Was hatten sie vor?

Afra wandte sich an Groton. »Ich werde hier alles Nötige zusammenstellen und in einem Fahrzeug verstauen. Kram du das persönliche Zeug zusammen. Aber für jeden nicht mehr als einen Behälter.«

»Was brauchst du?« fragte Groton Ivo.

So viele unbeantwortete Fragen, aber *er* sollte antworten. »Wenn du meinst, was ich mit mir nehmen will, wenn ich diesen Ort verlasse: nichts. Meine Flöte habe ich bei mir.«

»Ich hatte ganz vergessen — ihr seid bereits in den Anzügen«, sagte Afra. »Ich werde noch ein paar Kleider für euch zusammensuchen; das geht schneller.« Sie wandte sich an Groton. »Es ist besser, ihr holt schon Joseph.«

Ivo begann es langsam zu dämmern. »Joseph! Ist das nicht diese frisierte Rakete?«

»Stimmt«, sagte Groton. »Komm schon!«

Ivo flog mit Groton auf die gleiche Weise zu der großen Rakete hinüber, wie er zusammen mit Brad die Makroskop-Station erreicht hatte, nur daß diesmal ein zusätzlicher Kurswechsel notwendig wurde. Kurze Korrekturstöße aus einem Wasserstoffperoxidzylinder besorgten den Antrieb.

Josephs Hülle war riesig wie der Körper eines Planetoiden, wirkte weit größer, als sie tatsächlich war, da sich keine Objekte in der Nähe befanden, die einen Größenvergleich zuließen. Dank seiner vorhergehenden Übung gelang es Ivo, auf den Füßen zu landen, und die magnetischen Schuhsohlenbänder verschafften ihm sogleich den Halt, den er zum Gehen brauchte. Sie marschierten auf die Luftschleuse der Kontrollkabine zu und klopften.

Der Innenraum war bedeutend größer als der der Fähre. Joseph war ausgenommen und völlig neu eingerichtet worden, so daß das Innere mit nichts vergleichbar war, was Ivo bis jetzt in Raumfahrzeugen gesehen hatte. Die atomare Ausrüstung nahm offenbar wesentlich weniger Raum ein, als es bei Aggregaten chemischen Treibstoffes der Fall war, wodurch einer der riesigen Innentanks als Wohnraum benützt werden konnte. Er kam sich fast wie in einem futuristischen Unterseeboot vor.

Wenn man es richtig betrachtete, dann *war* dies ein futuristisches U-Boot.

»Kurskorrektur«, sagte Groton zu dem Techniker, der für die Wartung und Bedienung der Rakete zuständig war. »Können Sie das Baby zum Makroskop hinüberbringen?«

»Gewiß, es braucht nur ein paar Tage«, sagte der Mann freundlich.

»Dies ist ein Notfall. Zwei Stunden.«

»Ich kann die Rakete zwar hinüberbringen, aber ich kann sie in dieser Zeit nicht mit dem Makroskop-Gehäuse verankern. Das geht nur mit einer ausgebildeten Mannschaft von mindestens zwanzig Leuten.«

Groton rollte mit den Augen. »O je! Nun, bringen Sie das Ding rüber, und ich werde sehen, was ich tun kann. Ivo, du gehst am besten zum Makroskop zurück und berichtest Afra, während ich mich mit Kovonov unterhalte. Die Sache wird offenbar schwierig werden.«

Der Techniker hob eine Hand hoch. »Ich weiß zwar nicht, wovon Sie reden – aber glauben Sie nicht, daß Sie zuerst mit Miß Summerfield sprechen sollten?«

»Nein. Ivo weiß nicht . . .« Groton hielt inne. »Verdammt, ja! Wir müssen es so machen. Ivo, geh und sage Kovonov, was wir brauchen. Dann treffen wir uns im Makroskop. Wir haben keine Zeit mehr zu verlieren.«

Ivos Geduld war bereits überstrapaziert. »Was hast du eigentlich vor? Warum willst du Joseph an das Makroskop ankoppeln?«

»Um den Kurs des Makroskops zu korrigieren, wie ich bereits erklärt habe.«

»Was stimmt mit dem gegenwärtigen Kurs nicht? Es ist doch schließlich mit der Station verbunden.«

»Wir glauben, daß es in die Sonne stürzen wird, wenn wir nichts unternehmen.«

»Das ist doch lächerlich! Es befindet sich in einer Umlaufbahn! Und die Station . . .«

Der Techniker grinste. »Sie könnte ebensogut in die Sonne stürzen. Die UN werden sie ohnehin zerstören.«

»Du siehst also, daß wir diese Mannschaft sofort brauchen. Sag es Kovonov.«

Ivo sah ein, daß sie ihm keine vernünftige Erklärung geben wollten. Wütend ließ er den Helmverschluß zuschnappen und verließ die Kabine.

Kovonovs Büro befand sich in einer Ringebene mit übermäßiger Schwerkraft. Ivo nahm an, daß das eine wirksame Methode war, um die Aufenthaltszeiten von unliebsamen Besuchern kurz zu halten; wer zu lange blieb, würde rasch ermüden. Momentane Gewichtszunahme konnte man aushalten, aber auf die Dauer war so etwas entschieden unangenehm. Er fragte sich nur, wie der Gastgeber das aushielt.

Kovonov sah von einem Buch auf, das in Lettern gesetzt war, von denen Ivo annahm, daß sie Russisch waren. Er sagte nichts.

Die Sprachbarriere! »Groton meint, daß wir eine Mannschaft von zwanzig Leuten brauchen, um zu verhindern, daß das Makroskop in die Sonne stürzt«, sagte Ivo, wohl wissend, daß der Russe kein Wort davon verstehen konnte.

Kovonov lauschte gespannt, betätigte dann zwei Schalter. Ivo hörte, wie seine eigenen Worte wieder abgespielt wurden; sie waren aufgenommen worden. Eine andere Stimme leierte unverständliche Silben herunter: die Übersetzung.

Kovonov nickte.

»Können Sie mir sagen, was hier eigentlich los ist? Ich verstehe nicht . . .«

Eine erhobene Hand bedeutete ihm, zu schweigen. Kovonov schaltete die Maschine aus, ohne eine weitere Übersetzung erhalten zu haben, und holte eine kleine schwarze Tafel und zwei farbige Kreidestücke hervor. Er markierte drei blaue Punkte.

Was hatte diese Begeisterung für Sprouts zu bedeuten? Die Wissenschaftler der Station führten sich auf, als wäre dieses simple Spiel wichtiger als Leben und Tod. Ignorierte Kovonov seine Frage absichtlich, wollte er ihn nur erneut herausfordern?

Aber diesmal war es kein Turnierspiel. Kovonov führte die Verbindungen selbst aus, ohne Ivo die Kreide anzubieten. Er führte ein von drei Punkten ausgehendes Demonstrationsspiel vor, das besonders kompliziert schien. Das Spiel bestand aus sieben Zügen:

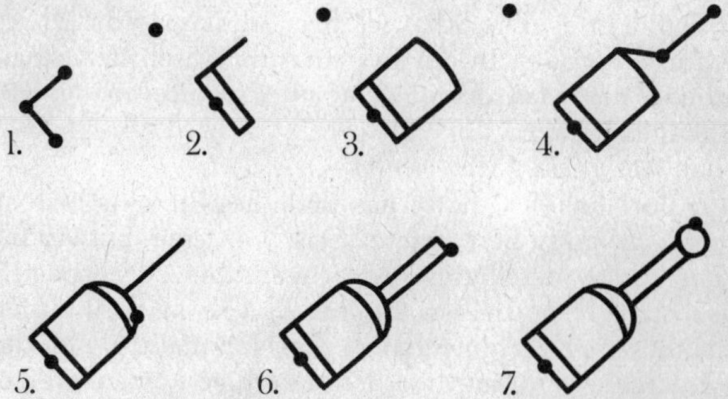

Das Ergebnis erinnerte Ivo an eine Schaufel. »Aber es ist noch nicht fertig«, sagte er. »An beiden Enden befindet sich ein freier Punkt.«

Kovonov wandte die Tafel um, ohne die Zeichnung auszulöschen, und setzte auf der Rückseite erneut drei Punkte, diesmal fast in einer Linie und in Rot. Er führte das Spiel in gleicher Weise wie zuvor durch. Als er es abbrach, glich die entstandene Zeichnung mehr einem Teleskop.

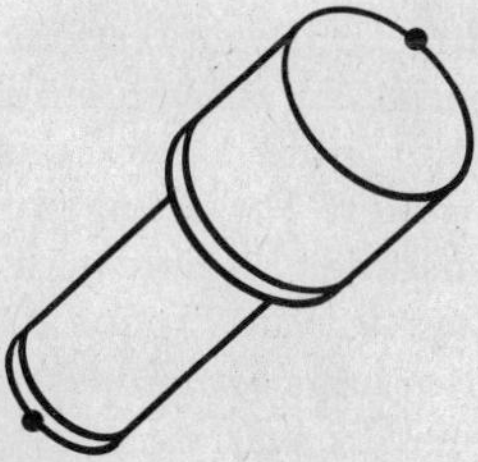

Er hielt Ivo die Tafel hin.

Offensichtlich hatten die Zeichnungen eine Bedeutung, mehr als die Spiele, aus denen sie entwickelt worden waren. Die Schaufel auf der einen Seite, das Teleskop auf der anderen. Sie waren im Grunde gleichzusetzen, wie Ivo durch sein Talent erahnte; das eine konnte in das andere umgewandelt werden, ohne daß Linien ausgelöscht oder überquert werden mußten. Sie stellten tatsächlich das gleiche Spiel dar, das auf die gleiche Weise durchgeführt worden war. Ein Drei-Punkte-Sprouts, das einen Zug vor der Vollendung des Spiels abgebrochen worden war.

Kovonov versuchte ihm etwas zu sagen.

Dann wußte er es. Die Schaufel, das Teleskop – das gleiche, verbunden durch Sprouts. In der Erweiterung waren der Schaufelraddampfer und das Makroskop gemeint. Er hatte an dem Sprouts-Turnier teilgenommen ...

Und das Makroskop gewonnen!

Senator Borlands Tod hatte das Ende des Projekts bedeutet, wie immer man es auch betrachtete. Das war eine Entwicklung, die keiner der daran beteiligten Wissenschaftler oder sonstigen Besatzungsmitglieder gutheißen konnte. Es gab keine internen Rivalitäten in diesem Zusammenhang; die Nationalität war durch ein höheres Interesse verdrängt worden. Es schien keinen Weg mehr zu geben, um die schwerfällige, politische UN-Entscheidung rückgängig zu machen.

Es sei denn, jemand entführte das Makroskop und verhinderte damit, daß es demontiert wurde. Kovonov hatte offenbar alles darangesetzt, dieses Privileg zu gewinnen – bis Ivo ihn im Entscheidungsspiel geschlagen hatte. Nun lag die Last auf seinen Schultern.

Es würde natürlich Verbannung von der Erde bedeuten. Ein so kolossaler Diebstahl ...

Ivo wußte, was er zu tun hatte. Sie hatten recht; das Makroskop war bei weitem zu wichtig, um geopfert oder den Launen des politischen Augenblicks überlassen zu werden. Das Vorhandensein des Zerstörers sprach absolut nicht gegen das Makroskop, sondern zeigte, wie notwendig weitere Forschungen mit Hilfe dieses Instruments waren. Die Menschheit konnte sich keinen Isolationismus leisten; das war der Weg, den die Proboscoiden gegangen waren.

Das Wissen des Universums (zumindest der Galaxis) lag in der Reichweite des Menschen. Es war ein Wissen, das die Menschheit brauchte, wie kurzsichtig regionale Politiker das auch immer sahen.

Ivo war in der Lage, das Makroskop zu benutzen, da er bereits bewiesen hatte, daß er das Zerstörungsprogramm zu überstehen vermochte. Er brauchte den Hinterhalt und die mögliche Vernichtung des Bewußtseins nicht zu fürchten. Zudem hatte er Verbindung – potentielle Verbindung – zu der Person, die das meiste mit diesem Wissen anfangen konnte: Schön. Vielleicht war das der wirkliche Grund, warum Brad ihn gerufen hatte. Nicht, um das Zerstörungsprogramm zu knacken; sondern um das dahinterliegende Wissen zu nutzen, wenn es erst einmal geknackt war.

Nur daß er nicht die Absicht hatte, Schön mit dieser Sache zu beschäftigen. Das war etwas, was er selbst versuchen würde – so einsam diese Aufgabe auch sein mochte. Er hatte das Recht dazu gewonnen. Zumindest würde ihm das Makroskop Gesellschaft leisten, und er würde in der Lage sein, die Ereignisse auf der Erde zu beobachten. Wenn sich die politische Situation veränderte, dann würde er es wissen und konnte das wertvolle Instrument wieder zurückbringen.

Kovonov wartete geduldig darauf, daß er seine Gedankenkette zu Ende brachte. Ivo löschte beide Seiten der Tafel aus und legte sie wieder zurück. Er stand auf. Ernst reichte er dem Russen die Hand. Wenn man es genau nahm, hatte der Russe vielleicht die schwierigere Aufgabe vor sich, denn die UN-Untersuchung würde nicht gerade angenehm verlaufen. Köpfe würden rollen – vielleicht sogar im wörtlichen Sinne.

Kovonovs Ausdruck war ebenso ernst, als er Ivos Hand ergriff.

4

Die Mannschaft war bereits an der Arbeit; Kovonovs knappe Anweisung hatte offenbar genügt. Es war erstaunlich, wieviel auf unoffizieller Ebene erreicht werden konnte. Niemand würde seine Teilnahme an diesem Diebstahl zugeben müssen, und er war sich dessen sicher, daß es die UN unwahrscheinlich schwer haben würden, eine Anklage gegen irgendeinen der Zurückbleibenden zu erheben – wenn es nicht gar unmöglich war. Wie wollten sie zum Beispiel beweisen, daß der Lagerraumaufseher Afras Betäubungsmittel wissentlich selbst genommen hatte?

Andererseits mochte der gleiche Diebstahl auch das Problem der UN lösen. Wenn sie das Makroskop hatten schließen wollen – nun, das war bereits für sie erledigt worden. Es mochte großen öffentlichen Aufruhr geben, während sich der private Kummer in Grenzen hielt.

Wie wunderlich seine Annahmen wechselten! Einen Augenblick vorher war er noch überzeugt gewesen, daß das Stationspersonal von der Katastrophe bedroht war; im nächsten war alles wieder in Ordnung. Aber er würde nicht mehr auf Vermutungen angewiesen sein. Er konnte sich alles durch das Makroskop mit ansehen!

Die Spitze der Rakete paßte genau in eine entsprechende kegelförmige Ausbuchtung im Unterteil des Makroskop-Gehäuses, so daß sie anlegen konnte, ohne die Haltebänder zu beschädigen. Er war sicher, daß er diese Ausbuchtung vorher nicht gesehen hatte; sie war offenbar durch Abdeckplatten verborgen gewesen, die jetzt von der Mannschaft entfernt worden waren. Vermutlich war es durch das ins Gehäuse ragende Raketenteil ziemlich eng geworden, aber für eine größere Reise mußte man schon kleinere Unannehmlichkeiten in Kauf nehmen.

Das ganze Gebilde glich nun einem riesigen Pilz mit stummelähnlichen Wurzelausläufern und einem relativ kleinen Kopf. Das Makroskop-Gehäuse ragte mit seinem Durchmesser von fünfzehn Metern zwar über die zehn Meter der Rakete hinaus, wirkte aber relativ zur Länge des Schiffs winzig wie der Kopf eines Streichholzes. Kaum glaublich, daß die komplizierte elektronische Ausrüstung in ihr Platz gefunden hatte – aber die Computer waren natürlich miniaturisiert, benützten Laserspeicher und andere staunenswerte Techniken. Vermutlich würde die Einheit im rechten Winkel zum Ring der Station starten, die Haltebänder zerreißen, um dann erst die vorgesehene Richtung einzuschlagen.

Welches *war* die vorgesehene Richtung? Er hatte keine Vorstellung davon. Der Raum war weit ... doch wohin konnte Joseph fliegen, wo konnte er sich verstecken, wo ihn die Teleskope der Erde nicht aufzuspüren, ihre Raketen nicht zu verfolgen vermochten? Die immense Ehre seiner Aufgabe schien nun mit weniger wünschenswerten Folgen verknüpft zu sein.

Ivo trieb durch eine Szenerie vielfältiger Außenbord-Aktivitäten hindurch. Die Männer waren noch ziemlich beschäftigt, aber ihr Werk schien der Vollendung nahe zu sein. Niemand achtete auf ihn – ein absichtliches und notwendiges Nichtsehenwollen, wie ihm schnell klarwurde. Er konnte sich den Dialog gut vorstellen:

UN: Was ist mit dem Makroskop geschehen?

Personal: Wir haben nichts gesehen. Muß dieser Neue gewesen

sein, der von Dr. Carpenter geholt wurde. Wir hatten eben eine Korrektur der Umlaufbahn vorbereitet ...

Und Dr. Carpenter würde nicht in der Lage sein, ihre Fragen zu beantworten.

Tatsächlich mußte ihre Untersuchung der Umstände im Zusammenhang mit dem Ableben des Senators auf ein totes Gleis führen. Nur zwei Personen hatten mit ihm die Erfahrung geteilt, die ihn getötet hatte; der eine von ihnen war psychisch, der andere physisch abwesend. Vielleicht war das fremde Signal an all dem schuld? Kovonov würde berichten, wie seltsam sich der Dieb zuvor verhalten hatte: sein Eindringen in eine harmlose Freizeitveranstaltung, sein Umherschlendern in der ganzen Station, die Entfernung des Stationswahrzeichens von seinem Sockel. Ein weiterer Beweis würde die Aufnahme seiner Stimme sein, als er in den Arbeitsraum des Russen eindrang: Ausdruck von Verwirrung. Offenbar hatte dieses unheimliche Vernichtungsprogramm den einen getötet, den zweiten verblödet und den dritten in einen geistigen Zustand versetzt, der ihn veranlaßte, mit dem Makroskop zu flüchten.

Das war nicht der Platz in der Geschichte, den Ivo sich selbst ausgesucht hätte, aber es war einfach notwendig. Das Makroskop mußte vor dem Zugriff der UN geschützt werden, und es war besser, wenn jemand wie Ivo Archer die Last der Verantwortung trug als jemand wie Dr. Kovonov. Selbst durch die Sprachbarriere hindurch hatte Ivo die Qualitäten dieses Mannes zu schätzen gelernt.

Er landete auf dem Kopf des Pilzes und suchte sich seinen Weg zur Schleuse. Zufällig sah keiner der Arbeiter in seine Richtung. Dieser Zufall hielt mehrere Minuten lang an, bis er die Schleuse erreicht hatte und es ihm gelungen war, den Öffnungsmechanismus zu enträtseln. Es schien, daß sie von außen geöffnet werden *konnte*, wenn man das richtige Werkzeug dazu hatte — und ein solches Werkzeug war zufällig ganz in der Nähe vergessen worden. Es hing an der Metallhülle, die magnetisch festgehalten wurde. Er steckte es in die vorgesehene Öffnung, drehte es um; der Mechanismus klickte, und die Schleuse öffnete sich, ohne daß eine verschwenderische Luftmenge ausgeströmt wäre. Er kletterte hinein und schloß sich ein.

Groton wartete auf ihn. »Alles klar? Wir wollen startbereit sein, sobald die Arbeiten abgeschlossen sind. Ich weiß nicht, wie schnell ein UN-Schiff nach hier gelangen kann.«

»Sie scheinen draußen schon fast fertig zu sein, wenn du das meinst.«

Groton setzte die Kopfhörer auf. »Ivo ist hier«, sagte er in den

Interkom. »Gebt uns zehn Minuten, um uns festzuschnallen, und dann geht es los, Mädchen.«

Ivo konnte die Antwort nicht verstehen, aber er war einer Sache sicher: Afra kam mit ihnen. Er hatte gewußt, daß sie mitkommen mußte, es aber immer noch bezweifelt. Mit ihr in den Raum ...

Sie gurteten sich zu beiden Seiten des gewaltigen Kegels fest, der in das Abteil hineinragte. Eine Durchgangsschleuse erlaubte direkten Zugang zu Joseph, war aber noch verschlossen.

Alles um sie herum erbebte; dann wurden sie von der Gewalt der Atomrakete gepackt und niedergedrückt. Eine 3-g-Beschleunigung riß das Makroskop aus seinen Halterungen.

Fünf unerträgliche Minuten später setzte der Antrieb aus, und sie erfreuten sich wieder der Schwerelosigkeit. »Wir sind auf dem Weg«, stellte Groton sachlich fest. »Beratschlagen wir uns mit dem Piloten.« Er löste seine Gurte und arbeitete sich mit unbeholfenen Bewegungen auf die Schleuse in Josephs Nase zu.

Sie ging auf, und eine behelmte Gestalt tauchte in ihr auf. Sie war unförmig und schwebte nach oben (Ivos Orientierungssinn als zutreffend vorausgesetzt). Groton hielt sich mit den Zehen in einer Fußschlaufe fest und bot seinen Arm an. Es war Beatryx.

Eine zweite Gestalt schwebte heraus: Afra. »Ich glaube, wir sollten ihn besser hierher bringen«, sagte sie. »Er braucht ja keinen Bewegungsraum ...«

»Ihn?« fragte Ivo.

Sie richtete diese unwiderstehlichen Augen auf ihn und sagte: »Brad. Ich konnte ihn natürlich nicht zurücklassen.«

Das Paradies war verloren! Doch die Enttäuschung brachte auch Erleichterung: von Schuld. Der Tote war mit ihnen und konnte selbst nach seinen Rechten sehen.

Und Brad war auch Ivos Freund gewesen.

Sie gurteten seinen steifen Körper in einer Ecke fest, die sie gewonnen hatten, indem sie Instrumente hinauswarfen, deren Bedeutung sie nicht hatten enträtseln können. Ivo schwebte in das Innere Josephs hinüber und fand aufeinandergestapelte, zugebundene Kisten: reichliche Vorräte, deren Verstauen Afra überwacht hatte. Sie schienen diesen Diebstahl sorgfältig geplant zu haben.

Da die unmittelbaren Aufgaben erledigt waren, hielten sie sich an Handschlaufen fest (die magnetischen Schuhe hatten sie mit den Anzügen abgelegt) und sahen sich gegenseitig etwas ratlos an. Offenbar hatte niemand über diesen Punkt hinausgedacht. Die

Bresche war geschlagen worden, so unglaublich es erscheinen mochte, doch was nun?

Afra unterbrach das Schweigen. »Es ist klar, daß wir zwei Ziele haben: uns von den UN fernzuhalten und Schön aufzunehmen. Das eine müßte uns gelingen, solange wir von der Erde wegbleiben — das andere können wir nicht durchführen, ohne der Erde *nahe* zu kommen. Das ist unser Problem.«

»Wenn man annimmt, daß sich Schön auf der Erde befindet«, warf Groton ein.

Afra wandte sich an Ivo. »*Befindet* er sich auf der Erde?«

»Nein.«

»Wunderbar! Es wird weniger schwierig sein, ihn im Raum zu erreichen, obwohl auch das nicht einfach sein wird. Die Mondstation würde die Lage kaum verändern, aber eine der Asteroidenbasen . . . Wo ist er?«

»Ich kann es dir nicht sagen.«

Afras Temperament kochte hoch. »Nun sieh mal her, Ivo. Wir haben eine Menge Ärger auf uns genommen, von der Verbannung von der Erde ganz zu schweigen, um es dir möglich zu machen, mit Schön Verbindung aufzunehmen und ihn zum Makroskop zu bringen. Du kannst doch nicht einfach . . .«

»Entschuldigt bitte«, fiel ihr Groton ins Wort. »Wir wissen, daß Ivo sich nicht absichtlich obstruktiv verhält. Wir sollten ihm die Möglichkeit geben, sich genauer zu erklären.«

Ivo fand Grotons Methode keine Spur akzeptabler als Afras direkten Angriff. »Ich kann es nicht erklären. Schön ist — nun ja, ich bin einfach noch nicht sicher, ob wir ihn wirklich brauchen.«

Afra zischte erbost: »Soll das etwa heißen, du *willst* ihn nicht herholen?«

»Ich nehme an, das ist es.«

Ihr Zorn verstärkte sich noch mehr. »Und du allein willst Joseph verstecken, das Makroskop bedienen und außerdem medizinische Hilfe für . . .«

Diesmal unterbrach sie Beatryx. »Ich glaube, ich habe hier einen Brief für jemanden«, sagte sie. »Ich habe ihn im Schacht gefunden, aber es mußte alles so schnell gehen . . .«

Groton nahm ihn ihr ab. »Könnte ein inoffizieller Abschied von jemandem sein.« Er sah die Adresse an. »Ein Pfeil.«

»Ein Pfeil?« Afra schien plötzlich interessiert zu sein. »Dann ist er von Schön!«

Ivo nahm das Kuvert und öffnete es, aber er war alles andere als glücklich dabei. Es war offensichtlich, daß Schön sich zumindest teilweise über die laufenden Ereignisse informiert hatte, und das mußte einfach Ärger bedeuten.

Auf dem Papier war nur ein Diagramm, sonst nichts. Die anderen versammelten sich um ihn, um auch einen Blick darauf zu werfen.

»Eine Heugabel«, sagte Beatryx, deren Interesse offenbar dadurch geweckt worden war, weil sie die Botschaft überbracht hatte. »Was bedeutet das?«

»Es fällt mir schwer, das zu sagen . . .«, setzte Groton an.

»Laß mich überlegen!« sagte Afra. »Ich stehe nicht das erstemal vor so einem Rätsel. Aus irgendeinem Grund lehnt Schön es ab, sich direkt verständlich zu machen, aber was er zu sagen hat, ist sicher wichtig.« Sie nahm das Papier und schwebte davon, während sie sich konzentrierte.

Groton holte sein Notizbuch hervor und schrieb etwas nieder. »Schön muß wissen, wo wir sind und was wir tun«, sagte er. »Könnte dies vielleicht ein Hinweis darauf sein, wo wir ihn finden können?«

»So einfach ist es nicht«, sagte Ivo rasch.

»Neptun!« rief Afra. »Das ist das Symbol des Neptun!«

»Gott des Meeres – und noch mehr«, sagte Groton, der einen Zettel hochhielt. Darauf stand, wie Ivo jetzt erkennen konnte, das Wort NEPTUN. Groton hatte es also auch gewußt und nur auf Afras Bestätigung gewartet.

»Der *Planet*«, sagte sie. »Das ist der Dreizack. Alle Planeten haben Symbole. Der Mars ist Speer und Schild des Kriegsgottes; die Venus ist der Handspiegel der Göttin. Also ist dies der Planet Neptun.«

»Deine Interpretation ist zwar interessant«, sagte Groton, der sich insgeheim über etwas zu amüsieren schien, »aber vergiß nicht, diese Symbole haben auch andere Bedeutungen.«

»Männlich und weiblich natürlich. Aber der Neptun ist in dieser Hinsicht ziemlich eindeutig.«

Groton drängte sie nicht, doch Ivo war sich dessen sicher, daß er etwas anderes ansteuerte.

»Auch die Erde?« erkundigte sich Beatryx.

»Sie hat ein umgekehrtes Venus-Symbol«, sagte Afra. »Ich erinnere mich nicht an alle Symbole, aber beim Neptun bin ich völlig sicher.«

Groton schien sich noch immer zu amüsieren. »Dem stimme ich zu. Aber ich wiederhole: Ist diese Symbolik als eine Ortsangabe zu verstehen, oder weist sie darüber hinaus?«

»Ist der Neptun sehr weit entfernt?« fragte Beatryx.

»Lächerlich!« sagte Afra hitzig, die andere Frau ignorierend. »Kein Schiff ist jemals so weit vorgedrungen.«

»Und gar nicht von den Schwierigkeiten zu reden, einen Brief von dort nach hier zu schicken«, fügte Groton hinzu.

»Irgend etwas stimmt nicht. Wir haben das Signal mißverstanden.«

»Ich frage mich«, sagte Groton, »wie die erste Botschaft von Schön aussah, die du erwähnt hast. Sah sie so ähnlich aus?«

»Nein. Es . . .« Sie wandte sich abrupt an Ivo. »*Was* für ein Gedicht? Von *welchem* Dichter?«

Mit einer gewissen Verzögerung war sie also nun doch auf die Frage gekommen. Er hatte es nicht vergessen. Konnte er sie noch einmal abwehren?

»Ein Amerikaner. Schön hat mir damit nur auf seine Weise gesagt, daß er weiß, was läuft. Tatsächlich hat er es *dir* gesagt, da ich es nicht lesen konnte.«

»Das ist alles ziemlich offensichtlich. Ich möchte den Dichter und den Titel des Gedichts wissen.«

»Ich glaube nicht, daß das von Bedeutung sein könnte für . . .«

»Ein amerikanischer Dichter also. Bekannt?«

»Ja, aber . . .«

»In welchem Jahrhundert geboren? Im siebzehnten?«

»Nein. Warum willst du . . .«

»Achtzehntes?«

»Nein.« Sie ließ sich nicht mehr abbringen.

»Neunzehntes?«

»Ja, aber . . .«

»Whitman?«

»Nein.«

»Frost? Sandburg?«

»Nein.«

»Aber ein Mann?«

»Ja.«

»Eliot? Pound? Archibald MacLeish?«

»Nein.« Er stand ihrem Drängen hilflos gegenüber.

»Ransom? Wallace Stevens? Cummings? Hart Crane?«

»Ich hasse es, zu unterbrechen«, sagte Groton, »aber wir haben Dringenderes . . .«

Sie deutete mit ihrem manikürten Finger auf Ivo, als wollte sie ihn aufspießen. »Vachel Lindsay!«

»Die UN sind vielleicht schon hinter uns her«, sagte Groton. »Wenn wir uns nicht bald entschließen, dann können wir gleich aufgeben.«

»Also gut«, sagte sie schroff, indem sie sich wieder ihm zuwandte. »Erst die Erkundung. Wir müssen wissen, ob wir bereits verfolgt werden und mit welchen Mitteln, damit wir entsprechende Maßnahmen ergreifen können. Wenn wir in Sicherheit sind, können wir dann mit der Jagd auf Schön beginnen. Ich bin überzeugt, daß uns unser verehrter Sprouts-Gewinner hier etwas Wichtiges vorenthält. Wenn wir das einmal heraushaben, dann werden wir vielleicht auch bald wissen, was Schön treibt, und wo er zu finden ist.«

»Ich weiß dein Draufgängertum durchaus zu schätzen«, sagte Groton trocken. »Welche Richtung sollen wir einschlagen?«

Ivo war unglaublich erleichtert, daß sie endlich auf ein anderes Thema gekommen waren. Afra vermutete richtig: er verbarg etwas Wichtiges. »Woher sollen wir wissen, wo sich die UN-Leute befinden? Sollen wir nicht absolute Funkstille einhalten?«

Sie sah ihn nur verächtlich an. Er begriff: Wie konnten sie es besser in Erfahrung bringen – als mit dem Makroskop?

»Ein einzelnes Schiff mit dieser Apparatur ausfindig zu machen, das ist so, als wollte man mit einer Atomkanone auf Stechfliegen schießen«, bemerkte Groton.

»Durch die Station werden wir es erfahren können«, sagte Afra. »Wir müssen sie unter Beobachtung halten – vor allem den Fernschreiber, damit wir uns die hereinkommenden Nachrichten ansehen können. Oder wir starten einfach in irgendeine Richtung und bringen uns vor jeder möglichen Verfolgung in Sicherheit.«

»Nicht vor einer unbemannten Rakete«, bemerkte Groton trocken.

Sie blickte ihn überrascht an. »In Ordnung. Ich mache es mit dem Makroskop. Wir sollten wenigstens wissen, was uns erwartet.«

»Kannst du dich von der gefährlichen Frequenz fernhalten?«

»Ein berechenbares Risiko. Mit Übung . . .«

»Bei einer solchen Übung werden wir bald zwei Opfer an Bord haben, denen wir ständig die Windeln wechseln müssen.«

Ivo erinnerte sich daran, daß die Opfer des Vernichtungsprogramms keine Kontrolle über ihre körperlichen Funktionen mehr hatten, und er begriff sehr wohl, wie tief eine solche Vorstellung ein empfindliches Mädchen wie Afra treffen mußte. »Ich scheine immun zu sein«, sagte er. »Zumindest komme ich erfolgreich darum herum. Und ich habe das Privileg gewonnen. Wenn ihr mir zeigt, wie die Kontrollen zu bedienen sind . . .«

Diesmal schien Afra erleichtert zu sein. »Ich werde es dir beibringen. Ich werde blind operieren müssen, aber es sollte gehen. Hier, ich schalte den Hauptschirm ab; du benützt den Helm.«

Sie setzte ihn in den Kontrollsessel und befestigte die Apparatur an ihm, schob die schweren Gläser über seine Augen. Ivo wünschte sich, ihre Handgriffe wären mehr als eine sachliche Hilfeleistung, aber er wußte, daß dies nicht der Fall war; es war beim erstenmal nur eben einfacher, daß sie diese Dinge für ihn erledigte, statt ihm alles ausführlich zu erklären.

»Mit der linken Hand gibt man die Computeranweisungen. Hier, ich setze sie auf das Zehn-Tasten-Feld.« Sie ergriff seine Hand und führte sie auf ein Tastenfeld ähnlich dem einer Additionsmaschine. Das war nicht die gleiche Kontrolle, die Brad benutzt hatte, dessen war er sicher. Mehrere Bedienungspulte? Ein einfacheres für Anfänger? Die Brille nahm ihm jede Sicht.

»Eine ganze Anzahl Positionen ist fest einprogrammiert«, fuhr sie fort. »Du solltest sie dir einprägen, wenn du das öfter machen willst. Folgende Koordinaten zeigen dir die Erde, die Mondstützpunkte, sämtliche Raumstationen, hier zum Beispiel die Makroskopstation, den Torus.« Sie leierte Zahlen herunter, und er drückte fügsam die entsprechenden Tasten. Zweimal erwischte er eine falsche Zahl und mußte von vorn beginnen, beim dritten Mal legte sie ihre Hand auf die seine und preßte seine Finger in der richtigen Reihenfolge auf die richtigen Tasten. Ihre Finger waren zart und kühl und fest — wie er sich den Rest ihres Körpers vorstellte.

Grelles Licht flammte in seine Augen. Er war knapp hundert Meter vom Torus entfernt, sah ihn von der Sonnenseite aus und wurde durch die Reflexion der Metallplatten geblendet.

»Die nächste Eingabe dient der halbmanuellen Kontrolle«, sagte sie. »Du kannst nicht alle astronomischen Bewegungen ständig ausgleichen, aber du kannst wenigstens teilweise über die automatischen Korrekturen des Computers hinweggehen und ein wenig herumsuchen.« Sie half ihm bei der Eingabe der entsprechenden Ziffern. »Jetzt kannst du deine rechte Hand ins Spiel bringen. Führe sie, als würdest du ein Fahrzeug steuern – aber denk daran, daß du es hier mit drei Dimensionen zu tun hast.« Er ertastete die am Hebelende sitzende Kugel, deren Oberfläche etwas aufgerauht war, damit sie besser in der Hand lag. »Zur Seite kippen, um die Bewegungsrichtung zu bestimmen, drehen, um den Blickwinkel zu verändern. Paß auf dabei – bei diesem Vorgang bekommt man leicht den Zerstörer herein. Du mußt versuchen, auf den Randbändern zu bleiben, was bei dieser Nähe auch mehr als angebracht ist. Jetzt laß dich auf den Torus zutreiben; keine Angst, du kannst durch die Wand hindurchgleiten. Du mußt ein wenig üben, um damit zurechtzukommen . . .«

Ivo kippte und drehte – und wurde durch ein schwindelerregendes Umhertrudeln belohnt, das die unerträglich grelle Sonne alle drei Sekunden über seine Augäpfel rollen ließ.

»Nicht so viel!« warnte sie, nachdem es bereits geschehen war. Es war eine Lektion, die keiner Wiederholung bedurfte.

Er verringerte seine Handbewegungen und begann auf die Station zuzugleiten, wobei er seine Blickrichtung so veränderte, daß er sie insgesamt wahrnehmen konnte. Der Computer, überlegte er, mußte Erstaunliches leisten, denn für jeden Richtungswechsel wurde zweifellos ein völlig anderer Makronenfluß benötigt – dennoch war der Übergang unmerklich. Vermutlich verringerten sich in Entfernungen von vielen Lichtjahren die Möglichkeiten des Richtungswechsels – bis hin zu einem Bild vom entferntesten Rand der Galaxis, das nur noch aus einer Richtung zu betrachten war.

Er begann die Sache allmählich in den Griff zu bekommen, und das verlieh ihm ein Gefühl der Macht.

Ein unangenehmer Geruch hing in der Luft.

»Nein, das ist meine Arbeit«, rief Afra jemandem zu. »Übe weiter, Ivo; ich glaube, du hast begriffen, worum es geht. Versuche in das Innere des Torus zu gelangen. Ich bin gleich wieder zurück.«

Der Geruch verriet ihm, daß Brad einem natürlichen Bedürfnis nachgegeben hatte. Afra mußte ihn säubern und umkleiden. Ivo sah ein, daß diese Frau vor nichts zurückschreckte.

Er stellte sich den Hebel in seiner rechten Hand als eine Flöte vor, und obwohl er eigentlich keine besondere Ähnlichkeit damit hatte, fiel ihm die Bedienung plötzlich leichter. Jetzt konnte er Nutzen aus diesem Talent ziehen, dieser besonderen Fingerfertigkeit, dem feinen Gefühl für Nuancen, das Musiker besaßen. Er glitt durch die Außenwand des Torus, wobei er sich zwang, nicht davor zurückzuzucken, und hielt im ersten Korridor an. Er suchte einen neuen Blickwinkel, und obwohl er sicher war, daß alle Bewegungen ausgeglichen waren, drehte sich der Korridor ständig. Er korrigierte – und verlor die Ebene erneut.

Da begriff er: Es war natürlich die Station, die sich drehte! Er mußte nicht nur ihre Bewegungen im Raum ausgleichen, sondern auch ihre Eigenrotation. Er mußte praktisch eine unendliche Spirale verfolgen, wobei die Geschwindigkeit davon abhing, welchen Teil der Station er sehen wollte.

Er schaffte es, steuerte seinen Blickwinkel durch die Station, als handle es sich um einen Rennwagen auf gefährlicher Piste. Dann stellte er seinen ›Spaziergang‹ durch einen Korridor ein. Eine Drehhung über die normalen Einstellungen hinaus, und er sah in die gewollte Richtung; ein leichtes Schrägziehen, und er ›schwebte‹ den Korridor in Richtung auf Kovonovs Büro hinunter.

Der Russe spielte Sprouts – allein. »Wenn ich nur mit dir reden könnte, Kov!« sagte Ivo laut. »Nur um dich zu fragen, wo sich dieses UN-Schiff befindet, wenn es eins gibt.«

»In Russisch?« Er sprang fast von seinem Sitz hoch, aber es war natürlich nicht Kovonov, der gesprochen hatte. Afra war zurück.

Ivo fühlte, wie Röte sein Gesicht überzog, und er wußte, daß auch sie es sah, aber er behielt trotzdem ein beständiges Bild von Kovonovs Büro. Eine Verbindung mußte hergestellt werden, und er war sicher, daß Kovonov der Schlüssel dazu war. Der Mann hatte zuviel gewußt, war mit den unumgänglichen Problemen zu vertraut gewesen – vielleicht hatte er diese Reise selbst ersehnt. Wenn sich jemand über diese Barriere hinweg verständlich machen konnte, die weit größer war als die der Sprache . . .

Er konzentrierte sich auf die vor dem Russen liegende Tafel. Eine wichtige Botschaft war vor nicht allzu langer Zeit durch sie übermittelt worden, und vielleicht wartete eine weitere auf ihn. Im übrigen war dies eine weitere Übung für ihn, da er entdeckt hatte, daß auch die Größe zu den direkten Einstellmöglichkeiten gehörte. Solche Anpassungen mußten immer präziser werden, je weiter sich die Reichweite seiner künftigen Erkundungen ausdehnte, und er hatte das Gefühl, daß er sie möglichst schnell beherrschen sollte. Diese Feineinstellungen waren eine Kunst; es war kein Zufall, daß seine musikalischen Fähigkeiten dabei zum Tragen kamen.

»Was machst du da eigentlich?« wollte Afra wissen.

Ivo murmelte eine unwillige Antwort. Sie konnte gewiß sehen, wie schwierig . . .

»Ich überprüfe noch einmal die Vorbedeutungen«, sagte Groton, und Ivo stellte mit Erleichterung fest, daß Afras Frage nicht ihm gegolten hatte.

»Du und deine verdammten Astrologiebücher!« rief sie entrüstet. »Deine Frau hat Bücher über Kunst und Musik mitgebracht, aber *du* mußtest . . .«

»Immer noch besser als die Kleider, die du zusammengepackt hast«, gab Groton zurück, und seine Stimme verriet das unbeirrte Lächeln, das für ihn typisch war. Aber der Streit war ausgebrochen. Die Anspannung suchte sich ihren Weg an die Oberfläche.

Er gewann die Kontrolle zurück. Übergangslos brachte Ivo die Einstellung auf das Sprouts-Brett, hielt das Bild klar und vergrößerte es, bis die punktierten Linien und Bögen in enormer Vergrößerung in seinem Gesichtsfeld standen. Er bewegte sich auf einen einzigen Punkt zu, ließ ihn an Größe gewinnen, als ob es ein Planet wäre. Die Illusion nahm ihn gefangen; er war im Landeanflug, der Eintauchkurs stimmte. Es war an der Zeit, die Bremsraketen zu zünden . . .

»Erscheint es dir nicht ein bißchen lächerlich, mit Schnörkeln auf Papier zu spielen, während es mehr als genug Dinge gibt, die weit wichtiger sind?« fragte Afra, und Ivos Einstellung geriet leicht ins Trudeln.

»Ich würde es vorziehen, es als Interpretation gewisser ambivalenter Aussagen eines Horoskops zu bezeichnen«, sagte Groton ruhig. Vom Temperament her war er besser als Ivo gewappnet, es mit ihr aufzunehmen. »Mir erscheint es absolut nicht lächerlich, unsere Probleme mit den besten Instrumenten anzugehen, über die wir verfügen. Es sind wichtige Dinge in der Entwicklung, wie du ganz richtig festgestellt hast.«

»Versuchst du allen Ernstes, den Gebrauch des Makroskops mit deinem okkulten Hobby gleichzusetzen?«

»Ich betrachte die Astrologie keineswegs als ›okkult‹, wenn du mit diesem Begriff irgend etwas Fantastisches oder Magisches oder Unwissenschaftliches meinen solltest. In dem Sinn jedoch, daß beide Werkzeuge von immenser Kompliziertheit und Reichweite sind, könnte ich eine Gleichsetzung der Astrologie mit dem Makroskop durchaus bejahen.«

»Laß mich die Sache einmal klarstellen. Du rätselst an den Konstellationen herum, die den schmalen Gürtel der Tierkreiszeichen bilden, während du den restlichen Himmel ignorierst, samt den Planeten — mit Ausnahme jener, die unserem Sonnensystem angehören, und selbst von denen nicht alle —, wie sie zum Zeitpunkt der Geburt einer Person von der Erde aus zu sehen waren. Und du behauptest, aus diesem Mischmasch sein ganzes Leben mitsamt Unfällen und den Eingriffen Gottes vorhersagen zu können, so daß du ihm raten kannst, sich an einem bestimmten Tag vor einer bestimmten Gefahr in acht zu nehmen oder in eine bestimmte Aktie zu investieren — und dennoch behauptest du, daß an dieser ganzen Geschichte nichts Übernatürliches oder zumindest nichts Unethisches ist?«

»Was du beschrieben hast, ist zweifellos übernatürlich und vielleicht auch mit einer zweifelhaften Moral behaftet, aber — es hat nichts mit Astrologie zu tun. Du schreibst dieser Wissenschaft falsche Ansprüche zu und wirfst ihr dann vor, daß sie sie nicht erfüllt.«

»Wie sieht dann deine Definition der Astrologie aus?«

»Es fällt mir schwer, sie in einem Satz zu definieren, Afra.«

»Versuch es.«

»Die Lehre vom Mikrokosmos und Makrokosmos — das heißt, die Vorstellung vom einzelnen als einem Kosmos *en miniature*, während das größere Universum der vollständige Mensch in seiner wirklichen Wesenheit ist.«

Der Punkt-Planet löste sich in eine Ansammlung von Wirbeln und Klümpchen auf; die Auflösung der Kreide war nicht allzu gut. Bald würde er sich auf ein kleines Teil hinabstürzen, dann auf einen Teil davon, und so weiter in den Mikrokosmos hinein.

Die Lehre vom Mikrokosmos.

»Ein Mikroskop!« sagte er und fand es ungeheuer lustig. Denn das Makroskop war — in diesem Fall — ein Mikroskop. Ein erstaunlich vielseitiges Instrument! War es denkbar, daß jeder Punkt in einem Sprouts-Spiel seine eigene Gravitationsaura hatte, die kleine Makronenwellen erzeugte, die von ihm aufgefangen werden konnten?

»Was?« Afras Stimme klang ziemlich wütend.

O je! »Nichts.« Vorsichtig führte er das Manöver in der entgegengesetzten Richtung durch, und die aufgelösten Kreideflecken zogen sich wieder zu einem Punkt zusammen. Jetzt löste er sich von dem Planeten, sah zu, wie er sich allmählich zu einem bloßen Lichtpunkt vor dem dunklen Hintergrund des Alls verkleinerte. Die anderen Linien tauchten auf, bezeichneten bestimmte Konstellationen am Nachthimmel. Ob Groton sie astrologisch analysieren konnte?

»Schön«, sagte Afra. »Eins zu null für dich. Du hast mich wieder einmal aufs Glatteis geführt. Aber diesmal kommst du mir nicht mehr um eine offene Diskussion herum. Ich möchte deine ehrliche Meinung zu diesem Unsinn hören.«

Sie warf ihm lediglich falsche Würfel zu, dachte Ivo – aber auch er war neugierig.

»Nun, es ist bekannt, daß es gewisse Objekte im Universum gibt«, ging Groton bereitwillig auf sie ein, »und daß sie sich in ständiger Bewegung befinden, relativ zur Erde und zueinander. Das ist ein Grund, warum wir das Makroskop nur mit Hilfe eines Computers auf einen bestimmten Punkt ausrichten können. Zwischen diesen Massen – und ihren Bewegungen – gibt es viele Wechselbeziehungen. Das heißt, die Sonne führt ihre Planetenfamilie mit sich und zwingt sie in bestimmte Umlaufbahnen, während die Planeten wiederum auf ihre Satelliten einwirken und die Umlaufbahnen anderer Planeten zu stören vermögen.«

»Das entspricht nicht ganz dem neuesten theoretischen Stand, aber gehen wir der Einfachheit halber davon aus. Es gibt selbstverständlich Wechselbeziehungen zwischen den Massen im Sonnensystem.« Es klang ungeduldig, als wartete sie auf ihre Chance, zurückschlagen zu können.

»Damit vergleichbar gibt es auf der Erde eine Anzahl von menschlichen und anderen Geschöpfen, und die Beziehungen zwischen ihnen bilden ein fast undurchschaubar kompliziertes Muster. Wir ziehen lediglich eine Parallele zwischen den sichtbaren Bewegungen der . . .«

»Jetzt kommen wir zur Sache. Macht der Mars die Menschen kriegslüstern?«

»Nein! Da gibt es keinen kausalen Zusammenhang. In der Astrologie wird die Erde als der Mittelpunkt des Universums betrachtet, und der Geburtsort des einzelnen ist der Ausgangspunkt für seine Horoskoperstellung. Das steht übrigens nicht im Widerspruch zur Astronomie; wir sehen die Dinge nur aus einem veränderten Blickwinkel, um die Sache ein wenig zu vereinfachen.«

Ivo fand das vergleichbar seinen Anstrengungen, den makroskopischen Blickwinkel stabil zu halten. Es hätte ihm gar nichts genützt, sich an einer galaktischen oder solaren ›Ruhestellung‹ auszurichten. Das Zentrum des Universums *mußte* sich dort befinden, wo sich der Beobachter befand.

Er achtete mittlerweile mehr auf die Unterhaltung als auf die halbautomatischen Feineinstellungen der Makroskopkontrolle, wurde jedoch rasch wieder auf seine Aufgabe aufmerksam gemacht. Sein Bild war weg. Hatte er die Berührung verloren?

Nein – Kovonov hatte lediglich die Tafel entfernt. Wie leicht konnte man die Wirklichkeit vergessen, in seinen eigenen Fantastereien aufgehen und die übergroße Hand in der Aufnahme als die

Hand Gottes sehen, die das Firmament wegriß. Er mußte sich vor Personifizierungen hüten; sie konnten ihn leicht aus der Bahn werfen.

Er veränderte die Aufnahme so, daß er Kovonov in Lebensgröße beobachten konnte. Der Mann sah sich fast verstohlen um, zog dann eine Karte aus seiner Schreibtischschublade und legte sie auf den Tisch.

Sie war beschriftet. Mit der inzwischen gewonnenen Übung stieß Ivo auf die Schrift hinab, stellte sie schärfer ein – und las. Das war kein Russisch!

S D P S

Eine Botschaft für ihn! Kovonov versuchte tatsächlich, ihm etwas mitzuteilen!

Eine Minute später legte der Russe die Karte weg und brachte statt dessen wieder die Tafel hervor. Er fuhr mit seinen Sprouts-Kritzeleien fort.

War das alles?

»Du behauptest also, daß die Position der Planeten im Augenblick meiner Geburt mein Schicksal bestimmt, was immer ich auch dazu zu sagen hätte?«

»Absolut nicht. Ich möchte nur behaupten, daß möglicherweise ein Zusammenhang zwischen der Konfiguration der Sterne zu einem bestimmten Zeitpunkt und der des menschlichen Lebens besteht. Es braucht kein ursächlicher Zusammenhang zu sein, nicht einmal ein beständiger. Nur eine Beziehung.«

»Du Bastard«, sagte sie ohne Groll, »du hast mich bereits zur Hälfte in dein Lager gezogen.«

Bastard? überlegte Ivo. Warum war Afra bei der bloßen Erwähnung von S D P S errötet?

»*Natürlich* besteht eine Beziehung!« fuhr sie wütend fort. »Es besteht auch eine Beziehung zwischen einem Sandkorn auf dem Grund des Indischen Ozeans und dem Goldzahn meiner Großmutter. Aber das hat kaum etwas zu bedeuten – und wenn dem so wäre, welchen Beweis könntest du anführen, daß deine Astrologie zu erklären vermag, was die Wissenschaft nicht erklären kann?«

»Die Astrologie *ist* eine Wissenschaft. Sie beruht auf der wissenschaftlichen Methode und hält sich an sie. Die Disziplin ist so streng wie jede andere, die du mir nennen kannst.«

»Geometrie?«

»In Ordnung? Wie willst du etwa die grundlegenden Theoreme der Geometrie ›beweisen‹?«

»Wie zum Beispiel $f = \frac{g \cdot h}{2}$, die Formel für den Inhalt eines Dreiecks?« fragte sie hitzig. »Du bist doch Ingenieur. Es muß Dutzende von Möglichkeiten geben, um ...«

»Eine genügt. Du denkst vermutlich an eine Hilfskonstruktion, mit der sich belegen läßt, daß Grundlinie mal Höhe die Summe zweier kongruenter rechtwinkliger Dreiecke ist. Habe ich recht? Aber wie willst du die Kongruenz beweisen? Sag jetzt bloß nicht Winkel-Seite-Winkel oder Seite-Seite-Seite; ich will wissen, wie du, in der letztgültigen Definition, deine Beweise führen willst. Von welcher Basis gehst du aus?«

»Nun, du kannst natürlich keinen strikt geometrischen Beweis für das Ausgangstheorem verlangen. Du mußt von einer Annahme ausgehen und dann logisch auf ihr aufbauen. Also nehmen wir an, daß ein Dreieck bestimmt ist, wenn ein Winkel zwischen zwei Seiten bestimmter Länge festgelegt ist. Es funktioniert immer.«

»Aber was, wenn diese Basis falsch ist?«

»Sie *ist* nicht falsch. Du kannst dein ganzes Leben lang Dreiecke messen, und du wirst keine einzige Ausnahme finden.«

»Nimm einmal an, ich versetze Seite-Winkel-Seite von einer zweidimensionalen Oberfläche auf einen Torus?«

Sie begann fast zu stottern. »Du kannst nur von gleichen Oberflächen ausgehen. Als ob du das nicht wüßtest!«

Es schien Ivo, als habe Groton soeben noch einen Punkt gewonnen, aber aus irgendeinem Grund baute er seinen Vorsprung nicht aus. »Deine Leitlinie ist also die Erfahrung«, sagte Groton.

»Ja.«

»Das ist auch die Grundlage der Astrologie.«

»Erfahrung? Daß die Stellung des Mars das Schicksal des Menschen bestimmt? Das ist doch wohl ein Witz!«

»Daß die Konfiguration der Tierkreiszeichen während der Geburt einer Person auf gewisse Dinge hinweist, die mit seinen Lebensumständen und seiner Persönlichkeit zu tun haben. Seit vielen Jahrhunderten stellen Astrologen Beobachtungen an und entwickeln und verfeinern ihr Instrumentarium weiter. Es *ist* eine der ältesten Disziplinen. Und die Naturwissenschaften sind erst heute so präzis, wie sie es schon immer waren. Es gibt noch immer viel zu lernen, wie es ja auch bei der Geometrie der Fall ist, aber unsere Praxis wird durch Erfahrung und nicht durch Ratetechniken bestimmt. Ich behaupte nicht, daß die Sterne oder Planeten dein Schicksal bestimmen; ich würde vielmehr sagen, daß die Bahn deines Lebens von komplizierten Faktoren und Einflüssen bestimmt wird, ähnlich wie die Bahnen der Planeten und Sterne bestimmt sind, und daß der Gesamtzusammenhang deines Lebens und der Gesamtzusammenhang des Universums möglicherweise Parallelen aufweisen. Die Astrologie versucht Parallelen in diesen beiden — zugegebenermaßen weit voneinander entfernten — Gebieten aufzuspüren, denn was in einem Bereich dunkel ist, könnte im anderen Bereich leicht verständlich sein. Auf diese Weise ist es vielleicht möglich, gewisse Aspekte deines Lebens zu verdeutlichen, die sonst nur unzureichend verstanden werden könnten. Die eine Entsprechung, die wir mit Sicherheit feststellen können, ist der Augenblick der Geburt, also müssen wir das als Ausgangspunkt benützen — aber das ist auch schon alles. Ein Ausgangspunkt, genauso wie diese Festlegungen am Dreieck Ausgangspunkt für die gesamte Wissenschaft der euklidischen Geometrie sind. Der Unterschied liegt darin, daß die Astrologie keine empirischen Tatsachen zu bestimmen versucht, denn das sind Dinge, von denen du dich unschwer selbst überzeugen kannst. Sie enthüllt nichts, was verborgen ist. Sie erleichtert vielmehr die Bewertung und Beurteilung dessen, was einem in der empirischen Erfahrung begegnet.«

Ivo erinnerte sich an die Unterscheidung, die der Senator zwischen der Wahrheit und der Bedeutung in der Philosophie getroffen hatte.

»Das klingt aber mehr nach Psychologie denn nach Astronomie«, sagte Afra.

»Das sollte auch so sein. Die Beziehung zwischen Astronomie und Astrologie ist rein formalen Charakters. Wir sind von den Astronomen abhängig wegen ihrer Berechnungen der Planetenbewegungen und so weiter, aber danach gehen wir getrennte Wege. Die metaphysischen Ansichten der Astronomen haben in der Astrologie keine Bedeutung; diese Herren sind nicht kompetent auf diesem Gebiet, so kompetent sie auf ihrem eigenen auch sein mögen, das sie zugegebenermaßen mit einer Geschicklichkeit und einem Eifer gemeistert haben, die sie nie auf die Astrologie angewandt hätten. Ein guter Astrologe braucht kein Teleskop; er braucht ein gesundes Verständnis der angewandten Psychologie.«

Ivo hatte Kovonov die ganze Zeit im Auge behalten, aber der Russe hatte kein weiteres Zeichen gegeben. Es wurde Zeit, sich helfen zu lassen. »Ich unterbreche ja nicht gerne«, sagte er, »aber ich glaube, ich bin festgefahren.«

Afra kam zu ihm herüber. »Tut mir leid. Ich habe mich von Fantastereien ablenken lassen und dich ganz vergessen. Was ist?«

Ivo beschrieb, was er bis jetzt innerhalb der Station gesehen hatte.

»Offenbar bezog er sich auf die Statue«, sagte sie.

Es war erstaunlich, wie mühelos und wie schnell sie ihn dazu bringen konnte, sich als Dummkopf vorzukommen. Er ließ das Bild durch die Wand tanzen und dann den Korridor hinunter zum Gemeinschaftsraum.

Das S D P S war natürlich weg, aber der Sockel war noch immer vorhanden. Darauf befand sich ein Blatt Papier. Eine anonyme Botschaft, die niemanden in die Sache hineinziehen konnte. Sie war mit den Großbuchstaben des Fernschreibers ausgedruckt:

SCHIFF ALARMIERT. START VON DER MONDBASIS UM 1300 STATIONSZEIT. BEWAFFNET. SOFORT BESCHLEUNIGEN. DRINGEND.

»Mein Gott, sie *sind* hinter uns her!« rief Afra. »Und ich habe hier wertvolle Zeit damit verschwendet . . .«

»Bewaffnet?«

»Das bedeutet, daß ein Laser in das Schiff eingebaut wurde. Sollte eigentlich streng geheim sein, aber wir wußten alle davon.«

»Also *ist* doch geschnüffelt worden.«

»Zur Selbstverteidigung. Im Raum sind Waffen offiziell verboten, und die UN überwachen das – aber Brad kam ein von den UN finanzierter industrieller Komplex auf dem Mond verdächtig vor. Ein ruinös unwirtschaftlicher Stützpunkt, da alle Vorräte und Materialien von der Erde heraufgebracht werden mußten. Also haben wir ein wenig geschnüffelt. Vermutlich dient es einer guten Absicht – um den Frieden der Erde zu *erhalten* – aber die UN bauen da eine Flotte, die sehr nach einer im Entstehen begriffenen Armada aussieht. Dieser Laser ist im Raum auf unbegrenzte Entfernung gefährlich – wie wir vielleicht bald aus erster Hand erfahren werden, wenn wir uns nicht fügen.«

»Warum feuern sie dann nicht auf uns? Sie müssen uns doch längst entdeckt haben?«

»Weil sie das Makroskop nicht gefährden wollen. Du kannst Gift darauf nehmen, daß sie es inoffiziell wieder zusammenbauen werden, nachdem sie es offiziell auseinandergenommen haben. Eine Insider-Gruppe hat Kontrolle über die UN-Raumwaffe, oder sie *wird* sie bald gewinnen; auch das wissen wir nur, weil wir – geschnüffelt haben. Eine Flotte von Raumschiffen und das Makroskop – wer könnte über mehr Macht verfügen? Vielleicht war es das, was Borland wirklich untersuchen wollte. Er hatte eine Nase für so was.«

»Und sie wollen natürlich ihr Laser-Geheimnis für sich behalten«, warf Groton ein. »Wenn sie das Ding benützen, wird es jeder wissen, und das wäre unangenehm für sie.«

»*Und* weil sich das einzige Instrument, das präzis genug ist, um einen so dünnen Strahl auf diese Entfernung genau zielen zu können, hier bei uns befindet«, sagte Afra. »Sie werden uns ziemlich dicht auf die Pelle rücken müssen, um uns sicher mit einer Ladung erledigen zu können, insbesondere wenn wir dabei nicht stillhalten.«

Ivo stand solchen politischen Überlegungen ziemlich hilflos gegenüber. »Warum strahlen sie nicht ein Ultimatum aus?«

»Um gegenüber der Welt zuzugeben, daß ihnen jemand das Makroskop vor der Nase weggeschnappt hat? Sie werden *dieses* Geheimnis für sich behalten – wenn wir es können. Kannst du während unserer Beschleunigung mit der Station in Verbindung bleiben?«

»Zeichnet der Computer nicht jede Veränderung unseres Standpunkts auf, um automatisch zu kompensieren?« fragte Ivo.

»Natürlich. Er hat das die ganze Zeit getan, während du mit dem Makroskop herumgespielt hast. Sonst wären alle eingegebenen Ortseinstellungen durch unsere Entfernung von der Station wertlos geworden. Aber während der Beschleunigung verursacht jeder Richtungswechsel ein Abgleiten. Ist deine Hand ruhig genug, um das auszugleichen?«

»Ich kann es versuchen«, sagte Ivo.

Sie gurtete ihn fest, während er die Einstellung hielt. »Wir werden mit mehreren unterbrochenen Beschleunigungsphasen arbeiten müssen und unsere Richtung nach rein zufälligen Gesichtspunkten wechseln«, sagte sie. »Auf diese Weise erfahren sie nie, wohin wir wollen.«

»Wohin wollen wir denn?« erkundigte sich Groton.

»Zum Neptun«, sagte Ivo.

»Was sind schon zwei Milliarden und achthundert Millionen Meilen?« bemerkte Afra sarkastisch. Ivo war sicher, daß es Jahre dauern würde, bis sie einen solchen Planeten auf einer wirtschaftlichen Bahn erreichen konnten. Die 1977 gestartete Sonde zu den vier Gasgiganten hatte schließlich noch nicht einmal die Hälfte der Strecke hinter sich gebracht.

»Wir können sie vielleicht eine Zeitlang an der Nase herumführen — sagen wir, ein paar Stunden — aber was hat sich dann geändert?« fragte Ivo.

»Das wird uns nicht helfen. Wenn wir nicht anhaltend beschleunigen, liegen die Vorteile letztlich bei ihnen. Irgendwann werden sie aufholen.«

Ivo hielt noch immer die Einstellung auf die ausgedruckte Warnung im Gemeinschaftsraum der Station. »Sieh mal«, sagte er. »Jemand wechselt das Schild aus.«

Ein Techniker holte die Karte heraus und ersetzte sie durch eine andere. Ivo las:

ROBOTSCHIFF WIRD ZUM START VORBEREITET. SOFORT BESCHLEUNIGEN. DRINGEND.

»Das werden wir gleich haben«, brummte Groton. »Ein g, bis wir uns etwas Besseres ausgedacht haben.« Ivo hörte an den Geräuschen, daß er durch die Schleuse kletterte.

»Warum können wir nicht Kurs auf den Neptun nehmen — der ist schließlich frei und weit draußen — und uns auf diese Weise außerhalb ihrer Reichweite halten? Es könnte eine Weile dauern, aber wir wären wenigstens sicher, bis wir die Lage geklärt haben.«

»Du hast ganz recht«, sagte Afra spöttisch. »Mit einer Million Meilen in der Stunde könnten wir es auf direkter Strecke innerhalb von vier Monaten schaffen. Bei einer beständigen Beschleunigung von einem g könnten wir diese Geschwindigkeit in — hm — einem halben Tag erreichen. Unsere Vorräte würden bei fünf Personen ein gutes Jahr reichen.«

Die einsetzende Beschleunigung traf ihn, als Groton den Antrieb aktivierte. Sie waren auf dem Weg — irgendwohin.

Ivo, noch immer am Makroskop, verlor die Einstellung, konnte sie aber durch emsiges Drehen wieder zurückbringen. Der Computer leistete gute Arbeit, hielt die eingegebene Ortsbestimmung, aber es war ihm gleichgültig, aus welchem Blickwinkel das Bild gesehen wurde, und es war offensichtlich, daß das erhöhte Gewicht des Schiffes die Berechnung ein wenig verfälschte. Der Computer benützte nicht das Makroskop; er ging von Schub und Masse des Schiffs aus, um die Veränderungen zu errechnen, und versuchte sie durch teleskopische Beobachtungen zu bestätigen. Leichte Kurskorrekturen mußten außerdem berücksichtigt werden.

»Weshalb soll es dann nicht gehen?« fragte er, wobei er seine Enttäuschung zu verbergen suchte.

»Erstens kann ein Robotschiff stärker beschleunigen als wir, da es nicht auf schwaches menschliches Fleisch Rücksicht zu nehmen braucht. Es würde uns unterwegs einholen, wenn das nicht schon einem regulären Schiff gelänge. Zweitens, *wenn* wir es schafften, dann könnten wir nach einem Jahr ganz schön hungrig werden.«

»Hm.« Dieses Gefühl, ein Dummkopf zu sein, drohte zu einem chronischen Zustand zu werden. »Könnten wir nicht – äh – etwas Nahrung anpflanzen und wachsen lassen? Natürliche Vorkommen ausbeuten oder Getreide anpflanzen – da wären doch Säcke mit . . .«

»Auf dem *Neptun*?«

Er ließ dieses Thema fallen. »Wir könnten innerhalb eines Jahres zurückkehren. Die Situation könnte sich innerhalb dieser Zeit verändern. Politisch.«

»Sie könnte, und wir könnten. Bleibt uns nur noch das Problem, dem Robotschiff davonzulaufen.«

»Ja.« Das pflegte er ständig zu vergessen. »Augenblick mal! Ich dachte, Joseph sei eine besondere Art von Fahrzeug. Ein atomares Hitzeschild oder so etwas. Brad sagte mir . . .«

»Unser Gespräch bewegt sich im Kreis«, sagte sie ungeduldig. »Joseph könnte vermutlich genug Schub entwickeln, um uns trotz der zusätzlichen Belastung durch das Makroskop mit einer anhaltenden Beschleunigung von *zehn* g zu befördern. Da liegt das Problem nicht. Dem Robotschiff würde ziemlich schnell der chemische Treibstoff ausgehen, wenn es das nachzumachen versuchte.«

»Wie lange würden wir bei zehn g brauchen, um den Neptun zu erreichen?«

Sie schwieg einen Augenblick lang, und er wußte, daß sie dabei war, es mit Hilfe eines Rechenschiebers zu berechnen. Das war also wenigstens ein Problem, das sie nicht augenblicklich im Kopf lösen oder aus dem Gedächtnis zu beantworten vermochte; aber er enthielt sich der Äußerung, daß *er* es konnte.

»Wenn wir davon ausgehen, daß wir nach der Hälfte der Strecke mit dem Abbremsen beginnen müssen, dann kommen wir bei ständigem Antrieb auf eine Spitzengeschwindigkeit von dreizehntausendundzweihundert Meilen in der Sekunde – aua! Das ist ein Vierzehntel der Lichtgeschwindigkeit! – wir könnten die Reise in fünf Tagen hinter uns bringen.«

»Warum nicht?« fragte er.

»Kaum der Erwähnung wert. Wir wären natürlich längst tot, bevor wir ankämen, falls das irgendeine Rolle spielen sollte.«

»Tot?«

»Kannst du dir ausmalen, wie du anhaltende zehn g überleben willst?«

Ivo dachte daran, wie es sein mochte, fünf Tage lang ohne Unterbrechung eine dreiviertel Tonne zu wiegen. Energie, entschied er, war nicht alles. Und natürlich hätte er das wissen müssen; sie hatte das Problem bereits vorher angesprochen, wiewohl es nicht in sein Bewußtsein gedrungen war. Er hatte sich diese Beschleunigung in Minuten, nicht in Tagen vorgestellt.

»Du hast zu viele Neins für meine Jas«, antwortete er ihr. »Angenommen, wir fliegen mit einer anhaltenden Beschleunigung von einem g ungefähr in Richtung Neptun. Wie lange würde dieser UN-Kreuzer brauchen, um uns einzuholen?«

»Das kommt darauf an. Der bemannte ist unser unmittelbares Problem. Wenn er sich sofort auf unsere Flugrichtung einstellt und einen Abfangkurs einschlägt, dann könnten wir in zwei Tagen mit ihm zusammentreffen. Wenn sie vorsichtig taktieren, um Treibstoff zu sparen und einen möglichen Richtungswechsel abzuwarten, dann würde es länger dauern. Da sie jedoch wissen, daß Treibstoff für uns kein Problem bedeutet, ist das letztere als wahrscheinlicher anzunehmen. Sie werden auf keinen Fall das Makroskop beschädigen wollen. Sie dürften eher versuchen, uns zu beschäftigen, bis das Robotschiff startbereit ist, was noch ein paar Tage dauern könnte.«

»Woher wissen sie über unseren Antrieb Bescheid? Ich dachte, das wäre Brads privates Projekt gewesen.«

»So etwas ist nie ganz privat – jedenfalls nicht gegenüber der Organisation, die die Rechnungen bezahlt. Und eine spektroskopische Analyse unserer Antriebsstrahlen würde alle Zweifel beseitigen, die sie noch hegen könnten. Vermutlich würde sie das zu etwas größerer Vorsicht bei der Annäherung bewegen, aber es würde sie nicht lange abhalten. Sie wären dann nur noch entschlossener, uns unbeschädigt zu kapern, dieses Hitzeschilds wegen.« Sie schwieg einen Augenblick lang. »Wir könnten sie aber eine Zeitlang täuschen. Wir werden auf die Sonne zufliegen, und wenn wir drohen, in selbstmörderischer Absicht . . .«

»Aber der Neptun ist doch weit draußen. Unsere Flugrichtung wäre damit genau entgegengesetzt.«

»Nicht, wenn der Neptun in Konjunktion steht.«

»Konjunktion?«

»Auf der gegenüberliegenden Seite der Sonne, von der Erde aus gesehen.«

»Ich dachte, das hieße Opposition.«

»Bruder!« rief sie verzweifelt. »Wie würdest du die zwei oder mehr Tage Freiheit nützen wollen, oder fällt dir dazu nichts Sinnvolles ein?«

Er widerstand der Versuchung, eine besonders schlaue Antwort zu geben. »Das Makroskop.«

»Ich hatte den Eindruck, als würdest du bereits einer solchen Beschäftigung nachgehen. Man lernt doch nie aus.«

»Ich dachte eher an das Programm, das wir empfangen können.«

»Ach so.« Jetzt war sie an der Reihe, sich einfältig vorzukommen, aber das ließ sie nur für einen Augenblick verstummen. »Mir scheint, daß unser Problem ziemlich klar ist. Wir können nicht erwarten, daß wir die UN-Schiffe ausmanövrieren oder ihnen entkommen können, noch sind wir in der Lage, irgendeine fantastische Apparatur zu bauen, mit der wir sie uns vom Leib halten könnten. Du gehst doch wohl nicht davon aus, daß sich die bewußtseinszerstörenden Impulse als Waffe einsetzen ließen?«

»Nein. Aber ich bin davon überzeugt, daß wir auf diesem Kanal galaktische Informationen erhalten können, wenn wir erst einmal diese Barriere überwunden haben. Niemand hat bisher gesehen, was *jenseits* dieser Eröffnungssequenz kommt.« Er fragte sich selbst, ob überhaupt etwas danach kam, vielleicht wiederholte sie sich nur endlos.

»Nein«, sagte sie mit unterdrückter Stimme. Er wußte, daß sie wieder an Brad dachte. »Ivo — glaubst du wirklich, daß du *das* wagen solltest?«

Es war das erstemal, daß sie echte Besorgnis um ihn zeigte, und er wußte es zu schätzen. »Es kann mich nicht verletzen. Das wissen wir bereits.«

»Es *hat* dich nicht verletzt — bis jetzt. Was könntest du dabei erfahren, was das Risiko wert wäre?«

»Ich weiß es nicht.« Das war die Ironie der Geschichte. Es gab keinerlei Hinweise darauf, daß es überhaupt etwas zu finden gab. »Aber wenn es Hilfe für uns gibt, dann kann sie nur von dort kommen. Sie — die Galaktiker, wer immer sie sind — müssen etwas vor uns verbergen. Warum würden sie sonst überhaupt so ein Programm senden? Es kann doch nicht wirklich ihre Arbeit sein, uns zu vernichten, denn so etwas wirft doch häßliche Schatten auf eine so überlegene Zivilisation. Ich meine, ein bißchen davon warnt einen, die Schnüfflerei zu lassen, und bei den Probs hat das auch funktioniert. Aber die Entmutigung wäre viel wirksamer, wenn es überhaupt kein solches Signal gäbe. Das Signal selbst beweist, daß es etwas gibt, nach dem zu suchen lohnt. Es ist quälend. Es ist, als ob – nun ja, eine Störung ...« Das hoffte er jedenfalls.

»Störung«, nickte sie. »Um zu verhindern, daß ein anderes Programm durchkommt!«

»Darauf läuft meine Vermutung hinaus. Muß etwas ziemlich Wertvolles sein, um all diesen Aufwand zu rechtfertigen.«

»Ja. Aber es könnte etwas Philosophisches sein, oder etwas, das erst auf lange Sicht an Bedeutung gewinnt. Wir brauchen aber sofortige Hilfe. Etwas Unmögliches, wie zum Beispiel die Aufhebung der Gravitation oder Methode, Entfernung augenblicklich zu überwinden – und genau das werden wir nicht bekommen.«

»Ich dachte, ich könnte es jedenfalls mal versuchen.«

Sie wählten einen wirtschaftlichen Kurs in Richtung Neptun. Als Ziel taugte er so gut wie jedes andere. Als das Schiff drehte und mit ständiger Beschleunigung auf die Sonne zuflog – tatsächlich zog es eine kometenähnliche Ellipse, die es innerhalb der Umlaufbahn des Merkur und wieder hinaus in den Raum führen würde –, unternahm Ivo seinen Versuch. Er brauchte sich nicht um die unregelmäßigen Antriebsphasen zu kümmern (die ihre Verfolger verwirren sollten), weil der Zerstörer überall immer voll zu empfangen war.

Nein, es war nicht schwierig, das fremde Signal aufzuspüren. Er kannte die Frequenz – oder genauer, seine Qualität –, und es war leichter, es hereinzubekommen, als es zu vermeiden. Dennoch schwitzte er am ganzen Körper, als er den großen Empfänger anschloß und sah, wie sich die Muster zu entwickeln begannen. Es war der Tod, mit dem er spielte: der mögliche Tod seines Bewußtseins und vielleicht zugleich auch seines Körpers.

Sie begann: dieselbe verwüstende Serie, deren Ende den Intellekt vernichtete. Die Bilder gingen rasch in symbolische Vorstellungen über, die Vorstellungen in Bedeutungen ...

Warum kam es immer genau in der richtigen Reihenfolge an? Stets war es der Anfang der Sequenz, den man hereinbekam. Aber selbst wenn es ein aufgezeichnetes, sich endlos wiederholendes Programm darstellte, dann war doch zu erwarten, daß man es ebensooft mittendrin oder am Ende auffangen mußte wie am Anfang. Wie konnte es immer genau von Anfang bis Ende ablaufen, wann immer man es hereinbekam?

Er unterbrach die Verbindung mit krampfartig zuckenden Fingern, was ihn in die Statik der Randbänder warf, und wartete ein paar Sekunden. Dann ließ er es erneut herankommen.

Die Sequenz setzte wieder mit dem Beginn ein, aber nun war sie anders als zuvor. Diesmal ging es schneller, die Bildfolgen liefen mit der größtmöglichen Geschwindigkeit durch, bei der er sie noch erfassen und verstehen konnte. Es war wie eine Zusammenfassung vertrauter Vorgänge – und das war es tatsächlich.

Überrascht brach er erneut ab, froh darüber, daß seine vorhergehende Erfahrung ihm die Stärke gegeben hatte, das Programm mitten im Ablauf zu unterbrechen. Konnte es angepaßt, auf ihn persönlich eingestellt werden? Ein Signal, das fünfzehntausend Jahre unterwegs war? Eine lächerliche Vorstellung!

Er ging erneut auf Empfang – und der Ablauf war so schnell, daß er die Bilder nur oberflächlich wahrnahm. Erst nachdem die Sequenz den Punkt erreicht hatte, an dem er beim erstenmal abgebrochen hatte, verlangsamte sie sich wieder und setzte sich in ruhigerem Tempo fort. Sie war jedoch noch immer schneller als die Version, die er in der Station gesehen hatte.

Er unterbrach noch einmal, durch diese Erkenntnis ebenso alarmiert wie durch die tödliche Serie selbst. Das konnte keine Aufzeichnung in irgendeinem irdischen Sinne sein. Es war eher wie ein – ein programmierter Text. Eine Serie von Lektionen, die ihre eigene Rückkoppelung beinhalteten, so daß der Schüler sich ständig überprüfen und seine Irrtümer überdenken konnte. Leblos, dennoch von den Fähigkeiten des Schülers bestimmt. Mit einem solchen Text kam das geschriebene Wort einem lebendigen Lehrer am nächsten, ebenso wie eine programmierte Lehrmaschine der Empfindungs- und Reaktionsfähigkeit nahekam, ohne über ein eigenes Bewußtsein zu verfügen. Es war das wachsende Verständnis des *Schülers* für das Material, das die Maschine oder den Text belebte und die Illusion der Bewußtheit erzeugte.

Seltsam, daß ihm das nicht schon früher aufgefallen war! Dabei gehörte es zu den Grundlagen des Programms. Um zu verstehen, mußte man unterscheiden zwischen ...

Was für ein bewußtseinserweiterndes Phänomen das war! Die Vorstellungen des Programms ergriffen bereits Besitz von ihm. Die Vorstellungen waren wirklich, sie waren relevant, für ihn und das Universum. Philosophie, Psychologie – und selbst die Astrologie gewannen eine neue Bedeutung für ihn, als er ihre Postulate in sein wachsendes Verständnis einbezog.

»Afra«, sagte er, und zugleich schloß er die Augen vor der faszinierenden Sequenz.

Sie war da.

»Ja, Ivo.«

»Ist es möglich, etwas ... etwas so zu sagen, daß es ... daß alle möglichen ...«

»Daß es sich auf vieles zugleich anwenden läßt?« versuchte sie ihm zu helfen.

»Nein. Auf *alles* zugleich. Ich meine so, daß es wahr ist, wie immer man es auch benützt. Wahr für eine Person, wahr für einen Felsen, wahr für einen Geruch, wahr für eine Idee ...«

»Vielleicht im übertragenen Sinn. ›Gut‹ etwa wäre auf das alles anzuwenden, oder ›ungewöhnlich‹. Aber das sind subjektive Werte ...«

»Ja. Der Schüler wird mit einbezogen. Aber es ist zugleich objektiv, so daß jedermann zustimmen kann. Jeder, der versteht ...«

»Ich bin nicht sicher, ob ich dir da folgen kann, Ivo. Es ist unmöglich, zu völliger Übereinstimmung zu kommen, solange man seine Individualität behält. Diese beiden Dinge widersprechen sich.«

»Die Persönlichkeit bleibt. Im Gerüst des Lernens. Im Verständnis. Daher kann jeder, der das versteht – alles verstehen. Indem er die Richtlinien anwendet. Ein ... ein programmiertes Bewußtsein, nehme ich an.«

»Das hört sich ja fast nach der Allgemeinen Feldtheorie an, auf das Gebiet der Psychologie erweitert.«

»Ich weiß nicht. Was hat das ...«

»Albert Einsteins Lebenswerk. Er versuchte in den letzten fünfundzwanzig Jahren seines Lebens, die physikalischen Gesetze des Universums auf eine einheitliche Formulierung zu reduzieren. Auf diese Weise sollten Gravitation, Magnetismus und die Kräfte des Atomkerns als besondere Erscheinungsformen einer einzigen Qualität definiert werden. Die praktischen Anwendungsmöglichkeiten eines solchen Systems wären gewaltig.«

»Wobei die Theoreme des einen jeweils so formuliert werden könnten, daß sie auf das andere zurückführbar wären?«

»So könnte man das wohl sehen.«

»So daß also die Astronomie auf die menschliche Psychologie angewandt werden könnte? Und auf Musik und Kunst und Liebe?«

»Ich sehe wirklich nicht ...« Wieder dieses Innehalten, das Ärger verhieß. »Bist du etwa in Harolds Lager übergelaufen?«

»Ich weiß nicht. Was immer er ist, das Makroskop hat es.«

»Die allgemeine Feldtheorie? Bist du sicher?«

»Alles. Die zusammenhängenden Vorstellungen, die sich auf all unsere Erfahrungen anwenden lassen, wer oder was immer wir sind.«

Sie ließ sich Zeit mit ihrer Antwort. »Das könnte der Schlüssel zum Universum sein, Ivo.«

»Nein. Es ist die Botschaft des Zerstörungsprogramms. Ich habe es noch nicht ganz verstanden, aber noch ein paar Durchläufe . . .«

»Halt!« rief sie. »Bleib weg davon!«

Galt der Schmerz in ihrer Stimme ihm oder dem Schicksal des Makroskops? »Ich habe nicht vor, es bis zum . . . Ende zu machen. Nur weit genug, um . . .«

»Nur weit genug, um nicht mehr davon wegzukommen. Suche nach einer anderen Möglichkeit. Umkreise es. Spring darüber hinweg.«

»Das kann ich nicht. Ich muß es verstehen, bevor ich weiterkommen kann. Sonst werde ich nicht in der Lage sein, diese fortgeschrittenen Vorstellungen anzuwenden.«

»Fortgeschrittene Verblödung!«

»Ich kann es jetzt sehen. Dinge, von denen unsere Rasse niemals geträumt hat. Vorstellungen, die über unsere Wirklichkeit hinausgehen. Aber ich muß zuerst diesen . . . zerstörerischen Aspekt entschärfen, sonst komme ich nicht weiter.«

»Ivo, du kannst ein Feuer nicht unter Kontrolle bringen, indem du dich hineinsetzt. Du mußt es aus der Entfernung angehen, darfst es niemals berühren. Die . . . die anderen haben versucht, sich darin zu baden . . .«

»Ich glaube nicht, daß die Information unbedingt zerstören *muß*. Es ist ein vieldeutiges Phänomen. Wenn ich es aus dem richtigen Blickwinkel angehe . . .«

»Ivo«, sagte sie flehentlich. »Mußtest du die mathematische Theorie des Sprouts-Spiels verstehen, bevor du das Turnier gewinnen konntest?«

»Nein. Das heißt – ich sehe ganz einfach die optimale Strategie, Schritt für Schritt, wie ein Weg durch einen Wald, und ich gewinne. Von Mathematik habe ich keine Ahnung.«

»Warum glaubst du dann, daß du den Zerstörer verstehen mußt? Reicht es dir nicht, zu wissen, wie du ihn vermeiden und Schritt für Schritt an ihm vorbeigelangen kannst? Stell dir vor, es ist ein schlechter Zug, Ivo. Eine verlockende Strategie, die aber zur Niederlage führt. Unterlaß den Zug und wende dich dem nächsten zu.«

Er dachte darüber nach. »Ich glaube, das könnte ich tun.«

»Halte dich von einem vollständigen Verständnis fern. Verschließe deine Augen vor dem Feuer. Schirme dein Bewußtsein ab, damit du daran vorbeigelangen kannst.«

»Ja, ich glaube, das geht. Aber alles, was ich so aufschnappe – es wird so sein, als müßte man ein Radio nach einem Schaltschema zusammendrahten, ohne das geringste von seinem Funktionsprinzip zu verstehen. Führe Leitung A zum Anschluß B. Das ist kein wirkliches Wissen.«

»Nicht viele von uns verfügen über wirkliches Wissen, Ivo. Eine der Eigentümlichkeiten der Zivilisation liegt darin, daß es für den einzelnen unmöglich ist, alle Dinge in gleicher Weise verstehen zu können. Wir müssen uns an die Oberfläche der Dinge halten, müssen Wählscheiben bedienen, uns Vorgänge einprägen, ohne zu denken – wir sind auf Ableitungen angewiesen, und doch kommen wir damit zurecht. Wir müssen die Tatsache akzeptieren, daß keiner von uns jemals mehr als einen kleinen Bruchteil des Wissens und des Wesens unserer Kultur erfassen kann und erfassen wird. Es ist nicht *notwendig*, zu verstehen – man muß es nur akzeptieren.«

Wieder konnte er nur staunen. War das die scharfzüngige Intellektuelle, die sich noch vor wenigen Minuten so sarkastisch mit Groton herumgestritten hatte? Welche Seite war ihr wirkliches Wesen?

Aber er sagte nur: »Schön könnte es verstehen.«

»Du lehnst ihn ab, ich weiß – wie ich auch manchmal Brad abgelehnt habe. Aber solche Gefühle haben keine Bedeutung. Jeder von uns muß seinen Platz im Plan des Lebens akzeptieren, oder das ganze Gebäude fällt zusammen. Jeder von uns muß sein wie Sandburgs Nagel.«

»Wessen Nagel?«

»Der große Nagel, der den Wolkenkratzer zusammenhält. Er scheint eine bescheidene Aufgabe zu haben, aber er ist so wichtig wie der Schlußstein eines Bogens.«

»Ich bin also ebenso wichtig wie Schön?«

»Natürlich, Ivo.«

»Selbst wenn Schön Brad zurückbringen könnte, was ich gewiß nicht kann?«

Sie antwortete nicht, und er bedauerte augenblicklich, daß er es gesagt hatte.

Nach einer Zeit, die ihm endlos vorkam, sagte sie: »Tut mir leid. Ich habe Platitüden von mir gegeben. Ich bin nicht so objektiv wie meine eigenen Predigten.«

Die Platitüde war ihm lieber gewesen als die Wahrheit. »Ich werde ... ich glaube, daß ich etwas erfahren kann. Was immer es ist. Ohne es zu verstehen. Ich werde es jedenfalls versuchen.«

»Danke, Ivo.«

Aber sie brachte ihn dazu, erst noch eine Pause einzulegen. Währenddessen kümmerte sie sich um Brad, wechselte seine Wäsche, was wieder einmal notwendig geworden war, und fütterte ihn mit einem Löffel, als wäre er ein Baby. »Ich kann das auch machen«, bot Beatryx sich an, aber Afra wollte es ihr nicht überlassen.

Dann aßen sie kalte Konzentrate aus den Vorräten. Es war eine nüchterne Angelegenheit, denn niemand erwartete einen wirklichen Durchbruch mit Hilfe des Makroskops, und Brads Gegenwart demonstrierte auf morbide Weise die Gefahr, die dem Versuch innewohnte. Der Wegflug von der Station war eine spektakuläre Geste gewesen, aber unrealistisch. Wie wollten sie den Verfolgern entkommen? Soviel sie auch Theorien hin und her schoben, das Schiff und seine Ausrüstung waren dazu in der Lage, nicht aber ihre zerbrechlichen Körper.

Ausgeruht setzte Ivo wieder die Brillenapparatur auf und wandte sich den Kontrollen zu. Er wußte, daß er außergewöhnlich schwierige Manöver durchzuführen hatte, denn der Bewußtseinszerstörer war wie eine riesige Sonne, die ihn in ihr Inferno ziehen wollte. Er mußte sich ihm nähern, an ihm vorbei und darüber hinausgelangen – ohne verbrannt zu werden.

Es war damit vergleichbar, daß sie auf ihrem Weg zum Neptun sich der Sonne nähern und an ihr vorbeiziehen mußten, während sie zugleich ihren Verfolgern zu entgehen versuchten. Eine weitere Parallele.

Die Symbolmuster entwickelten sich, jagten durch die tödliche Sequenz. Wenn er jetzt ihrem Inhalt zu folgen vermochte, ohne sich voll der Bedeutung hinzugeben, auf die alles hinauslief . . .

Die Antwort erhalten, ohne die Bedeutung aufzunehmen. Die Spannung benützen, ohne einen Schlag versetzt zu bekommen. In bestimmter Hinsicht unwissend bleiben. An den Honig kommen, ohne gestochen zu werden.

Wieder und wieder unterbrach er die Verbindung, da sein Verständnis zu schnell anwuchs. Der Verlauf war so logisch! Jeder Schritt erweiterte seinen Horizont, bereitete ihn für den nächsten vor, und ließ einen wilden Hunger nach Vervollständigung entstehen. Es war wie Sirenengesang, der ihn lockte, obwohl er wußte, daß er Unheil bedeutete. Dennoch gewann er allmählich, wenn nicht Immunität, so doch so etwas wie eine ›dickere Haut‹ gegenüber dem geistigen Angriff. Jede Annäherung brachte ihn weiter hinaus, ohne daß er in die bodenlose Tiefe stürzte. Der Trick lag darin, daß er seine eigene Wahrnehmung unter Kontrolle hielt, sie bremste, das fremde Programm nicht vollkommen übernehmen ließ. Er wurde automatisch blind gegenüber Schlüsselsymbolen, baute eine Barriere auf ...

Und da traf es ihn. Die ungeheure Anziehungskraft dieses Ideenkörpers ergriff ihn, bevor er sich wieder losreißen konnte, und zog ihn unwiderstehlich in sich hinein. Er wußte zuviel! Er war zu nahe gekommen, war mit dem Programm so vertraut geworden, daß seine langsamere Intelligenz über die Erkenntnisgrenze hinweggestolpert war. Er konnte dem Scheiterhaufen des Begreifens nicht mehr ausweichen.

Er stürzte hinab, willenlos, vermochte sich nicht mehr festzuhalten ...

Und das Universum explodierte.

Die aus Freundschaft geleistete Hilfe reichte aus: Er überlebte, während er ohne sie mit Sicherheit den Tod gefunden hätte. Es war, als hätte er das Fegefeuer durchschritten, um kurz vor der Selbstaufgabe wieder freigelassen zu werden; die Vision der Hölle lag hinter ihm.

Obwohl sein Zustand noch immer nicht der beste war, verließ er das Schiff und machte sich zu Fuß auf den Weg nach Hause. Es war ein langer Weg von der Küste Virginias bis nach Macon, Georgia. Er kam am 15. März 1865 dort an und verbrachte die nächsten drei Monate damit, sich vom Feuer des heiligen Antonius zu erholen.

Und in dieser Zeit der Erholung vom körperlichem Elend, von Kopfschmerzen, würgendem Übergeben und Fieberschauern hatten auch seine innersten Gefühle unter schweren Rückschlägen zu leiden. Macon fiel am 20. April an die Unionsarmee unter General Wilson, und bald danach mußte sich Präsident Jefferson Davis ergeben. Die Hoffnung schwand dahin und erlosch: Der Krieg war verloren.

Gussie Lamar, das Mädchen, das er liebte, heiratete einen reichen älteren Mann. Zwar blieb ihm noch immer Ginna Hankins, aber irgendwie hatte sich seine Leidenschaft für sie merklich abgekühlt. Die scheinbar sorglosen Tage der Jugend waren vorbei; der Krieg hatte ihm die Jugend genommen.

Er schrieb Gedichte mit schmerzenden Gelenken, und während er sie mühsam zu Papier brachte, wußte er, daß es nicht gut war, seine Unzufriedenheit auf diese Weise auszudrücken. Poesie gab Schönheit wieder, wie die Musik, und mit seiner geröteten, blasenübersäten Haut und dem geschwollenen Fleisch konnte er nur wenig

Sinn für Schönheit aufbringen. Unfähig einer geordneten Arbeit, kam er eine Zeitlang im Wesleyan College unter.

Er erholte sich – aber nicht völlig. Die Schwindsucht hatte seine Lunge in den Krallen und sie verwüstet, und sie würde nie wieder gänzlich loslassen. Ihr gnadenloser Zugriff verstärkte sich, als er wieder zu lehren begann, und zwang ihn, auch das aufzugeben, obwohl er verzweifelt auf das Geld angewiesen war. Schließlich tat er es seinem Bruder gleich, der Buchhalter im Exchange Hotel war, und gewann dadurch einen zufriedenstellenden, wenn auch nicht guten Unterhalt.

Das Land wurde wiederaufgebaut. Ungerechte Gesetze und eine korrupte Regierung freilich bewirkten Stagnation in allen Lebensbereichen. Das Gesetz hatte weitgehend seine Gültigkeit verloren. Die Erwartungen einer Nation endeten in Apathie und Verzweiflung.

Doch allmählich verbesserte sich seine persönliche Situation. *Round Table,* das literarische Wochenblatt New Yorks, brachte einige seiner Gedichte und ermutigte ihn, was ihm einen gewissen literarischen Erfolg bescherte. Und im Frühjahr 1867 kam Rev. R. J. Scott, der Herausgeber von *Scott's Monthly,* ins Hotel. Das war eine Gelegenheit, die er nicht ungenützt verstreichen lassen wollte.

Scott gefiel sein Manuskript.

Dennoch war es sein Bruder Clifford, der schließlich als Romancier zu Ehren kam. Der Verleger, der seinen eigenen Roman abgelehnt hatte, brachte 1867 Cliffords *Thorn Fruit* heraus. Das war eine wunderbare Sache, und er freute sich mit seinem Bruder – aber wie sehr sehnte er sich nach einem ähnlichen Erfolg!

Wie stets weigerte er sich, aufzugeben. Trotz seines bedenklichen Gesundheitszustands reiste er nach New York, wo eine reiche Kusine ihm zu helfen versprach. Er klapperte die ganze Stadt ab nach einem Verleger.

Sein Roman spiegelte das brennende Verlangen wieder, *alles* zu sagen, sein ganzes Denken und seine Ideale dem Leser zu offenbaren. Es war eine Art geistiger Autobiographie . . . und niemand interessierte sich dafür.

Schließlich finanzierte er die Herausgabe selbst, obwohl er die Mittel kaum aufbringen konnte. Es war die einzige Möglichkeit.

Er traf eine Bekannte aus alten Tagen, Mary Day, und was damals nicht erblüht war, nun geschah es.

Sie heirateten am 19. Dezember 1867.

5

Sanfte Hände hielten behutsam seinen Kopf und fuhren mit einem wunderbar kühlen Schwamm über sein Gesicht. Die Berührung einer Frau, und es tat gut: Er konnte sich nichts vorstellen, was so beruhigend und so angenehm gewesen wäre.

Einen Augenblick lang genoß er diese Aufmerksamkeit, träumte von seiner Genesung nach schwerer Krankheit, von der Heirat. Dann öffnete er die Augen.

Es war Beatryx. »Er kommt zu sich«, murmelte sie.

Die anderen schienen plötzlich aufzutauchen, während sie sprach. Er sah Harold Grotons besorgtes, vertrautes Gesicht und begegnete Afras prüfendem Blick.

»Nein, mein Gehirn ist nicht ausgebrannt worden«, sagte er.

»Gott sei Dank!« seufzte Afra.

»Was ist passiert?« fragte Groton gleichzeitig.

»Nun springt nicht gleich so auf ihn los«, hielt Beatryx sie zurück. »Er braucht erst einmal Ruhe. Seine Stirn ist ganz heiß.« Und mit erfahrener Hand fuhr sie ihm erneut mit dem Schwamm über das Gesicht.

Ihre Diagnose mochte ziemlich simpel sein, dachte er, aber seine Stirn *war* heiß, und er war von einer Erschöpfung befallen, die bis tief in seine Psyche reichte. Dankbar ergab er sich dem Schlaf.

Stunden später war er bereit, mit ihnen zu reden. »Wie weit ist das UN-Schiff entfernt?«

»Nach der optischen Erfassung liegt das bemannte etwa einen Tag hinter uns«, sagte Groton. »Wir haben noch mehr als fünfundzwanzig Stunden, bevor es in Laser-Reichweite kommt.«

Ivo erinnerte sich. Der Laser konnte sie überall im näheren Raumbereich erreichen, aber er konnte nicht genau genug gezielt werden, solange er nicht mit einem Instrument verbunden war, das über die Präzision des Makroskops verfügte. Damit wurde er zu einer Waffe, die nur auf geringe Entfernung wirksam anwendbar war, auf ein paar tausend Meilen vielleicht. »Gut. Ich meine, das dürfte uns genug Zeit geben.«

»Du – du hast die Lösung?« Es war schön, dem Einzug der Hoffnung in Afras Gesicht zuzusehen.

»Lösung?« wiederholte er und fand es aus unerfindlichen Gründen lustig. »Ja. So etwas wie eine Lösung. Aber ich werde euch erst einmal erklären, was geschehen ist.«

»Ivo, ich will dich nicht drängen«, sagte Groton, »aber wenn wir uns nicht bald vor dem UN-Schiff in Sicherheit bringen können . . .«

»Tut mir leid, aber ich muß es zuerst erklären. Das ist eine Gefahr, und wenn ich – nun, jemand von euch müßte das Makroskop übernehmen.«

»Ich glaube, ich höre die Botschaft«, sagte Groton. »Was *ist* passiert? Afra kam zu uns, schrie etwas von dem Bewußtseinszerstörer, und wir hatten Angst – ich bin jedenfalls froh, daß es nicht so war. Aber es hat dich auf jeden Fall eine Zeitlang aus der Bahn geworfen.«

»Nein – ich war *drin*. Ich habe gegen den Zerstörer angekämpft, indem – nun, das brauchen wir jetzt nicht durchzugehen. Ich hatte es fast geschafft, aber ich – ich bin ausgerutscht und ich wurde zu nahe herangezogen. Ich dachte schon, das wäre das Ende, und ich konnte mich nicht mehr wehren, aber ich hatte Glück. Ich hatte noch immer genug Geschwindigkeit, und es riß mich durch die Korona, um mich auf der anderen Seite wieder hinauszuschleudern.«

»Ich verstehe nicht.«

»Aber ich, Harold«, sagte Afra. »Betrachte es als eine Analogie. Ein Planetoid, der in die Sonne zu stürzen droht. Wichtig daran ist, daß er an dem Zerstörer vorbeigekommen und dabei nur eine Zeitlang außer Gefecht gesetzt worden ist.«

»Ja, körperlich. Nicht geistig, wenn das einen Sinn ergibt. Und dahinter – ich nehme an, ihr würdet es die galaktische Gesellschaft nennen.«

»Du hast gesehen, wer dieses tödliche Signal ausstrahlt?« fragte Groton.

»Nein. Das liegt auf einem anderen Kanal, wenn das das richtige Wort dafür ist. Es wird alles durch Vorstellungen vermittelt, aber die eine ist sozusagen über die andere geschrieben, und man muß lernen, sie zu unterscheiden. Wenn man den Zerstörer einmal isoliert hat, dann liegt alles andere offen.«

»Andere Vorstellungen?« fragte Afra.

»Andere Programme. Sie sind wie Rundfunkstationen, nur liegen sie alle auf dem gleichen Band, und sie alle benützen ähnliche Symbolsprachen. Man muß sich an einem bestimmten Erkennungssymbol festhalten, sonst kommt der stärkste Sender durch, und das ist der Zerstörer.«

»Jetzt verstehe ich«, sagte Groton. »Es ist, als redeten fünf Leute alle auf einmal, und es ist ein Durcheinander, aus dem man nur die lauteste Stimme heraushört, es sei denn, man konzentriert sich auf eine andere. Dann scheinen die übrigen zu verschwinden, obwohl man sie noch immer hören kann.«

»Das ist es. Nur sind es mehr als fünf, und man muß sich wirklich konzentrieren. Aber man kann sich auf jeden Sender ausrichten, wenn man die Sache einmal im Gefühl hat.«

»Wie viele sind es?« fragte Afra.

»Ich weiß es nicht. Es dürften Tausende sein. Das läßt sich schwer schätzen.«

Sie sahen ihn überrascht an.

»Jede technologische Zivilisation verfügt über einen.«

»Mehrere *tausend* Stationen?« sagte Afra, die es noch immer nicht fassen konnte. »Und was senden sie?«

»Information, Wissenschaft, Philosophie, Ökonomie, Kunst – alles, was sie in ihrer universellen Symbolik ausdrücken können. Das gesamte Wissen jeder Kultur – und es liegt für den bereit, der es braucht. Eine riesenhafte Bibliothek des Wissens.«

»Aber *warum?*« meinte Afra. »Was haben sie davon, wenn es niemand auffangen kann?«

»Ich komme mit dem System der Datierung noch nicht ganz zurecht, aber ich habe den Eindruck, daß die meisten Sender älter sind als der Zerstörer. Jedenfalls erwähnen sie ihn nicht, und sie sind sehr weit entfernt. Auf der anderen Seite der Galaxis. Wenn der Zerstörer also fünfzehntausend Jahre gebraucht hat, um uns zu erreichen, dann haben diese anderen zwanzigtausend oder fünfzigtausend gebraucht. Vielleicht haben viele den Betrieb eingestellt, nachdem der Zerstörer zu senden begann, aber das werden wir erst in Tausenden von Jahren erfahren.«

»Das ist auch etwas, was mich bekümmert«, sagte Afra. »Tausende von Jahren, bevor irgendeine andere Art ihre Sendungen empfängt, selbst wenn man den Zerstörer nicht in Betracht zieht. Das sind viel zu große Zeiträume, als daß ein sinnvoller Austausch zwischen Kulturen möglich wäre.«

»Sogar *Millionen* von Jahren«, sagte Ivo. Er war noch immer dabei, die gewaltige Menge von Informationen zu ordnen, die er aufgenommen hatte. »Sie identifizieren sich alle sehr sorgfältig. Wie ich schon sagte, kann ich den Zeit- und Ortskoordinaten nicht ganz folgen, obwohl ich glaube, daß ich schon das nächste Mal dahinterkommen werde; aber die Anordnung ist so, daß einige sehr weit entfernt sein müssen. Einer auf jeden Fall; er ist mir aufgefallen, weil er sich von den anderen so sehr unterschied. Glatter – ich weiß nicht, wie ich es ausdrücken soll, aber er hatte etwas an sich, was mich beeindruckte. Wie Kaviar zwischen gewöhnlichen Fischeiern ...«

»Millionen von Jahren!« sagte Afra, die noch immer vor dieser Vorstellung zurückscheute. »Das bedeutet, daß die Signale außergalaktischen Ursprungs sind, und das Makroskop reicht nicht ...«

Ivo zuckte die Achseln. »Vielleicht gelten für Sendungen andere Gesetze. Soweit ich es beurteilen kann, ist es eine der wichtigsten Stationen, jedenfalls für unsere Zwecke, und sie ist etwa drei Millionen Lichtjahre entfernt. Es ist auch diejenige, der ich hauptsächlich meine Aufmerksamkeit gewidmet habe. Ich – aber ich glaube, das habe ich bereits gesagt.«

»Ich habe den Helm und die Brille in dem Augenblick entfernt, in dem du das Bewußtsein verloren hast«, sagte Afra. »Was konntest du in dieser kurzen Zeit erreichen?«

»Die Zeit ist kein Faktor. Jedenfalls nicht beim Empfang. Nicht für die Aufnahme. Sie ist relativ. Wie das Licht, nur ...«

»Aha«, sagte Groton, den diese Vorstellungen weniger zu überraschen schienen als Afra. »Die Analogie, die ich schon früher benutzt habe. Das Licht nähert sich dem Beobachter stets mit der gleichen Geschwindigkeit, unabhängig davon, wie schnell oder in welcher Richtung er sich relativ zur Lichtquelle bewegt. Michelson-Morely ...«

»So ungefähr. Ich habe ziemlich viel auf einmal aufgeschnappt und mußte anschließend erst anfangen, es zu sortieren. Ich werde der Einzelheiten wegen noch einmal reingehen müssen, aber wenigstens weiß ich jetzt, wonach ich zu suchen habe.«

»*Wonach* suchst du?« fragte Afra. »*Gibt* es da etwas, was uns in unserer Lage helfen könnte?«

»Ja. Es ist offenbar ein verbreitetes Problem. Wie man starke Beschleunigung überleben kann, meine ich. Dieser extragalaktische Sender sagt alles darüber, aber es ist ziemlich kompliziert.«

»Ich verstehe noch immer nicht, *warum*«, sagte Afra verdrossen. Sie war weniger beeindruckend, wenn sie verärgert war, wirkte fast kindisch. »Es hat einfach keinen Sinn, ein Programm zu senden, wenn man weiß, daß man längst tot sein wird, bevor es beantwortet werden kann. Drei Millionen Jahre! Die Zivilisation, ja selbst die Erinnerung an diese Rasse ist doch sicher längst vergangen!«

»*Das* ist der Grund«, sagte Ivo. »Ihre Erinnerung besteht noch immer, weil jeder, der dieses Programm auffängt, sofort begreifen muß, was für eine großartige Kultur das war. Es ist wie die Veröffentlichung eines Buchs – sozusagen auf eigene Kosten und aus

Eitelkeit publiziert. Wenn es ein gutes Buch ist, wenn der Autor wirklich etwas zu sagen hat, dann werden es die Leute lesen und es mögen und sich noch nach Jahren an ihn erinnern, wenn er längst tot ist.«

»Oder wie die Aufnahme einer Schallplatte«, stimmte Groton zu. »*Wann* die Aufnahme gemacht worden ist, ist weit weniger wichtig als wie sehr sie den Hörer bewegt.«

»Aber es wird niemals ein *Feedback* geben!« protestierte Afra.

»Das wird nicht erwartet. Nicht bei einem solchen Programm. Diese Zivilisationen publizieren für den Nachruhm. Sie brauchen sich nicht um ihre Größe in ihrer eigenen Zeit oder in ihrem Sternensystem sorgen; sie wissen, was sie haben. Aber Größe für *alle Zeiten,* gemessen am Wettbewerb des Universums — das ist etwas, was sie nur durch die Ausstrahlung eines Programms erreichen können. Es ist ihre Art, zu beweisen, daß sie sich nicht vergeblich entwickelt haben. Sie haben das Universum reicher zurückgelassen, als sie es vorgefunden haben.«

»Ich halte das für möglich«, nickte Afra.

»Vielleicht muß man im Grunde seines Herzens ein Künstler sein, um es zu empfinden«, sagte Ivo. »Ich würde nichts lieber tun, als ein Monument wie dieses zurückzulassen. Wissen — welche bessere Ausdrucksmöglichkeit wäre vorstellbar als das?«

»Ich bin kein Künstler«, sagte Groton, »aber ich empfinde es auch. Manchmal macht es mich ganz krank, wenn ich daran denke, daß ich aus diesem Dasein scheiden werde, ohne daß mich jemand außer denen, die mich unmittelbar kennen, vermissen wird. Daß ich sterben werde, ohne ein Zeichen hinterlassen zu haben.«

Ivo nickte zustimmend.

»Wozu?« fragte Beatryx. »Es ist doch alles in Ordnung mit deinem Leben, und du brauchst keine Freunde mehr, wenn du nicht mehr bist.«

»Das muß auch ein Unterschied der Geschlechter sein«, bemerkte Groton, mit einem Blick auf Afra und seine Frau. »Dann und wann bringt meine Frau etwas auf, von dem ich nie angenommen hätte, daß sie es sagen könnte. Ich frage mich in diesem Fall, ob es so ist, weil Männer ganz allgemein die Aktiveren sind? Eine Frau spürt offenbar nicht stark das Verlangen in sich, irgend etwas zu *tun.*«

Beide Frauen sahen ihn an.

»Was immer es ist, es erstreckt sich auch auf die Zivilisation«, sagte Ivo. Die in ihrer Defensive vereinigte Weiblichkeit wandte sich ihm zu. »Die Weltraum-Zivilisation«, erklärte er schnell. »Zumindest auf die, die senden. Es ist ein so eindrucksvolles Angebot, wie wir es nie zu erträumen gewagt hätten.«

»Aber kann es uns helfen, diesem UN-Laser zu entkommen?« Afras Gedanken schienen sich nie ganz von den praktischen Dingen zu entfernen.

»Ja. Mehrere Stationen verfügen über Techniken der Anpassung an hohe Beschleunigung. Aber diese intergalaktische Station bietet die einzige, die wir jetzt benützen können. Für die anderen fehlen uns die technischen Voraussetzungen.«

»Eine reicht«, meinte Afra trocken.

»Aber es ist eine ziemlich grobe Methode. Eine biologische.«

»Ich nehme an, wir werden tiefgefroren oder in eine Schutzflüssigkeit getaucht.«

»Wir haben kein geeignetes Gefriergerät und auch keine Behälter«, sagte Groton.

»Kein Eingefrieren, keine Behälter«, wehrte Ivo ab. »Keine besondere Ausrüstung. Wir brauchen nur ein wenig Zeit und ein sauberes Becken.«

Afra blickte ihn mißtrauisch an, enthielt sich aber eines Kommentars.

»Was hast du vor — willst du uns einschmelzen?« fragte Groton.

»Ja.«

»Das war witzig gemeint, mein Sohn.«

»Keineswegs. Wir müssen uns in Protoplasma auflösen. In diesem Zustand können wir jede Beschleunigung überleben, die Joseph erbringen kann, und so lange es nötig sein sollte. Es ist nämlich so, daß die Schwierigkeit mit unseren Körpern daraus resultiert, weil wir ein Skelett und empfindliche Organe haben und weil durch einfache Gravitationsüberlastung alle möglichen Vorgänge gestört werden können. In einer sicheren Lage gibt es nichts Besseres als unsere gegenwärtige Form, das bestreite ich nicht. Aber als Protoplasma wären wir fast unverwundbar, weil es keine festen Strukturen jenseits des Molekularbereichs gibt, auf jeden Fall nicht jenseits des Zellbereichs. Eine Flüssigkeit kann fast alles ertragen.«

»Es sei denn, sie wird ausgeleert, verschüttet, gekocht oder verschmutzt«, gab Afra ihrem Widerwillen Ausdruck.

»Ich glaube, diese Lösung ist schlimmer als die UN«, murmelte Groton. »Es fällt mir ehrlich gesagt schwer, mir vorzustellen, daß ich mich in eine Schale voll Pudding verwandeln soll.«

»Ich sagte schon, daß es eine grobe Methode ist. Aber es wird garantiert, daß sie tatsächlich funktioniert.«

»Von einer Kultur, die vor drei Millionen Jahren untergegangen ist?« fragte Afra.

»Ich bin nicht sicher, daß es sie nicht mehr gibt, oder daß sie so weit entfernt ist. Vielleicht ist es nur eine Million Lichtjahre — vielleicht sechs.«

»Das erleichtert mich ungemein.«

»Nun, entweder versuchen wir's, oder wir lassen es bleiben«, sagte Ivo. »Ich werde es euch im Makroskop vorführen, dann könnt ihr euch entscheiden. Nur so kann ich euch in die Technik einführen. Ich kann es nicht erklären.«

»Jetzt müssen wir uns auch noch dem Zerstörer aussetzen«, sagte Afra. »Und das alles sollen wir wohl heute noch hinter uns bringen.«

»Augenblick mal«, warf Groton ein. »Meinst du das wirklich ernst, daß wir uns in Gelee auflösen sollen? Ich kann es noch nicht ganz fassen — was vielleicht daran liegt, daß ich manchmal schwer von Begriff bin.«

»Ich meine es ernst. Der Vorteil gegenüber jedem anderen Verfahren liegt darin, daß keine besondere Ausrüstung erforderlich ist. Jeder kann es machen, wenn ihm einmal gezeigt worden ist, wie, und wenn er durch das Programm angeleitet wird. Man braucht lediglich einen sicheren Behälter für die Flüssigkeit, damit sie nicht herausläuft oder verunreinigt wird — diese Möglichkeiten hat Afra bereits angedeutet. Im übrigen ist es ein ausschließlich biologisches Verfahren.«

»Saubere Sache, wie ich zugeben muß«, sagte Afra unbeeindruckt. »Wie wäre es mit einer kleinen Vorführung?«

»Ich werde die Sache gern für euch durchgehen. Aber ich glaube, ihr solltet sicherheitshalber erst noch lernen, wie man das Programm hereinbekommt. Ich meine, wie man die Station findet und dem Zerstörer aus dem Weg geht.«

»Wenn es nicht funktioniert, werden wir auf diese Information kaum mehr angewiesen sein«, erklärte Afra.

»Wie sollen wir um den Zerstörerimpuls herumkommen?« fragte Groton. »Einzeln oder miteinander?«

»Ich — ich kenne jetzt den Weg. Ich kann euch einzeln am Zerstörer vorbei und zur Station führen, wenn ihr mir das Steuern überlaßt. Ich kann nicht erklären, wie, aber ich weiß, daß ich es tun kann.«

Groton und Afra schüttelten den Kopf und zeigten damit an, daß sie der Sache nicht trauten. Was die Astrologie anging, mochten ihre

Meinungen auseinandergehen, aber sie lebten bereits länger als er mit dem Wissen um den Zerstörer, und sie teilten das tiefe Mißtrauen gegenüber diesem fremden Signal.

»Ich werde mit dir gehen«, erklärte Beatryx plötzlich. »Ich weiß, daß du es wirklich kannst, Ivo.«

»Nein!« rief Groton augenblicklich.

Beatryx blickte ihn unbeeindruckt an. »Aber ich werde davon doch nicht gefährdet, oder? Wenn es mich einfängt, dann wird es mir nichts anhaben können. Und wenn ich so davonkomme, dann wird damit bewiesen, daß Ivo den Weg kennt.«

Groton und Afra tauschten hilflose Blicke. Sie hatte recht, und sie bewies einen gesunden Menschenverstand, der sie beide beschämte — aber dahinter stand auch ein erstaunlicher Mut.

Brad hatte davon gesprochen, daß ein normaler IQ keine Schande sei. Brad hatte es gewußt.

Groton wirkte nervös und fühlte sich sichtlich nicht wohl in seiner Haut, als Beatryx ebenfalls Helm und Schutzbrille aufsetzte, aber er mischte sich nicht ein. So sanft Beatryx auch war, erkannte Ivo, wo sie ihren Fuß hinsetzte, da blieb sie auch stehen.

Er nahm sie mit und führte sie vorsichtig um den Zerstörer herum, wobei seine Furcht keine solchen Ausmaße mehr annahm wie zuvor, und geleitete sie zur Oberfläche des galaktischen Kommunikationsstroms.

»Ach, Ivo«, rief sie, und ihre Stimme hallte in die körperliche Welt, um auf einem weiten Umweg zu ihm zu gelangen. »Ich kann es sehen, ich kann es sehen! Wie ein riesiger Regenbogen, der sich über all die Sterne hinweg dehnt. Wie wunderbar!«

Und er führte sie hinab, suchte nach dem besonderen Geruch, der essentiellen Musik, schwebte mit ihr durch den Reichtum von Bedeutung und Farbe hin zu der Serie von Vorstellungen, die von der Substanz des Lebens sprachen.

Die Bedeutungsmuster entwickelten sich, glichen zunächst denen des Zerstörers, waren aber auf subtile Weise anders und weit raffinierter. Statt auf eine gewaltsame Totalität zuzulaufen, suchten sie nach einer besonderen verfeinerten Aufbereitung des Wissens — ein kleiner Teil des Angebots an Informationen, die durch diese einzige Sendung erhältlich waren. Ivo kannte den Weg, und er führte sie hinein, als schritte er Hand in Hand mit ihr durch die Halle einer großen Universität, und er wählte den einen Aspekt des vorhandenen Wissens aus, der ihnen sofortige körperliche Erlösung verhieß.

»Aber die anderen Türen!« rief sie. »So viele wunderbare ...«

Auch er bedauerte, daß sie nicht eine Ewigkeit in dieser makronischen Informationszentrale verbringen konnten. Dies war vielleicht nur eine von hunderttausend Sendungen, die empfangen werden konnten – die Zahl drängte sich ihm auf, als er den Umfang des Sendebereichs deutlicher wahrnahm –, und dabei mochte allein dieser weitere hunderttausend Räume des Lernens in sich bergen. Universität? Es war ein intergalaktischer Bildungskomplex von kaum zu erfassender Größe. Dennoch mußten sie sich ihrer groben materiellen Notwendigkeiten wegen auf das kleinste Fragment beschränken und alles andere ignorieren. Sie waren dieser Einrichtung kaum würdig.

Der Mikrokosmos der Biochemie: Und es war, als befänden sie sich in einem mit Protoplasma gefüllten Gefäß, als könnten sie seine Wirklichkeit erfahren, während sie doch außerhalb blieben. Es war ungefähr kugelförmig und pulsierte durch seine vielfältigen inneren Vorgänge, wurde zusammengehalten von einer dünnen Plasmamembrane. Es schien zunächst nur eine Tüte zu sein, gefüllt mit Eiweißstoffen, Kohlehydraten, Fettsäuren und Metallionen, das Ganze mit einem neutralen pH-Wert. Aber es war mehr als das, und mehr als körperlich.

»Was *ist* das?« fragte sie verwirrt.

»Das Modell einer einzelnen Zelle«, sagte er. »Wir müssen uns mit dieser Grundeinheit des Lebens vertraut machen, weil ...«

Aber sie zog sich verwirrt zurück, unfähig, seinen Erklärungen zu folgen. Er vermochte sie ihr ohnehin kaum zu geben, da er angesichts der gewaltigen Vielfalt des Wissens selbst ratlos war. »Das hier ist der Kern«, sagte er statt dessen.

Das schien sie zufriedenzustellen. Sie betrachtete die halbflüssige Masse, deren größte Organelle im Mittelpunkt der Zelle schwamm und pulsierte. Es wirkte wie das Gehirn des Organismus, zumal es die lebenswichtigen Chromosomen enthielt, eingebettet in eine kissenartige, schützende Grundform. Vom Zellkern ging das endoplasmatische Retikulum aus – ein weites Netz von Membranen, das sich durch die ganze Zelle zog. Es konnte mit dem Skelett und dem Nervensystem eines Tiers verglichen werden, da es dem Ganzen etwas Halt und Struktur gab und Nervenimpulse vom Kern übermittelte. Kleine Ribosomen, mit denen seine Wände besetzt waren, arbeiteten an der Synthese von Proteinen, die für das Wohlbefinden des Organismus unerläßlich waren.

»Es – lebt«, sagte sie, womit sie es in einfacherer Weise ausdrückte.

Es war lebendig. Es enthielt eine Golgi-Komplex genannte Anlage, die bestimmte von der Zelle benötigte Sekrete erzeugte und große Kohlehydrate synthetisierte. Es atmete mittels einer Organelle. Es bekämpfte Krankheiten durch ständig kreisende Lysosomen – Zusammenballungen von Verdauungsenzymen, die Eindringlinge angriffen und in ihre Bestandteile auflösten. Alle zum Überleben notwendigen Funktionen waren in dieser lebenden Einheit enthalten.

»Das ist es, was wir unbedingt erhalten müssen«, erklärte Ivo. »Der Körper, wie wir es uns vorstellen, kann verschwinden, aber die funktionierenden Zellen – wie diese hier – müssen erhalten bleiben. Sie dürfen nicht sterben, ihre Chromosomen nicht beschädigt werden.«

»Ja«, sagte sie, das Wesentliche der Aussage verstehend, wenn auch nicht die Einzelheiten. »Ich werde daran denken.«

Vorsichtig zogen sie sich von dem Modell zurück. Sie gingen zurück, schwebten aus der Sendung, der Universität heraus, hielten diese Vorstellungen fest wie Wasser in den hohlen Händen, tranken davon, erinnerten sich, während sie in ihre weltliche Existenz zurückfanden.

Sie entfernten die Empfänger und sahen sich um. Afra und Groton sahen sie besorgt an.

»Da gibt es soviel zu lernen!« berichtete Beatryx glücklich.

Das weitere war fast nur noch Routine. Er nahm Groton mit, dann Afra und schließlich sogar Brad. Bewußtsein war nicht unbedingt erforderlich für diese Einführung, war sogar eher als Last zu betrachten wegen der Gefahr des Zerstörers, die ständig im Hintergrund lauerte. Brad hatte in dieser Hinsicht wenigstens nichts mehr zu fürchten.

»Es ist wie ein Vertrag, eine gegenseitige Willenserklärung«, sagte Ivo. »Es geht nicht nur darum, daß ihr es seht, *es* muß *euch* sehen. Nicht das Zellmodell, das ist nur eine visuelle Hilfe. Das *Programm*. So wird es in die Lage versetzt, eure Zellen, euren Körper und euer Bewußtsein aufzunehmen – für die Verwandlung, wenn ihr die Sache einmal verstanden habt und zustimmt. Ihr müßt zustimmen, ihr müßt es wollen oder es zumindest hinnehmen. Dann kann es ein individuelles Programm erstellen. Das ist fast wie eine schwierige chirurgische Operation, und es stellt den Chirurgen dar.« Ihm fiel auf, daß er eine ganze Anzahl von Vergleichen zur Erklärung des Makrokosmos bemühte – aber es gab einfach keine direkten Ausdrücke dafür. Da das Universum größer als das Sonnensystem war, mußte auch das universelle Wissen über die Terminologie des Menschen hinausgehen.

»Drei Millionen Jahre alt«, sagte Afra. »Ich kann mir einen menschlichen Arzt vorstellen, sogar einen von anderer Rasse oder sogar einen Roboter. Aber ein Strahl von Pseudolicht ...!«

»Glaubst du, daß du jetzt um den Zerstörer herumkommen kannst? Diese Einführung muß jedesmal innerhalb weniger Stunden vor dem Verfahren stattfinden.«

»Nein«, gab Afra entschieden zurück. »Ich habe Angst vor diesem Ding. Es – es hatte mich schon – als es Brad erwischte. Ich kann nicht dagegen ankämpfen, weil es meine Intelligenz anspricht. Als ich eben mit dir drin war, habe ich meine Augen geschlossen – im übertragenen Sinn natürlich –, bis wir die Zelle erreicht hatten. Ich habe mich geweigert, es zu verstehen, und ich könnte den Weg nicht wiederfinden.«

Was offensichtlich war, da es bei ihr gar nicht anders möglich war. Sie konnte den Zerstörer verstehen, daher war sie in Gefahr, war sie durch ihn verwundbar.

»Ich habe die Gefahr gespürt«, sagte Groton, »aber ich habe es nicht ganz begriffen. Es war ungefähr, als würde ich am Rand eines Wasserfalls von dreihundert Meter Höhe stehen und die Erschütterung spüren, das Tosen hören und den feinen Wassernebel einatmen, ohne den Wasserfall selbst zu berühren. Ich nehme an, daß ich mich deutlich unterhalb der kritischen Grenze befinde. Ich glaube, daß ich den Weg um den Zerstörer herum wiederfinden könnte, da du ihn mir gezeigt hast – wenn ich es müßte. Ich würde jedoch vorziehen, es nicht zu *müssen.*«

Also mußte sich auch Groton auf Vergleiche zurückziehen.

»Es war wunderschön«, sagte Beatryx. »Wie Lyrik oder Musik – aber ich könnte selbst niemals den Weg finden. All diese Regenbogenfarben ...«

Und Beatryx.

»Einer reicht«, beruhigte Afra sich selbst. »Nächstes Problem: Können wir diesem Verfahren unser Vertrauen schenken? Wie können wir sicher sein, daß es uns nicht auflöst und für immer als Pfütze zurückläßt? Diese Einführung in die Zellstruktur war beeindruckend, aber ich würde gern einen vollständigen Verwandlungszyklus sehen, bevor ich mein schwaches Fleisch einer solchen Sache anvertraue.«

»Es *könnte* eine subtilere Form des Zerstörers sein«, sagte Groton. »Verteidigung in der zweiten Linie.«

»Das glaube ich nicht. Das hier ist älter als der Zerstörer. Alle diese Programme sind es, aber dieses geht am weitesten zurück – nun, *drei Millionen Jahre.* Und alles, was ich gesehen habe, hat einen positiven Eindruck auf mich gemacht.« Ivo kam plötzlich ein Gedanke. »Ich frage mich, ob die Zivilisation, die den Zerstörer hervorbrachte, dadurch ihre Spur zu hinterlassen versucht, daß sie das Werk aller anderen zunichte macht? Sie kann im positiven Sinn nicht mithalten, daher . . .«

»Eine Art Neidhammel-Zivilisation?« fragte Afra. »Vielleicht. Vielleicht auch nicht. Man glaubt zu leicht an eine böse Absicht, aber das wäre einfach ungerechtfertigt.«

Groton hatte sich wieder der optischen Erfassung zugewandt. »Ich habe da einen metallischen Reflex auf dem Schirm. Das UN-Schiff ist auf unserem Kurs. Wir sollten uns besser bald entschließen, etwas zu unternehmen, wenn wir uns nicht ergeben wollen. Wie lange dauert dieser Auflösungszyklus?«

»Die Auflösung soll nicht lange dauern, wenn ich es richtig verstanden habe«, sagte Ivo. »Aber der Wiederaufbau – mindestens ein paar Stunden, und aus irgendeinem Grund kann es nicht vor Ablauf etwa eines Tages beginnen. Der vollständige Zyklus könnte also ein paar Tage in Anspruch nehmen.«

»Da geht unser Vorsprung dahin«, sagte Afra. »Wenn wir es ausprobieren und feststellen, daß es funktioniert, dann wird es bereits zu spät sein, es zu benützen. Wenn es nicht erst einer ausprobiert, dann könnten wir alle gemeinsam eine besonders grausige Form von Selbstmord begehen.«

»Es reicht vielleicht, wenn eine Person mit dem Zyklus beginnt«, sagte Groton. »Wenn die Sache tödlich ist, dann sollte sich das sehr bald herausstellen. Der Geruch . . .«

»In Ordnung!« sagte Afra ungeduldig.

»Aber wir haben keinen wirklichen Anlaß zu der Befürchtung . . .«

»Ja, ja. In Ordnung. Ein Versuchszyklus, dessen Beginn wir beobachten können. *Wer?*«

»Ich sagte, daß ich bereit bin . . .«, setzte Ivo an.

»Du gehst besser erst zuletzt«, unterbrach sie ihn. »Es ist deine Schau. Wenn es schiefgeht, dann solltest du die Folgen erleben und tragen müssen.«

»Afra, das war nicht nett von dir«, wandte Beatryx ein. Diese Äußerung hatte sie offenbar einige Anstrengung gekostet.

»Wir sind auch in keiner besonders netten Situation, meine Liebe.«

Groton löste sich von der Teleskopanlage und wandte sich Afra zu. »Ich bin froh, daß du es so siehst. Es ist ganz offensichtlich, wie unsere Wahl ausfallen muß.«

Sie verstand sofort, was er meinte. »Nein! Nicht Brad!«

»Wenn der Vorgang abläuft, wie er soll, dann wird er ohnehin früher oder später an der Reihe sein, sofern wir ihn nicht zurücklassen wollen. Wenn das Verfahren nicht funktioniert, was für eine Art Leben verliert er dann? Wir befinden uns, wie du bereits sagtest, in keiner besonders netten Situation.«

Afra blickte zu Brad hinüber. Er saß aufrecht da, mit jungenhaft zerzaustem Haar, einem durch die Anstrengungen des Tages erschöpften Gesicht und speichelüberlaufenem Kinn. Seine Hose wies einen dunklen Fleck auf, wo er sie wieder durchnäßt hatte. Scheu lächelnd schien er etwas zu beobachten, aber seine Augen bewegten sich nicht.

»Dann laßt es mich machen«, sagte Afra. »Niemand anders. Ich werde — euch sagen, was passiert.«

Ivo erklärte ihr, was im einzelnen notwendig war. Groton kletterte in den Unterkörper Josephs hinab, und brachte das benötigte Becken angeschleppt. Sie richteten alles her und ließen sie mit Brad allein, während sie sich zu dritt in die Rakete zurückzogen. Niemand sagte etwas.

Ein kurzes Schweigen. Dann schrie Afra auf — aber als Groton ging, um nachzusehen, schrie sie nur, daß sie alleingelassen werden wolle, und er fügte sich ihrem Wunsch. Sie konnten vernehmen, wie sie leise schluchzte, aber das war alles.

Niemand wagte es, Vermutungen anzustellen. Ivo malte sich aus, wie Brad zerfloß und eine unförmige Pfütze bildete, zuerst die Füße, dann die Beine, der Körper und schließlich der Kopf mit den feinen Gesichtszügen. Hatte sie geschrien, als sich das Gesicht verformte? Sie warteten, schweigend und unter großer Anspannung.

Eine halbe Stunde später rief sie sie zu sich. Sie war bleich, und ihre Augen waren sehr stark geweitet, aber ihre Stimme klang verzweifelt beherrscht. »Es funktioniert«, sagte sie.

Brads Kleidung hing fein säuberlich zusammengefaltet auf seinem früheren Sitz. Daneben befand sich ein zugedeckter sargähnlicher Behälter. Es gab keine weiteren Anhaltspunkte für das, was geschehen war.

Afra fühlte sich sichtlich unwohl in ihrer Haut. »Gehen wir einmal davon aus, daß es wie vorgesehen abläuft – der gesamte Zyklus. Daß wir es durchlaufen und in jeder Hinsicht als das herauskommen, was wir jetzt sind. Ich kann es verstandesmäßig noch immer nicht akzeptieren. Nein, ich meine *emotional*. Wie wollen wir wissen, daß wir es überlebt haben? Daß die gleiche Person herauskommt, die hineingegangen ist?«

»Ich werde es wissen, wenn ich der gleiche *bin*«, erklärte Ivo abwehrend.

»Wirst du das wirklich sein, Ivo? Du siehst vielleicht genauso aus, redest genauso – aber wie können wir *wissen*, daß du der gleiche bist? Nicht eine andere Person von gleicher Gestalt?«

Ivo zuckte die Achseln. »*Ich* würde es wissen. Ich würde es bemerken, wenn etwas anders wäre.«

Sie konzentrierte sich mit dieser entwaffnenden Eindringlichkeit auf ihn. Er mochte sie am liebsten, wenn sie ihren Gefühlen freien Lauf ließ. »Würdest du das tatsächlich? Oder würdest du vielleicht nur annehmen, daß sich nichts verändert hat? Wie könntest du sicher sein, daß du nicht ein Doppelgänger bist, der Ivos Körper und Bewußtsein und Erfahrung benützt?«

»Was gibt es sonst noch? Wenn ich Ivos Körper und Persönlichkeit habe, dann bin ich Ivo, oder nicht?«

»*Nein*. Du könntest wie ein eineiiger Zwilling sein – eine übereinstimmende Kopie – aber ein anderes Individuum. Ein anderes Selbst.«

»Was könnte daran anders sein?«

»Wie unterscheiden sich zwei *beliebige* Leute – oder zwei beliebige Äpfel oder Bleistifte oder Planeten? Wenn sie gleichzeitig existieren, dann sind sie getrennte Individuen.«

»Aber ich existiere nicht mit einem anderen Ich gleichzeitig. Mit einem anderen *Selbst*, meine ich. Wie kann ich da anders sein?«

»Deine Seele könnte sich unterscheiden!«

»Oh«, sagte Groton nur.

»Wie kann man es denn anders ausdrücken?« brauste Afra auf. »Ich versuche nicht, es mit Religion zu verquicken – obwohl das vielleicht gar nicht so unangebracht wäre – ich frage nur, wie wir den Preis feststellen können, den wir für dieses Wunder aus einer anderen Galaxis zu zahlen haben. Wie wollen wir das *Ich* festhalten, wenn wir uns auf Körper und Geist nicht mehr verlassen können? Ich will nicht durch einen Zwilling ersetzt werden, der wie ich aussieht und wie ich denkt. Mich interessiert einen Dreck, wie gut das Faksimile ist, wenn *ich* nicht mehr bin.«

Ivo fragte sich mehr und mehr, was vor ihren Augen mit Brad geschehen war. Es mußte sie ziemlich angekratzt haben, und jetzt hielt sie sich an theoretischen und philosophischen Einwänden fest.

»Ich habe zufällig schon ähnliche Überlegungen angestellt«, sagte Groton. »Ich pflegte mir die Frage zu stellen, ob die Person, die morgens aufwacht, die gleiche ist wie die, die sich am Abend vorher zu Bett begeben hat. Ob die Identität sich mit jedem Wechsel in der physischen Zusammensetzung ein wenig verändert – mit jedem Bissen Nahrung, mit jedem Ausscheidungsvorgang. Ich kam schließlich zu der Schlußfolgerung, daß sich die Menschen tatsächlich ständig verändern – und daß das egal ist.«

»Egal ist!«

»Entscheidend ist nur, daß wir unsere Aufgaben erfüllen, während wir existieren«, sagte er. »Daß wir jeden Tag leben, wie er kommt, und es nicht bedauern. Wenn am nächsten Tag eine neue Person lebt, dann ist *sie* verantwortlich. Sie wird von ihren Konstellationen geleitet, wie all ihre weiteren Nachfolger, und es ist nicht einfach falsch oder richtig, sondern vorherbestimmt.«

»Schon wieder Astrologie?« fragte sie angewidert.

»Eines Tages wirst vielleicht auch du eine bessere Meinung von ihr haben, Afra«, entgegnete er ruhig.

Sie rümpfte die Nase und setzte damit Ivo in Erstaunen – er hatte nicht gewußt, daß sich diese Geste auf so bezaubernde Art ausführen ließ.

Er fragte sich auch, ob ihre übermäßigen Reaktionen auf Grotons Vorstellungen nicht damit zu tun hatten, weil sie insgeheim den Verdacht hegte, es könne doch etwas an ihnen sein.

»Jedenfalls«, fuhr Groton fort, »scheinen wir keine andere Wahl zu haben, als uns diesem Verwandlungsprozeß zu unterziehen oder uns dem näherkommenden UN-Schiff zu ergeben. Vielleicht sollte die Frage lauten, ob wir es vorziehen, unsere jetzige Gestalt aufzugeben oder uns in unserer jetzigen aufzugeben.«

»Du bist ein vierzehnkarätiger Kasuist«, stellte Afra fest.

»Was werden wir also tun?« fragte Ivo.

»Schön. Da ich die stärksten Einwände dagegen habe, werde ich zuerst gehen. Aber ich verlange eine subjektive Rückversicherung. Ich habe es *gesehen;* ihr nicht. Wenn ihr es mit eigenen Augen wahrnehmen werdet, dann werdet ihr verstehen, wovon ich rede. Es ist mir gleichgültig, *was* immer vorherbestimmt ist; ich will nur glauben können, daß ich *ich selbst* bleibe.«

Grotons Gesicht blieb ausdruckslos. »Niemand wird das stellvertretend für dich tun können.«

»Doch. Ich will, daß außer mir noch jemand glaubt, daß ich es bin.«

»Macht das einen Unterschied, was *wir* glauben?«

»Ja.«

»Rückkoppelung«, sagte Ivo.

Sie warf ihm ein unerwartetes Lächeln zu. Dann knöpfte sie ihre Bluse auf.

Die anderen sahen zu und zögerten, etwas dazu zu sagen. Afra entledigte sich ohne Aufhebens all ihrer Kleider. Sie stand vor ihnen, die reizvolle Gestalt einer jungen Frau in ihrer Blüte. »Ich will – angefaßt werden.«

»Bestätigung durch den Tastsinn – taktile Wahrnehmung – das kann sehr wichtig sein«, sagte Groton, ohne sich über sie lustig zu machen; aber er rührte sich nicht vom Fleck.

»Das verstehe ich nicht«, erklärte Beatryx, die der Vorgang offenbar stärker aus der Fassung gebracht hatte als die beiden Männer.

»Ich will – daß ihr alle – mich anfaßt«, erklärte Afra, als gäbe sie Anweisungen, wie Lebensmittel einzulagern seien. Ihre Stimme klang ruhig, aber ihre Wangen und ihr Hals waren leicht gerötet. »Damit ihr mich so gut wie möglich in Erinnerung behaltet, nicht nur durch Sehen und Hören.« Sie lächelte flüchtig. »Oder durch mein Temperament. Damit ihr sagen könnt, ob es sich auch äußerlich um das gleiche Mädchen handelt. Wenn ihr jetzt zuseht, wie ich zerfließe, werdet ihr nämlich niemals glauben, daß ich wirklich wieder ganz sein könnte, sofern ihr es euch nicht mit all euren Sinnen beweisen könnt. Und wenn *ihr* es nicht glaubt, wie sollte *ich* es dann können?«

»Durch Berühren könnte ich ein Mädchen nicht von einem anderen unterscheiden«, wandte Ivo ein, und er spürte, wie ihm das Blut in den Kopf stieg.

»Versuche es«, schlug Groton vor.

»Ich?«

Groton nickte.

Ivo stand auf, weit verlegener, als es Afra zu sein schien. Er stolperte auf sie zu, hob eine Hand und hielt inne, da ihn Unsicherheit überkam. Er wünschte sich fast, daß der Antrieb aussetzen würde; irgend etwas, um ihn aus dieser peinlichen Situation zu befreien.

»Stell dir vor, du bist ein Arzt«, schlug Beatryx mitfühlend vor – aber ihre Stimme verriet einen Unterton von Hysterie. Das hier muß ihr völlig gegen den Strich gehen, dachte er.

Und wie erging es ihm? Brad hatte ihn prüde genannt. Brad hatte es gewußt.

»Nein!« antwortete Afra und schüttelte entschieden den Kopf. »Keine unpersönliche Untersuchung. Das ist witzlos. Tu, was immer du tun mußt, um zu *wissen,* wer ich bin.«

»Davon habe ich bereits eine Vorstellung.« Ivo war sich bewußt, daß er jetzt sichtbar errötete – und das war etwas, was ihm sehr selten passierte, da seine Hautfarbe dunkel war. Das Erröten trieb ihm noch mehr Blut ins Gesicht; auch eine Art von Rückkoppelung. Er war verlegen, *weil* er verlegen war. Konnte Afra auch nur ahnen, was er ihr gegenüber empfand?

»Es ist für mich ebenso schwer wie für dich«, versicherte sie. »Ich führe mich nicht gern wie eine Hure auf. Ich sehe nur keine andere Möglichkeit. Hier.« Sie nahm seine Hand und preßte sie gegen ihr Zwerchfell.

Ivo verharrte wie festgefroren, von ihren Worten wie auch von ihrer Initiative überfahren. Seiner Schätzung nach waren seit ihrer ersten Begegnung weniger als achtundvierzig Stunden vergangen. Seine halb geschlossene Hand ruhte auf ihrem warmen, weichen, sanft geschwungenen Leib.

»Sie versucht ihre Identität zu erhalten«, versuchte ihm Groton zu helfen. »Aber es ist keine ausschließlich physische Angelegenheit. Sie benötigt eine *Erfahrung* – gefühlsmäßig, sexuell, geistig . . .«

»Sexuell?« Die alberne Frage war heraus, bevor er es verhindern konnte.

»Keine Stimulation im erotischen Sinn«, antwortete Groton vorsichtig. »Es ist schließlich möglich, ohne jede emotionelle Beteiligung zu kopulieren. Vielmehr eine von euch beiden geteilte Empfindung. Eure Aktionen und Reaktionen sind ein wichtiger Teil davon, denn sie verstärken die Bedeutung. Wenn ihr vertraut werdet, euch echt begegnet, dann erreicht ihr etwas Wichtiges. Sie existiert nicht allein, sie braucht ein Publikum, sonst ist sie unbegriffen – wie ein ungelesenes Buch, eine ungehörte Symphonie. Bewege sie, laß dich von ihr bewegen, mache eine Erfahrung, deren Bedeutung sich nicht so leicht verliert. Du mußt *reagieren!*«

Afra nickte heftig, und die Bewegung ließ ihren und seinen Körper erbeben. »Ja, ja – ich glaube, du verstehst das besser als ich«, sagte sie zu Groton gewandt.

»Es ist ganz einfach deine Art, für den Nachruhm zu veröffentlichen«, sagte er. »Ich wußte doch, daß Männer und Frauen nicht *so* grundverschieden sind.«

Überrascht nickte sie erneut, und Ivo spürte, wie sich ihr Zwerchfell anspannte. Er stand noch immer reglos da, unfähig, seine hochgesinnte Untersuchung zu beginnen, die Augen abgewandt. Seine Hand, so dunkel im Kontrast zu ihrem bleichen Fleisch, fühlte sich wie tot an, abgestorben, eingegossen in Kunststoff, unbeweglich und unglaublich unbeholfen.

»Ivo«, sagte sie, »es ist mein *Leben*, mein *Selbst*. Ich habe Angst – ich gebe es zu, gebe es bekannt, ich prahle damit. Ich brauche diese Rückversicherung, und ich glaube, auch du wirst sie brauchen, wenn wir erst einmal in diesen ... diesen Zyklus eintreten. Also geh auf mich ein, aber *tue* es! Du brauchst es nicht zu mögen!«

»Ich fürchte, ich würde Gefallen daran finden«, platzte er heraus.

Afras Wunsch war mehr als eine Laune des Augenblicks. Ivo begriff das jetzt, aber es half ihm nicht weiter. Er konnte kein Gefühl der Sicherheit im gegenseitigen Abtasten entdecken, und er bezweifelte, ob es Groton anders ergehen würde, trotz seiner gelehrten Erklärungen. Frauen waren für solche zärtlichen Berührungen eher empfänglich als Männer ...

»Wo fürchtest du, mich zu berühren?« verlangte Afra zu wissen, sichtlich ungeduldig und nervös. »Die UN-Leute werden nicht ewig auf sich warten lassen.« Sie ergriff erneut seine Hand und öffnete mit der anderen Hand seine Finger. »Hier?« Sie drückte seine rechte Handfläche gegen ihre linke Brust.

Reagieren? Er spürte, wie er reagierte, und hatte das Gefühl, daß er ebenso nackt wie Afra vor ihnen stünde.

»Hier?« verlangte sie erneut und führte seine Finger über die feste Rundung. Ivo zog seine Hand weg. Sein ganzer Körper bebte. Er kam sich lächerlich vor, und dennoch war er äußerst erregt.

»Gott sei gedankt für deine Naivität«, sagte Afra, und es klang durchaus nicht unfreundlich. »Ich mache dir keine erotischen Avancen, Ivo. Ich muß dir nur beweisen, daß ich es ernst meine. Hier hat Prüderie keinen Sinn. Jetzt mach weiter, bitte. Wir haben nicht mehr viel Zeit.«

Sie hatte ihr Ziel erreicht. Nach den intimen Berührungen, die sie ihm aufgezwungen hatte, war jedes weitere Zögern lächerlich. Er begann mit ihrem Kopf, strich mit den Fingern über ihre Stirn, ihre

Wangen, ihre Nase, ihre geschlossenen Augenlider, fuhr über ihre zarten Lippen, umfing ihr Kinn mit seiner gewölbten Hand. Mit gespreizten Fingern fuhr er durch ihr lockeres Haar, und es fühlte sich fester an, als er erwartet hatte. Er massierte mit kreisförmigen Bewegungen ihren schlanken Hals, hielt ihre Ohrläppchen zwischen Daumen und Zeigefinger.

»Beiß hinein, um sie zu schmecken«, sagte sie leise.

Er führte seine Lippen an ihr Ohr. Er kannte sie und liebte sie — schuldbewußt.

Er schloß die Augen und ließ seine Hände an ihren Armen hinabgeleiten, spürte die zarten Konturen von Knochen, Fleisch, Sehnen und Haut, während sie dastand und ihn gewähren ließ. Es war wie ein Traum — mehr als ein Traum, denn sie war in allem und in jeder Hinsicht schön.

Ihre Brüste waren schwer, obwohl sie nicht groß waren. Unter seinen Fingern richteten sich ihre Brustwarzen auf. Er faßte ihre Brüste; das Innere war weich, gallertartig, darunter spürte er die eingebetteten Milchdrüsen. Die Männer, dachte er, hatten sich so sehr von diesem Kennzeichen der Weiblichkeit beeindrucken lassen, daß sie die ganze Art danach bezeichneten: *Säugetiere*. Dabei ist das typische Merkmal — das Haar. Säugetiere haben behaarte Körper. Selbst Wale weisen ein paar Schamhaare auf.

Ihr Rücken war fast vollkommen flach, auf beiden Seiten von den Schulterblättern eingefaßt, ihr Hintern erstaunlich weich, ging in sanften Kurven in Hüfte und Schenkel über. Magen und Unterleib waren rundlich, standen stärker vor, als er erwartet hatte. Er berührte ihre Schamhaare und fuhr leicht darüber hinweg, ließ seine Hände an den Innenseiten ihrer Schenkel entlanggleiten, fuhr die Beine hinab. Die Fesseln waren angespannt, und als er seine Hand um sie zusammenpreßte, spürte er, wie Afra ihr Gleichgewicht leicht verlagerte. Die Knöchel waren schmal, ihre Fersen wohlgeformt, die Zehen klein, aber stark. Als er diesen letzten Teil seiner Reise hinter sich brachte, bog sich eine große Zehe nach oben, ein Abschiedsgruß — und seine Verlegenheit kehrte unvermittelt wieder zurück.

»Kennst du mich jetzt?« fragte sie und öffnete die Augen.

Kenne ich eine Göttin? »Ja«, sagte er, unsicher, ob es der Wahrheit entsprach oder nicht.

Benommen kehrte Ivo zu seinem Platz zurück und sah zu, wie Groton sie auf die gleiche Weise abtastete. Er kam sich wie ein Voyeur vor und unterdrückte dieses Gefühl. Er fühlte eine sinnlose Eifersucht in sich aufsteigen und unterdrückte auch *das*. Afra gehörte keinem von ihnen, und diese Erfahrung bedeutete nichts, außer in der unfaßbaren Weise, in der Afra es aufnehmen mochte.

Dann führte Beatryx die gleiche Prozedur durch, und das machte ihn noch betretener. Daß ein Mann eine Frau abtastete, war provokativ genug, aber es war eine natürliche Sache. Aber wenn eine Frau vor aller Augen in dieser Weise . . .

Ich reagiere noch immer wie ein Idiot, sagte er sich. Er mußte es noch lernen, seine Instinkte angesichts der Notwendigkeiten zu unterdrücken, wie es die anderen taten.

Die Inspektion war abgeschlossen. Afra blickte Beatryx fragend an. Würde sie sich einer ähnlichen Prüfung unterziehen?

Beatryx sah zu ihrem Mann hinüber, ohne etwas zu sagen.

Groton lächelte. »Bei allem Respekt für das hier«, sagte er, »ich glaube doch, daß ich mit Sicherheit meine Frau selbst wiedererkennen werde, in welcher Form sie auch immer auftauchen sollte. Ihr könnt sie mir anvertrauen.«

Beatryx erwiderte das Lächeln. »Das will ich doch hoffen.«

Ivo war erleichtert darüber, daß Beatryx sich Afra nicht anschloß. Er stellte sich vor, wie er seine Hände über ihren Körper führte, wie er es bei Afra getan hatte, und zuckte vor dieser Vorstellung zurück. Und doch beschäftigte sich sein Bewußtsein fasziniert weiter damit, sah, wie seine Finger das Fleisch der Frau berührten, es als vergleichsweise schlaff und rauh empfanden, unattraktiv. Er spürte Abneigung. Doch wie sollte eine Frau in ihrem Alter auch mit Afra konkurrieren?

Er tat Beatryx schreckliches Unrecht an, denn er wußte, daß sie über Mut und vor allem Mitgefühl verfügte, eine Qualität, die Afra fast völlig abging. Er schätzte sie zu sehr nach ihrer sexuellen Anziehungskraft ein – vielleicht lag es auch an seinen eigenen, unausgereiften Maßstäben – und ignorierte so das Vorhandensein von Erfahrung und Verstand.

Ein Schuldgefühl zu haben, weil man eine Frau begehrte, war weit besser, als eins zu haben, weil man sie nicht begehrte.

Er kam ruckartig zu sich. Die Vorbereitungen waren soweit gediehen, und die Verwandlung konnte beginnen.

Afra lag in ihrem Becken, und die anderen standen daneben, während Ivo den über ihr befindlichen Projekor, den großen Makroskopschirm, in Position brachte. Wenn eine Person vorbereitet worden war, dann lösten eine bestimmte Situation und eine bestimmte Bewußtseinslage einen Lichtstrahl aus, der seinen Ursprung in der hereinkommenden Sendung hatte. Es ging am Computer vorbei; es war ein direkter Kontakt zur intergalaktischen Wissenschaft.

Groton hatte es irgendwie geschafft, fünf mannsgroße Behälter herzustellen. Ivo vermutete, daß es zweckentfremdete Treibstofftanks waren, die er in Längsrichtung durchgetrennt hatte. Afra lag in ihrem Behälter in klarem, sterilem Wasser, das nur etwa zehn Zentimeter hoch reichte. Sie lag so ausgestreckt, daß der Strahl sie ganz bestreichen konnte. Das war alles, was sie zu tun hatten.

War es eine neue Variante des Zerstörers, die er auf sie richtete? Wie konnte er sicher sein, daß dies nicht doch eine andere, noch furchtbarere Vernichtungsmethode war, wie Groton es für möglich gehalten hatte; subtiler als die erste, um auch die zu erreichen, die der ersten entgangen waren?

Afra blickte zu ihm auf. »Bis jetzt hast du daran geglaubt.«

Das hatte er. Warum erschien es ihm plötzlich so ungewiß, da sie die erste war? Weil er sie liebte und sie überleben würde, um die Folgen seines Fehlers miterleben zu können?

»Es braucht ein paar Minuten, um anzulaufen«, sagte Afra. »Bleibt ein wenig zurück.«

Ivo fügte sich benommen ihrer Anweisung. Er wünschte, eine passende Bemerkung machen zu können, aber er war sich noch nie so einfältig vorgekommen. Und er spürte eine Furcht in sich aufsteigen, wie er sie noch nie erlebt hatte.

Die Sekunden tickten unwiderbringlich dahin. Er konnte sie nicht aufhalten. »Joseph!« rief er. »Wer wird ihn steuern, während . . .?«

»In acht Stunden wird der Makroskop-Computer das Triebwerk auf volle zehn g Beschleunigung bringen und unseren Kurs entsprechend ändern«, sagte Groton. »Wir haben ihn bereits programmiert. Was dachtest du, was wir getan haben, während du geschlafen hast?«

Also war für die anderen die Neptunreise bereits beschlossene Sache gewesen, noch bevor er . . .

Ein Aufflammen; der Projektor hatte sich eingeschaltet. Afras Körper wurde in einem diffusen gelben Licht gebadet, das ihre Erscheinung auf merkwürdige Weise verdeutlichte; die Tönungen ihrer Haut waren kontrastreicher, die Haare wirkten leuchtender, die Augen erstrahlten in einem leuchtenderen Blau. Es war, als hätte ein großer Maler die vorherrschenden Farbtöne herausgehoben.

Er wußte, daß das nur eine oberflächliche Erscheinung war. Es war die Zelle, die zählte, die der Strahl suchte und abtastete. Der größte Teil der Strahlung war unsichtbar, wirkte auf ihre Substanz ein, stellte ungewöhnliche Beziehungen her, zerschnitt lebenslange Bindungen. Die Veränderung begann – und sie glich keiner Veränderung, der die menschliche Gestalt jemals unterworfen gewesen war.

Außer Brad ...

Die Epidermis – die oberste Hautschicht – löste sich auf. Die rötliche Tönung der darunterliegenden Hautschichten verstärkte sich, als subkutanes Fett abfloß, und aus dem davonfließenden Protoplasma schälte sich das fein verästelte Netz der Venen, das sich über den ganzen Körper zog. Arme, Beine, Rumpf – es war, als hätte sie einen locker geknüpften blauen Netzüberzug getragen, der jetzt abgestreift wurde.

Ivo betrachtete Afras Gesicht, es war entspannt. Sie hielt die Augen geschlossen, war vermutlich durch die einsetzende Strahlung augenblicklich bewußtlos geworden. Es war ihm lieber so.

Die Haut floß nun auch von ihrem Kopf. Die Körperhaare hatten sich sofort aufgelöst und sie nackt und kahl zurückgelassen. Nun war eine große verzweigte Ader zu sehen, die von der Stirn herabrutschte. Sie führte in das zerfließende Auge hinein, überquerte die Wange und verschwand schließlich auf ihrem Weg zur Kehle unter der Kinnmuskulatur. Weißliche Nervenbahnen entsprangen nahe ihrem Ohr und verliefen über ihre Wangenknochen, mit der bräunlichen Muskulatur dicht verwoben, und unterhalb der Ohröffnung quoll eine seltsame Masse heraus, die er nicht zu bestimmen vermochte. Ein Wort fiel ihm dazu ein, aber es bedeutete ihm nichts. Über die Schädelwölbung liefen leuchtende Arterien, mit Venen und Nerven verwoben, daß sich ein mehrteiliger Fluß bildete, der in Richtung auf das Ohr zusammenlief.

Diese an der Oberfläche befindlichen Netze gaben dem Strahl aus dem All bereits nach, vermischten sich mit dem Abfluß des immer schleimiger werdenden Muskelgewebes. Die Nasenknorpel wurden sichtbar und – das war am erschreckendsten – die nackten Augäpfel. Ivo wandte seinen Blick von ihrem Gesicht ab, da er befürchtete, daß ihm schlecht werden könnte, und konzentrierte sich auf Beine und Füße.

Sie boten indes keinen beruhigenderen Anblick. Haut, Oberflächennerven und Venen waren mit den anderen aufgelösten Substanzen zusammengeflossen, während die Sehnen und Arterien sowie der Großteil der Muskeln noch verblieben waren. Diese gaben nun allmählich nach, und aus dem Unterschenkel schälte sich der Knochen, eine hellere Insel, die sich aus der abgelaufenen Plasmaflüssigkeit erhob. Die Kniescheibe darüber hatte sich bereits losgelöst und fiel in die ansteigende Flüssigkeit des Trogs. Darunter erschienen die unglaublich langen und dünnen Unterschenkelknochen, die sich lösten, als die Bänder, die sie zusammengehalten hatten, nachgaben.

Die Fußknochen bis zu den Zehen gaben einzeln nach und verteilten sich in der ansteigenden Protoplasmamasse. Von dem Wasser, in dem Afra ursprünglich gelegen hatte, war nichts mehr zu sehen; die abgeflossenen biologischen Materialien bedeckten es vollständig. Die kleinen Knochen konnten sich nicht so schnell vollkommen auflösen, und er fragte sich, ob dieser Prozeß jemals aufhören würde. Vielleicht würde es weitergehen, wenn der Strahl aufhörte; würde die Flüssigkeit sich stunden- oder sogar tagelang in die letzten Widerstandsnester hineinfressen. Das konnte ein zwingender Grund dafür sein, daß eine Mindestzeit notwendig war: Der Wiederaufbau des Organismus konnte nicht beginnen, bevor nicht alle Bestandteile vollständig aufgelöst und damit alle Materialien in einem homogenen Zustand vorhanden waren.

Schließlich lag das bloße Skelett vor ihnen, zur Hälfte eingetaucht in braune Flüssigkeit.

Jetzt verstand Ivo Afras Bedürfnis nach Bestätigung durch Berühren. Sie hatte diesen Vorgang miterlebt, die vollständige Zerstörung des Körperlichen beobachtet. Er mußte ihr zustimmen: Nach einer solchen Erfahrung bedurfte es besonderer Beweise, um ihn davon zu überzeugen, daß Afra eine solche Auflösung überlebt hatte. Es war für ihn zu einer mehr emotionalen denn intellektuellen Sache geworden.

Selbst wenn er jeden Teil ihrer Anatomie überprüfte, würde er doch stets *dieses* Bild vor Augen behalten.

Dabei würde er es erst einmal selbst überleben müssen, bevor er untersuchen konnte, ob es jemand anderem gelungen war.

Er sah sich um mit dem Gefühl, als wäre unendlich viel Zeit vergangen, obwohl er wußte, daß es nur ein paar Minuten gewesen waren. Groton und Beatryx sahen der Sache ebenfalls zu, und es sah nicht so aus, als würde es sie weniger angreifen. Sie waren gleich ihm auf eine morbide Weise gefesselt von dem Vorgang und sie reagierten beide nicht auf seine Bewegung.

Diese Wirkung war ähnlich der des Zerstörers. Es war abstoßend, dennoch blieb das Auge darauf haften.

Ivo folgte Grotons Blick und entdeckte, daß Grotons Aufmerksamkeit entweder auf den Kopf, die Kehle oder den Brustkorb gerichtet war. Der Vorgang hatte sich auf erschreckende Weise fortgesetzt. Der Schädel war von Fleisch und Adern befreit, Ohren und Nase waren verschwunden, die Augenhöhlen leer, die Zähne hingen lose aus den bloßgelegten Kieferknochen; ein gespenstischer Anblick, da Wangen und Zahnfleisch nicht mehr vorhanden waren. Wenn das Gehirn selbst bereits angegriffen worden war, so war es durch den mit Rissen überzogenen Schädel hindurch nicht zu erkennen.

Aber es war der Nacken, der seine Aufmerksamkeit noch mehr auf sich zog. Hier war die Auflösung wählerischer vor sich gegangen. Es war der erste Hinweis darauf, daß hier nicht nur das Fleisch eingeschmolzen wurde. Fettgewebe, Muskeln und Sehnen waren weitgehend verschwunden, aber die innere Halsader und die große rote Halsschlagader, die das Gehirn versorgte, existierte noch. Die kleineren Abzweigungen der beiden Hauptadern waren versiegelt worden. Was hatte das fremde Programm zu dieser erstaunlichen Vorsichtsmaßnahme veranlaßt?

Entweder hatte die ferne Zivilisation den menschlichen Körper und seine Funktionen in einem unglaublichen Maße vorausgeahnt, oder das Programm war so vielseitig und ausgeklügelt, daß es automatisch an *jedes* Lebenssystem angepaßt werden konnte. Es hatte bereits den festen Teil von Afras Körpermasse um die Hälfte reduziert, ohne sie zu töten. Das war eine Chirurgie, die über die Fähigkeiten des Menschen weit hinausging und ohne jeden körperlichen Kontakt durchgeführt wurde – dabei war dies nur ein geringfügiger Teil des galaktischen oder intergalaktischen Wissens!

Ivo hatte nie zu begreifen versucht, wie kompliziert der menschliche Organismus in seinen Einzelheiten war. Er hatte angenommen, daß er eingeschmolzen würde wie ein Stahlbarren in einem Hochofen, so wie Eis in der Sonne dahinschmilzt, wie ein Seifenriegel sich in einem Becken mit warmem Wasser auflöste. Lächerlich! Er wußte jetzt, daß das Gehirn sterben mußte, lange bevor die Knochen ihr Kalzium freigaben – sofern es nicht entsprechend geschützt wurde. Die Geschwindigkeit und die Reihenfolge des Prozesses wären äußerst kritisch, wenn das Leben so erhalten werden sollte, wie es gewesen war.

Die Luftröhre war ebenfalls intakt geblieben, und Luft strömte weiterhin durch sie hindurch. Die Röhre führte zu dem, was einmal der Kehlkopf gewesen war – jetzt nur noch ein Trichter, der sich nach oben öffnete. Sein Blick folgte ihr durch die Brusthöhle, die noch immer von den Rippen gebildet wurde. Obwohl Afras Brüste zusammen mit allen anderen Oberflächenorganen längst aufgelöst waren, existierten die wichtigsten Muskelpartien ihrer Brust noch und funktionierten, hielten den Luftaustausch im Innern in Gang. Aus dem Pulsieren der nahegelegenen Arterien konnte er erkennen, daß auch das Herz seine Funktion weiterhin erfüllte.

Die Auflösung schien in diesem Bereich in diesem Stadium aufgehört zu haben, und er konnte sich nicht vorstellen, wie es gefahrlos weitergehen sollte. Die Hände, Arme und Schultern waren herausragende Knochen, von denen alles Fleisch abgelöst war; der Kopf und der Hals waren von allem entbehrlichen Zubehör befreit worden. Wenn sich die Brustmuskeln auflösten, dann würden die Lungen zu arbeiten aufhören und das Gehirn an Sauerstoffmangel zugrundegehen; versagte das Gehirn, so würde der Rest des Körpers seine Funktionen einstellen und Schaden nehmen, bevor der langsame Auflösevorgang zu Ende war. Das ganze System mußte als eine Einheit funktionieren, bis es keine funktionsbereite Einheit mehr gab — ein Paradox.

Beatryx starrte auf den Magen, und mit ihrer Hand faßte sie unwillkürlich nach ihrem eigenen. Ivo folgte ihrem Blick — und bedauerte es sogleich.

Die Fortpflanzungsorgane hatten sich gleich den Sinnesorganen als erste aufgelöst. Die Magenhöhle war offen, die Beckenmuskulatur verschwunden, und die Eingeweide lagen offen zutage. Ivo hätte aus dem, was er sah, nicht mehr entnehmen können, welchem Geschlecht dieser Körperrest angehörte. Über den bleich hervorstehenden Hüftknochen war der Vorgang schon ziemlich weit fortgeschritten: Gallenblase und Gebärmutter lösten sich auf, die Gedärme folgten mit den Verdauungsrückständen, die sie enthielten. Nur die Nieren blieben mitsamt ihren Arterien- und Venenverbindungen erhalten, wobei sich ihre Ausscheidungen offenbar auflösten, während sie gebildet wurden. Magen, Leber, Bauchspeicheldrüse, Zwölffingerdarm — alles floß hinweg in den Schlammteich. Darunter wurde die kahle Wirbelsäule sichtbar. Da der Schädel keinen Halt mehr hatte, kippte er zur Seite, was die drei Beobachter gleichzeitig erschrocken aufspringen ließ. Aus den leeren Ohrgängen und Augenhöhlen begann eine grau-weißliche Flüssigkeit zu träufeln. Ivo begriff, daß die verschwundenen Sehnerven durch den festen Knochen führende Gänge hinterlassen hatten, und jetzt löste sich das Gehirn selbst auf. Zuerst die Vorderlappen? Oder nur eine Hälfte?

Gleichzeitig setzte ein Durchbruch in der Brusthöhle ein. Die feinen Häute entlang des Brustkorbs auf der rechten Seite gaben nach und flossen ab; die Lunge gab auf, so daß Luft unter die Knochen geriet. Die Muskeln auf dieser Seite zerflossen, ließen die Rippen erkennen und den ausgehöhlten Bereich darunter. Darin schlug das Herz, pumpte noch immer Blut in die große Aorta, die zum Gehirn und den Nieren führte, und in die Lungenarterie. Die Venen brachten das Blut von seiner jetzt erheblich verkürzten Reise zurück. Kleine Gefäße umschlossen das Herz selbst, und ein Nervenstrang führte weiterhin zum Schädel. Das war alles, abgesehen von den Knochen und ein wenig Gewebe.

War das der wunderbare Körper, den er eben noch mit seinen bebenden Händen erforscht hatte? War es das, was ihn vom ersten Augenblick an so sehr gefesselt hatte?

Die Nieren verschwanden, der zweite Lungenflügel gab auf; das Herz schlug noch einen Augenblick länger, blieb dann stehen. Wenn der Tod der erwünschte Abschluß dieser Kette von Zerstörungen war, dann war er jetzt endlich gekommen.

Doch der Prozeß hörte noch immer nicht auf. Die letzten Muskeln fielen ab, das Herz brach auf, das Blut rann als Protoplasma heraus. Das Skelett lag inmitten des verflüssigten Fleisches, tot.

Der Projektorstrahl setzte aus.

Ivo blickte die beiden anderen an. Sie blickten zurück. Keiner sagte etwas.

Wieder der gemeinsame Gedanke: Hatten sie sich unwissentlich zu einer grausamen Mordtat hergegeben, die sie jetzt durchgeführt hatten?

Fünfzehn Minuten vergingen, ohne daß der langsame Prozeß der Auflösung zu einem Ende kam. Die oberen Wirbel hingen lose in ihren Verankerungen; die Rippen gaben nach. Was immer die dunkle Flüssigkeit berührte, wurde unaufhaltsam aufgelöst, obwohl es noch lange dauern würde, bis der Schädel und die Hüftknochen verschwunden waren.

Als die Flüssigkeit zum Stillstand kam, traf Licht auf ihre Oberfläche, wurde durch die sich bildenden Schichten abgelenkt, von denen es einige auf eine geisterhafte Weise widerspiegelten. Es war wie das Flackern eines Geistes – wo zuvor ein Mädchen gewesen war.

Groton erhob sich unsicher. Er ging zu dem langen Bottich, beugte sich darüber und deckte ihn ab. Vorsichtig schob er den Behälter zur Seite, bis er neben dem Brads zu stehen kam, und verankerte ihn am Boden.

Groton zog das dritte Becken heran. Wortlos zog er sich aus, warf seine Kleidungsstücke achtlos auf den Stoß, den Afra zurückgelassen hatte. Er legte sich nieder.

Beatryx wandte sich ab.

Diesmal bestimmte Ivo mit Hilfe seiner Uhr, wieviel Zeit tatsächlich verging: vierundzwanzig Minuten, bis der Strahl aussetzte. Ein weiteres Skelett lag in einem Plasmatümpel. Beatryx hatte kein einziges Mal hingesehen.

Ivo schob beiseite, was übriggeblieben war, wobei er bemerkte, daß der Behälter fast mühelos über den Boden glitt. Er hatte eine irrationale Furcht, daß ein wenig von dem Saft über den Rand schwappen könnte. Er seufzte erleichtert, während er die Decke darüberzog, obwohl sie nur leicht war und das Becken eigentlich nicht versiegelte. Wenn keine Luft mehr hineinkonnte, würde der Behälter sehr schnell zu einem wirklichen Grab werden. Er fand die Vorrichtungen zur Verriegelung, die Groton angefertigt hatte, um die Behälter an den Bodenhalterungen zu befestigen. Das war eine dieser Einzelheiten, wie sie einem Ingenieur einfielen; Ivo hätte nie an so etwas gedacht. Natürlich würden Schwerelosigkeit oder sprunghafte Beschleunigung das Protoplasma herausfegen und über die ganze Ausrüstung verspritzen — aber daran hatten Afra und Groton sicher auch gedacht und eine entsprechende Programmierung vorgenommen. Vermutlich würde der Antrieb niemals völlig aussetzen; Joseph würde eine Wendung mit einer Beschleunigung von zehn g ausführen und mit zehn g abzubremsen beginnen, ohne daß nur ein Tropfen aus den Behältern verschüttet wurde.

Ivo brachte das nächste Becken in Position.

»Nein!« schrie Beatryx, der Hysterie nahe. Sie hatte bisher ruhig gewirkt, aber diese Art von Erfahrung war offenbar doch zuviel für sie. Er konnte es ihr nicht verdenken.

Er wartete, und ein paar Minuten später sprach sie wieder, blieb aber noch immer abgewandt stehen. »Ich habe Angst.«

»Ich auch.« Das war die ganze Wahrheit.

Es schien sie zu ermutigen. »Ich muß als nächstes gehen. Ich habe nicht gewußt, daß es so sein würde. Ich könnte es allein nicht tun. Und ich muß es tun.«

»Ja.« Was konnte er schon anderes sagen?

»Er hat wenigstens seine Horoskope«, sagte sie und meinte damit offenbar ihren Mann. »Wenn ihm etwas querläuft, dann beschäftigt er sich ein paar Stunden lang mit seinen Tabellen und Zeichen und Häusern und Planeten, und er arbeitet es alles aus, bis er vollständig zufrieden ist. Aber ich habe das ganze Zeug nie verstanden. Ich habe gar nichts.«

Jetzt wagte er nicht einmal mehr, ihr zuzustimmen.

»Er hat mir etwas gesagt«, fügte sie schnell hinzu. »Ich weiß nicht, was es bedeutet, aber ich erinnere mich daran – er hat mir gesagt, mein fortschreitender Meridian würde sich mit Neptun kreuzen, wenn ich siebenunddreißig bin.«

»Neptun!«

»Und er hat gesagt, mein fortschreitender Aszendent würde in Opposition zu Neptun stehen, und Merkur gleichen. Und er hat gesagt, der Neptun sei der Planet der Verpflichtung – ich glaube, das war es. Und ...«

»Und wir fliegen zum Neptun«, führte Ivo ihren Satz zu Ende. »Ich weiß auch nicht, was all diese Begriffe bedeuten, aber es hört sich an, als ob du – zum Neptun fortschreiten solltest.« *Konnte* es irgend etwas bedeuten, oder war es bloßer Zufall?

»Ich bin siebenunddreißig«, sagte sie.

Ivo kam ein Gedanke. »Es muß bedeuten, daß du sicher nach dort gelangen wirst.«

Sie bewegte sich noch immer nicht.

Ivo spürte, was nötig war, und ging schließlich hin und führte sie zum Becken. Behutsam entkleidete er sie, während sie es teilnahmslos geschehen ließ. Bis vor ein paar Stunden hätte er sich niemals vorstellen können, daß er so etwas tun könnte. Eine ältere Frau zu entkleiden.

Er stützte sie, während sie sich niederließ, dann stand er auf, um wegzugehen.

»Halt meine Hand, Ivo.«

Er kniete sich dicht außerhalb des Lichtstrahls nieder und nahm ihre Hand im Vertrauen darauf, daß ihre Auflösung auch später noch nachgeholt werden konnte.

Der Lichtstrahl kam. Sie entspannte sich, augenblicklich bewußtlos geworden, aber er blieb, wo er war. Die Haut floß von ihrem Arm bis in Ellbogenhöhe; Unterarm, Handgelenk und die von ihm gehaltene Hand wurde nicht angriffen.

Plötzlich kam ihm, daß die Hand vielleicht absterben konnte, wenn sie vom übrigen Organismus abgeschnitten war. Er mußte sie ins Feld zurücklegen, bevor alles zu spät war.

Seine eigene Hand verlor jedes Gefühl, als sie in das Feld gelangte, und ihre Hand entglitt seinem Griff. Er erschrak und zog seine Hand hastig zurück. Sein Handrücken war bereits mit glitschiger Feuchtigkeit überzogen, und das Gefühl kehrte nicht zurück. Die Nerven waren ausgeschaltet, das war klar; aber eine weitere Auflösung schien nicht vonstatten zu gehen. Er hatte ein paar Haarwurzeln verloren, dazu war etwas Haut abgeschürft worden: nicht weiter tragisch. Aber was würde mit jemandem geschehen, der der Umwandlung nur teilweise ausgesetzt wurde? Konnte ein Glied im Falle einer Verletzung schmerzlos amputiert und in gleicher Weise erhalten werden? Er war sicher, daß es möglich war. Das war vielleicht sogar der ursprüngliche Zweck dieser Technik gewesen. Vielleicht gab es irgendwo Instruktionen darüber, wie ein solches Glied zu regenerieren war. Wie wenig wußte er über den Vorgang, den er ins Leben gerufen hatte!

Mit morbidem Interesse verfolgte er, wie Beatryx' Därme zutage traten. Das Licht schien sich regelrecht durch die dichtgedrängten Windungen zu fressen, während es mit der muskulösen Blase darunter mehr Mühe zu haben schien. Da war ihre Gebärmutter, dort der offene Kanal ihrer Vagina, hier das After und der Dickdarm. Wie unterschied sie sich jetzt von Afra? Wie unterschied sich *irgend jemand* von einem beliebigen anderen Menschen – bei diesem letzten Vergleich?

Und es hatte ihn so aus der Fassung gebracht, Afras Körper zu berühren! Die Erinnerung daran, wie sich dieses feste, unversehrte Fleisch angefühlt hatte, war jetzt der einzige Trost, da er wußte, daß das Fleisch nicht mehr unversehrt war.

Gott! – War die Rettung, die das Makroskop versprach, all das wert?

Der Strahl setzte aus, was ihn überraschte und bestürzte. Beatryx war fertig.

Er begriff, daß er allein war. Er brauchte nur ein paar Stunden zu warten, bis das UN-Schiff ihn einholen und dem Abenteuer ein Ende setzen würde. Er würde sich nicht dieser entsetzlichen Prozedur unterziehen, nicht dieses unkalkulierbare Risiko auf sich nehmen müssen, das die anderen eingegangen waren; er brauchte nicht sein Leben aufs Spiel zu setzen.

Es war keine wirkliche Versuchung für ihn. Die anderen hatten sich nicht ihren Ängsten ergeben; tatsächlich hatten sie ihm so sehr vertraut, daß sie diese seltsame Verwandlung vor ihm unternommen und damit ein furchtbares Ende um der Mission willen auf sich genommen hatten. Um *seiner* Mission willen. Das war der Stoff, aus dem Helden gemacht wurden. Und das war es auch, als was er sich selbst beweisen mußte. Er, Ivo – nicht der grandiose Schön, den zu rufen er gerufen worden war.

Und es war, wie er jetzt erkannte, der einzige Weg, auf dem er Afra folgen konnte. Wenn die UN-Leute ihn jetzt erwischten, dann würde das Makroskop weggebracht werden, die Behälter und das Protoplasma ebenfalls, und es würde allmählich seinen Wert verlieren. Ein Jahr war ungefähr die Grenze für das Leben im Regal, wenn er es richtig verstanden hatte. Danach würde der Wiederaufbau eine ziemlich häßliche Sache werden.

Er zog sich unbeholfen aus, da ihm seine empfindungslose Hand hinderlich war. Er schob Beatryx neben ihren Mann und bedeckte und befestigte den Behälter. Er brachte seine eigene Wanne in Position und kletterte hinein.

Dann kletterte er hastig wieder heraus, da er sich an etwas erinnerte. Die Kleidungsstücke der vier Personen lagen achtlos herum. Das konnte gefährlich sein, wenn die Rakete Kursmanöver ausführte. Er bündelte sie zusammen, holte Münzen und Schreibstifte, Brieftaschen und Schlüssel heraus und brachte sie in verschiedenen Ablagekästen unter.

Er sah den abgewetzten alten Penny an, den er so lange bei sich getragen hatte, als Erinnerung an diesen aus Dummheit verpaßten Bus. Er besaß auch noch immer den nichtbenutzten Busfahrschein.

Er kletterte ein zweites Mal in die Wanne. Er würde unter dem Projektor bleiben, und der Strahl würde wieder einsetzen, wenn die Mindestzeit verstrichen war, vorausgesetzt natürlich, daß die entsprechenden Bedingungen gegeben waren. Das bedeutete in diesem Fall normale Schwerkraft.

Wie konnte es feststellen, was ein g nach irdischer Definition war? Zu spät, sich darum zu kümmern!

Ob bereit oder nicht, dachte er, und er hatte jetzt nicht einmal mehr Angst. Bereit oder nicht, hier komme . . .

Konnte Erfahrung vererbt werden? Lysenko, der berühmte russische Wissenschaftler, war dieser Ansicht gewesen. Seine Theorie, nach der die Umwelt wichtiger war als die Erbanlagen, war seines mangelnden Wohlverhaltens und politischer Veränderungen wegen abgetan worden – aber spätere Forschungen hatten die Frage wieder aufgeworfen.

Der Strahl schmolz das aktive Fleisch zusammen und reduzierte es auf stille Zellen, die wenig Nahrung benötigten, die während ihres abgetrennten Zustands weitgehend durch ihre inneren Nährstoffvorräte zu überleben vermochten. Der Wiederaufbau würde das ursprüngliche Individuum neu erschaffen – *zusammen mit all seinen Erinnerungen.* Alles mußte in der Zelle liegen – die lebenslange Erfahrung ebenso wie die körperliche Form. Nur wenn diese Erfahrung, bis hinab zum geringsten Aufflackern eines Gedankens, in den Chromosomen, den Genen oder irgendwo im Kern aufgezeichnet wurde, und zwar in einer jeden winzigen Zelle des Körpers – nur auf diese Weise konnte der vollständige Körper mit seiner vollständigen Persönlichkeit wiederhergestellt werden.

Das fremde Programm besagte, daß es möglich war. Der fremde Verstand mußte es wissen.

Es sei denn, das Fleisch der Erde war nicht ganz typisch für die übrigen Arten im Universum ...

›Finde dich damit ab oder sei wenigstens ruhig!‹ dachte Ivo irgendwann – vorher, nachher, während? – und wartete auf seine Antwort.

Was für ein Witz, wenn die Fremden sich getäuscht hatten!

Hier komme ...

Durch einen dicken warmen See schwimmend, einen Ozean von Blut, weich, angenehm, ewig.

Hier ...

Auf das grausame schwere Land kletternd, ein aus Knochen bestehender Kontinent, heiß, eisig, wechselnd.

Wie konnte man sprechen ohne Lunge? Denken ohne Gehirn?

Ein Durcheinander von Empfindungen: Neugier, Furcht, Hunger, Leidenschaft, Sattheit, Lethargie.

Eine Ewigkeit verging.

›... *ich.*‹ Ivo öffnete die Augen.

Er lag in dem Behälter, unbedeckt, umspült von lauwarmem Wasser. Er fühlte sich wohl. Selbst seine Hand war wieder wie zuvor.

Er setzte sich auf, schüttelte sich trocken, und legte seine Kleider an. Dann schleppte er den nächsten Behälter heran, wobei er durch dessen Gewicht wie auch durch sein eigenes feststellen konnte, daß die Schwerkraft ein g betrug, und entfernte die Abdeckung.

Darin befand sich eine nicht unangenehm aussehende halbflüssige Masse, die sich in mehrere Schichten aufgeteilt hatte. Er wandte sich ab.

Der Strahl kam, erhellte die geleeähnliche Masse. Das Protoplasma erbebte, aber zunächst geschah nichts Auffälliges.

Geduld, sagte er zu sich selbst. *Es hat funktioniert.*

Allmählich entwickelte sich ein Fleck in der durchscheinenden oberen Schicht; ein Stäubchen, ein kleines Auge, ein Kern. Es trieb herum, dehnte sich zu einer Murmel aus, zu einer Golfkugel. Es öffnete sich zu einer sich zusammenziehenden und wieder dehnenden Tasse, die mit ein und derselben Öffnung Flüssigkeit einsaugte und sie wieder ausspie, sich damit behutsam durch das Protoplasma bewegte. Seine Wände wurden muskulös, bis es an einen lebendig gewordenen Uterus erinnerte, der auf der Suche nach einem Bewohner war. Dann schloß sich die Öffnung, schnürte sich in der Mitte ab und teilte sich: ein Eingang und ein Ausgang. Die Flüssigkeit konnte besser durchgeleitet werden, und das Wesen wuchs weiter.

Es wurde länger, schmale Kämme entlang seiner Seite wuchsen zu Flossen. Nahe der vorderen Öffnung entstanden Flecken, die zu Augen wurden, und es war ein Fisch.

Die Flossen verdickten sich, der Körper wurde massiver, weniger stromlinienförmig. Der Fisch schluckte Luft durch ein häßliches Maul mit furchtbaren Zähnen; er hob seine Schnauze für einen Augenblick aus der Flüssigkeit und sog Luft ein. Das Ding wuchs weiter, und sein Kopf blieb schließlich ständig in der Luft. Sein nächstes Auge richtete sich auf eine beunruhigende Art direkt auf Ivo. Jetzt glich es fast einem Reptil, mit einem ziemlich massigen Schwanz anstelle der Flossen, und gut ausgebildeten Füßen, die mit Klauen besetzt waren. Das Maul öffnete sich erneut, um die Zähne zu zeigen; weniger als zuvor, aber noch immer zu viele. Es war groß, seine Masse nahm jetzt die Hälfte der Flüssigkeit ein.

Dann schrumpfte es zur Größe eines Nagetiers zusammen, gab sein Fleisch durch einen schnellen Verflüssigungsvorgang ab. Es entwickelte starke Glieder, einen dichten Pelz, einen großen Kopf. Die Schnauze bildete sich zurück, die Augen wanderten nach vorn, die Ohren legten sich flach an den Kopf. Die Glieder verlängerten sich, die Behaarung schwand; der Schwanz bildete sich zurück; die Stirn schwoll an.

Es begann langsam einem Menschen zu ähneln.

Mehr einer Frau: eine größere Anzahl von Brüsten wuchsen zu zweien zusammen, die vom Bauch zur Brust hochwanderten. Das haarige Gesicht wurde deutlicher, die muskulösen Glieder wurden schlanker. Das Kopfhaar wuchs herab; die Brüste schwollen an.

Eine Göttin der Fruchtbarkeit, jung, und sie betrachtete ihn durch halb geöffnete Augen.

Das Altern setzte ein. Sie ging in der Mitte auseinander; die Brüste verloren ihre Festigkeit; ihr Gesicht wurde rundlicher.

»Ist es vorbei, Ivo?«

Der Strahl setzte aus.

Er richtete sich auf. »Ja«, sagte er verlegen. Sie hatte gesehen, wie er sie angestarrt hatte.

Er wandte Beatryx den Rücken zu, damit sie sich ungestört ankleiden konnte. Der Wiederaufbau war weniger erschreckend gewesen als die Auflösung, obwohl es da auch gewisse Augenblicke gegeben hatte. Am schlimmsten war der Eindruck, daß alles bewußt miterlebt wurde. Die ganze Entwicklung der Art, dargestellt in . . .

Er sah nach, wieviel Zeit vergangen war.

. . . vier Stunden. Es war ihm nur wie vier Minuten vorgekommen.

Groton fand als nächster ins Leben zurück, und diesmal wußte Ivo, daß es vier Stunden dauerte. Schließlich Afra, und es kam ihm vor, als vergingen acht Stunden.

»Überprüft mich«, sagte sie. Sie hatte es nicht vergessen.

Die beiden Männer tasteten sie diesmal ohne jede Verlegenheit ab, und erklärten sie als echt. »Ja«, sagte sie. »Ich war mir dessen sicher, daß ich es war.« Die Verwandlung war ein subjektiver Erfolg.

Niemand sagte etwas in bezug auf Brad. Durch unausgesprochene Übereinstimmung beließen sie ihn als das, was er war, in dieser besonderen Form des Tiefschlafs. Was für einen Sinn hatte es, ihn jetzt wieder zum Leben zu erwecken?

6

Sie rasten auf den Neptun zu, der kaum zwei Millionen Meilen entfernt war. Ivo benötigte kein Instrument, um ihn in seiner ganzen Größe betrachten zu können. Aus dieser Entfernung wirkte der Planet etwa zweimal so groß wie der Mond von der Erde aus gesehen. Er war eine mit breiten Bändern überzogene grüne Scheibe, die mit Punkten und Strichen übersät war, als ob ein gottähnliches Wesen auf seiner Oberfläche achtlos eine Partie Sprouts gespielt hätte.

Sie befanden sich im freien Fall; Brads Behälter war versiegelt worden und wurde mittels einer elektrischen Pumpe belüftet.

»Wie langweilig«, murmelte Afra belustigt. »Nur ein kleinerer Gasgigant.«

Langweilig? Ivo verstand ihre Ironie nicht, denn er hatte in seinem ganzen Leben kein beeindruckenderes Objekt gesehen. Während er sich darauf konzentrierte, vermochte er Einzelheiten auszumachen: der relativ helle, gelbliche Äquatorialgürtel, blau-graue Bänder, die ihn oben und unten begrenzten, grüne — ›gemäßigte‹ Bereiche, die in die schwarzen Pole übergingen. Die Flecken konzentrierten sich in der Äquatorzone und waren dunkelbraun oder schwarz, und es kam ihm fast so vor, als bewegten sie sich, obwohl es dafür keinerlei Anzeichen gab. Ein einzelnes dunkelbraunes Oval zeigte sich nahe dem Horizont der nördlichen Hemisphäre. Die Sonne war nicht zu sehen, dafür aber flammend helle und dichtgedrängte Sterne. Das größte Objekt, abgesehen vom Neptun selbst, war eine Scheibe, die mehrere Neptundurchmesser zur Linken stand.

»Triton«, erklärte Afra, die bemerkt hatte, in welche Richtung er blickte. »Der größte Mond des Neptun. Es gibt noch einen kleineren, Nereid, der sich aber noch weiter draußen befindet als wir im Augenblick. Nereids Umlaufbahn ist kometenähnlich; sehr ungegewöhnlich für den Satelliten eines Planeten. Es kann natürlich noch andere Monde geben, die wir noch nicht entdeckt haben; um die größten Planeten herum tauchen ständig neue auf.«

»Das ist alles sehr interessant«, sagte Beatryx. »Doch wenn wir nun schon einmal hier sind, was wollen wir hier *tun?*«

Niemand gab eine Antwort. Der Neptun war bereits merklich größer geworden, der grüne Herrscher des Weltraum-Meers, das sie umgab.

»Er sieht so groß aus«, sagte Beatryx. »Seid ihr sicher, daß er nicht gefährlich für uns ist?«

Groton lächelte. »Der Neptun hat die siebzehn- oder achtzehnfache Masse der Erde, aber er ist weit weniger dicht. Was wir sehen, ist nicht die Oberfläche des Planeten — es ist die Wolkendecke. Er *ist* also groß und gefährlich, aber mach dir keine Sorgen — wir werden nicht versuchen, auf ihm zu landen. Wir werden in eine Umlaufbahn gehen.«

»Wir werden dieses Jahr des freien Falls einfach *genießen«*, sagte Afra.

Ivo wußte, was sie meinte. Der freie Fall war für kurze Zeit ein Spaß, aber nicht für lange. Der Raum des Makroskops war zu eng, um auf lange Sicht als Unterkunft für vier Personen dienen zu können, und ihre Muskeln würden sich in der Schwerelosigkeit zurückentwickeln, wenn sich nicht vorher andere Fehlfunktionen des Körpers einstellten. Und Brad belüftet und dennoch sicher versiegelt zu halten, würde sehr mühsam werden, vielleicht sogar gefährlich. Die Auflösung sollte ein Hilfsmittel sein, um übermäßige Schwerkraft ertragen zu können, und sie mochte sich vielleicht ins Gegenteil verkehren, wenn längere Schwerelosigkeit eintrat.

Nein — eine Umlaufbahn um den Neptun war keine Lösung.

»Wie wäre es mit Triton?« meinte Groton. »Er hat etwa die Größe und die Masse des Merkur. Die Schwerkraft dürfte an der Oberfläche etwa ein Viertel der normalen Erdgravitation betragen, und es könnte sogar ein bißchen Atmosphäre vorhanden sein. Wir werden eine Operationsbasis brauchen, und wenn es nur darum geht, Wasserstoff für unsere Tanks zu gewinnen. Wir haben unsere ursprüngliche Aufgabe erfüllt, das Makroskop vor einer Demontage durch die UN oder Schlimmerem zu bewahren. Um das zu erreichen, war es notwendig, das Instrument aus der unmittelbaren Nachbarschaft der Erde mit der gebotenen Eile zu entfernen. Das ist erreicht. Unsere Hauptverantwortlichkeit liegt jetzt darin, daß wir stets über die Situation zu Hause im Bilde bleiben und bereit sind, mit dem Makroskop zurückzukehren, wenn die Zeit gekommen ist. Währenddessen können wir das Makroskop zu Erkundungszwecken einsetzen.«

Ivo lächelte. »Du meinst *Super-Duper-Poo* —«

Afra erschlug ihn fast mit einem Blick. Nun ja, ob man es Erkundung oder Schnüffeln nannte, es hatte keinen Sinn, aufs Geratewohl zurückzukehren.

»Was ist denn das?« rief Afra und deutete auf eine Seite aus einem kleinen Stenoblock.

Ivo konnte auf dem Blatt nur seltsame Kritzeleien erkennen.

»Ach so, Kurzschrift«, sagte Groton. »Kannst du es lesen?«

Afra konzentrierte sich auf die halbvertrauten Symbole. »Es ergibt nicht viel Sinn. Es besagt: ›Mein Bauer ist gefesselt.‹«

»Noch so eine Botschaft von Schön!« rief Beatryx aus.

»Er muß Notizen in der ganzen Station hinterlassen haben«, stellte Groton fest. »Die vielsprachige Botschaft, dann das Neptun-Symbol, und jetzt das. Er könnte sie alle auf einmal geschrieben und verteilt haben, daß wir sie finden würden . . .«

»Aber warum hat er sich nicht direkt an uns gewandt?« wollte Beatryx wissen.

»Schön ist ein komischer Kauz«, sagte Ivo. Aber die Erklärung klang selbst für ihn unzureichend. Was für nette kleine Überraschungen hatte das Genie noch auf Lager?

Der Neptun war bereits gewaltig angewachsen, als das Schiff abbremste, um auf Umlaufbahngeschwindigkeit zu kommen. Die Planetenscheibe war etwa fünfzehnmal so groß wie der von der Erde gesehene Mond, und die Turbulenzen der Atmosphäre waren erschreckend deutlich zu erkennen, eine dreidimensionale Mischung aus Wolken und Luft, die etwas von der Fotografie eines Hurrikans an sich hatte.

Ivo kam sich vor, als starrte er in einen Kessel voll Öl, das durch Erhitzen in Bewegung geraten ist. Grau-blaue Blasen von tausend Metern Durchmesser schienen durch die Atmosphäre hochzusteigen, während an den Rändern schnelle Turbulenzen dahinströmten. An einer Stelle hatte eine aufgestiegene Blase einen wunderbar gefärbten Ausschnitt in den Gasschichten hinterlassen; Gelb lag über Grün, dieses über Rosa und Schwarz. An einem anderen Punkt fielen große Mengen einer weißlichen Substanz – Wasserstoffschnee? – auf den Gasozean hinab, drangen schwerfällig in ihn ein. Es erinnerte ihn an heißes Wachs, das in kaltes Wasser floß.

Nein, eine Landung da unten war unmöglich.

Afra zog sich in das Innere Josephs zurück, um die weiteren Kursmanöver zu überwachen. Sie hatten die rückläufige Umlaufbahn Tritons angeschnitten und überholten den Mond mit einer Geschwindigkeit, die in Meilen ausgedrückt sehr schnell war, ihnen der gewaltigen Entfernungen wegen aber als langsam erschien. Die Einunddreißigtausend-Meilen-Scheibe des Neptun stellte alles in den Schatten, und seine Regenbogenfarben ließen seinen Satelliten eintönig erscheinen.

Dabei war Triton alles andere als uninteressant. Mit einem Zehntel des Neptundurchmessers hatte der Trabant noch immer das Anderthalbfache des Erdmondes, aber dessen dreieinhalbfache Masse. Wenn man die Masse in Betracht zog, dann war der Triton der wahre Riese unter den Monden des Sonnensystems, obwohl es andere gab, die über einen größeren Durchmesser verfügten. Er dehnte sich nun vor ihnen aus, bis seine Scheibe so groß war wie die des mächtigen Neptun, schließlich sogar größer, und es sah aus, als wären es zwei Schwesterplaneten. Aber während Neptun stürmisch und hell wirkte, gab sich Triton aus dieser Sicht ruhig und dunkel. Seine Oberfläche war fest und unbeweglich. Sie sahen Krater, mächtige, eingebrochene Felsenringe, einige mit kleineren Kratern innerhalb des großen; Gebirgszüge, die die ganze Oberfläche überzogen; ein wenig Atmosphäre, die sich dunstig über die Konturen legte; Ozeane.

»Muß eine Verbindung von Sauerstoff und Stickstoff sein«, sagte Groton. »Wasser kommt nicht in Frage.« Es interessierte ihn so sehr, daß er Ivo das Makroskop darauf einstellen und eine spektroskopische Analyse erstellen ließ, die der Computer selbsttätig ausführte. »Die Atmosphäre besteht zum größten Teil aus Neon und Stickstoff«, stellte Groton fest, als er die Ergebnisse untersuchte. »Mit ein wenig Sauerstoff und Spuren von Argon. Der Ozean ist eine verflüssigte Verbindung von . . .«

Dann entdeckten sie das Objekt im Raum.

»Alarm!« rief Groton durch den Interkom. »Wir überholen ein Objekt!«

»Ein Schiff?« fragte Afra.

Ivo richtete das kleine Suchteleskop darauf. Das Ding sprang in Sichtweite: ein Teil der großen Masse, etwa vierzig Meilen im Durchmesser. »Zu groß«, gab er bekannt. »Es handelt sich offenbar um Gestein oder sonst etwas Festes – und es ist ziemlich unregelmäßig geformt.« Er überprüfte die Anzeigen, da sie das Objekt schnell genug überholten, um die Parallaxe messen zu können. »Etwa fünfzig Meilen lang, und an der dicksten Stelle etwa fünfunddreißig breit.«

»Ich sehe es!« rief Afra aus. »Es ist jetzt auch auf Josephs Schirm. Wir – *das Ding ist in Umlaufbahn!*«

»Nicht um den Neptun«, protestierte Groton. »Es bewegt sich in Richtung auf den Planeten. Das wäre unmöglich . . .« Er hielt inne, um Atem zu holen. »Der Mond eines *Mondes?* Das kann ich nicht glauben.«

Aber sie mußten es glauben. Beobachtung und Analyse bestätigten, daß es ein Mond Tritons war, der seine Bahn in etwa zehntausend Meilen Entfernung zog, die breite Seite auf seinen Herrn und Meister gerichtet. Seine Bewegung war ›normal‹ – im Gegensatz zu der des rückläufigen Triton. Seine Zusammensetzung: H_2O!

Es war eine feste Eismasse, so kalt, daß ihre Oberfläche härter als Stahl sein mußte – und an den Rändern war sie durchscheinend. Das Licht der Sterne schien durch sie hindurch, löste sich in schwache, prismatisch gestreute Farbenblitze auf, die ein ständiges Flimmern am Rande dieses Himmelskörpers verursachten.

»Wie schön!« rief Afra aus. »Wie sollen wir das Ding nennen?«

»Schön«, schlug Groton kurz entschlossen vor.

Ivo erwartete, daß Afra dagegen protestieren würde, aber durch den Interkom kam keine Antwort. Vermutlich wartete sie darauf, daß er Einwände erheben würde. Das bedeutete . . .

»Das ist ein Durchbruch«, sagte Groton. »Wir brauchen keine Umlaufbahn mehr einzuschlagen; hier wartet bereits eine auf uns.«

»Aber wir *müssen* auf dem Triton landen«, protestierte Ivo. »Schön könnte uns nicht die Schwerkraft geben, die wir brauchen. Der Schön-*Mond*, meine ich.« Er war unabsichtlich auf die unbefriedigte Neugier in bezug auf Schön-*Person* aufmerksam gemacht worden, die noch immer an den Gedanken der anderen nagte.

»Das ist keine Frage. Aber wir können nicht einfach mit dem Makroskop auf Josephs Nase niedergehen. Diese Kombination war für den Raum gedacht; eine Landung würde uns zerschmettern.«

»Aber wenn das Schiff bereits unter einer Belastung von zehn g gestanden hat, und Triton nur ein Viertel g . . .«

»Tut mir leid, aber so funktioniert es nicht. Die zehn g waren ständig und gleichmäßig; das Niedergehen auf einen festen Himmelskörper ist etwas anderes. Es bewirkt weit mehr als zehn g, nämlich das Vielfache davon.«

»Ach so.« Wenigstens stellte Groton nicht heraus, daß er alles besser wußte. »Aber wenn das Schiff nicht landen kann, wir aber im freien Fall verbleiben können . . .«

»Die Fähre. Damit werden wir landen können. Es wird sogar viel leichter sein, mit der Fähre hin- und herzupendeln, und wir brauchen nicht das Risiko einzugehen, mit dem Makroskop zu landen. Solange wir Joseph nicht im weiten Himmel verlieren, nachdem wir ihn verlassen haben. Aber mit einem so großen und hellen Objekt wie Schön als Ankerpunkt wird das kein Problem sein. Wir werden Schön jederzeit ausmachen können, auch ohne Teleskop.«

Diese Auffassung wurde von Afra offensichtlich geteilt. Sie näherten sich bereits Schön. Der Eisblock kam näher herangeschwebt, die zerklüftete Oberfläche gewann mehr und mehr an Kontur. Der kleine Mond füllte den Schirm aus, bis es aussah, als gingen sie auf einer schneeüberzogenen arktischen Ebene nieder — nur daß hier die Schwerkraft keine Rolle spielte.

Behutsam brachte Afra das Schiff heran, steuerte es mit den kleinen chemischen Stabilisatordüsen, die an den Seiten angebracht waren. Ivo fragte sich, was geschehen würde, wenn sie aufsetzten, da das Makroskop-Gehäuse weit über den Umfang von Joseph hinausragte — dann erinnerte er sich daran, daß bei so geringer Anziehungskraft keine besondere Belastung entstehen konnte. Tatsächlich ähnelte ihre Bewegung eher einer synchronen Umlaufbahn als einer ›Landung‹, und es war wohl erwägenswert, das Schiff fest zu verankern.

Mit einer relativen Geschwindigkeit von fünfzig Meilen in der Stunde näherten sie sich dem Mond von der Unterseite; dann mit zwanzig, schließlich nur noch mit fünf. Schön schien nahe genug zu sein, und das Gefühl, sich unter ihm zu befinden, war plötzlich verschwunden; es war jetzt, als schwebten sie in einem Ballon auf ihn *hinab*. Schließlich legten sie die letzten Meter mit einer Meile in der Stunde zurück und setzten mit einem sanften Stoß auf. Sie hatten die Oberfläche erreicht.

»Betätigen wir unsere Beine ein wenig«, schlug Groton vor, als die beiden Frauen nach vorn kamen. »Der Wasserdampf wird, wenn er sich wieder niederschlägt, das Schiff verankern, und das wird nicht lange dauern. Wir haben im Augenblick keine dringende Aufgabe mehr.«

Sie gingen auf die Oberfläche hinaus, und es war, als würden sie fliegen. Es war ein Ausflug aus der Wirklichkeit. Die geringen Spuren von Wasserdampf, die sie durch die Wärme ihrer Anzüge erzeugten, hoben sie hoch und von der kalten Oberfläche weg; sie mußten ihre Gasdüsen benützen, um ihre Bewegungen unter Kontrolle zu halten. Ein einziger Rückstoß, und Ivo segelte an einer mehrere Meter hohen Erhebung entlang, fühlte sich mächtig und unsicher zugleich. Er war dieser Landschaft so nahe, und doch konnte sie ihn nicht festhalten . . .

Schön wandte Triton, wie dieser dem Neptun, stets die gleiche Seite zu. Sie waren auf der dem Mond zugewandten Seite gelandet, und das verstärkte die Täuschung. Triton war zu groß, zu nah; wenn sie ihn ansahen, dann schien er über ihnen zu sein, und wenn sie zu weit hochschwebten, dann schienen sie zu fallen, während sie tatsächlich langsam nach *oben* fielen, in Richtung auf Schön.

Ivo näherte sich dem Horizont, und er wich nicht vor ihm zurück. Er schwebte über den Rand hinweg und mußte seinen Flug korrigieren, als der ›Boden‹ von ihm wegfiel und ein neuer Horizont eine Meile vor ihm lag. Dies war buchstäblich eine flache Welt, und man konnte über ihren Rand fallen, obwohl der ›Fall‹ eher nach oben als nach unten führte. Er legte die Meile in Richtung auf den Horizont zurück und entdeckte einen dritten Horizont in einer Entfernung von einer halben Meile. Noch einmal, dachte er; noch einmal, dann reicht es. Dieses Spiel war ermüdend.

Doch die Faszination ließ ihn nicht los, und er brachte zwei weitere Horizonte hinter sich — bis er den Neptun sah.

Er wußte, daß der mächtige Planet nicht größer war, als er vom Schiff aus erschienen war. Er hielt sich das vor Augen. Aber zu diesem Zeitpunkt war er eingeschlossen gewesen, beschützt; hier war er schutzlos ausgesetzt und schien nahe daran zu sein, direkt auf ihn hinabzustürzen. Das wütend starrende Gesicht versetzte ihn in Furcht und Schrecken, es war so nah, so wild — das Angesicht eines vernichtenden Gottes. Der Gott des Meeres — Schrecken des Menschen.

Ivo betätigte hastig die Düse und zog sich erschrocken zurück.

Sie mußten das Schiff etwa eine Meile in den Raum bewegen, um die Fähre abtrennen zu können; dann steuerte Afra das Boot mit chemischem Antrieb, während Groton Joseph zu Schön zurückbrachte. Ivo und Beatryx verfolgten das Manöver von dem verankerten Makroskop-Gehäuse aus, und er war nicht sicher, wer von ihnen nervöser war. Ein Unfall, nur ein winziger Fehler — und sie waren dort gestrandet, wo sie sich im Augenblick befanden. Bis der Tod sie voneinander schied — und der würde nicht lange auf sich warten lassen.

Es gab keinen Unfall. Sie luden minimale Vorräte in die Fähre und setzten zusammen nach Triton über. Bis zur Landung wurden sie ziemlich durcheinandergeschüttelt, und erst nachdem sie vorbei war, ließ Ivo seinen Gedanken wieder freien Lauf. Es war für ihn ziemlich beängstigend gewesen, und er wußte, daß auch Beatryx auf ähnliche Weise reagiert hatte.

Hier war wenigstens wieder Schwerkraft vorhanden. Wieder in ihren Anzügen, betraten sie den Mond-Planeten, der ihre neue Heimat werden sollte, und sahen sich um.

Sie befanden sich in einem Tal, das von den Wänden der nahegelegenen Krater eingefaßt wurde, die jetzt wie große Gebirgsketten wirkten, die auf allen Seiten hochragten. Weitere Gebirgsketten waren in der Ferne auszumachen. Nicht weit von ihrem Landeplatz befand sich eine gewaltige Schlucht, ein geologischer Bruch, der zwischen zwei Kratern verlief, V-förmig und in der Tiefe mit Flüssigkeit gefüllt. Der Boden war mit Staub überzogen, wie mit verharschtem Schnee, und mit Felsbrocken übersät. Der mächtige Neptun sorgte für ein düsteres diffuses Licht; es gab hier draußen nichts, was mit dem Sonnenlicht der Erde vergleichbar gewesen wäre.

»Nun, wir haben unsere Welt gefunden«, sagte Beatrxy ohne

Begeisterung, nachdem sie zur Fähre zurückgekehrt waren. »Was fangen wir jetzt mit ihr an?«

»Wir werden in der Fähre übernachten, bis wir ein ständiges Quartier eingerichtet haben«, sagte Groton. »Aber bevor wir das angehen, sollten wir uns die Gegend noch einmal genauer ansehen, um einen geeigneten Platz zu finden.«

Afra legte in der unter Druck stehenden Kabine ihren Anzug ab und wischte sich mit einem saugfähigen Tuch den Schweiß vom Körper. Ivo bemerkte, daß sie von der Hüfte an abwärts nackt war – und begriff, daß ihre Situation die Beziehungen innerhalb der Gruppe bereits in einem solchen Ausmaß veränderte, daß er ihr Verhalten bis zu diesem Augenblick nicht einmal wahrgenommen hatte. Er sah voraus, daß es lange dauern würde, wieder Raum für eine gewisse Distanz zu gewinnen, da sich hier vier Personen in wenige Quadratmeter teilen mußten. Im Vergleich zur Fähre war das Makroskop geradezu geräumig gewesen.

»Ich wüßte gern, wie lange wir hier zu bleiben gedenken«, sagte sie. »Wird uns Schön hier irgendwie finden können, und wenn ja, wie lange wird es dauern? Es hätte keinen Sinn, großartige Sachen zu inszenieren, wenn es nur für ein paar Tage ist.«

Ivo erinnerte sich an den brustlosen Rest ihres Körpers, dessen Auflösung er zugesehen hatte, und er war versucht, seine Hand auszustrecken, um noch einmal zu überprüfen, ob das, was er sah, auch wirklich war. Doch er unterließ es.

»Ivo?« fragte Beatryx.

Er richtete sich auf. »Ich glaube nicht, daß Schön kommen wird. Was immer wir tun werden, wir werden es selbst tun müssen.«

»Kannst du ihn finden oder nicht?« verlangte Afra zu wissen, die den unteren Teil ihres Anzugs von sich abschälte. »Oder mit ihm in Verbindung treten? Du hüllst dich mehr und mehr in Geheimnisse ein, und da ist noch immer diese Geschichte mit diesem Poeten ...«

Beatryx unterbrach, was eine Tirade zu werden drohte. »Afra!«

»Aber er weigert sich, mit uns zusammenzuarbeiten! Wir können doch nicht ...!«

Diesmal unterbrach sie Harold. »Wenn ihr die Sache erst einmal ruhen laßt, dann werde ich mich mit dem Schön-Problem beschäftigen. Ich werde einen Bericht geben, wenn es soweit ist. Währenddessen sollten wir uns nicht davon abhalten lassen, an die naheliegenden Dinge heranzugehen. Wir brauchen eine Operationsbasis, ob wir hier Besuch erhalten oder nicht. Tun wir also, was nötig ist, und sehen wir dann, was sich entwickelt.«

Afra schien damit nicht ganz zufrieden zu sein, aber sie zuckte die Achseln und legte Shorts und eine frische Bluse an. Bei einem Viertel der normalen Schwerkraft brauchte sie sich mit einem Büstenhalter nicht erst abzugeben. »Nehmen wir an, wir finden einen geeigneten Platz — wie sollen wir dann ein ›ständiges Quartier‹ aufschlagen? Die einzig verfügbaren Baumaterialien sind nacktes Gestein und kalter Staub, und damit sind uns gewisse Grenzen gesetzt.«

»Daran habe ich auch schon gedacht. Aber ich denke, Ivo könnte noch einen Blick durchs Makroskop werfen und vielleicht ein paar galaktische Konstruktionspläne aufstöbern. Dies muß eine ziemlich gewöhnliche und häufige Situation sein, galaktisch gesehen, und es muß so etwas wie Handbücher fürs Überleben geben. Warum sollten wir die nicht zu Rate ziehen?«

»Ich kann's versuchen. Sag mir nur, was für eine Art von Information du suchst, und ich werde sehen, ob ich etwas finde. Ich kann das automatische Suchsystem des Computers nicht benützen, da es nur intuitiv erfaßbar ist, aber . . .«

»Gut. Ich werde einen Plan ausarbeiten und es dann mit dir besprechen, und in ein paar Tagen bringen wir dich wieder zum Makroskop hinauf. Ich glaube allerdings, daß wir unsere Aufenthalte in der Schwerelosigkeit zeitlich begrenzen sollten — sagen wir, höchstens einen von drei Tagen. Ist das ein vernünftiger Vorschlag?«

Afra und Ivo nickten. Wenn sich so etwas wie eine Führerschaft herausbildete, dann schien sie immer stärker Groton zuzufallen, vielleicht weil ihre unmittelbaren Probleme zum größten Teil ins Fachgebiet eines Ingenieurs fielen — vielleicht auch, sagte sich Ivo, weil er stets die Ruhe bewahrte.

»Sollte er dort allein sein?« erkundigte sich Beatryx.

»Ach so, das ist auch noch zu bedenken«, stimmte Groton zu. »Wir sollten wohl außerdem noch die Regel aufstellen, daß niemand alleingelassen wird. Das Makroskop ist gefährlich, wie wir wissen — und das gilt auch für Triton. Wir werden uns stets gegenseitig im Auge behalten müssen, denn wir könnten möglicherweise auch als Gruppe nicht mehr überleben, wenn einer von uns fehlt.«

»Sollten wir nicht sichergehen, daß jeder von uns jede Aufgabe erfüllen kann?« fragte Afra. »Im Augenblick ist Ivo der einzige, dem das Makroskop anvertraut werden kann. Harold und ich können die Fähre und Joseph steuern.«

»Wenn wir verloren sind, sobald einer von uns fehlt, dann ist es wirklich egal, wer von uns was weiß oder kann. Wir funktionieren als Gruppe oder überhaupt nicht.«

»Darin liegt ein makabrer Sinn«, stimmte Groton zu, »wenn wir die Möglichkeit ignorieren, daß jemand vorübergehend ausgeschaltet wird. Teilen wir also jedem seine Aufgabe zu und bilden wir jeden einzelnen auch so gut es geht für andere Aufgaben aus, wie es die Umstände diktieren. Ivo, du bist natürlich für das Makroskop zuständig; Afra, du bist unser Pilot, weil ich mich den Konstruktionsaufgaben widmen werde. Beatryx . . .«

»Kochen und Waschen«, seufzte sie, und sie lachten.

Es war Beatryx, die am ersten Tag seines Dienstes am Makroskop auf ihn aufzupassen hatte. Afra hatte sie sicher zum Makroskop hinaufgebracht und war dann zurückgekehrt, um Groton Gesellschaft zu leisten und ihm bei der Suche nach einer geeigneten Stelle zur Verwirklichung ihrer Konstruktionspläne zu helfen. Er war allein in seinem Anzug zurückgeblieben, und niemand hatte daran gedacht, die Niemals-Allein-Regel diesmal gegen ihn selbst anzuwenden. Ivo hatte den Kopf voll von sorgfältig einstudierten Anweisungen, und seine Aufgabe bestand jetzt darin, eine galaktische Station zu finden, die die benötigten Informationen in ihrem Programm hatte. Er vermochte die elektronischen Begriffe kaum zu verstehen, aber er hoffte, daß er wenigstens das Angebot mit Grotons Nachfrage vergleichen konnte.

Die erste Aufgabe war alles andere als einfach: ein Überblick über die physikalische Technologie der Galaktiker. Aber wenn er von seinen furchtbaren Reisen durch den Kosmos zurückkam, dann war Beatryx da, und sie war fröhlich, sprach ihm Mut zu, und er spürte ihr Mitgefühl. Ivo konnte gut verstehen, warum Groton, selbst keine intellektuelle Koryphäe, die weiblichen Ingenieure übergangen hatte, die er hätte zur Frau haben können, und sie gewählt hatte. Es war das Gefühl der Vertrautheit, eines Heims, das er am meisten brauchte, wenn die Enthüllungen vieler Zeitalter die grundlegenden Annahmen erschütterten, von denen er ausging, und sie verbreitete eine so beruhigende Aura der irdischen Heimat um sich.

Er erinnerte sich erneut an Brads Bemerkung darüber, daß es keine Schande war, normal und durchschnittlich zu sein, und er wußte diese Aussage erneut zu schätzen. Intelligenz konnte als die Fähigkeit definiert werden, Probleme zu lösen — aber es war nur ein Talent unter vielen, die zur Bewältigung der Existenz erforderlich waren. Wie stand es zum Beispiel mit dem Problem, ob man fähig war, mit anderen auszukommen? Nach dieser Definition war Beatryx die Klügste von ihnen.

»Jetzt weiß ich, was Lanier mit der Beziehung der Musik zur Poesie meinte«, sagte er, als er Helm und Brille abnahm, während sein Kopf noch immer voll war mit der Musik der Sphären und den Versmaßen der Kommunikation. »Die Regeln sind hier wie dort die gleichen.«

»Lanier?« erkundigte sie sich. »Sidney Lanier, der über die Moorlandschaften geschrieben hat?«

Er sah sie an und begriff, daß er einen Fehler begangen hatte. »Du kennst ihn?«

»Nur ein bißchen. Ich habe die Interpretation, die sie mir in der Schule beizubringen versuchten, nie ganz verstanden, aber ich mochte einige seiner Gedichte. Ich nehme an, ich mochte die amerikanischen Dichter, weil sie mir näherzustehen schienen. Ich entsinne mich, wie traurig es mich gestimmt hat, als ich von Annabel Lee hörte.«

»Annabel wer?«

»Sie war von Mr. Poe. Ich dachte immer, er wäre ein Italiener, wegen des Flusses, der so heißt. Ich meine, er hat über sie geschrieben. Ich kann mich daran so gut erinnern, weil mir darüber die Tränen gekommen sind.«

Ivo sah sie an, sah eine Frau von 37 Jahren vor sich, die in der kurzen Zeit, in der er sie kannte, nur ein einziges Mal unglücklich gewirkt hatte. »Kannst du dich noch genau daran erinnern?«

»Ich glaube nicht, Ivo. Es ist schon zu lange her. Aber ich kann es mal versuchen.« Sie konzentrierte sich. »*Sie* war ein Kind und *ich* war ein Kind. In diesem Königreich am Meer; aber wir liebten mit einer Liebe, die mehr war als Liebe — ich und meine Annabel Lee.« Sie schüttelte den Kopf. »Sie starb — sie war wie ein Windhauch, der aus einer Wolke blies — aber er hörte dennoch nie auf, sie zu lieben.«

»Ich wußte nicht, daß du etwas für Gedichte übrig hast«, sagte er. »Welches ist dein Lieblingsgedicht aus dieser Zeit?«

»Oh, an *das* kann ich mich noch genau erinnern«, sagte sie lebhaft. Ivo hatte sie auf mehr als vierzig geschätzt, als er ihr zum erstenmal begegnet war, dann hatte er ihr wirkliches Alter erfahren; jetzt schienen davon noch ein halbes Dutzend Jahre abgeblättert zu sein. Die Menschen wurden um so vieles *lebendiger,* wenn sie sich mit etwas beschäftigten, was für sie wirklich von Interesse war. »Es war so traurig, aber es schien so wahr zu sein. Ich meine, ich könnte es nicht mehr aufsagen, aber es war mein liebstes Gedicht. Es war über Jesus, und wie sie ihn töteten, als er aus den Wäldern kam. Ach, ich wünschte, ich könnte mich daran erinnern, wie es ging . . .«

»›In die Wälder ging mein Herr / Unschuldig beschämt, beschämt / In die Wälder kam mein Herr / Erfüllt mit Liebe und mit Scham.‹«

»Das ist es! Oh, Ivo, das ist es! Woher kennst du es?«

»Die Ballade von den Bäumen und dem Herrn«, sagte er, »von Lanier.«

»Ja, ja, ich hatte es vergessen, aber es war von ihm! Aber wieso kennst du es?«

»Ich kenne — sein Werk ziemlich gut. Ich — nun, es ist eine lange Geschichte, und ich glaube nicht, daß das jetzt eine Rolle spielt.«

»Doch, Ivo, wirklich! Er ist ein so wunderbarer Dichter — ich weiß, daß er es ist — du mußt es mir sagen! Ich glaube, ich erinnere mich ein wenig. Er kam aus den Wäldern — ›Als der Tod und die Schmach zuletzt um ihn warben . . .‹«

»›Unter Bäumen ergriffen sie ihn; / Und ein Baum war es, an den sie ihn schlugen / Als er aus den Wäldern kam.‹«

In ihren Augen standen Tränen, die in der kaum vorhandenen Schwerkraft nicht herunterfallen wollten. »Er fand seinen Frieden zwischen den Bäumen — und dann kreuzigten sie ihn an einem Baum. An ein Holzkreuz jedenfalls. Eine schreckliche Vorstellung.« Sie dachte einen Augenblick lang darüber nach. »Aber du hast mir nie gesagt, daß du über Sidney Lanier so gut Bescheid weißt.«

Ivo war von ihrer echten Wertschätzung und ihrem Interesse tief berührt. »Es war so etwas wie ein Spiel, das wir gespielt haben. Verstehst du, keiner von uns wußte, wer unsere wirklichen Eltern waren . . .«

»Du *wußtest* es nicht? Ivo, wo *warst* du damals?«

»In einem — Projekt. Sie nahmen Leute aus allen Rassen und — mischten sie ein paar Generationen lang, um Kinder zu erhalten, die eine Kombination von allem waren. Die Idee war die, zum Ausgangspunkt der menschlichen Entwicklung zurückzuzüchten, oder jedenfalls zu dem, was gewesen wäre, wenn sich die Menschen nicht in so viele Rassen aufgeteilt hätten. Um zu sehen, ob dieser ›Urmensch‹ besser war als — nun, die Weißen und die Gelben und die Braunen und die Schwarzen. Sie wollten die kulturellen Einflüsse reduzieren und angleichen, daher bekamen wir keine Eltern. Nur Aufseher.«

»Wie schrecklich, Ivo! Das habe ich nicht gewußt.«

»Es war ganz und gar nicht schrecklich. Wir haben eine schöne

Zeit verlebt. Wir waren niemals hungrig und mußten niemals frieren, wurden nie vernachlässigt, und wir hatten immer das beste von allem. Es war eine stimulierende Umgebung, und das sollte es auch sein. Wir waren mehrere hundert, alle im gleichen Alter und — gleicher Rasse. Bevor ich das Projekt verlassen habe, hatte ich keine Ahnung davon, daß ich kein normaler Amerikaner war.«

»Kein . . .«

»Wir werden als — als Nichtweiße betrachtet.«

»Aber das sollte doch keinen Unterschied ausmachen, Ivo. Nicht in Amerika.«

Er ging darauf nicht weiter ein. »Wir hatten jedenfalls keine Eltern und keine Verwandten, und einige von uns erfanden einfach welche. Es war eine ganz ernsthafte Sache. Wir nahmen Gestalten aus der Geschichte, gingen ihrer Herkunft nach und arbeiteten uns selbst eine Abstammungslinie aus. Natürlich bot sich uns die ganze Welt zur Auswahl dar — alle Zeiten und alle Rassen. Wir bewiesen, daß uns diese Vorfahren in irgendwelcher Hinsicht ähnlich waren, oder umgekehrt. Mein Vorfahre jedenfalls war Sidney Lanier.«

»Das finde ich sehr nett, Ivo. Aber wie kamst du gerade auf ihn?«

»Ich nehme an, daß es am Flötenspielen lag. Lanier war nämlich ein ausgezeichneter Flötenspieler — vielleicht der beste Spieler der Welt zu seiner Zeit. Er hat sich einige Jahre lang seinen Unterhalt als Erster Flötist eines bekannten Orchesters verdient, obwohl er die Schwindsucht hatte. Erst später versuchte er sich ernsthaft als Dichter.«

Sie legte die Stirn in Falten. »Flöte? Das verstehe ich nicht — Ivo! Du spielst Flöte?«

Er nickte.

»Hast du sie mitgebracht?«

»Ja, ich habe sie mitgebracht — sie ist das *einzige*, was ich mitgebracht habe. Genau, wie es Lanier getan hätte. Ich glaube, die Musik *ist* meine starke Seite, die einzige Begabung neben meinem mathematisch-logischen Talent. Ich habe nicht viel geübt, aber ich könnte besser Flöte spielen als jeder andere.«

Nach einem weiteren Aufenthalt im Makroskop gab er ihrem Drängen nach, baute seine Flöte zusammen und spielte für sie. Die Töne klangen seltsam verzerrt in dem engen Raum und bei der kaum vorhandenen Schwerkraft, aber sie lauschte gebannt.

Für sie? Er spielte auch für sich selbst, denn er liebte die Flöte. Er liebkoste das Instrument, ließ die Musik durch sein Wesen fließen, als wären sie beide nur zwei kurze Haltepunkte zwischen Komponist und Zuhörern. Er lebte jede Note mit, fühlte, wie sich seine Seele ausdehnte und erneuerte, angeregt und belebt von der Melodie. Das war das Thema, das ihn seinem Vorfahren näherbrachte.

Danach spielte er ihr regelmäßig vor, denn er spielte sehr gern, und sie fand ein echtes Vergnügen daran. Er spielte die Kälte aus der bleichen Eislandschaft des Schön-Mondes; er spielte den mächtigen Neptun über den Triton-Horizont herauf (Triton wandte Neptun zwar immer dasselbe Gesicht zu, aber die Umlaufbahn Schöns brachte regelmäßige Auf- und Untergänge des Planeten mit sich, die einen starken Eindruck hinterließen); im Spiel holte er einen Hauch Erde in ihr Exil.

Manchmal ließ er auch von den galaktischen Bändern ab, um die Erde zu erkunden und die Überschriften einer New Yorker Tageszeitung aufzupicken, weil Beatryx wissen wollte, was dort so vor sich ging. Die gemeinsamen Makroskop-Sitzungen mit ihr waren jedenfalls eine sehr angenehme Sache, fast eine Erholung.

Währenddessen gingen unter ihnen eindrucksvolle Entwicklungen vonstatten. Wenn sich Ivos Genie im Flötenspielen zeigte, dann erwies sich das Grotons in der Ingenieursarbeit.

»Das Problem ist folgendes«, hatte Groton erklärt. »Informationen sind *nicht* gleichbedeutend mit Gerätschaften. Der Aufwand an einzelnen Arbeiten, der erforderlich ist, um an einem solchen Ort auch nur eine dürftige Unterkunft zu erstellen, ist gewaltig. Schneiden, Zusammenfügen, Verarbeiten, Installieren, Erproben — viele Tausende von Arbeitsstunden, von der Ausrüstung gar nicht zu reden! Ich muß also wissen, wie eine Gruppe gleich der unseren, mit einem Makroskop und Atomantrieb, einer Planetenfähre und unzureichendem Handwerkszeug eine Welt wie Triton innerhalb von — hm — sechs Monaten so umformen kann, daß sie erdähnliche Lebensbedingungen aufweist. Ein solches Programm muß es irgendwo geben. Such es für mich!«

Ivo suchte und fand. Eine der weiter entfernten Stationen führte eine vollständige A-bis-Z-Darstellung, die damit begann, wie eine Rakete der Typ-I-Technologie so verankert werden konnte, daß Hitze und Energie des aktivierten Antriebs für planetare Arbeiten benützt werden konnten. Und das Programm endete mit Tips und Empfehlungen für die Einweihungsparty.

Groton verbrachte einen Monat zäher Arbeit damit, das erste halbelektronische Werkzeug zusammenzubauen, das noch zu einfach war, um als Robot bezeichnet zu werden: eine Art von ›Waldo‹, der so ausgerüstet war, daß er auf die durch den galaktischen Strahl vermittelten Anweisungen reagieren konnte. Dieses Ding erleichterte die Arbeit an anderen Maschinen sehr, und das weitere ging bereits um ein Vielfaches schneller.

Eine aus fremdem Wissen entstandene Fabrik schmolz das Gestein von Triton, vermengte es mit chemischen Elementen, die aus dem Ozean gewonnen wurden, und stellte daraus ein festes, luftdichtes, nichtleitendes Material her, das sich fest zusammenschweißte, sobald es einige Stunden miteinander in Berührung war, unabhängig von der umgebenden Temperatur. Andere Einheiten trugen große Blöcke dieses ›Galaktits‹, die in der Viertel-g-Schwerkraft ziemlich leicht waren, aber noch immer schwer genug als träge Masse, an den Uferstreifen hinunter, den Groton als geeigneten Standpunkt für die menschliche Enklave ausgewählt hatte. Bald entstand eine Pyramide aus Dominosteinen, fünfzehn Meter hoch und auf der einen Seite vollkommen abgedichtet. Mit den Luftschleusen wurde es schon komplizierter, aber eine Woche der signalgeleiteten Arbeit reichte auch dafür. Diese Burg wurde mit atembarer Luft gefüllt, beheizt und beleuchtet, und die Menschen konnten einziehen und es sich ohne Druckanzüge bequem machen.

Inzwischen hatte Afra das Babysitten im Makroskop übernommen. Beatryx hatte die ersten Sitzungen übernommen, aber die Gruppe hatte das Gefühl, daß es auf die Dauer am besten war, wenn sie sich abwechselten. Ivo war gerade dabei, die komplizierten Daten zu übertragen, die Grotons Maschinen benötigten. Er verstand die Begriffe und Vorstellungen kaum und mußte Groton des öfteren konsultieren, um sich in die Grundbegriffe der Elektronik einführen zu lassen. Er wagte es nicht, dieses sehr begrenzte Verständnis mittels des Programmes selbst zu erweitern, weil dadurch der Zerstörer wieder hätte eindringen können. Er war gezwungen, seine Aufgabe unwissend zu erfüllen, und das war ungeheuer ermüdend.

Es war freilich nicht leicht, mit Afra allein zu sein. Sie war zu klug, zu schön, zu verbittert. Ivo konnte ihr kaum einen Vorwurf machen, dennoch fiel es ihm schwer, ihrer subtilen Kälte mit Gleichmut zu begegnen.

»Du hast deine Eltern niemals gekannt?« erkundigte sie sich in einer der Pausen.

»Keiner von uns hat sie gekannt.« Beatryx hatte sich also offenbar mit den anderen darüber unterhalten. Nun, er hatte sie nicht gebeten, es nicht zu tun.

»Wie viele wart ihr eigentlich?«

»Dreihundertdreißig. Vielleicht gab es auch andere Gruppen in einem anderen Alter; unser Alter lag um nicht mehr als ein Jahr auseinander. Tatsächlich um nicht mehr als ein paar Monate.« Warum war sie in dieser Hinsicht so neugierig geworden? Oder war es nur, um die Zeit auszufüllen?

»Du und Brad und Schön seid also im gleichen Alter?«

»Ja.« Während er es sagte, erkannte er die Falle. Brad hatte ihr gesagt, daß es verschiedene getrennte Gruppen gewesen waren, und er hatte soeben zugegeben, daß das nicht der Fall war.

Sie schwieg so lang, daß er sich veranlaßt sah, die Stille zu unterbrechen. »Die Idee war die, zum Ausgangspunkt . . .«

»Ich weiß!« Dann, ihre Unhöflichkeit entschuldigend: »Es ist so schwer zu glauben, daß Brad ein Farbiger sein könnte. Das hatte ich nie vermutet.«

Diese verborgene Heuchelei und Kleinbürgerlichkeit Afras überraschte und bestürzte ihn, obwohl er ihr Vorhandensein geahnt hatte. »Wir unterschieden uns im Aussehen, aber das rassische Mischungsverhältnis war ähnlich. Brad war zufällig sehr hellhäutig, während einige beträchtlich dunkler waren als ich. Hat das etwas zu bedeuten?« Blödsinnige Frage.

»Ja. Das hat es, Ivo.« Sie wandte sich ab und sah über das Eis hinweg. »Oh, ich weiß, ich sollte sagen, ich bin ein Mädchen aus Georgia, das im zwanzigsten Jahrhundert und ohne Vorurteile aufgewachsen ist. Ich *weiß*, daß die Person wichtig ist, nicht ihre Herkunft, und daß in unserer Gesellschaft jeder gleich ist. Daß die scheinbare Unterlegenheit der nichtweißen Bevölkerung mit ihren kulturellen und wirtschaftlichen Benachteiligungen zusammenhängt und keine genetische Grundlage hat. Ich verstehe, daß in dem Niederbrennen ihrer Ghettos und in den Ladenplünderungen durch die Black Power nur die Unterdrückung zum Ausdruck kommt, die eine selbstzufriedene weiße Mehrheit über Generationen hinweg ausgeübt hat. Daß wir nur zusammenzuarbeiten brauchen, alle Rassen und alle Subkulturen, um eine bessere Gesellschaft aufzubauen und die bösen Schatten der Vergangenheit verschwinden zu lassen. Aber – aber ich wollte ihn *heiraten*!«

Sie schwang herum, um ihn anzusehen, hielt sich dabei am Geländer fest. »Es ist einfach nicht in mir drin, einen Neger zu lieben. Ich weiß nicht, warum. Alle meine Erfahrungen . . .«

Sie ließ los und schwebte davon, bedeckte mit beiden Händen ihr Gesicht. »Ach, Brad, Brad, ich liebe *dich* . . .«

Da er so oder so nur eine Niederlage zu erwarten hatte, hielt Ivo den Mund. Er erinnerte sich an die tausend kleinen Nadelstiche, mit denen ihm seine eigene Minderwertigkeit verdeutlicht worden war, nachdem er das Projekt verlassen hatte. Die Liberalen behaupteten oft und gerne, daß die Diskriminierung eine Sache der Vergangenheit war, aber nur wenige von ihnen wohnten in der Nähe von Negerfamilien. Eine offizielle Rassentrennung gab es natürlich längst nicht mehr, aber er hatte entdecken müssen, wie unangenehm sie werden konnte, wie schnell man sie zu spüren bekam, sobald man die ungeschriebenen Verhaltensrichtlinien mißachtete. Er hatte von anderen gehört, wie plötzlich als ›Gelegenheit für jeden‹ angebotene Stellen ›besetzt‹ waren, sobald sich ein Nichtweißer bewarb – und für die nachfolgenden Weißen wieder frei wurden. Brad hatte sich dafür entschieden, die Prüfungen zu ›bestehen‹; und er war zu schnell gestiegen, um wieder zurückgestoßen zu werden, nachdem die Wahrheit herauskam. Und die Wahrheit war offenbar noch nicht einmal bis zu Afra gedrungen, als sie noch in der Station war. Ivo hatte sich entschieden, nicht zu bestehen – und er mußte die Strafe bezahlen. Er war zu einem Drittel Kaukasier, zu einem Drittel Mongole und zu einem weiteren Drittel negroid, und das bedeutete, daß er ein Schwarzer war. $^1/_3\,K + {}^1/_3\,M + {}^1/_3\,N = N$. Er war weniger intelligent als ein reinrassiger Weißer, obwohl die Tests der Weißen etwas anderes besagten; er war nicht so gepflegt, obwohl er sich genausooft wusch und eine bekannte Zahnpasta benützte. Er war auf eine in Worten nicht auszudrückende Weise ungleich, und jeder in Amerika wußte es, wie immer man sich nach außen hin auch gab. Ob ›Raus hier, Nigger!‹, wie es 1960 geheißen hatte, oder die unnachgiebige Höflichkeit, die ihm 1970 widerfahren war, oder die gewisse Blindheit in der Auswahl 1980 – immer war er für die Gesellschaft ein Eindringling.

Es war ihm unmöglich gewesen, darauf nicht zu reagieren. Haß erzeugt Haß, und die geisterhaft weiße Haut eines Fremden hatte augenblicklich eine Spannung in ihm aufkommen und ihn ›Weißer!‹ denken lassen, so sehr er sich um Objektivität bemühte. Dennoch hatte er sich einer hoffnungslosen Liebe hingeben müssen angesichts der weißesten Haut, die er je gesehen hatte ...

Afra schien die Sache überwunden zu haben. »Ich habe unrecht. Ich weiß es. Aber ich kann es nicht von einem Augenblick zum andern ändern. Ich kann mich selbst eine weiße Heuchlerin nennen und mich schuldig fühlen, aber meine Natur bleibt die gleiche.« Sie sah ihn auf eine Weise an, die ihn regelrecht verletzte. »Du und Brad und Schön – habt ihr das alle gemeinsam?«

»Ja.«

»Die Rasse und der IQ und das Geschlecht – alles gleich?«

»Ja.«

»Warum hat er mich dann belogen!« schrie sie in sinnloser Wut. Das bedurfte keiner Antwort.

»Und du, Ivo – auch du lügst mich an!«

»Ja.« Eine Halbwahrheit war ebenfalls eine Lüge.

»Du warst ebenfalls in diese Freie-Liebe-Geschichte verwickelt. Du hast mehr Erfahrungen gesammelt . . .«

»Das Projekt wurde aufgegeben, als wir fünfzehn waren.«

»Hör auf! Ich kann deine Gedanken erraten, Ivo. Sag mir die Wahrheit. Sag mir alles über dich und Brad und Schön.«

»Es war nicht . . .« Er hielt inne. Sie würde erfahren, was sie wissen wollte, wie lange er es auch immer hinauszögerte. »Wir waren hundertsiebzig Jungen und hundertsechzig Mädchen. Wir wurden von frühester Kindheit an gemeinsam aufgezogen – ein großes Wohnheim, keine Geschlechtertrennung. Wir konnten unsere eigenen Räume aussuchen, mit wem wir beisammen sein wollten, und wir mußten uns nicht an bestimmte Zeiten halten.«

»Eine Kommune«, stellte sie fest.

»Eine Kommune. Aber die Erwachsenen erschienen prompt dann, wenn es wirklich irgendwo Ärger gab, daher wußte jeder, daß wir ständig beobachtet wurden. Das war aber egal. Die meisten von uns waren ziemlich clever.«

»Deswegen wurden sie ja ausgewählt«, sagte Afra kalt. »Der vollständige Mensch sollte doch ein Genie sein.«

»Genetik und Umwelt und Statistik wiesen darauf hin, daß es so etwas wie Genies in dieser Gruppe geben mußte, ja. Lernmöglichkeiten wurden uns jeden Tag geboten, sobald ein Kind auf Anregungen zu reagieren vermochte. Vielleicht sogar schon vorher – ich kann mich nicht daran erinnern. Wir erhielten eine leistungsverbessernde Diät, wurden vor jeder Krankheit geschützt, von der die Menschheit weiß, und wurden ständig körperlich und intellektuell stimuliert. Ich glaube, es gab so viele erwachsene Aufseher wie Kinder, aber sie erschienen nur, um uns Wissen zu vermitteln. Fast alle konnten im Alter von drei Jahren bereits lesen und schreiben, selbst die langsameren unter uns.«

»Gruppendynamik«, sagte sie. »Es war wie ein Wettbewerb.«

»Ich glaube, das war es. Aber sie haben immer geschnüffelt – die Erwachsenen, meine ich. Es war für uns ebenfalls ein Wettbewerb – sie ständig an der Nase herumzuführen. Eine falsche Punktzahl erreichen, sich schlafend zu stellen – Sachen in dieser Richtung. Sie waren so leicht zu täuschen. Vielleicht, weil sie alle eine so gute Ausbildung genossen hatten. Sie glaubten einfach zu sehr an ihre Tests und ihre Wanzen und ihre glockenförmigen Kurven.«

»Das kann ich mir vorstellen. Wie war das mit den Mädchen?«

Er gab nicht vor, sie mißzuverstehen. »Sie wußten, daß sie weiblichen Geschlechts waren. Eine ganze Anzahl von uns waren in dieser Hinsicht auch sehr frühreif. Aber vier Jahre alte Kinder verstehen Sex nicht in der gleichen Weise, wie es Erwachsene tun. Das anale Element . . .«

»Und Schön? Von daher hat er seinen Namen bekommen, oder nicht?«

»Ich nehme es an. Wir haben uns selbst Namen gegeben; für die Erwachsenen waren wir nur Nummern. Ich glaube, sie wollten damit keinen Einfluß auf uns nehmen und absolut unparteiisch sein. Das ist der Grund, warum mein Name so etwas wie ein Spitzname ist. Schön – er hat sich schon sehr früh für Sprachen interessiert . . .«

»*Wie* früh?«

»Das weiß niemand. Es schien jedenfalls so zu sein, daß er sechs oder sieben Sprachen auf einmal gelernt hat, neben dem Englischen, und ich glaube, er konnte sie auch schreiben. Ich habe ihn damals nicht gekannt – eigentlich sogar niemals, was das angeht. Ich glaube, er konnte bereits ein Dutzend Sprachen, als er drei war.«

Afra verdaute es schweigend.

»Und er war ziemlich schön. Also hatte er immer eine Menge anderer Kinder um sich, und sie alle mochten ihn zunächst. Er war also *sehr schön.* Ich glaube, das *sehr* bedeutet . . .«

»Ich verstehe. Wie weit können Vierjährige eigentlich gehen?«

»Geschlechtlich? So weit wie jedermann, was die Bewegungen angeht. Nehme ich an. Schön jedenfalls konnte es, und die . . . Mädchen. Aber es begann ihn bald zu langweilen.«

»Auf eine indirekte Weise lügst du noch immer, aber ich kann dich nicht festnageln. Was hatte Brad damit zu tun?«

»Er war Schöns bester Freund. Am Ende vielleicht sein einziger Freund. Schön brauchte eigentlich niemanden. Ich glaube, es lag daran, daß sie die beiden Klügsten waren, obwohl Schön wirklich eine Klasse für sich war.«

Sie schwieg erneut, und er wußte, daß sie an Brads IQ von 215 dachte. »Sie haben – zusammen im gleichen Raum geschlafen?«

»Ja.« Dann begriff er, in welcher Richtung ihre Gedanken gingen. »Du mußt es verstehen – es gab keine sozialen Konventionen, wie sie außerhalb unserer isolierten Welt bestanden. Es gab keinerlei

Verbote.« Aber seine innere Abwehr war nicht geringer als die ihre; er verteidigte es nur, weil er es mußte. »Es war alles nur Spiel — ob Homo oder Hetero oder Gruppen . . .«

»Gruppen?«

Ivo hob die Schultern. »Was läßt sich objektiv dagegen einwenden?«

»Ich scheine mehr Vorurteile zu haben, als ich dachte.«

Ivo entdeckte, wie vernünftig ein gemeinsames Vorurteil erschien. »Aber es bedeutete keine Herausforderung. Es bedeutete gar nichts. So konzentrierten wir fast alle unsere Kräfte auf das Lernen und darauf, die blöden Erwachsenen auszutricksen.«

»Wie intelligent war dann das durchschnittliche Kind, wenn es die Aufseher nicht wußten?«

»Das weiß ich auch nicht. Aber ich würde annehmen, daß die Erwachsenen an etwa einhundertfünfundzwanzig Punkte glaubten, während es tatsächlich 25 oder 30 Punkte mehr waren.«

Sie versank erneut in Gedanken, überlegte vielleicht, wie es ihr in einer Gruppe ergangen wäre, in der sie gerade durchschnittlich gewesen wäre. Doch ihre nächsten Worte bewiesen das Gegenteil: »Eure ›Experten‹ haben wohl einige ihrer Hausaufgaben versäumt. Wußten sie nicht, was mit Kindern geschieht, denen ihr Familienleben vorenthalten wird?«

»Das konnten sie uns nicht geben . . .«

»Doch! Sie wären dazu in der Lage gewesen, wenn sie sich die Mühe wirklich hätten machen wollen. Sie hätten jedes Kind durch Adoptiveltern betreuen lassen oder wenigstens in Pflege geben und die formelle Ausbildung sowie die Stimulation und was-sonst-immer zentral vermitteln können. Es wäre in gewisser Hinsicht der Organisation des Peckham-Experiments ähnlich gewesen.«

Ivo versuchte seine Überraschung über diesen Hinweis zu verbergen. Sie wußte über vieles besser Bescheid, als er angenommen hatte, obwohl er doch bereits von ihren Fähigkeiten gewußt hatte. »Es ging ihnen nicht um Familienharmonie. Sie wollten Gehirne.«

»Sie haben sich selbst hereingelegt, indem sie eine unkontrollierte homogene Gruppe haben entstehen lassen. Wenn eine Anleitung durch die Eltern fehlt, dann kommen sehr schnell die Maßstäbe der Gruppe zum Tragen — und das sind nicht immer ›gute‹ Maßstäbe. Wenn das durchschnittliche amerikanische Kind in einem gewissen Ausmaß verkorkst wird durch die Vernachlässigung, das Beschäftigtsein und die Abwesenheit seiner Eltern, durch die Brutalität des Fernsehens und dadurch, daß sie hauptsächlich anderen Kindern ausgesetzt sind, denen das gleiche Schicksal widerfährt – wieviel schlimmer muß es da Kindern ergehen, die überhaupt keine Familie haben! Keine Ermutigung, sich sinnvollen Aufgaben zuzuwenden, keine Entwicklung des Gewissens. Dafür braucht man einen Vater im Haus oder zumindest einen guten und starken Vater-Ersatz. Und dann die beängstigende Vorstellung, daß nur Leute mit einem hervorragenden Abschluß in Pädagogik dazu ausersehen sind, Kinder aufzuziehen – kein Wunder, daß so etwas wie Schön dabei herausgekommen ist!«

Ivo hatte die Dinge bisher nicht so gesehen, aber es klang vernünftig, was sie sagte. Was er hier erlebte, mit Harold und Beatryx und Afra selbst, war tatsächlich so etwas wie eine Familiensituation. Sie hatten ihn bereits zu Leistungen stimuliert, die weit über das hinausgingen, was er jemals zuvor erreicht hatte. Und – es machte ihm Spaß. Streit, Gefahren, ermüdende Arbeit und ständige Spannungen – das gab es alles auch, aber sie arbeiteten zusammen für ein Ziel, und es war besser als das Leben, das er auf der Erde gekannt hatte.

»Hat auch dieses Spiel, die Erwachsenen reinzulegen, Schön alsbald gelangweilt? Und was hat er dann unternommen?«

Zurück zu den Einzelheiten. »Er ist gegangen.«

»Aus einem überwachten Wohngebäude? Aus einem eingeschlossenen Lager? Wohin ging er denn?«

»Niemand wußte es genau. Er war einfach weg.«

»Du lügst schon wieder. Brad wußte es.«

»Vermutlich.«

»Und *du* – du hast es auch gewußt. Du weißt es noch immer! Selbst Brad konnte ihn nicht holen, aber du könntest es tun – du willst nur nicht!«

Ivo gab keine Antwort.

»Und es hängt alles irgendwie mit diesem Gedicht zusammen, und mit dem Planeten Neptun und diesem verdammten gefesselten Bauern.«

Hatte sie das Puzzle bereits zusammengesetzt? Schön wollte offenbar, daß sie es tat. Wußte sie, wie leicht sie das Genie herbeirufen konnte, wenn sie wußte, wo es sich befand? Konnte sie die möglichen Folgen auch nur ahnen, wenn es zu voreilig heraufbeschworen wurde?

Die Pyramide – ein Gebäude mit vier gleichen Flächen – entwickelte sich unter dem Getrappel von vielen kleinen Metallfüßen, die durch

Anweisungen aus dem All gesteuert wurden, zu einem wohnlichen Zentrum. Eine Seite lag auf dem Boden, und ein Dreieck von Dreiecken wies auf Neptun. Außen matte, undurchsichtige Blöcke — innen der Komfort des einundzwanzigsten Jahrhunderts. Jede Person hatte einen Raum für sich — Groton und Beatryx bekamen zusammen ein Apartment mit allen elektrischen und sanitären Einrichtungen. Der Boden war mit schwammartigen, warmen Teppichen bedeckt, und die Wände waren farbenfroh bemalt.

Mit Energie und einem Arsenal von Maschinen, vor allem aber mit Hilfe des galaktischen Programms ließ Groton regelrechte Wunder entstehen. Er entwickelte eine Apparatur, die tritonische Erde in Proteine verwandelte, und eine weitere, die ein kuppelförmiges Kraftfeld erzeugte, das ein größeres Gebiet außerhalb ihrer Unterkunft einschließen und in diesem Bereich eine erdähnliche Atmosphäre erhalten würde. Eine weitere diente dazu, die Gravitation in diesem begrenzten Gebiet bis zum normalen Erdgewicht anzuheben.

Materieumwandlung, Kraftfeld, Gravitationskontrolle — diese Dinge regten Ivos Fantasie an. Sie hatten natürlich erwartet, daß die galaktische Technologie über die der Erde hinausgehen würde, aber es war dennoch kaum weniger umwerfend für sie, als sich ihre Erwartung bestätigte. Wie viele Jahrzehnte — wie viele *Jahrhunderte* würde die Erde benötigen, um diese Dinge selbst zu entwickeln? Die Proboscoiden hatten diesen Entwicklungsstand nie erreicht. Sie waren nicht in der Lage gewesen, am Zerstörer vorbeizukommen und die Programme dahinter zu empfangen. Wäre es anders gewesen, hätten sie viele ihrer Probleme mit materiellen Mitteln lösen können.

Die wiederkehrende Frage: Warum existierte dann der Zerstörer? Und die stets wiederkehrende Antwort: Daten ungenügend.

Ivo versuchte, Groton zu seinen Erfolgen zu gratulieren. »Ich bin nur ein Ingenieur, der den Instruktionen anderer folgt«, erklärte er bescheiden. Das entsprach ziemlich weitgehend der Wahrheit, da seine Situation ähnlich der eines Kindes war, das einen Fernsehschirm anstellt und sich davorsetzt, um zuzuschauen, wie Experten an die Arbeit gingen. Aber wie sehr das Programm auch alle Einzelheiten in Betracht zog, Grotons Leistung war die, daß er es auf ihre spezifische Situation anwendbar machte. Und das war eine nicht geringe Leistung.

Sie brauchten nicht mehr in Raumanzügen über die öde Oberflächenlandschaft zu marschieren. Eine künstliche Sonne ersetzte die winzige Originalsonne im Himmel, und indem sie über die Wölbung des Kraftfeldes wanderte, verstrahlte sie in zwölf von vierundzwanzig Stunden Licht und Hitze über die Landschaft. Beatryx pflanzte Bohnen aus den Schiffsvorräten, und sie sprossen in einem Garten, der mit der künstlichen Protein-Erde gefüllt war, neben einem Reservoir von H_2O — soll heißen, einem echten kleinen Teich.

Um ebenfalls etwas zu den Annehmlichkeiten ihres Lebens beizutragen, fertigte er fotografische Aufnahmen vom Hauptschirm des Makroskops an und gab regelmäßige ›Raubdrucke‹ irdischer Zeitungen, Zeitschriften und Bücher heraus. Diese vermochten die anderen zu lesen, ohne Gefahr zu laufen, daß der Zerstörer sie erreichen könnte, da nur sein ›lebendes‹ Bild zu töten vermochte. Weit von einem einsamen, eisigen Exil entfernt, war Triton durch den Fleiß einiger weniger Monate fast zu einem Urlaubsort geworden.

Schließlich begleitete auch Groton Ivo zum Makroskop und gab damit das Privileg des ständigen Beschäftigtseins auf, das ihm seine Leistungen eingeräumt hatten. »Ich habe den Maschinen freigegeben«, bemerkte er. »Ich habe ihnen eingetrichtert, um 8.00 Uhr wieder zur Arbeit zu erscheinen, pünktlich, ausgeruht und nüchtern.« Zum erstenmal seit dem Beginn dieses Abenteuers fanden die beiden Männer wieder Zeit zu einer privaten Unterhaltung.

Ivo vermutete, daß ein besonderer Grund dahintersteckte, da Groton noch immer wichtige Aufgaben vor sich hatte und sich zudem bereits als ein unermüdlicher Arbeiter erwiesen hatte, der gar nicht ohne Arbeit sein konnte. Afra war ganz in seinem Schatten untergetaucht und in die Rolle einer technischen Assistentin verwiesen worden, und Beatryx spielte natürlich am häufigsten den Babysitter für ihn. Hatte Groton sich also aus einem ganz bestimmten Grund Zeit genommen?

Ivos Vermutung erwies sich als zutreffend. »Du erinnerst dich sicher, daß ich an Astrologie interessiert bin«, sagte Groton.

Das war allerdings nicht das Thema, das Ivo erwartet hatte. »Ja, du hast dich nach meinem Geburtsdatum und einer für mich wichtigen Erfahrung erkundigt.« Das schien schon so lange her zu sein! Das lag noch auf der anderen Seite des Auflösungszyklus — in einer ganz anderen Existenz, in der Erinnerung bereits verblassend. Und machte es für die Astrologie einen Unterschied aus, daß die Kindheit, die Ivo zu seiner eigenen gemacht hatte, die von Sidney Lanier war? Er fühlte sich ein wenig schuldig, befürchtete aber, daß eine so späte Richtigstellung nur eine unbeholfene Geste wäre. »Ich habe außerdem der Auseinandersetzung zwischen dir und Afra zugehört, kurz nachdem wir das Makroskop von der Station entführt hatten.«

»Ja. Ein kluges Mädchen, das, aber ihr Verstand wehrt sich gegen gewisse Vorstellungen.« Das war auch Ivo bereits aufgefallen. »Das macht aber nichts. Ich brauche nicht unbedingt die Zustimmung von anderen, und ich vertraue darauf, daß die Astrologie sich selbst durchzusetzen vermag. Aber ich habe Horoskope für alle Mitglieder unserer Gruppe berechnet, und du gibst mir dabei noch gewisse Rätsel auf.«

Ivo fragte sich, wann dieser Mann Zeit für solche Dinge gefunden hatte — angesichts der gewaltigen Arbeit, die er auf Triton geleistet hatte. Hierin teilte er Afras Verwunderung: Wie war es möglich, daß ein so fähiger und realistisch denkender Ingenieur wie er ernsthaft an eine solche Pseudowissenschaft zu glauben vermochte? Groton schien nicht zwischen dem Wirklichen und dem Unwirklichen zu unterscheiden, doch schien er an alle Dinge auf gleich praktische Weise heranzugehen.

»Wenn es dir nichts ausmacht«, sagte Groton nach einer Pause, »dann würde ich gern mit dir darüber sprechen.«

»Warum nicht? Ich könnte nicht behaupten, daß ich mehr von der Astrologie halten würde als Afra, aber ich habe nichts gegen Fragen einzuwenden.«

»Könntest du behaupten, daß du genug über die Astrologie weißt, um sie auf fundierte Weise zu akzeptieren oder abzulehnen?«

Ivo lächelte. »Nein. Dann muß ich wohl annehmen, daß ich neutral bin.«

»Es ist überraschend, wie sicher sich die meisten Leute darüber sind, was sie mögen oder nicht mögen, was sie glauben oder nicht glauben, obwohl ihre Informationen wirklich zu kärglich sind, um eine ernsthafte Entscheidung treffen zu können. Wenn ich es vorgezogen hätte, nicht daran zu glauben, daß ein Signal aus dem All uns fortgeschrittene Technik zu bescheren vermag, bevor sich dies erwiesen hat, dann hätte unsere Niederlassung auf dem Triton jetzt weit weniger Annehmlichkeiten aufzuweisen. Vorurteile kommen oft teuer zu stehen.«

Ivo hatte das Gefühl, soeben eine weitere Lektion über vorurteilsfreies Denken erhalten zu haben. Er hatte sich gegen Afras Rassenvorurteile gewehrt, aber er selbst hatte sich in bezug auf die Astrologie ebenso einseitig verhalten. Und wie Afra konnte er seine Ansichten *noch immer* nicht revidieren; die Astrologie war für ihn nichts als ein Schwindel. Er neigte nicht weniger zu Vorurteilen als sie.

»Das spielt freilich keine Rolle«, sagte Groton. »Ich habe nur vor, dir Auszüge aus zwei Beschreibungen zu geben, und du sollst beurteilen, welche besser auf dich paßt. Es ist eine Art psychologischer Übung — aber mißverstehe das bitte nicht. Ich versuche nicht, dich zu psychoanalysieren. Diese Sache könnte mir vielleicht bei der Lösung eines Problems behilflich sein und dir vielleicht einen kleinen Einblick in die astrologische Praxis geben.«

»Feuer frei!« lächelte Ivo. »Schieß nur los.«

»Seltsam, daß du gerade diese Worte benutzt.« Groton legte eine Pause ein, um seine Gedanken zu sammeln. »Hier ist die erste Beschreibung: Diese Person ist entschlossen, den Dingen auf den Grund zu gehen und die Mechanismen des Lebens unter Kontrolle zu bringen. Diese Haltung begünstigt stets ein bewußtes Eingehen auf die Unterströmungen des Augenblicks. In der günstigsten Ausprägung ist sie fähig, die Grundeinheit der Erfahrung zu erkennen oder unvermutete und hilfreiche Zusammenhänge ins Spiel zu bringen; in der ungünstigsten Ausprägung vermag sie Mißtrauen zu kultivieren oder halbherzige Anstrengungen zu fördern. Das Leben ist aufregend für diesen Menschen, und er ist selbstsicher. Er ist im Grunde furchtlos und liebt schnelle und positive Schritte, wobei er für alles, was er unternimmt, die vollen Konsequenzen zu tragen bereit ist. Er kümmert sich nicht viel um abstrakte Überlegungen und denkt wenig an andere Leute.«

Groton hielt inne. »Und jetzt kommt die zweite Beschreibung: Diese Person ist entschlossen, das Feuer der Wirklichkeit durch jede denkbare Anstrengung zu erproben. Sie will alles auf eine nützliche Basis zurückführen. In seiner besten Ausprägung ist dieser Mensch in der Lage, seine Energien und die anderer zum größeren Nutzen aller zu organisieren oder auszurichten; in seiner ungünstigsten Ausprägung kann er unzufrieden, eigenbrötlerisch, ja unsozial werden. Das Leben muß für ihn einen Zweck haben; er nimmt Anregungen bereitwillig auf. Er geht hochgespannten Erwartungen nach, ist optimistisch, kann Fehler übersehen und ist oft leichtgläubig. Er muß herausgefordert werden, um sein Bestes zu tun, andernfalls kann er leicht dogmatisch und neidisch werden. Er ist ein Realist in unwichtigen Dingen, in anderer Hinsicht aber ein Jetzt-oder-nie-Idealist.«

Ivo dachte darüber nach. »Sie sind beide so allgemein gehalten, und ich könnte nicht sagen, daß mir eine davon so besonders gefällt. Aber die zweite Beschreibung scheint der Sache näherzukommen. Ich helfe den Menschen gern, aber es kommt oft genug vor, daß mein Bestreben keinen Erfolg hat. Und ich würde mich viel lieber durch harte Arbeit als durch irgendeine dramatische Handlung hervortun. Furchtlos bin ich ganz gewiß nicht.«

»Das entspricht meinem Eindruck. Menschliche Wesenszüge lassen sich nicht so genau abtrennen, und jeder von uns hat ein wenig von allem in sich, daher sind allgemeine Charakterbeschreibungen in den Einzelheiten notwendigerweise etwas vage. Aber die erste Aussage trifft dich kaum. Es ist Aries, der Widder, im zwölften Haus. Aries gehört zu den Feuerzeichen – deshalb hat mich deine Redewendung so erstaunt.«

»Meine . . .?«

»Du sagtest: Feuer frei!«

»Ach so.«

»Das zweite Beispiel ist Aquarius, der Wassermann, im dritten Haus. Ein Zeichen, das dem Element Luft nahesteht. Ich könnte mit den anderen Planeten fortfahren – das war natürlich die Sonne – aber dieser Gegensatz ist typisch. Du scheinst zum Wassermann zu passen, nicht zum Widder.«

»Und mein Geburtsdatum?«

»Fällt in das Zeichen des Widders.«

»Ich bin also ein Ausgestoßener, der nicht weiß, wohin er gehört. Wessen Geburtstag fällt ins Revier des Wassermanns?«

»Ich habe da eine Vermutung entwickelt aus einer Sache, die meine Frau erwähnt hat. Das heißt, ich habe eher geraten. Sidney Lanier.«

Ivo bekam ein ungutes Gefühl in der Magengrube. Pseudowissenschaft oder nicht, das kam der Sache ziemlich nahe. »Du meinst also, ich sollte Feuer sein, obwohl ich Luft zu sein scheine. Kann es sein, daß du dich verrechnet hast?«

»Nein. Das ist ja das Rätselhafte. Ich habe alles sorgfältig überprüft, und es stimmt einfach alles. Deine Persönlichkeit ist völlig verschieden von der, die dein Horoskop angibt, und dein persönliches Erlebnis bestätigt nur diesen Unterschied. Ich könnte mich in Einzelheiten täuschen, aber nicht in diesem Ausmaß. Wenn wir annehmen, daß ich von gültigen Lehrsätzen ausgehe, dann trifft entweder das Geburtsdatum, das du mir gegeben hast, nicht zu, oder . . .«

»Oder?«

»Spielst du Schach?«

»Nein.« Ivo hatte nicht das geringste gegen den abrupten Themawechsel einzuwenden.

»Ich spiele es zufällig. Ich bin nicht besonders gut, aber ich habe es oft gespielt, bevor wichtigere Dinge meine Zeit zu sehr in Anspruch nahmen. Daher glaube ich zu wissen, was diese Botschaft bedeutet.«

»Botschaft?«

»Die letzte, die Schön uns hinterlassen hat. Du erinnerst dich: ›Mein Bauer ist gefesselt.‹ Das ist ein Schachausdruck.«

»Das wußte ich nicht.«

»Das hatte ich eigentlich angenommen, Ivo, aber ich kann es dir erklären. Jede Figur im Spiel kann unterschiedliche Bewegungen ausführen und hat einen unterschiedlichen Wert. Ein Bauer ist eine relativ unwichtige Figur, der man rechnerisch einen Punkt zubilligen kann, und er kann sich nur geradeaus nach vorn bewegen, jeweils um ein Feld. Das Pferd und der Läufer sind jeweils drei Punkte wert, und sie können sich entsprechend vielseitiger und großzügiger bewegen. Der Turm ist fünf Punkte wert und die Dame neun oder zehn; du siehst also, daß sie eine sehr wichtige Figur ist. Die Punktzahlen sind nur allgemeine Richtlinien für den strategischen Wert; es wird natürlich keine Punktliste geführt. Die Dame kann sich in jeder Richtung bewegen, und zwar so weit sie will; ihre Stärke liegt in ihrer Beweglichkeit, und ihre Gegenwart verändert die Lage des ganzen Spiels entscheidend.«

»Ich kann der Erklärung zwar nicht ganz folgen, aber ich nehme dein Wort dafür.«

»Macht nichts. Die Sache ist die, du kannst die Dame nicht ignorieren. Sie kann aus der Entfernung zuschlagen, während einem Bauern enge Grenzen gesetzt sind. Die Dame kann daher Schach bieten und sogar den König mattsetzen, ohne sich selbst in Gefahr zu begeben, während der Bauer gedeckt werden muß.«

»Mattsetzen? Decken?«

Groton seufzte. »Du verstehst wirklich nichts vom Schach, in der Tat! Hier.« Er brachte eine schwarze Tafel hervor und zeichnete mit Kreide ein Schachbrett darauf. Kreidetafeln schienen unter Ingenieuren ausgesprochen beliebt zu sein. »Die quadratischen Felder sind jeweils schwarz und weiß, aber das kannst du erst einmal vergessen.« Er fügte einige Buchstaben hinzu. »Hier ist die schwarze Dame — das ›D‹ in einem Kreis. Es könnte natürlich auch ein schwarzer Läufer sein; das würde die Lage nicht verändern. Sie befindet sich rechts unten, während die weißen Figuren alle in der siebten und achten Reihe stehen, so.« Er ignorierte Ivos zunehmende Verwirrung. »Der weiße Bauer könnte jetzt in eine Dame verwandelt werden, aber es geht nicht, weil er gefesselt ist. *Das* ist es, was Schön gemeint hat.«

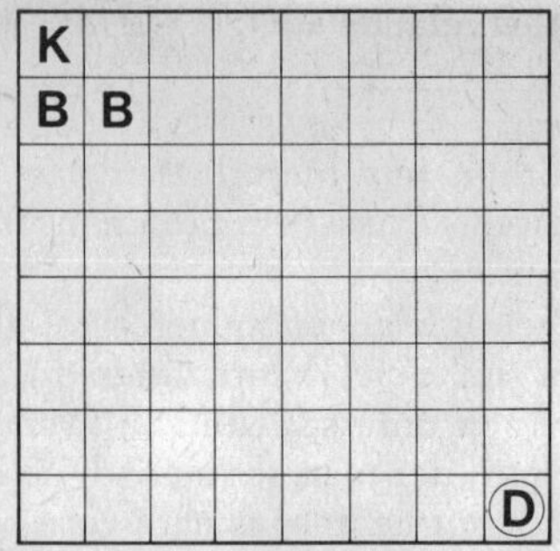

Ivo sah sich die Zeichnung näher an. »Ich freue mich, daß es für dich einen Sinn ergibt.«

Groton führte seine Logik unerbittlich weiter. »Mit dem König steht oder fällt das Spiel, verstehst du. Du kannst ihm nicht gestatten, daß er sich ins Schach begibt – also von der Dame geschlagen werden könnte. Dein Gegner würde dir sagen, daß du falsch gespielt hast, wenn du es versuchen würdest. Du müßtest den Zug zurücknehmen; Fallgruben dieser Art sind im Schachspiel nicht vorgesehen. Sieh her – der Bauer bewegt sich so, dann ist Schwarz am Zug, und die Dame bedroht den König. Also *kann* sich der Bauer nicht bewegen, nicht solange er gefesselt ist. Er muß den König beschützen.«

»Soweit kann ich dir noch folgen. Glaube ich jedenfalls. Der Bauer ist wie eine Leibwache – wenn er beiseite tritt, kann es den Tod des Königs bedeuten.«

»Das kommt der Sache schon sehr nahe. Aber dazu kommt noch etwas: Der Bauer ist eine besondere Figur, insbesondere in dieser Position, denn wenn er die letzte Reihe erreicht, kann er ausgetauscht werden, dann verwandelt er sich in eine Dame oder in eine beliebige andere Figur. Das kann den ganzen Spielverlauf ändern, weil eine Dame im Endspiel meist ausschlaggebend ist.«

»Es sieht ziemlich schlecht aus für diesen König, wie er in dieser Ecke eingeschlossen ist.«

»Ein weißer Bauer wird zu einer *weißen* Dame; das ist gut für seinen König. Tatsächlich bedeutet es, daß er das Spiel gewinnen kann – wenn sich der Bauer um ein Feld nach vorn bewegen kann. Deshalb muß die Fesselung gebrochen werden; das ist der Haken bei diesem Spiel.«

»Wir sind Weiß?«

»Richtig! Und Schwarz ist eine fremde Intelligenz, fünfzehntausend Lichtjahre tief in der Galaxis.«

»Der Zerstörer?«

»Genau! Jemand hat diese fremde Dame aufgestellt, und sie bedroht unseren König, über das ganze Feld hinweg. Und wir verfügen nur über Bauern, um sie abzuhalten.«

»Und wir haben bereits sechs Bauern verloren.«

»Richtig. Der siebte und achte stehen noch auf dem Brett, und zwar in der siebten Reihe. Und einer von ihnen ist gefesselt — der eine, der am wichtigsten ist. Der eine Stellung erreicht hat, von der aus er sich in eine Dame verwandeln könnte.«

»Welcher ist es?«

»Der.« Groton deutete mit ausgestrecktem Finger auf Ivo.

»Ich? Weil ich ein bißchen mit dem Makroskop umgehen kann?«

»Weil du die weiße Dame holen kannst. Schön.«

»Aber wieso bin ich gefesselt?« Groton, da er einmal auf der richtigen Fährte war, erwies sich als ebenso hartnäckig wie Afra.

»Das habe ich mich auch gefragt. Du bist ganz offensichtlich Schöns Bauer, und er hat seine Einbeziehung in dieses Spiel bestätigt, indem er uns diese rätselhaften kleinen Botschaften geschickt hat. Ich nehme an, er würde zu uns kommen, wenn er es nur könnte. Er hat uns gesagt, warum er nicht kann — und es liegt an uns, sein Rätsel zu lösen.« Groton sah auf seine Darstellung. »Jetzt wird dieser Bauer durch die Dame gefesselt, soll also heißen, du wirst durch den Zerstörer gefesselt. Wenn dieser Bauer auch nur einen kleinen Schritt machen könnte, dann wäre er als weitere Dame verfügbar. Sie sind im Grunde gleichbedeutend; das eine ist im anderen enthalten.«

»Das leuchtet mir ein, aber . . .«

»Und das erklärt verschiedene Dinge, so auch die Dichotomie in meinen Horoskopberechnungen. Es muß also stimmen.«

»*Was* muß also stimmen?«

»Daß du Schön bist. Das Element des Feuers.«

»Sicher. Und die Fesselung?« Achtlose Worte — aber das Spiel war endgültig vorbei.

»Du hast die ganze Sequenz gesehen, die Brads Verstand und den Körper des Senators getötet hat. Du hast es überlebt, vermutlich weil du unterhalb der kritischen Grenze liegst. Aber Schön ist in deinem Bewußtsein begraben, unbewußt oder irgendwie isoliert. Es hat ihn nicht getroffen, weil dein Bewußtsein alles auf sich genommen hat. Du bist nur ein Bauer. Aber in dem Augenblick, in dem er herauskommt – wenn du dich in die Dame verwandelst – die Erinnerung ist da, sie wartet darauf, ihn zu vernichten. Und er weiß es. Daher *kann* er nicht herauskommen; sein Bauer ist gefesselt.«

Ivo nickte. »Du brauchst deine Zeit, aber du kommst mit beängstigender Folgerichtigkeit ans Ziel.«

»Du bist dir dessen also bewußt? Ich hatte schon angenommen, daß es sogar vor dir verborgen sein könnte.« Groton sah durch die Schleuse auf die eisige Ebene hinaus, schien mit seinem Erfolg nicht so ganz zufrieden zu sein. »Dein Horoskop hat mir natürlich den Weg gewiesen. Es mußte eine Erklärung dafür geben, daß die Berechnungen nicht mit meinen Beobachtungen in Übereinstimmung zu bringen waren, und der Fehler lag, wie so oft, *in der Beobachtung*. Die Frage ist also jetzt, wie entfernen wir die Fessel? Wir können nicht an die Dame herankommen, und wir haben nicht mehr viele Figuren auf dem Brett. Natürlich ist es nicht so einfach, wie ich es dargestellt habe – diese Darstellung hat ihre Schwächen, selbst wenn man sie nur auf das Schachspiel bezieht –, aber ich könnte eine zutreffendere Analogie entwickeln, wenn es der Mühe wert wäre. Es sieht so aus, als müßten wir vier es tun, wenn es überhaupt getan werden soll. Stimmst du dem zu?«

»Ich denke, ja. Aber wie die Erinnerung auslöschen? Und selbst wenn du das könntest, dann wäre Schön vermutlich noch immer nicht in der Lage, das Makroskop selbst zu benützen. Nicht, solange dieses Signal existiert.«

»Ich weiß nicht. Das geht über den Zuständigkeitsbereich eines Ingenieurs hinaus, fürchte ich. Aber wir könnten das in der Gruppe besprechen und Afra sich einmal daran versuchen lassen. Aber da ist noch etwas, was zu bedenken ist . . .«

»Ich weiß. Was geschieht, wenn Schön kommt? Was geschieht mit mir?«

»Richtig.«

»Dann bin ich weg vom Fenster. Die Wahrheit ist die, ich existiere nur in Schöns Vorstellung.«

»Das ist wiederum das, was dein Horoskop angedeutet hat. Es lief auf eine geradezu verblüffende Weise mehr auf Schön als auf Ivo hinaus. Dennoch erscheinst du mir als ziemlich wirklich.«

»Ich bin es nicht. Als Schön die Schnauze voll hatte und sich entschied, zu gehen – das geschah, als er etwa fünf Jahre alt war –, da führte er das durch, indem er sich eine unauffällige Persönlichkeit ausdachte und sie freisetzte. Es mußte jemand sein, der nicht zu klug war, damit die Aufseher des Projekts nicht aufmerksam wurden, aber er durfte auch nicht zu auffällig minderbemittelt sein. Jemand, der mehr oder weniger farblos war, aber auch wiederum nicht so farblos, daß er sich verdächtig machte. Jemand, der in seiner Außergewöhnlichkeit durchschnittlich war, wenn du verstehst, was ich meine. Er baute also alles zusammen und richtete einen Teil seines Bewußtseins darauf aus. Ich bin das, was übrigbleibt — tatsächlich nur eine programmierte Persönlichkeit. Irgendwie machte er die Sache all den Jungen und Mädchen klar, die ihn kannten, und sie vergaßen, wie er gewesen war, und sie nahmen an, ich wäre schon immer dagewesen. Außer Brad natürlich. Er paßte sozusagen auf mich auf. Aber ich wurde erst im Alter von fünf Jahren geboren und hatte praktisch keine Kindheit im Projekt.«

»Die meisten Leute würden das Alter von fünf bis zehn als die Blüte der Kindheit betrachten.«

»Nicht in 330 Pecker Place! Es war schon alles vorbei, als ich dort ankam. Das habe ich gemeint, als ich sagte, daß ich keine Episode aus meiner Kindheit zu berichten wüßte. Alles war — vorbereitet.«

Groton ging darauf nicht mehr ein. »Und Schön kam niemals zurück?«

»Nun, er muß gerufen werden. Das ist meine Aufgabe — zu beurteilen, wann die Zeit gekommen ist. Aber er hatte keinen Grund, zurückzukehren. Das gewöhnliche Leben ist für ihn unerträglich langweilig, daher überläßt er es mir, die weltliche Existenz für ihn zu bewältigen.«

»Er ist nur aus Langeweile gegangen? Aber das klingt doch nicht besonders wahrscheinlich, oder? Warum *müssen* die Dinge langweilig sein für Schön? Und warum hat er es so eingerichtet, daß er nicht von selbst zurückkehren kann, wenn er es will? Ich vermute, daß es einen dringenderen Grund gibt, der Schön zu dieser Selbstaufgabe veranlaßt hat.«

»Was könnte es da noch geben?« fragte Ivo, der sich in seiner Haut nicht mehr besonders wohl fühlte. Es begann ihm immer fraglicher zu erscheinen, wie er selbst die Bedingungen seiner eigenen Existenz verstand.

Groton war noch immer nicht zufrieden. »Ich werde das Horoskop noch einmal genauer berechnen«, sagte er.

»Viel Glück. Inzwischen werde ich mich schon irgendwie durchziehen.«

»Durchziehen? Ich würde eher sagen, daß du eine reife Anpassung an die Wirklichkeit vollziehst.«

»Das ist die netteste Umschreibung für Verzweiflung, die ich je gehört habe! Wenn er erwacht — und er wird erwachen müssen, wenn die Zeit gekommen ist —, dann werde ich wieder in seine Persönlichkeit aufgenommen werden, und all meine Erinnerungen und Hoffnung mit mir, und ich werde nicht mehr existieren. Es ist ungefähr so, als ob ein Planetoid in die Sonne stürzte.«

»Das hatte ich befürchtet. Wenn sich der Bauer in eine Dame verwandelt, dann ist er kein Bauer mehr, nicht einmal mehr zum Teil. Ich kann jetzt verstehen, warum du nie darauf versessen warst, Schön ins Spiel zu bringen.«

»Ich denke an mich selbst, ja. Da ich nun einmal da bin, möchte ich auch leben. Ich will mich selbst beweisen. Ich mag Schön nicht.«

»Ich glaube, das würde ich ganz ähnlich empfinden.« Groton überlegte noch einen Augenblick. »Dieser Trick beim Sprouts . . .«

»Das ist eine der wenigen Begabungen, die Schön mir gelassen hat, damit ich kein völlig unbeschriebenes Blatt bin. Das und das Flötespielen. Die Aufseher haben oft versucht, die Gründe zu analysieren, warum ich in diesen Dingen so außergewöhnlich war, während ich auf anderen Gebieten zurückblieb. Ich glaube, sie haben eine ganz neue Theorie über das Begabungspotential von Kindern entwickelt, indem sie davon ausgingen, daß beide Begabungen in einer normalen Familiensituation unterdrückt worden wären. Ich weiß nicht, was ich dazu sagen soll. Jedenfalls kann man daraus ersehen, über was für Fähigkeiten Schön verfügt — nur daß er auf praktisch *jedem* Gebiet so gut ist.«

»Und du hast nach einem einzigen Übungsspiel den Sprouts-Champion der Station besiegt, ohne auch nur ins Schwitzen zu kommen.«

»So würde ich das nicht sagen. Es *gibt* gewisse Grenzen, und Sprouts ist ein ziemlich kompliziertes Spiel.«

»Hm. Und meine Frau meint, daß du besser Flöte spielst als jeder andere, den sie jemals gehört hat. Und sie hat die besten Solisten gehört, denn sie ist eine begeisterte Anhängerin klassischer Musik.«

»Das hat sie mir nie gesagt.«

»So etwas verrät sie auch nicht so ohne weiteres.«

»Nun, ich hatte nie erwartet, das Geheimnis für immer behalten zu können.«

»Nach und nach bekommen wir allmählich Einblick in deine Fähigkeiten. Wir sitzen hier auf Triton so dicht aufeinander, daß für eine Privatsphäre kaum mehr Raum bleibt.«

»So ungefähr stelle ich mir das Fegefeuer vor.«

»Nein. Es ist wahre Freundschaft. Alles wird geteilt, und es wird gut geteilt.« Er hielt inne, sichtlich mit weniger angenehmen Gedanken beschäftigt. »Sieh mal, Ivo. Ich bin trotz allem auch nicht gerade davon begeistert, wie sich die Dinge entwickeln. Vielleicht ist mir der Wassermann lieber als der Widder. Afra wird ohnehin schon bald genug darauf kommen. Was hältst du davon, wenn wir die Sache noch eine Weile so laufen lassen, erst einmal abwarten, was weiter geschieht?«

Dankbar nickte Ivo.

Die Arbeiten an der Basis gingen zügig voran, bis die Anlage vollständig war. Dann, als die dringlichen Aufgaben erledigt waren, verspürten sie wieder den Druck der Isolation. Triton war nicht die Erde, wie luxuriös ihre Station auch immer sein mochte, und sie alle wurden sich dessen zunehmend bewußt. Die Nachrichten von der Erde waren niederschmetternd: Die Hoffnung, daß eine Rückkehr innerhalb der nächsten Jahre politisch möglich sein würde, schwand dahin.

Ivo verbrachte seine zugeteilte Zeit im Makroskop, übertrug Verfahren, für die sie nur theoretisch Verwendung hatten: gewaltige Kraftfelder, die festes Gestein so stark zusammenpressen konnten, daß die Materie in sich zusammenstürzte; Roboter, die in der Lage waren, weitere Makroskope zu bauen. Was sollten sie mit solchen Wundern anfangen? Sie hatten bereits alles, was sie brauchten, nur keine Heimat mehr.

Groton erweiterte die Luftkuppel und arbeitete an ähnlichen Verbesserungen. Beatryx kochte und wusch, obwohl sie alle ohne weiteres Nahrung und Kleidung hätten haben können, die keines menschlichen Zutuns mehr bedurften; darüber hinaus pflegte und jätete sie den Garten, während die für solche Aufgaben vorgesehenen Maschinen nutzlos herumstanden.

Afra wirkte überaus beschäftigt. Sie hatte sich ein Laboratorium aufgebaut und zog sich zumeist für viele Stunden nach dort zurück. Sie forderte bestimmte medizinische Informationen der Galaktischen Programme an und brütete so lange über den Angaben, die Ivo ihr pflichtschuldigst besorgte, bis ihre Augen starr und eingesunken wirkten. Sie bestand auf einer direkten Übertragung des Makroskopbildschirms in ihr Laboratorium, obwohl sie alle wußten, daß es Selbstmord bedeutete, wenn sie sich das Programm direkt ansah. Der große Glasbehälter, in dem sie Brads Protoplasma inzwischen aufbewahrte (das der Belüftung wegen ständig in Bewegung war und Blasen bildete), stand auf einem Regal.

»Ich mag das nicht«, erklärte Groton. »Sie *kann* doch nicht allen Ernstes annehmen, daß sie Brad wiederherstellen und ihm seine alte Verfassung wiedergeben kann. Aber ich fürchte, das hat sie vor.«

»Hat sie überhaupt eine medizinische Ausbildung?« fragte Ivo.

»Ach woher! Sie versucht sich im Selbststudium zu einer Chirurgin zu entwickeln. Das ist ja die Katastrophe. Sie wird ihn umbringen!«

»Aber was will sie denn?« fragte Beatryx entsetzt.

»Ich vermute, sie beabsichtigt, sein beschädigtes Nervengewebe zu entfernen, es neu wachsen zu lassen und durch irgend etwas Galaktisches zu ersetzen. Als ob es sich darum handelte, ein künstliches Organ zu transplantieren!«

»Aber es ist sein *Gehirn*, das zerstört worden ist . . .«, warf Beatryx ein.

Ivo dachte darüber nach. War es möglich, einen Teil des Gehirns zu ersetzen, ohne die Persönlichkeit auf drastische Weise zu verändern? Selbst wenn Afra Erfolg hatte, würde nicht der Brad dabei herauskommen, den sie gekannt hatte. Und die Zivilisation, die den Zerstörer geschaffen hatte, wußte sicher auch von möglichen Behandlungsmethoden und hatte den Impuls so moduliert, daß sie nicht mehr anzuwenden waren, wenn es jemandem einmal gelingen sollte, über ihre erste Barrikade hinwegzukommen. In dieser Hinsicht konnte keine Rettung erhofft werden.

Oder rationalisierte er nur, weil er eifersüchtig war auf die mögliche Rückkehr eines Rivalen? Hatte es in dem Wassermann-Porträt Grotons nicht geheißen, daß er dogmatisch und eifersüchtig werden konnte?

»Sie kann ihn nicht wiederherstellen, solange ich die Station nicht hereinhole«, bemerkte Ivo.

»Bist du dessen sicher? Vergiß nicht, daß sie dabei war, als er eingeschmolzen wurde. Sie hat darauf bestanden, daß sie eine Zuleitung vom Makroskopschirm erhält. Und das Wiederherstellungssignal kann selbsttätig einsetzen, zum Beispiel dann, wenn eine eingeschmolzene Masse wiederbelebt werden muß, ohne daß jemand zugegen ist, der die Sache einleiten und überwachen kann. Ich glaube, sie kann — und *wird* es tun.«

»Ich weiß es nicht. Ich würde dieses Risiko ungern eingehen.«

Aber auch dieser Sache mußten sie ihren Lauf lassen. Sie waren gefesselt. Jede Einmischung konnte den Ärger erst hervorrufen, den sie vermeiden wollten.

Afras Vorbereitungen näherten sich ihrem Ende. Sie merkten es daran, daß Afra kaum noch aus ihrem Laboratorium kam, und an der gespannten Atmosphäre, obwohl sie auf keine ihrer Fragen einging.

Als die Spannung unerträglich wurde, ging Groton zu ihr, um mit ihr zu reden — aber sie schloß sich einfach ein. »Ich könnte die Tür schnell aufbekommen«, murmelte Groton zornig. Er hatte die Konstruktion des Raums, der Tür und des Schlosses überwacht, und er hatte einige betriebsbereite Maschinen, denen materielle Hindernisse keinen ernsthaften Widerstand zu leisten vermochten. »Aber was würde es nützen? Sie will die Sache durchführen, und sie gibt nicht so leicht auf. Sie besteht aus Feuer und Erde.«

Ivo begann Grotons astrologische Anspielungen zu verstehen. Das Feuer brannte, die Erde überdauerte alles — oder etwas in dieser Richtung. »Sollen wir zulassen, daß sie es tatsächlich macht?«

»Ich bin voll und ganz dafür, sie daran zu hindern«, sagte Groton und zuckte die Achseln. Weder Ivo noch Beatryx nahmen dazu Stellung.

»Wir sollten sie zumindest unter Beobachtung halten«, sagte Ivo. »Wir wissen, daß eine Katastrophe in der Luft liegt, aber nicht genau, was für eine. Es werden die Fetzen fliegen, davon bin ich überzeugt.«

»Und zwar buchstäblich«, stimmte Groton zu. »Die unseren, wenn wir einzudringen versuchen.«

»Ich dachte an das Makroskop.«

Grotons Augen weiteten sich. »Himmel, ja! Los!« rief er. »Beatryx, du bleibst hier — aber geh nicht zu ihr hinein, was immer du hörst. Es sei denn, sie ruft um Hilfe.«

Sie nickte ängstlich und wirkte in diesem Augenblick fast hager; sie hatte Gewicht verloren und zu wenig Schlaf gehabt in letzter Zeit.

Die beiden Männer zogen ihre Anzüge über, überprüften gegenseitig die Instrumente und stapften schwerfällig in den Garten hinaus, der durch das Kraftfeld geschützt war. Hoher Weizen und Gerste wogten in der künstlichen Brise (Beatryx bestand darauf, daß es eine wirkliche Brise war, aber die Windbewegung wurde durch Maschinen, nicht durch meteorologische Vorgänge erzeugt), und nahe dem Ausgang wucherten grüne Tomatenstauden. Die herzförmigen, orangefarbenen Blätter einer tropischen Knollenpflanze wandten sich der dahinziehenden künstlichen Sonne zu. Das galaktische Programm hätte auch kontrollierte Mutationen ermöglicht, aber Beatryx hielt nichts davon; sie duldete nur Pflanzen der Erde, die aus ihren Vorräten an Samenkörnern zum Sprießen gebracht werden konnten.

Sie rannten über den Gartenpfad (Kies, dazwischen ein wenig Unkraut) und stießen durch das atmosphärische Kraftfeld, traten hinaus in einen Kristallschauer; denn die Luft, die sie mit sich nahmen, fiel fast augenblicklich auf eine Temperatur, die unter ihrem Gefrierpunkt lag, und der in ihr enthaltene Wasserdampf verfestigte sich und fiel aus. In der eingeschlossenen Kuppel hinter ihnen ließ der vorübergehende Temperaturabfall die nächsten Pflanzen erfrieren und bewirkte ein kleines örtliches Schneetreiben.

Jenseits des durchsichtigen Schirms war die Oberfläche des Triton wie zuvor, eine kahle Einöde. Der kalte Sauerstoff-Stickstoff-See begann dort, wo der warme H_2O-Teich aufhörte, da das Feld die beiden Gewässer bis zum Grund voneinander trennte.

Die Fähre stand einsam und verlassen in zwei Meilen Entfernung. Sie liefen unbeholfen darauf zu, noch immer im Bereich der normalen irdischen Schwerkraft. Erst etwa dreißig Meter hinter der Kuppel paßte sich die Schwerkraft wieder der des Triton an, fiel sogar noch ein bißchen mehr ab. Die Apparatur konzentrierte einen Teil der Gravitation eines Gebiets von etwa hundert Quadratmeilen auf eine Fläche von etwa hundert Metern Durchmesser, nahm dem größeren Gebiet weg, was dem kleineren zugute kommen sollte. Es war mit Hilfe dieser Apparatur nicht möglich, *alle* Schwerkraft aus einem Bereich abzuziehen oder sie grenzenlos zu verstärken; sie wurde vielmehr nur kanalisiert, teilweise gerichtet. Sie hätten weit leistungsfähigere Verfahren aussuchen können, aber wie Groton während einer ihrer Diskussionen erklärte, war es nicht ratsam, zu so extremen Mitteln zu greifen. Eine starke Störung der Gravitation konnte die Atmosphäre zerstören und die Oberfläche Tritons radikal verändern, ja sogar den Mond aus seiner gegenwärtigen Umlaufbahn werfen. Warum sollten sie das riskieren?

Sie machten weite Sprünge, hielten sie flach, um keine Zeit zu verlieren, und bewegten sich rasch durch die geringe Schwerkraft auf die Fähre zu. Obwohl sie seit Wochen untätig abgewartet hatten, hatte Ivo jetzt das Gefühl, als ob eine einzige Minute über alles entscheiden könnte. Er erreichte die Fähre als erster, stieg die Leiter mit ein paar Sprüngen hinauf und betrat die Luftschleuse. Im Vergleich zu dem Kraftfeld wirkte sie geradezu schwerfällig und altertümlich. Sie hatten sich der Errungenschaften von Technologien des Typs II erfreut, und jetzt waren sie wieder auf die Stufe ihres eigenen Typs I, die irdische Technik angewiesen.

Er setzte die Schleuse unter Druck und ging nach innen, machte die Schleusenkammer für Groton frei. Er ließ die Innenheizung anlaufen, nicht um der Insassen willen, sondern um das reibungslose Funktionieren der Maschinen zu gewährleisten. Diese Maschinen sollten bei ›annehmbaren‹ Temperaturen arbeiten — das heißt, die Temperatur sollte nach Möglichkeit plus fünfzig Grad nicht über- bzw. fünfzig Grad minus nicht unterschreiten.

Ivo konnte die Fähre inzwischen steuern, obwohl er kein sicherer Pilot war. Die Kontrollen waren absichtlich einfach gehalten, und die häufigen Ausflüge zur Schön-Basis hatten ihn den Umgang mit dieser Typ-I-Raumfahrttechnik sehr schnell erlernen lassen. Der Start war nur noch Routine.

Schließlich gelangten sie in das Makroskop-Gehäuse, das ständig bei gleicher Temperatur und unter gleichem Druck gehalten wurde, der empfindlichen Empfangsapparatur und des angeschlossenen Computers wegen. Sie zogen leichtere Kleidung an und machten sich an die Arbeit. Keiner dachte mehr an den Zerstörer, da Ivo sein Bewußtsein vor seinem Einfluß abzuschirmen vermochte und Groton unter kontrollierten Bedingungen längst herausgefunden hatte, daß er ebenfalls nicht betroffen wurde, solange er sich nicht wirklich auf das Signal konzentrierte.

Groton hatte auch versucht, das Makroskop selbst zu benützen, aber er hatte entdecken müssen, daß die gleiche Grenze, die ihn vor der Zerstörung seines Bewußtseins beschützte, ihn auch daran hinderte, die dahinterliegenden fremden Signale aufzunehmen. Das typische Bewußtsein war für beides oder gar nicht empfänglich. Ivo war eine Ausnahme; vielleicht, weil er keine vollständige Person war.

Es war schon lange her, daß er mit einer so kurzen Distanz gearbeitet hatte, aber er wußte, daß das Makroskop theoretisch alles aufnehmen konnte, sogar seine eigenen Funktionsmechanismen, wenn die entsprechenden Einstellungen vorgenommen wurden. Die Aufnahmeschärfe war in einem solchen Fall freilich weniger gut; ein zu starkes Signal war schlimmer als ein zu schwaches. Er setzte die Reichweite herab und konzentrierte sich auf den Mond unter ihnen.

Ein Ausschnitt aus dem Innenleben Tritons erschien: nackter Felsen. Dann fand er zur Oberfläche, die etwas verschwommen, aber erkennbar war. Er fegte über Krater und Schluchten und Ozeane hinweg, steuerte die Aufnahme auf die Kuppel zu, während Groton neben ihm wartete. Diese Art von Erkundung hätte auch Groton ausführen können, da es auf einer weniger verstandesmäßigen

Ebene geschah. Aber durch häufige Übung hatte Ivo weit größere Geschicklichkeit gewonnen, und sie waren in Eile.

»Wir rasen ganz schön schnell dahin«, bemerkte Groton. Ivo begriff, daß der Ingenieur noch nie Gelegenheit gehabt hatte, einem solchen Manöver zuzusehen.

»Es geht schneller so, als wenn wir damit beginnen würden, die genauen Koordinaten des Lagers zu berechnen. Ich würde so etwas allerdings nicht mit einem entfernteren Ziel versuchen.«

Dann waren sie in der Kuppel. Er verlangsamte, tastete sich seinen Weg in die Pyramide hinein und auf das Laboratorium zu. Er erhaschte einen Blick auf Beatryx, die unruhig in der Küche saß, und Groton räusperte sich. *Er liebt sie,* dachte Ivo, und es kam ihm wie eine Enthüllung vor, obwohl er wußte, daß das immer ganz offenkundig gewesen war.

Schließlich brachte er Afras Laboratorium ins Bild, manipulierte die Einstellungen so, daß der ganze Raum einigermaßen deutlich zu übersehen war. Sie war da, lag auf einer Liege; sie hatte noch nicht begonnen mit ihrem ... Projekt. »Wir haben es rechtzeitig geschafft«, sagte er. »Die Frage ist, ob das gut oder schlecht ist.«

»Gut, nehme ich an. Warum schlecht?«

»Weil wir zu weit weg sind, wenn es dort Ärger gibt – und den wird es geben. Von hier aus können wir nichts unternehmen, nur zusehen.«

Groton nickte gedankenvoll. »Du liebst sie.«

Diese Feststellung schien jetzt in keiner Weise aufdringlich oder unangebracht zu sein. »Seit ich sie zum erstenmal sah. Brad stellte sie mir vor – Afra Glynn Summerfield – und ich war – nun, damit war es geschehen.«

»Warum hat Brad das getan?«

»Was? Es war unser erstes Zusammentreffen.«

»Ich meine, warum er einen Namen erfunden hat. Wußtest du das nicht?«

»Du meinst, ihr Name ist nicht Afra? Oder Summerfield? Ich verstehe nicht.«

»Das *Glynn* ist nicht korrekt. Ich weiß nicht, wie ihr zweiter Name lautet, aber Glynn lautet er mit Sicherheit nicht. Ich glaube, es ist ein Familienname, Jones oder Smith oder so etwas.«

Ivo richtete sich auf. »Brad! Das hat er absichtlich getan!«

»Was getan?«

»Der Name, verstehst du nicht? Er hat ihn meinetwegen eingefügt.«

»Da komme ich nicht mehr mit, Ivo. Du hast dich doch nicht etwa in einen Namen verliebt, oder?«

Ivos Blick war starr auf die Stelle gerichtet, wo Afra lag. Er erinnerte sich daran, wie sie in seiner Hängematte gelegen hatte, erschöpft und – lieblich, kurz nach dem Zwischenfall mit dem Zerstörer. »Hast du nicht die Geschichte von mir und Sidney Lanier mitbekommen? Ich habe sie Beatryx erzählt, und du hast dieses Horoskop erstellt ...«

»Meine Frau erzählt selten persönliche Dinge weiter. Sie muß gespürt haben, daß du ihr vertrauliche Dinge anvertraut hast. Sie hat nur erwähnt, daß du ein Bewunderer von Laniers Gedichten bist. Leider bin ich mit seinem Werk nicht vertraut.«

»Ach so. Nun, ich habe eine ganz besondere Beziehung zu diesem Dichter. Ich habe alles über sein Leben und seine Arbeit in Erfahrung gebracht, und alles, was irgendwie mit ihm zu tun hat, und ich reagiere automatisch auf jede Anspielung ...«

»Aha. Diese Parole, die ich dir damals gegeben habe. Wie lange ist das schon her? Das war ...«

»Ein Zitat aus Laniers *Die Symphonie* – vielleicht sein bedeutsamstes Werk. In dem Augenblick, in dem ich das hörte, wußte ich, daß Brad mich brauchte, und daß es eine ernsthafte Sache war. Es gibt eine besondere Art von – hm, Bruderschaft, zwischen den Mitgliedern des Projekts – man könnte es ein Gefühl der Gruppenzusammengehörigkeit nennen. Es ist ziemlich stark, vielleicht sogar unwiderstehlich. Ich kann eine solche Aufforderung nicht ignorieren.«

»Ach ja – so etwas soll es auch bei Kindern geben, die in einem Kibutz aufgewachsen sind. Und dieser Name, wie war er noch ...?«

»Glynn. Aus einem anderen bedeutsamen Gedicht: *Die Moore von Glynn.*«

Groton versuchte sich zu erinnern. »Sind wir da nicht vorbeigefahren, als ...«

»Die Moorlandschaft von Glynn. In Georgia. Ja. Aus der auch Lanier seine Inspirationen bezog. Sein Gedicht wurde zunächst anonym veröffentlicht, aber es wurde so bekannt – jedenfalls, das war der Grund, warum ich in dieser Gegend war, statt mich nach einer gutbezahlten Position im Norden umzusehen, wie es die meisten anderen getan haben. Ich habe Jahre damit verbracht, seinen Spuren zu folgen.«

»Einfach so, wie?«

»Einfach so, ja. Und Brad hat es genau gewußt.«

»Er hat also nicht nur ein Spiel mit Namen gespielt. Er wollte dich an Afra binden. Sie stammt ja sogar aus Georgia, wo sich diese Moore befinden.«

»*Lanier* war aus Georgia. Er hat im Sezessionskrieg auf seiten der Südstaaten gekämpft.«

»Ich verstehe nicht, warum Brad das getan hat. Afra sagt, daß sie und Brad heiraten wollten. Warum sollte sich Brad selbst Ärger bereiten?«

»Vielleicht, weil er Schön unbedingt haben wollte. Er wußte, daß ich nicht so schnell wieder verschwinden würde, solange Afra in der Nähe war, und daß Afra nicht gehen würde, solange *er* da war. Er – warf uns sogar aufeinander, nur um sicherzugehen, daß der Virus auch wirklich seinen Nährboden fand. Er ließ mich von ihr durch die Station führen ... Es braucht nicht viel bei einem so schönen Mädchen. Und ich habe es nie bemerkt!«

»Die Liebe ist blind.«

»Sie ist gut und blind. Es war offensichtlich. Eine Rückversicherung für den Fall, daß er dem Zerstörer anheimfiel. Ivo, an Afra gefesselt – und ich konnte nur davon loskommen, indem ich Schön das Feld überließ.«

»Du kannst Schön heraufrufen, wann du es willst?«

»Ja, das kann ich. Aber ich kann ihn nicht wieder verbannen, wenn ich ihn einmal freigelassen habe.«

»Und Schön hätte an Afra nur wenig Interesse?«

»Nein. Schön könnte nur mit jemandem etwas anfangen, der sich auf seiner Ebene befindet, aber Afra ...«

»Für ihn wäre sie so eine Art Schwachsinnige. Ich verstehe jetzt, warum ihn im Alter von fünf die Langeweile überkam. Kein Mensch in der Welt, mit dem er – He! ›Mein Bauer ist gefesselt!‹ Könnte er damit dich und Afra gemeint haben? Du kannst ihn nicht rufen, weil du dann Afra verlieren würdest?«

Ivo dachte darüber nach. »Das könnte sein. Aber ich glaube, daß es ein Zufall ist. Die Liebe bedeutet nichts für Schön.«

»Und mir scheint, sie hat auch Brad nicht viel bedeutet. Ein so finsteres Unterfangen ist mir selten begegnet. Er hat seine eigene Verlobte benützt ...«

»So hat *er* mir sein Verhältnis nicht beschrieben«, bemerkte Ivo trocken. »Das ist jedenfalls ein weiterer Grund, warum ich zögere, Schön zu entkorken. Er ist völlig skrupellos. Er könnte vermutlich unser Problem mit dem fremden Signal lösen, aber ...«

»Aber wie kannst du sicher sein, welcher Farbe die Dame selbst sich zugehörig fühlen würde? Ich kann dein Zögern mehr und mehr verstehen.«

Ivo wußte dieses Verständnis zu schätzen, nachdem er sein Geheimnis so lange für sich behalten hatte. Sein ursprünglicher Eindruck von Groton war so negativ – und so falsch gewesen. Er hatte einen stupiden weißen Fettsack in ihm gesehen, während er sein eigenes Vorurteil hätte sehen sollen. Jetzt war dieser Mann – der überhaupt nicht fett war – sein engster Verbündeter. In ähnlicher Weise hatte er die Qualitäten von Beatryx zu schätzen gelernt, die auf so schlichte Weise – und ohne den Vergleich mit Afra scheuen zu müssen – bewies, daß es neben Intelligenz und Schönheit noch andere Dinge gab. Afra . . .

Afra schlief oder ruhte noch immer, ihr Atem ging gleichmäßig. »Ich schätze, so knapp waren wir gar nicht dran, daß wir uns so sehr hätten beeilen müssen. Vielleicht sollten wir uns in der Beobachtung abwechseln, bis etwas geschieht.«

»Gute Idee. Ich werde ein paar Stunden zu schlafen versuchen, dann löse ich dich ab.« Und Groton stieß sich ab und schwebte völlig entspannt in der Luft, als ob sie eine Matratze wäre.

Ivo beobachtete weiter das Laboratorium. Er empfand ein leichtes Schuldgefühl, aber er konnte schließlich nicht anders. Er wollte nicht, daß ihr etwas zustieß. Brads Trick war ziemlich offensichtlich gewesen – wenn man es im nachhinein überlegte –, aber auch verheerend wirksam. Afra hatte tatsächlich Ivos Fantasie gefangengenommen, und er spürte jedesmal, wenn er sie ansah oder an sie dachte, eine gewisse Erregung. Sie war eine eindrucksvolle Frau, und sie *war* eine Georgierin, was sie auch immer für Fehler haben mochte. Man mochte es Narrheit oder Vorurteil nennen; er konnte sich nicht mehr lösen.

Hatte Brad sie wirklich geliebt und war er sogar in sie vernarrt gewesen, wie er es ausgedrückt hatte? Ivo zweifelte inzwischen daran. Er hatte sich erlaubt zu vergessen, wie zynisch Brad in bezug auf menschliche Beziehungen sein konnte. Viele der im Projekt Aufgewachsenen waren ihm in dieser Hinsicht ähnlich. Sie waren oft stark in ihren Fähigkeiten und schwach, was ihr Gewissen anging, insbesondere, wenn sie mit der Außenwelt zu tun hatte, wobei Schön das Extrem darstellte. Sie waren unabhängig, moralisch ebenso wie intellektuell und finanziell. Für Brad war die Herausforderung durch eine Aufgabe immer wichtiger gewesen als der Mitmensch. Afra war vielleicht einfach die verfügbarste Unterhaltung für die freien Stunden in der Station gewesen und hatte sich zudem für bestimmte Zwecke als nützlich erwiesen, zum Beispiel, um Schöns Bauern festzuhalten. Ein Georgia-Mädchen für den Georgia-Historiker, für den Georgia-Bauern.

Wenn es ihr gelang, Brad als den Mann wiederzubeleben, den sie gekannt hatte, dann konnte das allein schon ein Unglück bedeuten. Ihre fieberhafte Aktivität hatte zweifellos mit ihrem Schuldgefühl wegen ihrer eigenen Vorurteile zu tun. Brad war wie Ivo – ein Farbiger. Er hatte negrides Blut in seinen Venen, Melanin in seiner Haut. Wenn sie ihn verlor, dann würde sie sich selbst davon überzeugen, daß sie ihn durch ihre Ablehnung seiner rassischen Herkunft wegen verloren hatte.

Dennoch – wie gut, daß sie dieses Schuldgefühl hatte! War es nicht das, was im wesentlichen das Gewissen ausmachte? Normale Menschen wurden durch Stolz und Schuldbewußtsein in ihren Grenzen gehalten; abnormen Personen fehlten diese Qualitäten, und dadurch waren sie gefährlich für die Gesellschaft. Selbst der subtile Rassismus eines wohlerzogenen Weißen aus dem Süden hatte seine Regeln und seine Einschränkungen; er war böse an sich.

Schön andererseits kannte weder intellektuelle noch ethische Schranken. Er empfand keine Schuld, keine Scham. Er würde schrecklich sein.

Afra regte sich. Sie streckte sich in einer Weise, wie sie es vor den Augen anderer nicht getan hätte, und ging in den angrenzenden Baderaum. Der befand sich nicht im Aufnahmebereich, und Ivo folgte ihr nicht. Er war, dank *seiner* Schuldgefühle, kein Voyeur.

Nach ein paar Minuten kam sie heraus und ging auf den breiten Arbeitstisch zu. Darauf war die elektronische Ausrüstung aufgebaut, und er sah, daß sie ihren Makroskopschirm aus Kopfhöhe direkt nach unten richtete. Neunzig Sekunden lang betrachtete sie den durchsichtigen Behälter, dann beugte sie sich nieder, um das Becken aus einem niedriger gelegenen Regal zu holen.

Kein Zweifel mehr: Es begann . . .

»Harold.«

Groton erwachte, fuchtelte einen Augenblick lang windmühlenartig mit den Armen um sich, bevor er sich auf die Schwerelosigkeit eingestellt hatte. Sie beobachteten, was weiter geschah.

Afra öffnete das Ventil und ließ die breiige Flüssigkeit in das Becken fließen. Sie trat einen Schritt zurück, beobachtete den Vorgang. Ivo versuchte ihre Gedanken zu erraten, aber es gelang ihm nicht. Es war Bradley Carpenter, der in das Becken floß: ihr Geliebter.

»Ich sehe keinerlei Instrumente«, sagte Groton. »Wenn sie etwas Chirurgisches vorhat . . .«

Das stimmte. Es war keine besondere Ausrüstung zu sehen. Aber wenn sie diese Absicht aufgegeben hatte, was hatte sie dann vor? Sie hatte gewiß nicht die Absicht, ihn bis ans Ende aller Zeiten zu pflegen und zu versorgen.

Das Protoplasma schien zu reagieren, da es nicht mehr eingesperrt war und sich in einer erträglicheren Umgebung befand. Es bildete kleine Wellen und schien Funken zu versprühen. Afra spülte den Glasbehälter mit Wasser aus und ließ auch das Spülwasser in den Behälter fließen. Und – der Strahl kam.

Sie befanden sich hier und benützten das Makroskop, um ihr nachzuspionieren – doch das fremde Signal übertrug sich zur gleichen Zeit durch das System. Ivo hatte nicht geahnt, daß es dazu in der Lage war.

Erneut bildete sich das Auge, die Qualle, entwickelte sich allmählich das Wirbeltier.

»Vielleicht«, sagte Groton, »gibt es eine einfachere Antwort – wenn es wirklich möglich ist. Was würde geschehen, wenn der Vorgang einen Augenblick früher gestoppt wird? Nur den winzigen Bruchteil der Lebensspanne . . .«

»So daß das mit dem Zerstörer nie geschehen ist?« Es wäre einfach . . . *zu* einfach. Warum hatte es das galaktische Handbuch nicht empfohlen?

»Sie könnte ihn ein- oder zweimal durchlaufen lassen, um den richtigen Zeitpunkt festzustellen. Um den Vorgang beim nächstenmal vorzeitig anzuhalten. Wenn sie den Punkt einmal hat – nun, sie muß eine Vorstellung davon haben, wie sie es machen will. Ihm könnten ein paar Erinnerungen aus der letzten Zeit fehlen, aber die könnte sie leicht ersetzen.«

Die Form entwickelte sich weiter, erreichte das Stadium des Luftatmers.

»Oder«, fuhr Groton nach einer Weile fort, »sie könnte mit einer veränderten Mischung experimentieren. Wenn es möglich wäre, die beschädigten Zellen im flüssigen Zustand zu isolieren und durch gesundes Protoplasma zu ersetzen . . .«

»Aber es wäre Protoplasma mit einer anderen Anordnung der Chromosomen!« sagte Ivo. »Und woher könnte sie das bekommen?«

Doch darüber stellten sie beide keine weiteren Vermutungen an.

Afra zog eine Maschine mit gezackten Elektroden heran. Ivo erinnerte sich, daß er die Angaben für diese Apparatur aus dem Makroskop geholt hatte, aber er hatte keine Ahnung von ihrem Zweck. Offenbar hatte sich Afra mit ihren Verwendungsmöglichkeiten etwas mehr beschäftigt. Er bemerkte jetzt, daß das von ihr benutzte Becken nicht aus Kunststoff, sondern aus Metall bestand; es würde elektrischen Strom leiten.

»Ein Stromstoß kurz bevor der Zerstörer zuschlägt«, sagte Groton, »um den Vorgang genau in diesem Augenblick abzustoppen . . .«

»Aber die Auflösung fand *nach* der Einwirkung des Zerstörers statt«, sagte Ivo, noch immer grenzenlos entsetzt. »Das Verfahren setzt voraus, daß jede Erfahrung Teil des Plasmas ist. Man kann die Wirkung des Zerstörers nicht mit der Stoppuhr herausmanipulieren – jedenfalls nicht, ohne das ganze System ins Wanken zu bringen, und das ist gefährlich. Ich würde das . . .«

»Wir werden es bald wissen«, sagte Groton. »Sieh nur!«

Irgendwie waren die vier Stunden der Wiederherstellung bereits verstrichen. Afra befestigte eine Elektrode am Rand des Beckens und legte die andere, eine Scheibe, auf den Kopf des sich ständig weiterentwickelnden Wesens. Sie maß die Zeit offenbar nach dem Gefühl und berührte den Schalter.

Strom floß hindurch. Ivo sah, wie sich die Gestalt in dem Becken versteifte.

»Schocktherapie?« murmelte Groton. »Was soll das für einen Sinn haben?«

Afra schaltete wieder aus und entfernte die Scheibe. Sie trat zurück.

Die Gestalt, jetzt bereits als Brad erkennbar, schien sich jetzt nicht mehr zu verändern. Die Augenlider zuckten, die Brust dehnte sich.

»Hat sie es tatsächlich geschafft?« äußerte Groton ungläubig.

»Sie hat *etwas* erreicht. Aber ich fürchte noch immer, daß die Erfahrung des Zerstörers sich irgendwie in ihm befindet und nur darauf wartet, wirksam werden zu können. Vielleicht nachdem er ein paar Stunden oder Tage unter uns geweilt hat . . .«

Sprachen da die Hoffnungen der Eifersucht aus ihm?

»Oh – nein!«

Es klappte nicht. Statt voll und ganz zu sich zu kommen, begann sich die Gestalt in dem Becken erneut zu verändern. »Er entwickelt sich zurück!« schrie Ivo. »Sie hat es nicht gestoppt, sie hat den Prozeß umgekehrt!«

»Dann sollte die Gestalt sich wieder auflösen, oder nicht?«

»Es würde natürlich nur gehen, wenn er zustimmt. Aber wenn es so aussieht, als ob eine Gerichtsverhandlung die Atmosphäre reinigen und die Dinge wieder in Ordnung bringen könnte . . .«

Beatryx richtete sich auf. »Sieh mal, Ivo! Da!«

Beunruhigt folgte er ihrem Blick, mindestens eine mittlere Katastrophe erwartend. Doch da war nichts.

»Auf diesem Tomatenblatt!« flüsterte sie, vor Erregung bebend.

Er sah hin und war erleichtert, daß es nichts Wichtiges war. »Sieht doch ganz gesund aus. Aber du wirst spritzen müssen . . .«

Dann begriff er endlich. »Ein Käfer!«

»Ein Käfer!« wiederholte sie.

»Muß eine Larve in der Tomate gewesen sein«, sagte sie. »Und ich dachte, alles wäre sterilisiert worden.«

»Vielleicht haben wir eine ganze Menge von Käfern«, rief sie begeistert. »Tritonkäfer. Und Fliegen und Spinnen und Würmer. Sie werden vielleicht ins Haus kommen, und wir werden Fliegengitter anbringen müssen!«

Es war so lange her, daß sie ein lebendes Wesen außer den vier Mitgliedern ihrer Gruppe gesehen hatten, daß diese Entdeckung eine besondere Bedeutung für sie erhielt. »Wir sind nicht allein«, sagte er. »Das ist ein gutes Omen.«

»Glaubst du, daß es hier warm genug für ihn ist?« fragte sie besorgt. »Sollte ich ihm etwas zu essen bringen? Wovon ernähren sie sich eigentlich?«

Ivo lächelte. »Das weiß die Natur am besten. Ich bin sicher, daß er jetzt genau auf seinem Mittagessen sitzt. Wenn wir ihn alleinlassen, dann wird er sicher bald eine ganze Schar von Nachkommen aufziehen. Aber ich werde mit dem Makroskop ein Käferbuch fotografieren, damit du ihn identifizieren kannst.«

»Oh, ich danke dir!« sagte sie ernsthaft.

Er ging, während sie noch neben der Pflanze kniete. Wenn es so etwas wie Omen *gab*, dann war dies sicherlich ein Zeichen dafür, daß sie den tiefsten Punkt bereits hinter sich hatten.

»Ein Gerichtsverfahren.« Groton überlegte. »Das mag etwas für sich haben. Sicher ist, daß wir etwas unternehmen müssen. Dieses Mädchen ist dicht an der Grenze.« Wenn sich Beatryx durch die Belastung der letzten Monate verändert hatte, dann konnte man das von Groton nicht sagen. Er schien von ihnen allen am stabilsten zu sein.

»Ich habe die Idee von einem Vorfall, an den ich mich erinnert habe. Etwas über Tierpsychologie. Ein Hund war davongelaufen oder irgendwie verlorengegangen – die Einzelheiten weiß ich nicht mehr –, aber nach ein paar Tagen bekam sein Herr ihn zurück. Der Herr war froh, daß er wohlbehalten wieder zurück war, aber der Hund schlich nur im Haus herum, aß kaum etwas und gönnte sich keine Ruhe. Schließlich fragte der Mann einen Tierarzt, was er tun könnte. Der gab ihm den Rat, eine Zeitung zusammenzurollen und dem Tier ordentlich eine auf den Hintern zu hauen.«

»Das dürfte kaum geholfen haben.«

»Es hat den Hund geheilt. Es sah so aus, als erwartete der Hund, dafür bestraft zu werden, daß er verlorengegangen war, und er konnte nicht zu seinem normalen Verhalten zurückfinden, bevor er diese Bestrafung erhalten hatte. Er wartete einfach darauf, vor sich hinbrütend, wohl wissend, daß die Dinge nicht in Ordnung waren, bevor er seine Hiebe abbekam. Ein Hieb reichte, und der Hund riß vor Freude fast das Haus auseinander. Die Sache war beigelegt, verstehst du?«

»Du meinst, daß Afra durch einen Hieb auf ihr Hinterteil zu heilen wäre?«

»Ich weiß es nicht. Es kann Brad natürlich nicht zurückbringen, aber die Schuld . . .«

Groton setzte sich nieder. »Ich glaube, du hast recht, was die Schuld angeht. Sie hat kein Ventil – wir können ihr wirklich keinen Vorwurf machen. Aber eine Gerichtsverhandlung? Nun, es ist schwer zu sagen, wie sich Schuld austreiben läßt . . .«

»Du würdest die Entscheidung fällen müssen. Über ihre Schuld, meine ich. Die Tatsachen abwägen, die angemessene Bestrafung festlegen . . .«

»Ja, das müßte ich wohl.« Ivo konnte verstehen, daß Groton nicht so recht begeistert war. Sie waren *alle* schuldig durch ihre vorhergehende Tatenlosigkeit, ebenso wie Afra durch ihre übereilte Tat. Wer waren sie, daß sie ein Urteil über sie sprechen konnten?

Groton klopfte, um die Aufmerksamkeit auf sich zu ziehen. »Wir brauchen nicht unnötig formal vorzugehen. Ivo, es ist vereinbart, daß du die Anklage vertrittst. Gib bitte dein Plädoyer ab.«

Ivo erhob sich, kam sich in diesem Augenblick vor, als ob sie sich tatsächlich in einem Gerichtssaal befänden, als würde er sich an eine Jury von zwölf Geschworenen wenden. »Harold, ich habe die Absicht, jenseits allen Zweifels zu beweisen, daß Afra Summerfield wissend und in böswilliger Absicht Bradley Carpenter ermordet hat. Sie . . .«

Afra sprang wütend auf. »Wie kannst du so etwas sagen! Das ist lächerlich, das ist . . .« Sie brach ab, da sie sah, daß die drei anderen ruhig und ernst blieben.

Groton wandte sich ihr langsam zu, und blickte sie ruhig an. »Du hast natürlich das Recht, für dich selbst zu sprechen, Afra. Aber es wäre besser, wenn du deine Verteidigung Beatryx überlassen würdest. Wir müssen uns der vollen Wahrheit in dieser Angelegenheit versichern, wenn wir hier weiter in Harmonie zusammenleben wollen.«

Sie gab nach, mitleiderregend in ihrem Elend und ihrer plötzlichen Unsicherheit. »Ja, natürlich, Harold, ich verstehe.«

»Wenn du bitte fortfahren möchtest, Ivo.«

»Wir haben hier eine verzogene und arrogante junge Frau der oberen Mittelklasse vor uns. Sie wurde in dem Glauben erzogen, daß sie mehr sei als die gewöhnlichen Menschen – durch die Reinheit ihrer rassischen Herkunft, das Geld ihrer Familie und die Qualität ihrer Erziehung. Sie besitzt ein waches Bewußtsein und tendiert dazu, jene zu verachten, die über einen weniger beweglichen Verstand verfügen. Zugleich aber lehnt sie jene ab, die über eine offenkundig größere Intelligenz als sie selbst verfügen, da solche Personen nach ihren Begriffen eine höhere Nische in der Hierarchie einzunehmen scheinen. Sie sind, mit einem Wort, überlegen.«

Afra sah ihn entgeistert an. »Glaubst du das wirklich? Daß ich . . .« Aber sie hielt erneut inne, als sie seine ausdruckslose Miene bemerkte: »Tut mir leid. Ich werde nicht mehr unterbrechen.«

»Jetzt muß man sich die Situation ausmalen, die entstand, als sie in dem Makroskop-Projekt als einflußreiche Assistentin beschäftigt wurde. Viele – vielleicht die meisten – Mitglieder der Besatzung übertrafen sie sowohl in bezug auf die Ausbildung als auch hinsichtlich der intellektuellen Fähigkeiten. Verglichen mit ihnen war sie sowohl unwissend als auch dumm. Das versetzte sie gewiß in einen Zustand der ständigen Abwehr. Niemand sieht gern ein, daß er unterlegen ist – oder nimmt es gern hin, daß andere das glauben, was immer auch tatsächlich der Fall sein mag.«

Ivo hatte die Absicht gehabt, den Fall zu übertreiben, obwohl er selbst nicht wirklich daran glaubte, aber er mußte zusehends feststellen, wie ihn seine eigene Rhetorik mitriß. Indem er sie beschuldigte, gab er auch zu einem gewissen Teil seiner eigenen Haltung Ausdruck. *Er* fühlte sich unterlegen, und er hatte es nie gemocht. Und Afra prahlte geradezu mit ihrem Intellekt.

»Außerdem waren die meisten von verschiedenrassiger Herkunft.

Sturm treibende Kristalle. Zweitausend: das gleiche Bild. Dreitausend – und keine feste Oberfläche.

»*Hat* dieser Planet eine Oberfläche?« wollte Ivo wütend wissen.

»Muß er wohl haben«, sagte Groton. »Irgendwo. Er ist zu dicht, um völlig aus Gas zu bestehen.«

Viertausend. Fünftausend.

»Bist du sicher, daß die Einstellungen richtig sind? Vielleicht sind wir nicht so tief, wie wir annehmen.«

»Da bin ich sicher. Es ist dieser verdammte *Planet*, mit dem etwas nicht stimmt.«

Sechstausend. Siebentausend.

Achttausend Meilen unterhalb der sichtbaren Oberfläche begegneten sie der ersten festen Masse: zusammenhängendem Ammoniakeis. Die Makroskopaufnahmen wurden etwas verschwommen; bei dieser tiefen Temperatur war zu wenig Strahlung im richtigen Bereich vorhanden.

Neuntausend und echtes Wassereis: felsenfest, durchscheinend.

Zehntausend: und wieder das gleiche.

»Wir haben bereits zwei Drittel auf dem Weg bis zum Kern zurückgelegt – und nichts als *Eis?*« meinte Ivo zweifelnd.

Die Aufnahmen waren kaum noch zu erkennen – aber in einer Tiefe von zwölftausend Meilen stießen sie endlich auf Felsen.

»Begreifst du«, flüsterte Groton, »daß der feste Körper des Neptun kleiner ist als die *Erde*? Ein Kern mit einem Durchmesser von weniger als achttausend Meilen ...« Er sah auf die Anzeigen, die jetzt wieder eindeutige Werte übermittelten. »Aber was für ein Kern! Wolfram, Gold, Platin, Iridium, Osmium – die schwersten Elemente des Universums liegen hier dicht zusammengepackt! Stell dir vor, was das für eine Goldmine ist!« Er hielt inne. »Gold? Wirf es weg! Dieses Zeug hier ...« Er gab auf.

»Sind es *nur* wertvolle Metalle?«

»Tut mir leid – meine Begeisterung ist mit mir durchgegangen. Nein, es besteht zu siebzig Prozent aus Eisen, und der Rest ist vorwiegend Sauerstoff und Silizium. Die hohen Anteile der schweren Sachen sind mir einfach zuerst ins Auge gesprungen, und der Anteil der schweren Metalle wird sich mit zunehmender Tiefe noch vergrößern. Eine sehr feste Lithosphäre. Aber das kann ja gar nicht anders sein. Ich schätze, daß zwei Drittel der Masse des Planeten auf den Kern entfallen – und der Kern ist nicht größer als die Erde. Mein Gott – daran habe ich überhaupt nicht gedacht! Dieser Kern – er muß durchschnittlich zehn- oder elfmal so dicht sein wie die Erde, wenn diese Masse dabei zusammenkommen soll. *Nichts* kann so fest sein.«

»Ich gehe tiefer«, sagte Ivo.

Es war so fest. Die verschiedenen Elemente trieben auf der ›Oberfläche‹ des Kerns, weil das Innere noch um ein mehrfaches dichter war.

Es bestand aus teilweise zusammengefallener Materie: möglicherweise waren es die Überreste eines erloschenen Zwergsterns. Protonen und Neutronen lagen dicht beieinander, wurden nur von unvollständigen Elektronenschichten auseinandergehalten.

»Es sieht so aus«, sagte Groton, »als ob bereits die halbe Arbeit für uns getan worden wäre.«

Ivo nickte zufrieden.

Ivo erklärte den Frauen, was sie vorhatten.

»Die Idee ist, das Prinzip des Schwerkraftzusammenbruchs zu nutzen. Wir haben Pläne für eine ziemlich ausgeklügelte Variante des Schwerkraftkonzentrators erhalten, die unserer Apparatur auf Triton ungefähr so ähnelt wie eine Wasserstoffbombe einem Streichholz. Allein der Zusammenbau der Generatoren wird zwei Monate in Anspruch nehmen, selbst mit einer ganzen Mannschaft von Waldos, und die notwendigen Sicherheitsvorkehrungen . . .«

»Was meinst du mit ›Schwerkraftzusammenbruch‹?« unterbrach ihn Afra.

»Nun, vereinfacht gesehen ist es die Wirkung der Schwerkraft auf Materie, wenn sie extrem gesteigert wird. Jedes Objekt von hinreichender Masse tendiert von selbst dazu, sich durch seine eigene Schwerkraft zusammenzuziehen, und je dichter es ist, desto stärker wird diese Kraft. Tatsächlich wird ein Zusammenbruch nur durch die elektromagnetischen und nuklearen Kräfte verhindert. Sie sind nämlich weit stärker als . . .«

»Darf ich?« mischte sich Groton ein. »Ich glaube, ich kann das zum Nutzen jener vereinfachen, die keine galaktische Unterweisung genossen haben.« Ivo begriff, daß mit ›jene‹ lediglich Beatryx gemeint war. Er hatte sich bereits an Afras blitzschnelle Auffassungsgabe gewöhnt und pflegte zu vergessen, daß Beatryx langsamer war. Er hatte außerdem vergessen, daß er in einer Weise dozierte, die er vor nicht allzu langer Zeit selbst nicht hätte verstehen können; wiewohl er sich bemüht hatte, nicht zu tief in das galaktische Verständnis einzudringen, hatte er doch eine ganze Menge mitbekommen.

Und natürlich hatte Afra aus dem gleichen Grund ihre Frage

gestellt. *Sie* kannte sich in Astronomie und Physik weit besser aus als er, war sich aber stets bewußt, daß Beatryx hinter ihnen zurückblieb.

»Seht mal her«, sagte Groton. »Triton ist kleiner als die Erde, dagegen wiegen wir hier weniger – vielmehr haben wir weniger gewogen, bevor wir die Dinge etwas änderten. Schön ist noch kleiner, daher wiegen wir auf ihm fast gar nichts. Aber es ist nicht nur die Größe, die zählt. Wenn Schön aus Osmium statt aus Eis bestünde, dann hätte er ungefähr das 25fache seiner Masse und dadurch entsprechend mehr Schwerkraft. Wir würden etwas mehr wiegen, aber noch immer nicht viel mehr.«

Beatryx nickte.

»Aber ein Planet zieht nicht nur an *uns*«, fuhr Groton fort. »Er zieht auch an sich selbst. Seiner eigenen Schwerkraft wegen ist er in seinem Innern dichter zusammengesetzt als an seiner Oberfläche. Und wenn wir Triton zu einer kleinen Kugel von der Größe Schöns zusammenpreßten, dann würden wir mehr wiegen als jetzt, weil er dichter wäre und wir uns näher an seinem Mittelpunkt befänden.

Und wenn wir ihn zu einer erbsengroßen Kugel zusammenpreßten – dann wäre die Gravitation unvorstellbar stark. Wir würden ihn vielleicht über seinen Gravitationsradius hinaus zusammendrücken – den Punkt, an dem ein Objekt in sich selbst zusammenzufallen beginnt, als wäre es ein lecker Reifen. Wenn das einmal geschieht, ist es zu spät; niemand kann diesen Vorgang mehr aufhalten.«

»Aber was geschieht dann?« fragte Beatryx beunruhigt.

»Das ist es, was wir gerne wüßten. Ivo scheint jedoch die Antwort aus dem Makroskop zu kennen.«

»Es scheint, als ob Materie nicht einfach in Singularität zusammenfallen kann – das heißt, in nichts«, erklärte Ivo, der sein Bestes tat, um Grotons Stil nachzuahmen. »Das würde gegen grundlegende Gesetze der – nun, es geht eben nicht. Statt dessen stößt das Objekt durch zu einem anderen Punkt im Universum, folgt dem Weg des geringsten Widerstands.«

»Stößt hindurch . . .«, murmelte Afra, die eins und eins zusammenzählte. »*So* willst du also . . .«

»Zu den galaktischen Horizonten springen. Ja. Aber wir haben da noch ein paar Probleme.«

»Das glaube ich dir aufs Wort. Du spielst mit dem atomaren Zusammenbruch der Materie. Angenommen, du hast ein Verfahren, mit dem du das in die Wege leiten kannst, was ich einmal voraussetzen will, was geschieht dann eigentlich mit den *Menschen*, die auf Stecknadelgröße zusammengepreßt werden?«

»Noch schlimmer«, sagte Ivo. »Ein Mensch normaler Größe müßte sich zusammenquetschen lassen auf den zehnmilliardsten Teil . . .«

»Den zehnmilliardsten Teil?«

»Ja, auf die Größe eines Atomkerns. Das gilt natürlich nur, wenn wir allein durch das Loch schlüpfen wollen; es ist etwas weniger, wenn wir von einer anderen Masse begleitet werden.«

»Ich nehme an, das ist immer noch sehr klein«, sagte Beatryx.

»Sehr klein«, stimmte Ivo zu. »Aber eine Masse von der Größe etwa der Sonne würde sich nicht in diesem Verhältnis verkleinern müssen. Je größer die Masse, desto leichter ist es. Aber was Menschen angeht – dieses ganze Programm stammt von der großen außergalaktischen Station. Aus irgendeinem Grund ist es die einzige, die so etwas führt. Tatsächlich bringt sie *nur* die Technologie, die diese Art von Reisen ermöglicht; ihr Informationsspektrum ist kleiner als ich zuerst dachte. Der Auflösungszyklus ist Teil der Vorbereitungen dafür. Diese Station sagt, daß lebendes Gewebe diese Verwandlung überleben kann, wenn es richtig vorbereitet wird.«

»Und wir haben es schon einmal richtig gemacht«, sagte Groton.

»Nun laß uns endlich auch noch das schlimmste hören«, sagte Afra.

»Zunächst kommt also die Verflüssigung, wie wir es bereits kennen. Dann die Isolation der einzelnen Zellen und die Auflösung in so etwas wie einen gasförmigen Zustand.«

»Gasförmige Materie ist elastisch und findet nach der Kompression leichter wieder in ihren ursprünglichen Zustand zurück«, fügte Groton hinzu. »Wenn die Molekularstruktur einmal wiederhergestellt ist.«

»Und das Feld – das ist eine sehr vereinfachte Beschreibung – erhält während der Kompression exakt seine Struktur«, sagte Ivo. »Das heißt, es befestigt jedes Atom auf seinem Platz und stabilisiert die Dinge so, daß das ganze Feld gleichmäßig zusammenfällt und nichts aus seiner Bahn geworfen oder durcheinandergebracht wird. Es ist ungefähr so, wie ein Muster auf einem Luftballon, das allmählich zusammenschrumpft, wenn die Luft herausgelassen wird – nicht aber, wenn das Ding platzt. Nach dem – Sprung – erhält das Feld die gleichen Verhältnisse während der Ausdehnung und läßt erst los, wenn die physikalischen Bedingungen wieder normalisiert sind. Der Maschinen wegen wäre das nicht nötig; aber der lebenden

Organismen wegen ist eine zusätzliche Flexibilität erforderlich – eben weil sie lebendig sind. Man kann das Leben nicht einfach abschalten und dann wieder einschalten. Ganz so einfach geht es nicht.«

»Du sagst, je größer die begleitende Masse, desto leichter das Verfahren«, rekapitulierte Afra. Die Bereitschaft, neue Ideen zu akzeptieren, war erheblich angewachsen durch die Erfolge mit dem Auflösungszyklus und den Maschinen der Tritonkolonie. »Bedeutet das, daß du uns an – nun, an Schön befestigen und mit ihm zusammenpressen willst?«

»Du hast es erfaßt, aber uns stehen größere Massen zur Verfügung, und darauf werden wir unsere Ausrüstung ausrichten. Je größer die Masse, desto einfacher die notwendige Technologie, wegen des geringen Kompressionsverhältnisses. Daher . . .«

»Triton? Das wäre einfach, aber nehmen wir uns damit nicht ein bißchen viel vor?«

»Ich dachte an Neptun.«

Selbst das schien sie nicht mehr zu überraschen. »Weißt du schon, wo wir herauskommen werden?«

Ivo sah Groton an, und der zuckte die Achseln. »Das wissen wir nicht. Die Karten haben sich in drei Millionen Jahren verändert. Die Expansion des Raumes hat nicht aufgehört. Selbst wenn seine Faltungen konstant blieben, würde sich die Anordnung der Sterne und der Galaxen durch ihre Eigenbewegung verschieben. Wir brauchen eine *jetzt* gültige Darstellung – und über das Makroskop ist keine zu bekommen.«

»Also stoßen wir einfach durch und hoffen das beste?«

»Ja. Aber nach ein paar Versuchen sollten wir in der Lage sein, eine eigene Karte zu erstellen und auf dieser Grundlage weitere Berechnungen durchzuführen.«

»Angenommen, wir kommen *in* einer Sonne heraus?«

»Das ist äußerst unwahrscheinlich. Aber dagegen scheinen ohnehin Vorkehrungen getroffen zu sein; Materie stößt offenbar andere Materie zurück. Der Weg des geringsten Widerstands bedeutet, daß es leichter ist, zu einem unbesetzten Raumbereich durchzustoßen, als in einer Sonne, einem Planeten oder einem Staubnebel zu landen, der den Raum auf der anderen Seite besetzt hält. Insofern brauchen wir uns daher keine Sorgen zu machen.«

»Was ist, wenn wir verlorengehen?«

»Das kann uns nicht passieren, solange wir das Makroskop haben. Jedenfalls nicht für lange. Die Galaxis mag von einem anderen

Standpunkt im All aus ziemlich seltsam aussehen, aber wir haben wenigstens eine grobe Vorstellung von ihrer gegenwärtigen Form.«

»Wirklich?« fragte Afra. »Hast du dir überlegt, daß ein Sprung von fünfzehntausend Lichtjahren — um eine Zahl zu nennen, mit der wir uns werden beschäftigen müssen, wenn wir den Zerstörer erreichen wollen — das gleiche bedeutet, als ob wir um fünfzehntausend Jahre in die Zukunft reisen würden. Was du bis jetzt gesehen hast, ist dann nur noch die Vergangenheit eines winzigen Teils des Universums. Deine gegenwärtige Form könnte völlig nutzlos sein, um unsere Position zu bestimmen.«

»Wir haben noch immer die Programme; die meisten von ihnen sind mit einer galaktischen Zeitangabe versehen. Und dann bleibt uns natürlich noch das Zerstörersignal. Dagegen wollen wir vorgehen, also werden wir es auch zur Orientierung benützen.«

»Wieso nimmst du an, daß es nur einen Zerstörer gibt?«

Ivo und Groton tauschten erneut Blicke aus. »Wir können uns immer auf das Sonnensystem ausrichten«, sagte Groton. »Damit sind wir ziemlich vertraut. Wir können die Entfernung daran abschätzen, wie es auf der Erde aussieht, und durch die Ausrichtung auf die Erde können wir unsere Richtung bestimmen. Daraus läßt sich berechnen . . .«

»Bei allem Respekt, meine Herren«, bemerkte Afra trocken, »da befindet ihr euch ganz schön im Irrtum. Aus fünfzehntausend Lichtjahren Entfernung werdet ihr die gute alte Sonne vielleicht gar nicht mehr lokalisieren können. Die Sternkonstellationen werden völlig unterschiedlich sein, und die absolute Helligkeit der Sonne ist nicht besonders groß. Von der wahrscheinlichen Sichtbehinderung durch interstellare Staub- und Gasmassen ganz abgesehen. Tatsache ist, daß wir mit dem Teleskop nur ein Tausendstel des Milchstraßenzentrums erkennen können, und in den Randbereichen ist es mit dem Staub noch schlimmer. Mit dem Makroskop ist es natürlich besser, aber . . .«

»Und wie würdest du die Sache handhaben?« wandte sich Ivo an Afra.

»Zuerst einmal würde ich mich an einer leicht erkennbaren außergalaktischen Markierung orientieren, zum Beispiel an der Andromeda-Galaxis. Die ist ungefähr zwei Millionen Lichtjahre von hier entfernt, und wenn wir weiter springen sollten, dann brauchen wir uns um örtliche Gegebenheiten wie den Zerstörer nicht mehr zu kümmern. Dann würde ich mir ein paar veränderliche Sterne heraussuchen und mir die für ein größeres Gebiet typischen Konstellationen ansehen – sagen wir, im Umkreis von ein paar tausend Lichtjahren um die gute alte Sol. Wenn ich erst einmal den Polarstern hätte, dann wüßte ich, daß ich mich innerhalb von hundert Parsec...«

»Andromeda ist eine Milchstraße wie unsere eigene, nur größer«, erklärte Groton Beatryx. »Wir sollten sie von fast überall sehen können, da sie sich außerhalb unserer Milchstraße befindet und uns ihre breite Seite zuwendet. Die veränderlichen Sterne...«

»Danke, aber ich kann selbst erklären, was ich meine«, unterbrach ihn Afra. »Die veränderlichen Sterne, von denen ich spreche, sind hell und werden in regelmäßigen Abständen noch heller – sie haben so etwas wie einen Rhythmus, als schlüge ein Herz in ihnen. Und je länger die Periode eines Sterns dauert – das heißt die Zeit, die er braucht, um heller und wieder dunkler zu werden – desto größer ist seine absolute Helligkeit. Wir brauchen also nur festzustellen, wie hell er von unserem Standpunkt aus erscheint und die Länge der Periode in Betracht zu ziehen, und können so berechnen, wie weit er entfernt ist. Weil ein Stern, der weiter entfernt ist, weniger hell erscheint als einer, der näher ist.«

»Aber ja«, stimmte Beatryx zu. »Das ist leicht zu verstehen.«

Ivo sagte nichts, da er nicht zugeben wollte, nicht gewußt zu haben, was ein veränderlicher Stern war und wie man ihn benützen konnte, um sich galaktischer Entfernungen zu vergewissern. Er hatte während ihres Aufenthalts auf Triton technologische Wunder herbeigeschafft, und die Prinzipien, die Groton auf seine Apparaturen anwandte, waren allem voraus, was Fachleuten auf der Erde bekannt war. Ivo hatte sehr viel mitbekommen in dieser Zeit, aber seine Anteilnahme daran war die eines Stenographen gewesen. Er hatte keine wirklichen Vorstellungen von den Inhalten. Er hatte es *getan*, aber er *verstand* es nicht. Das Ergebnis war ein in die Einzelheiten gehendes technisches Wissen auf einigen und offensichtlichen Lücken auf anderen verwandten Gebieten. Er konnte zum Beispiel über das Prinzip des Schwerkraftzusammenbruchs reden, nicht aber über veränderliche Sterne.

Und war es nicht auch mit der Zivilisation der Erde in vielfacher Hinsicht so, überlegte er sich. Wurden nicht viele Dinge getan, ohne sie zu verstehen – selbst wenn das einem Selbstmord gleichkam?

»Wann«, fragte Beatryx, »werden wir es versuchen?«

Es vergingen vier Monate intensiver Anstrengungen, geistig, körperlich und emotional – aber die Gruppe hatte wieder eine Aufgabe, und das bekam ihr gut. Sie lebten und arbeiteten in einer unannehmbaren Umgebung, aber die Stunden der Muße waren gezählt.

Beatryx wurde zur Herrin einer vollautomatisierten Dienstleistungstechnik, so daß die anderen ihre ganze Zeit für die wichtigere Arbeit aufwenden konnten. Sie wurde außerdem eingelernt, die Maschinen zu überwachen, die Verbindungen herstellten und Stromkreise montierten. Sie hatte darauf zu achten, daß die Qualitätskontrolle stets positiv auf jede fertiggestellte Einheit reagierte.

Ivo durchquerte die Galaxis per Makroskop, um bestimmte Informationen zu erhalten, da die intergalaktische Sendung davon auszugehen schien, daß gewisse Techniken bereits bekannt waren; er übertrug gewaltige Mengen von Daten, die vielleicht von Bedeutung für sie sein konnten.

Afra übernahm das meiste davon und verbrachte viele Tage mit dem Makroskop-Computer, um Toleranzen, Vektoren und kritische Werte nachzuprüfen. Sie gab zu, daß die grundlegende Theorie über ihr Verständnis hinausging; sie paßte lediglich die angewandten Verfahren an die Erfordernisse an und bestätigte ihre richtige Anwendung.

Groton erhielt ihre Ergebnisse, erstellte Diagramme und fütterte dann den Waldos die entsprechenden Anweisungen ein. Er überwachte außerdem eine vollständige Erkundung der Tritonoberfläche und wählte mit großer Sorgfalt bestimmte Orte aus, um dort gewaltige technische Komplexe entstehen zu lassen.

Sie hatten Anteil an einer Superwissenschaft, an der Technologie des Typs III. Niemand von ihnen vermochte mehr als einen Teil davon zu verstehen. Aber durch Zufall oder durch kosmische Vorherbestimmung waren sie ein Team, das diese Arbeit zu leisten vermochte — mit der großartigen Hilfe und Anleitung durch die Programme aus dem All. Die ersten einfachen Waldos waren gewaltigen mechanischen Ungeheuern gewichen, die sich über den Triton bewegten, und Computer, die dem des Makroskops überlegen waren, wurden jetzt routinemäßig eingesetzt — aber das Schwergewicht lag noch immer auf der menschlichen Tätigkeit. Ivo, Afra und Groton tauchten in ihre verschiedenen Gebiete ein, hatten mitunter tagelang keinen direkten Kontakt miteinander, und die wenigen Zusammenkünfte waren oft nicht sehr erfreulich, da sie alle unter einem übermäßigen Arbeitsdruck standen. Beatryx verstand es jedoch immer wieder, die Spannungen zu lösen, und diese Funktion war so notwendig wie jede andere.

Die Tätigkeit wurde unpersönlich, denn das Projekt war weit

größer als sie, und die ganze Gruppe war zu einem bloßen ausführenden Organ geworden. Ivo verfolgte mit Staunen, was sich entwickelte, und er war stolz darauf. Dabei war er sicher, daß es den anderen ebenso ging.

Die Arbeit selbst nahm andere Formen an. Bohr- und Aushubmaschinen fraßen sich in die Lithosphäre des Triton hinein, warfen Felsstücke in einem Null-Schwerkraft-Feld nach oben. Ein Loch entstand, das von Tag zu Tag tiefer wurde und durch umfangreiche Metallwandungen abgestützt wurde. Der Bohrer kam täglich um etwas mehr als zehn Meilen voran, der herausgeworfene Kies kam einem Geysir gleich aus dem Boden geschossen und regnete gleichmäßig auf den Ring normaler Schwerkraft herab, der das Loch umgab.

Schließlich erreichte der Tunnel, der achtzehn Meter im Durchmesser hatte, die Tiefengrenze, die der Planet eben noch erlaubte. Metallische Abstützungen konnten eine Implosion jenseits dieses Punkts nicht mehr verhindern, und ein Kraftfeld wäre äußerst unpraktisch gewesen in der Nähe des vorhandenen Null-g-Felds.

Die Maschinen beendeten ihre Tätigkeit und zogen sich zurück. Eine Zeitlang geschah nichts weiter. Triton hatte erneut seinen Frieden gefunden.

Dann löste sich das Kraftfeld auf, das über der menschlichen Niederlassung irdische Atmosphäre und Umwelt erhalten hatte. Die fremde Atmosphäre wurde herausgeblasen, kristallisierte aus und schneite langsam nieder. Die abgedichtete Pyramide blieb einsam zurück.

Eine Gestalt in einem Raumanzug verließ mit schleppenden Schritten das ehemals blühende Gebiet. Sie verhielt einen Augenblick lang neben einem frostüberzogenen Grab, ging dann zu der wartenden Fähre und schleuste sich ein; das Fahrzeug hob ab, und Triton war wieder unbewohnt.

Auf dem kleinen Mond Schön fanden die Einheiten wieder zueinander, und Joseph wurde wieder mit dem Makroskop-Gehäuse verbunden. Die Verankerung wurde gelöst. Noch im Raum drang das Makroskop in die Null-Schwerkraft-Säule ein, die noch immer aktiviert, aber in einer Höhe von tausend Meilen kaum wirksam war. Das Schiff senkte sich hinab, wobei nach oben entweichender Stickstoff und Sauerstoff es zunehmend behinderten.

Nahe der Tritonoberfläche wurde aus der Gegenströmung ein Orkan, der Staub, Gesteinstrümmer und Schnee mit sich führte. Das Makroskop-Gehäuse nach unten gerichtet, senkte sich das

Schiff langsam weiter hinab, wobei die Leistung seines Haupttriebwerks nur zu einem Bruchteil in Anspruch genommen wurde.

Mit einer relativen Geschwindigkeit von einem Meter in der Sekunde drang das Schiff in den Tunnel ein, in dem sich die Null-g-Säule unter der Oberfläche fortsetzte. Die Turbulenzen ließen nach. Die entfliehende Atmosphäre, die ihren Weg durch den Zwischenraum zwischen der Röhre und dem Kugelgehäuse des Makroskops suchen mußte, hielt das ganze Gebilde in der Tunnelmitte, während es sanft beschleunigend nach unten fiel. Das vorbeidrängende Gas wirkte als Kissen, das eine Berührung mit der Tunnelwand verhinderte. Mit einer Höchstgeschwindigkeit von fünfzehn Meilen in der Stunde bewegte sich das Schiff durch den Mond.

Nach drei Tagen kam es wieder zum Stillstand. Die Null-Schwerkraft-Säule gab nach; Schutt fiel herab. Ein kurzer Schub aus den Düsen, und die Metallabstützungen lösten sich auf. Der Tunnel stürzte in sich zusammen und begrub das Schiff tausend Meilen unterhalb der Oberfläche.

Jetzt wurden die gewaltigen Feldgeneratoren an anderer Stelle wirksam. Drei neue Null-Schwerkraft-Säulen bauten sich auf, sprangen aus der in Flugrichtung gelegenen Hemisphäre des Triton wie die Zacken des Neptunsymbols. Die Atmosphäre, vermengt mit Kubikmeilen Gesteinsschutt, löste sich und schoß in Fontänen ins All, die einen Durchmesser von zehn Meilen erreichten.

Die Umlaufgeschwindigkeit des Triton verlangsamte sich zögernd, als die drei überdimensionalen Bremsmotoren zu wirken begannen. In Spiralen näherte er sich dem Neptun – gewann wieder an Geschwindigkeit, je näher er dem Giganten kam.

Die gewaltige Anziehungskraft des Neptun umarmte seinen Begleiter und riß ihn an seine gasförmige Brust. Der Luftozean des Meeresgottes wurde heftig aufgewühlt durch die Gezeitenwirkung der sich in enger werdenden Spiralen nähernden Kugel. Der kleine Eismond Schön verschwand in der Atmosphäre; Triton hatte seinen Satelliten verloren.

Obwohl sich Triton innerhalb der Roche-Grenze befand, in einem Bereich also, in dem ein normaler Himmelskörper auseinandergerissen worden wäre, erbebte der Satellit zwar, aber er brach nicht auseinander. Die Dinge entwickelten sich bei weitem zu schnell, als daß die Gezeitenkräfte hätten voll wirksam werden können.

Berührung: Der turbulente äußere Schleier des Gasgiganten zerriß. Vor Triton verwandelten sich Ammoniakeiskristalle explosionsartig in Dampf, als die Reibungshitze die Atmosphäre zum Kochen brachte. Hinter ihm bildete sich eine fünftausend Meilen lange Spur, in der es weiß schäumte, als in dem rasch abkühlenden Sog sich das Ammoniak wieder auskristallisierte.

Innerhalb von fünf Stunden hatte der Mond den Planeten am Rand seiner Atmosphäre umlaufen und war gänzlich eingetaucht. Mit fünfzehntausend Meilen in der Stunde bahnte er sich einen Weg durch die Wasserstoff-Atmosphäre und setzte zum nächsten Umlauf an. Beim dritten Umlauf berührte er eine Oberfläche aus Wassereis und verwandelte sie augenblicklich in Dampf. Wasser und Ammoniak wurden mit ungeheurer Wucht hochgeschleudert, bildeten meilenlange Eissplitter, die sich erwärmten und zerbrachen; Graupelregen und kochendes Wasser und Methangas bekämpften sich im wildesten Unwetter, das jemals auf dem Planeten stattgefunden hatte.

Während seines fünften Umlaufs berührte der zerschmelzende Mond den festen Bereich des Neptun. Mit dreitausend Stundenmeilen prallte Stein auf Metall, dahinrollend und schmelzend. Die Spur, die er hinter sich herzog, bestand aus Lava und geschmolzenen schweren Metallen.

Die Kugel kam schließlich zur Ruhe, eingebettet in einen See flüssigen Metalls. Sie hatte nur noch einen Durchmeser von sechshundert Meilen – aber sie war ganz geblieben. Das eingeschlossene Schiff befand sich dicht am Rand des Restmonds, wie ein Wurm in einem Apfel.

Doch das Geschehen war noch nicht abgeschlossen. Aus dieser Kapsel heraus entwickelten sich Kraftfelder, die einer Technologie des Typs III angehörten: das erste umfaßte den Mond und den Planeten, die jetzt für immer miteinander verbunden waren, erstreckte sich zwanzigtausend Meilen nach draußen, durchdrang jedes Staubkorn, jedes Gasmolekül, jedes nackte Atom im Planetenkern und hielt seine Position fest. Das zweite Feld durchdrang das erste und begann eine kataklysmische Zusammenziehung zu bewirken, riß alles mit sich und saugte die Energien auf, die von dieser Kompression freigegeben wurden.

Der Neptun schrumpfte zusammen; die turbulente Atmosphäre verharrte wie festgefroren in ihrem Zustand. Der ganze Planet schrumpfte, als entfernte sich ein Beobachter mit einer Geschwindigkeit von hunderttausend Meilen in der Stunde von ihm – aber es gab keinen Beobachter. Neptun nahm die Größe der Erde an, des Mondes, eines Asteroiden, er schwand dahin, bis er nur noch den

Durchmesser einer einzigen Meile hatte – aber seine volle Masse wie auch die seines Mondes und dessen Mondes blieben erhalten. Er erreichte seinen kritischen Gravitationsradius.

Dann schrumpfte er erneut und so schnell, daß er augenblicklich zu verschwinden schien. Eine Mikrosekunde, und er war weg.

Fünf Millionen Meilen entfernt wurde der kleine Nereid – der zweite Mond des Neptun – zu einem eigenen Planeten, der die Sonne in der einstigen Neptunumlaufbahn umkreiste. Sein restlicher Schwung aus seiner Satellitenbahn reichte nicht aus, sich weiter von der Sonne zu entfernen (und schon gar nicht, ihr zu entkommen), und so fiel er statt dessen nach innen, näherte sich den Umlaufbahn des Uranus, als suchte er nach einer neuen Heimat.

Die physikalische Erforschung des Kosmos durch den Menschen hatte begonnen.

Die Moore von Glynn: jetzt wurden sie von Landstraßen durchzogen und von der sich ausdehnenden Stadt eingeengt, deren Industrievororte sich in einem weiten Halbkreis hineinfraßen. Brunswick – 1771 gegründet – hatte nun mehr Einwohner als der gesamte Staat Georgia zur Zeit der Stadtgründung. Die berühmte Baumwolle war aus diesem Gebiet verschwunden, und mit ihr auch die Hickorynüsse und die Pfirsiche, vielleicht durch den Rat des Dichters dazu ermutigt, der dieser Gegend ästhetischen Ruhm verliehen hatte. Statt dessen gab es Schiffswerften, nicht unbedingt für Schiffe des Wassers, und Maschinenfabriken, die nicht unbedingt Diener des Menschen fabrizierten. Die alten Papiermühlen waren Raffinerien gewichen, die Konservenfabriken durch Protein-Simulatoren ersetzt worden. In Brunswick war mehr über Chemie zu erfahren, als ein Mensch jemals begreifen konnte.

»Hast du deinen Fixpunkt, Ivo? Wir gelangen jetzt über die Null-Schwerkraft-Säule hinaus, und es könnte ein bißchen windig werden.«

»Fast, Harold.«

Doch die Moore blieben erhalten, teilweise beschützt durch ein Gesetz, das einer bestimmten Art immergrünender Eichen ihre natürliche Umgebung sicherte, und vielleicht auch durch eine seltene wilde Rosenart. Er entfloh der Stadt, körperlos, alles beobachtend, durch Hindernisse dringend, als wären sie nicht vorhanden, und es kam ihm vor, als atme er die freiere Atmosphäre der Natur. Der graue englische Sperling machte der rotgeflügelten Amsel Platz, die

Turmschwalbe dem Eisvogel. Die häßliche Schabe wich der schönen Wasserjungfer, die Ratte einer scheuen Art von Wildkaninchen.

»Bist du fertig, Ivo? Wir schweben hinab, auf den Schacht zu.«

»Bin gleich soweit, Afra.«

Die Moore: und wenn es dort Wassermokassins und Alligatoren und Schnappschildkröten gab, waren diese nicht schöner und richteten sie nicht weniger Schaden an als die gleichgültigen Touristen und die unglücklichen Einheimischen? Aus sumpfigen Wasserläufen erhoben sich die uralten kahlen Zypressen, die nach unten grotesk anschwollen – mit ihren hölzernen ›Knien‹, die neben ihnen wie Inseln aus dem Wasser ragten. Es folgten seltene amerikanische Ulmen, ein paar hübsche Magnolien mit ihren glänzenden Blättern, ein paar kleine Sassafrasbäume, große Platanen, mittelhohe Tulpenbäume – und schließlich die Aristokratin des Südens, die große immergrünende Eiche, die mit Moosgirlanden behangen war.

Er verhielt unter ihr, in der schattigen Kathedrale ihres Blätterwerks, gab sich ihrer übermächtigen Gegenwart hin, der stummen Einsamkeit.

»Dämmernis ewiger Eichen, wunderbar gewoben und geflochten / Mit den feinen Schatten der Girlanden / Die die vielgestaltigen Äste erklimmen . . .«

»Was hast du gesagt, Ivo?«

»Ein Gedicht, Beatryx. Tut mir leid; ich wollte es nicht laut zitieren.«

»Ein Gedicht von Sidney Lanier? Aber sind Gedichte nicht dazu da, laut hergesagt zu werden? Ich möchte gern hören, wie es weitergeht.«

Er kam dieser Aufforderung nach, ohne wirklich überrascht zu sein. »Smaragdgrünes Zwielicht – jungfräulich keusches Licht / Gewirkt aus den Blättern, um flüsternde Stimmen zu locken / Wenn Liebende zögernd durch die Kolonnaden schreiten . . .«

Er brach ab, starrte entgeistert auf die sich vor ihm ausbreitende Eiche. Es war das Gedicht, auf das Schöns erste Botschaft hingewiesen hatte, das Gedicht, das zu einem letztmöglichen Gedanken führte. Wenn Afra es hörte und dahinterkam . . .

Er mußte sich selbst wieder beruhigen. Schließlich war es nur ein Gedicht; es wies nur indirekt auf sein Geheimnis hin. Warum sollte er es verbergen? Afra mußte die Wahrheit längst erkannt haben. Es war bezeichnend, daß sie aufgehört hatte, ihn wegen der Sache mit Schön weiter zu bedrängen. »Es geht in der Art weiter. Ich habe einen Baum gesehen, auf der Erde, und das hat mich daran erinnert.«

»Es sind schöne Verse«, stimmte Beatryx zu.

Er hatte seinen Fixpunkt: diese mächtige immergrünende Eiche in den Mooren von Glynn. Er gab dem Computer diesen Ort als primären Bezugspunkt ein. Er war bereit für den ersten Sprung.

Bereit — in das Innere des Triton einzudringen, sich dort begraben zu lassen, während der Mond seine Geschwindigkeit verlangsamte, zu schmelzen begann ... sich in Gas auflöste ... mit dem Neptun zusammenprallte ... und komprimiert wurde ... und ...

Sein Fixpunkt kam in den Aufnahmebereich: die majestätische immergrünende Eiche, die ihre vollen Äste ausbreitete, als wollte sie die Welt umarmen. Der Baum hatte sich kaum verändert, außer, ja, er war kleiner und hatte ein etwas kräftigeres Blattwerk. Noch immer mit Girlanden behangen, war er jetzt eher ein junger Mann denn ein Patriarch. Die ovalen grünen Blätter hatten einen kräftigeren Glanz, die Eicheln wirkten größer.

»Wenn Liebende zögernd durch die grünen Kolonnaden schreiten / Der himmlischen Bäume und Lichtungen / Die zu dem leuchtenden Sandstrand führen / In den weiten Meeressümpfen von Glynn ...«

Das Erstaunliche war, da waren tatsächlich Liebende! Ein junger Mann in Farmerkleidern und ein ziemlich hübsches Mädchen, zu dem nur die altmodische Kleidung nicht so recht zu passen schien. Sie kamen eben von einer laubüberdachten, geschützten Stelle, hatten vielleicht dort ihre Vereinigung vollendet.

Altmodische Kleidung? Ivo korrigierte sich. Er dachte in den Begriffen des späten zwanzigsten Jahrhunderts. Mode, wie sie von kommerziellen Absichten diktiert wurde, war ihm eigentlich egal; dennoch erschien ihm etwas, das nicht ganz zeitgemäß war, weniger attraktiv. Er vermutete, daß er mit ihrem Kostüm recht zufrieden gewesen wäre, wenn er in der Zeit dieses Mädchens gelebt hätte. Schließlich dekorierte es die zeitlosen Attribute des Sex auf seine Weise.

Er folgte ihnen an einer mächtigen Eiche vorbei, die er als verrottenden Baumstumpf in Erinnerung hatte, zu einer morastigen Niederung, auf der die verschiedensten Sumpfblumen in voller Blüte standen. Auf dem Wasser lagen die großen grünen Scheiben der Wasserlilie, die noch nicht erblüht waren.

Es war später Frühling oder Frühsommer, schätzte Ivo. Vielleicht Juni, wenn man von den in Blüte stehenden Pflanzen ausging.

Er überließ die beiden ihrem schweigenden Dialog und bewegte sich tiefer in den Morast hinein. Ja, da war ein Alligator, der einen Fisch verfolgte, ein so eleganter Schwimmer wie jeder andere. Er kam nahe der Stadt heraus und fand hier eine Unzahl wilder Kaninchen sowie Buntspechte, die auf den Feldern nach Käfern Jagd machten. Es war erstaunlich, wie nahe hier die Natur der Zivilisation kam.

Er durchquerte die Stadt und fand eine Anlage zur Kreosotgewinnung, eine Kistenfabrik, eine Konservenfabrik, Schiffswerften und schließlich eine Zeitung mit dem Datum: 5. Juni 1930.

Sie waren also fünfzig Lichtjahre weit gesprungen.

Und dieses Liebespaar – die beiden mochten jetzt siebzig sein. Es war eine wunderbare und zugleich schmerzliche Vorstellung.

Ein weiterer Sprung, wieder die Suche nach dem Fixpunkt. Die Szenerie hatte sich verändert: Die Gegend war noch immer moorig, aber von den stattlichen Eichen war nichts zu sehen. Statt dessen ragten Zedern in die helle Morgendämmerung; die Bäume waren etwa fünfundzwanzig Meter hoch, standen dicht beisammen und hielten einen großen Teil des Sonnenlichts ab, so daß es nicht bis nach unten gelangte.

Ivo hielt inne und überlegte, was das bedeuten mochte. Zedern bevorzugten Süßwassersümpfe, die Meeressümpfe von Glynn aber waren salzhaltig. Wie war es dazu gekommen?

Entweder hatte er den Fixpunkt verloren, oder die Landschaft hatte sich erheblich verändert. Der Computer war für den Fixpunkt verantwortlich, erfaßte ihn nach seinen charakteristischen Gravitations- und magnetischen Merkmalen: eine komplizierte und indirekte Methode, aber zuverlässig. Die richtige Ortsbestimmung war nicht anzuzweifeln. Daher . . .

Wie groß war der Sprung, den sie getan hatten?

»Kontinentalverschiebung?« erkundigte sich Afra, und ihre Stimme schien aus dem Zedernwald zu kommen. Es fiel ihm gar nicht schwer, sich vorzustellen, daß sie irgendwo dort stand, vielleicht hinter einem Baum.

»Verschiebung?«

»Die Bewegung der Kontinente im Verlauf der geologischen Zeitalter«, erklärte sie. »Wenn der Ausdruck auf deinem Gesicht das bedeutet, was er ganz bestimmt bedeutet, dann hat sich deine Landschaft verändert. Du könntest vielleicht eine Meile von dem Ort entfernt sein, den du erwartet hast, ohne daß es etwas mit dem

Makroskop zu tun hat. Die Kontinente selbst könnten sich verschoben haben. Oder geologische Verformungen . . .«

»Möglich. Ich scheine mich in einem Süßwassersumpf zu befinden, weiter landeinwärts, und der Fixpunkt stimmt. Aber wieviel Zeit . . .«

»Ach, ein paar Millionen Jahre oder so.«

Er nahm die Brille ab und starrte sie an. Sie lächelte, wie er vermutet hatte. »Ein solcher Sprung wäre möglich, das weißt du«, sagte er leicht verärgert.

»Sicher. Aber diesmal nicht. Die Konstellation der Sterne bestätigt, daß wir uns noch immer innerhalb der Galaxis befinden, also müssen wir uns noch innerhalb von etwa siebzigtausend Lichtjahren von der Erde aus befinden. Meiner Schätzung nach reichen sogar zehntausend Lichtjahre. Und es ist auch ohne weiteres möglich, daß Flüsse ihren Lauf wechseln und Ufer überschwemmt werden. Ein paar tausend Jahre würden genügen, um Flora und Fauna erheblich zu verändern.«

Ivo schob die Brille etwas ungeschickt wieder über die Augen und setzte sich in Richtung auf Brunswick in Bewegung. Er wußte jetzt, daß seine Erkundung nur noch der Bestätigung diente; Afra hatte ihre Position bereits mit astronomischen Mitteln grob berechnet. Indem man die Erde lokalisierte, erhielt man auch die Entfernung, obwohl nur er sie durch seine Beobachtungen genau festlegen konnte. Das Makroskop verfügte über eine Einrichtung, mit der eine bestimme Art von Aufnahmen bei einem schnellen Durchgang ausgewählt werden konnten; das war eine von vielen Verbesserungen, die sie den galaktischen Programmen verdankten. Ohne diese Hilfe wäre es unglaublich schwierig gewesen, die Erde zu lokalisieren.

Wo sich Brunswick hätte befinden müssen, war nur Wald und wildes Gesträuch. »Es ist auf jeden Fall vor 1771.«

Das Rascheln ihrer Kleidung verriet ihm, daß sie sich nach vorn beugte. Er wünschte sich in diesem Augenblick, sie würde das einmal tun, wenn er sie ansah und es nicht um irgendeine technische Angelegenheit ging. Aber sie gehörte noch immer einem Toten, wie sehr auch immer ein Lebender nach ihr verlangte.

»Ich vermute, die Sprünge werden deutlich abgestuft sein«, murmelte sie. »Vermutlich sind fünfzig Jahre das Minimum — tatsächlich neunundvierzig —, nur weil man nicht vom Ende eines Schlauchs in die Mitte des nächsten springen kann, oder innerhalb des eigenen von einem Punkt zum anderen. Die größeren Raumverformungen sollten jeweils ein Vielfaches ausmachen, da sie aus diesen Schlauchstücken zusammengesetzt sind, und von *diesen* könnte auch wieder eine ganze Anzahl miteinander verbunden sein — wir wissen nicht, wie weit es gehen kann. Selbst eine geringfügige Veränderung unseres Sprungwinkels könnte uns aus den kleineren in die mittleren werfen, oder noch schlimmer. Wenn wir davon ausgehen, daß jede Ebene das Quadrat der vorhergehenden ausmacht, dann würde die zweite bereits zweieinhalbtausend Jahre betragen und die dritte sechs Komma zwei fünf Millionen — *Lichtjahre.* Also bleibe mal ganz ruhig, bis du weißt, um welche Ebene es sich handelt.«

»Sechs Komma zwei fünf Millionen?« wiederholte er und verstand jetzt, warum sie sich mit ihm unterhalten wollte. »Das — das könnte uns in eine andere Galaxis bringen!«

»Nicht sehr wahrscheinlich. Vermutlich in den intergalaktischen Raum. Aber wie ich schon sagte, an der Verteilung der Sterne läßt sich erkennen, daß wir uns innerhalb einer Galaxis befinden, und da du die Erde gefunden hast, wo sie sein sollte, spricht alles dafür, daß es unsere Galaxis ist. Ich nehme daher Ebene zwei an.«

»Zweieinhalbtausend.« Es war noch immer erschreckend genug — und sie war sich dessen nicht sicher. Es war möglich, wenn auch unwahrscheinlich, daß dies nur ein ähnlicher Planet war, der sich an der gleichen Stelle in einer anderen Galaxis oder Sternansammlung befand wie die Erde in der Milchstraße. Vielleicht waren die Galaxien nach einem gemeinsamen Muster geformt. Die veränderlichen Sterne, die Novas, die Planeten, alles an den gleichen, vorherbestimmten Stellen . . .

Er verwarf es als Fantasterei. »Also ist das noch vor der christlichen Zeitrechnung.«

Sie gab keine Antwort, aber er spürte ihre Nähe, ihre Erregung, einen Blick in die Geschichte des Altertums zu werfen! Noch niemand hatte das auf eine so direkte Weise tun können.

»Ach, was liegt draußen im Moor und seinen Seen? / Meine Seele fühlt sich plötzlich so frei . . .«

Sie antwortete: »Ihr Moore, wie aufrecht und schlicht, nichts verbergend und frei / Ihr offenbart euch dem Himmel und bietet euch an dem Meer!« Und sie berührte seine Hand.

Auf diese Weise gestand sie ihm, daß sie von Sidney Lanier wußte, und was er in seinem Leben bedeutete, und es vielleicht von Anfang an gewußt hatte; und ihre Hand, die jetzt auf der seinen lag, verlieh den Worten eine zusätzliche Bedeutung. Aufrecht und schlicht, nichts verbergend und frei? Er wagte nicht zu hoffen; wahrscheinlich war es für sie nur ein intellektuelles Spiel.

Er hatte versucht, den vorbildlichen Eigenschaften Laniers nachzueifern, seinen eigenen Charakter nach dem Vorbild seines adoptierten Vorfahren zu formen – aber es war ihm nicht gelungen. Ivo fehlte die Gabe der Dichtung, und Laniers spielerisch-gewinnender Umgang mit den Damen war ihm völlig fremd geblieben. Um wieviel besser wäre es für ihn gewesen, wenn er versucht hätte, wirklich eine eigene Persönlichkeit zu entwickeln.

»Spring mal nach Europa rüber«, sagte Afra.

Er sprang nach Europa. Es war Mittagszeit über Rom – aber da befand sich nichts, was nach einer menschlichen Siedlung ausgesehen hätte. »Die römische Geschichte hat noch nicht begonnen«, gab er bekannt.

»Versuch es mit Ägypten.«

»In Alexandria ist nichts zu finden«, sagte er einen Augenblick später. »Nicht einmal trockenes Land.«

»Natürlich nicht, such Memphis.«

Er bewegte sich südöstlich auf den im Programm nicht gespeicherten Ort zu und kam sich wieder wie ein dummer Junge vor.

An einem östlichen Arm des Nildeltas entdeckte er eine geschäftige Stadt, weniger groß, als er erwartet hatte, aber mit der gewissen Aura einer Hauptstadt. Memphis?

»Kommt mir nicht so vor«, sagte Afra. »Aber *jede* Stadt ist gut für uns. Suche nach einem Palast oder einem Tempel; sieh nach, ob du schriftliche Aufzeichnungen finden kannst, um sie zu fotografieren. Wir sollten in der Lage sein, sie zu datieren.«

Ivo führte das aus, ging nahe einer bedeutsam erscheinenden Gebäudeansammlung auf Straßenhöhe hinab. Die Straße war eng und schmutzig, wurde gesäumt von kleinen Gebäuden aus Lehmziegeln, die dicht beieinander standen und im allgemeinen nicht mehr als einstöckig waren. Er bildete sich fast ein, die überall herumliegenden Abfälle riechen zu können. Elendsviertel waren offensichtlich keine Besonderheit des modernen Amerika!

Die Einwohner waren hager und dunkelhäutig, hatten schwarze Haare und braune Augen und stammten vermutlich aus dem Mittelmeerraum. Einige gingen nackt, vermutlich Sklaven; sie waren verschiedener rassischer Herkunft; man sah die ganze Skala von nordischem Blond bis zum dunkelsten Schwarz. Aber selbst diejenigen, die bekleidet waren, gewannen nur wenig; sie trugen keine erhabene Kleidung, die er im alten Ägypten vermutet hätte, er sah keine goldenen Ornamente, keine Kleidung in leuchtenden Farben, nicht einmal Schuhe oder Sandalen. Die Männer waren nur mit einem *Schenti* umhüllt: einem hellen Tuch, das bis zu den Knien reichte und durch einen Ledergürtel in Hüfthöhe gehalten wurde. Die Frauen trugen lange enge Röcke, und einige trugen die Brüste unverhüllt. Die Wirkung wäre reizend gewesen, wenn sie jung, gesund und sauber gewesen wären; sie waren es nicht.

Im Bereich des Tempels oder Palastes änderten sich die Dinge unvermittelt. Hier gab es keine Frauen, und die Männer waren weit besser gekleidet. Sie trugen kurzhaarige Perücken, wobei die Qualität ihres Haarersatzes auf den Status hinzuweisen schien, und Tuniken mit einem kurzen Ärmel nur für den linken Arm, darüber einen plissierten Leinenumhang. Die Leute, die er auf der Straße gesehen hatte, hatten offenbar der niedrigsten Klasse angehört.

Die Gebäude waren aus Steinen gebaut, wirkten aber aus der Nähe nicht besonders eindrucksvoll. Die Juwelen, mit denen sich die Leute behängt hatten, brachten noch am ehesten Farbe ins Bild.

Er erkundete einige private Räumlichkeiten, die offensichtlich bewohnt waren. Wenn dies ein Ort des Gebets war, dann war es ein dekadenter Ort; wenn es ein Palast war, dann befand sich der Pharao weit entfernt. Ein Teil schien noch nicht fertiggestellt zu sein. Hier waren auch Wachen, die ihre Speere, Äxte und Schilde beiseitegestellt hatten, während sie lethargischen Sklaven zusahen, die unter Anleitung eines gehetzt wirkenden älteren Aufsehers Steine bearbeiteten. Die Situation zeigte keine besondere Brutalität; nur der Aufseher – der vermutlich verantwortlich war – schien zu drängen, doch seine aufgebrachten Gesten blieben weitgehend unbeachtet.

Ivo ging näher heran, da er wußte, daß bei einer solchen Arbeit ein Plan oder eine schriftliche Anweisung vorhanden sein mußte. Wenn dieses Dokument datiert war oder den Namen einer wichtigen Persönlichkeit enthielt . . .

In diesem Augenblick betrat ein weiterer Mann die Szene. Seine Haare waren in der Mitte gescheitelt und über den Ohren teilweise ausrasiert, und ein langer geflochtener Zopf fiel vor seinem Ohr herab. Zwei große Federn zierten die übrigen Haare. Seine Arme waren ebenso wie seine Schenkel mit ineinandergeschlungenen Mustern tätowiert. Er trug einen Umhang aus besticktem Stoff, der an einer Schulter zusammengesteckt war.

Dieser Mann sah auf, den Blick auf Ivo gerichtet. Sein Mund öffnete sich zu einem O der Überraschung. Er gestikulierte.

Die Wachen kamen zu sich. Es dauerte nur einen Augenblick, dann standen sie neben dem Mann, mit glänzenden Helmen, Panzerhemden und hochgehaltenen Schilden. Es waren weit mehr, als Ivo zuvor bemerkt hatte. Einige mußten von anderer Stelle herbeigeru-

Erde zurückzukehren. Nur mit dem Makroskop war ihre Position so genau zu bestimmen.

»Du mußt es selbst am besten wissen, Ivo«, sagte sie leise.

Er hätte beinahe aufgehört. »Danke«, sagte er. »Ich glaube, Ägypten nützt uns nicht viel. Wo könnte ich es sonst noch versuchen?«

»Mit Damaskus vielleicht. Das gilt als die älteste Siedlung der Welt, und war auch eine sehr bedeutende Stadt. Wenn du dich um etwa vierhundert Meilen nach Nordosten bewegst . . .«

»Bin schon unterwegs.« Er hätte auch direkt nach Damaskus springen können, da Damaskus auf seiner Liste und somit im Computer programmiert war; aber er zog es vor, seinen Weg selbst zu suchen. Des dringend benötigten Selbstvertrauens wegen.

Er überquerte das Nildelta mit der Geschwindigkeit eines Düsenflugzeugs und näherte sich der Küste. Sein Weg würde ihn über den südwestlichen Teil des Mittelmeers führen – vermutlich die gleiche Strecke, die die ägyptischen Schiffe zum Zwecke des Handels oder des Krieges mit Kleinasien befahren hatten. Der Unterschied lag nur darin, daß er sich in großer Höhe bewegte. In ähnlicher Weise mußten auch die legendären Dämonen des Nahen Ostens in Minuten über Land und See gehuscht sein – die Geister und rauchigen Kreaturen des Bösen und der Macht. Es hieß, daß ihre Zahl durch den biblischen König Salomon erheblich reduziert worden war, der sie in Flaschen verbannt hatte, wenn sie ihm nicht die Treue schwören wollten. Von einigen wurde überliefert, daß sie hilflos jahrtausendelang eingeschlossen blieben. Konnte man annehmen, daß sie tatsächlich Reisende via Makroskop gewesen waren, gegenwärtig, ohne tatsächlich zu existieren? Was für ein schreckliches Schicksal, für immer in einer Flasche eingeschlossen zu sein!

Während seines Aufenthalts in Ägypten war viel Zeit vergangen, und er hatte sich erst spät zu seinem Exodus entschlossen. Der Tag neigte sich seinem Ende zu, der Abend kam, und er reiste in die Dämmerung hinein. Die untergehende Sonne glitzerte auf den Wellen und brachte die Wolkenränder zum Glühen. »Wie ruhig das Wasser liegt! / Die Flut ist in Ekstase. / Die Flut hat ihre höchste Höhe: / Und es ist Nacht.« Hätte Lanier damit nicht ebensogut das Mittelmeer meinen können? Die Worte des Dichters trafen jedenfalls hier in gleicher Weise zu.

Ein Schiff kam in Sicht. Er zog einen Bogen darüber, um es näher zu untersuchen: eine stolze Galeere mit einem Dutzend oder fünfzehn Rudern, die auf beiden Seiten rhythmisch ins Wasser schlugen.

Sie hatten diese Schiffe in den alten Tagen also wirklich benützt! Es hatte einen Masten, aber das Segel war nicht gesetzt: nicht genug Wind. Vermutlich waren sie darauf aus, noch in dieser Nacht nach Hause zu kommen, überlegte er. Und das war kein Wunder; dieses Schiff konnte nicht viel mehr als fünfzehn Meter lang sein. Dieses Spielzeug konnte es nicht wagen, seinem Hafen allzulange fernzubleiben.

Er war jetzt zu tief und zu langsam; er wollte Damaskus noch vor Einbruch der Dunkelheit erreichen. Er konnte es sich nicht leisten, sich mit allem aufzuhalten, was ihm über den Weg kam, auch wenn es eine noch so verlockende Ablenkung war.

Er zog hoch – und er kam nicht höher. Der Ozean war näher gekommen und schien jetzt nicht mehr so ruhig zu sein, knapp zwanzig Meter unter ihm wogten die Wellen. Ihn fröstelte.

Er konzentrierte sich auf die Kontrollen des Makroskops und verschloß seine Augen gegenüber der ihn umgebenden Szene. Wenn er bereits wieder am Eindämmern war, dann wollte er lieber aufgeben, bevor er seine endgültige Niederlage zugeben mußte. Sein Stolz verlangte wenigstens einen geordneten Rückzug. Wenn ihm nur eben die Finger ausgerutscht waren, dann war das kein Problem. Die räumliche Kontrolle lag in seiner rechten Hand, die seine Bewegungen fast schon automatisch steuerte, ohne daß er sich seiner Manipulationen bewußt wurde. Eine Drehung mußte genügen.

Der Hebel war verschwunden! Seine Finger griffen ins Leere.

Er öffnete die Augen. Das Wasser war vielleicht sechs Meter unter ihm, und er sank noch immer. Er griff nach der Brille. Seine Hand griff in sein bloßes Gesicht.

»Ivo!« Afras Stimme drang aus weiter Entfernung an sein Ohr..

Er schlug auf dem Wasser auf. Die Kälte und die Wucht des Aufpralls lähmten seinen nackten Körper. Gischt drang ihm in Mund und Augen.

Obwohl weniger als drei Tage vergangen waren, war es ihm doch bereits ungewohnt, wieder in einem modernen Bett zu schlafen und nicht mehr die Schmerzen einer Fleischwunde im Arm und eines Schnitts in der Hand zu spüren. Er war zu weit in die Welt der Phönizier eingedrungen, hatte dort zuviel erlebt. Er hatte alles getan, um sie wieder verlassen zu können – doch jetzt tat es ihm seltsam leid, daß sie nicht mehr war. Lag es an den Abenteuern, die ihm diese Welt geboten hatte?

Dort war er ein Mann gewesen – ein Mann in ständiger Gefahr

und Bedrängnis, aber ein Mann. Hier war er nicht mehr als ein Ersatzmann, ein sanftmütiger Reporter, der darauf wartete, daß Supermann übernahm. Er fragte sich, ob er darauf eingehen würde, wenn ihm ein solches Abenteuer noch einmal angeboten würde. Und ob er Schön als Gegenleistung dafür geben würde, was er von ihm wollte. Denn es stand in Schöns Macht, das für ihn zu tun; und das Gelöbnis würde ihn binden. Er konnte Ivo in eine Fantasiewelt in seinem Bewußtsein verpflanzen, seine Persönlichkeit nach innen statt nach außen wenden, um ihn dort ein Leben leben zu lassen, das die Schwierigkeiten und Probleme seiner Gegenwart nicht kannte. Es würde vielleicht ein kurzes Leben sein, aber . . .

Er spürte eine Bewegung neben sich, und das brachte ihn schlagartig zu sich. »Hallo, Ivo.«

Afra.

Sie ließ sich neben ihm nieder; frisch, weiß duftend, elegant verpackt. »Ich glaube, ich weiß, was du denkst, Ivo. Du denkst mit Wehmut an diese Welt zurück.«

»Ich glaube, das tue ich tatsächlich – jetzt, da es vorbei ist.«

»Und du befürchtest, du könntest wieder in diese Welt geholt werden, wenn du das nächstemal das Makroskop benützen wirst.«

Er nickte. Sie war so schön in diesem gedämpften Licht, daß er ihre Gegenwart als Hitze wahrnahm, die die ihr zugewandte Seite seines Körpers traf. Es mochte ein subjektiver Effekt sein, aber die Wirkung war nicht gering.

»Diese Aia – war das ich?«

»Nein. Sie war eine Spionin, eine Kurtisane.«

»Dennoch hätte ich sie sein können, Ivo. Der Name deutet schon darauf hin. Und ich bin dazu benützt worden, dich in der Station zu halten, nur damit Schön verfügbar sein sollte. Und darauf bin ich nicht besonders stolz.«

»Du hast es nicht gewußt.«

»Ich hätte es wissen *sollen.* Ich mag mich nicht für dumm halten, insbesondere nicht in einer solchen Angelegenheit. Brad sagte mir, ich sollte nett zu dir sein. Ich – ich möchte damit sagen, es tut mir leid. Deswegen und auch wegen anderer Dinge. Aber das ist nicht der Grund, warum ich gekommen bin.«

Er hielt es für besser, nichts dazu zu sagen. Warum kam eine so reizende Frau ans Bett eines Bewunderers? Um Erinnerungen auszutauschen?

»Ich nehme an, es ist wie mit dem – Abtasten. Ich muß es einfach *sagen.* Und es *tun.* Ich habe gehört, was du zu ihr gesagt hast. Über mich.«

O je. »Das hatte ich befürchtet. Ich wollte nicht . . .«

»*Du* brauchst dich nicht bei *mir* zu entschuldigen! *Ich* bin die Schuldige. Ich kann nur sagen, daß ich blind war oder beschränkt oder beides. Ich wußte nicht, ich wußte es wirklich nicht – bis jetzt. Ich wußte nicht, daß du mich geliebt hast.«

»Ich wollte es dich nicht wissen lassen. Es wäre mir lieber, du würdest es vergessen.«

Sie bewegte sich nicht, aber es kam ihm dennoch so vor, als beugte sie sich über ihn. »Du sprichst nicht von der Vergangenheit, Ivo. Du liebst mich jetzt – und ich werde es nicht vergessen. Ich – nun, du kennst meine Situation. Ich könnte nicht sagen, daß ich dich liebe oder jemals lieben werde.«

»Ich verstehe.«

»Diese Aia – sie hat sich dir angeboten, und du wolltest sie. Aber du hast ihr gesagt . . .«

Ivo spürte, wie sein Gesicht wieder zu brennen begann. »Können wir das nicht vergessen?«

»Nein, das sollten wir nicht, Ivo. Du hast sie in den Armen gehalten, und sie hat dich dazu gebracht, Gedichte zu rezitieren – aber du hast nicht mit ihr geschlafen. Und du hättest es tun können.«

»Woher willst du das wissen? Es war *meine* Vision.«

»Nicht ganz, Ivo. Ich *weiß* es. Hast du geglaubt, du hättest nur einen feuchten Traum gehabt? *Ich war bei dir.*«

Er hatte angenommen, die große Überraschung bereits hinter sich zu haben, aber wieder einmal hatte sie ihm zu Bewußtsein gebracht, daß er ganz naiv um den Abgrund gewandert war. Und wieder war er ausgerutscht.

»Ich weiß, daß es dich schmerzt, aber ich muß es dir sagen. Das Mädchen, das du in den Armen hattest, war ich. Nackt, bereit . . .«

Was sollte er dazu sagen? »Aber wenn ich . . .«

»Ich sagte, du *hättest* können. Ich werde nicht hinzufügen, daß es mir leid tut, daß du es nicht getan hast.«

»Aber *warum*?«

»Ich bin auf die verrückte Idee gekommen, daß ich dich wieder zurückholen könnte, wenn es mir irgendwie gelingen würde, eine Brücke über den Abgrund zwischen uns zu schlagen – zwischen deiner Welt und meiner. Ich habe mich dafür verantwortlich gefühlt . . . vielleicht ist schuldig das richtige Wort. Es war eigentlich nicht so ganz absichtlich. Da war etwas, was in meinen Gedanken bohrte –

etwas, was Brad mir einmal über Schön gesagt hat – aber es ist mir nicht so ganz klargeworden. Ich habe natürlich begriffen, wo sich Schön befand, obwohl ich eigentlich zu lange gebraucht habe, um zwei und zwei zusammenzuzählen. Und ich glaube, wenn Schön gewonnen hätte, dann hätte ich vielleicht – ich weiß es nicht. Ich mußte einfach etwas *tun.* Ich habe die Aufzeichnungen überwacht, während die anderen schliefen, und ... es schien an der Zeit zu sein. Und – wir brauchen dich, Ivo. Das ist eine objektive Feststellung. Wir können unsere Position in der Galaxis nicht ohne deine Hilfe feststellen. Nicht genau genug.«

Sie hatte hastig auf ihn eingeredet, ihn mit Rechtfertigungen eingedeckt, wie sie ihr gerade einfielen. Als hätte sie sich dafür zu entschuldigen, daß sie ihm ihren Körper angeboten hatte, in welcher Verwandlung auch immer. Und wenn sie sich dafür schämte, überlegte er mit Bitterkeit, dann war ihre Entschuldigung in Ordnung. Sie hatte schon einmal gesagt, daß sie sich nicht gern wie eine Hure aufführte.

Sie faßte sein Schweigen als einen Einwand auf. »Wir mußten dich zurückbringen. So einfach war das. Es gibt schließlich keine körperlichen Geheimnisse mehr zwischen uns seit dem Abtasten und der Auflösung. Wenn du gestürzt wärst und ich dir eine Hand angeboten hätte, um dich zurückzuhalten – es wäre im Prinzip das gleiche gewesen. Du hast es für mich getan – auf Triton, mit dieser Gerichtsverhandlung. Diesmal war ich an der Reihe, meinen Teil – beizutragen.«

Die Ironie bestand darin, daß es tatsächlich hätte funktionieren können. Hätte er Afra körperlich lieben können, ohne in ihre Welt zurückgezogen zu werden? Er bezweifelte es.

»Ich danke dir für deine Geste«, sagte er und kam sich ziemlich dämlich vor.

»Da wir uns nun gegenseitig verstanden haben«, sagte sie erleichtert, »ist der Rest einfach. Ich will dir sagen, daß diese Welt dich mehr braucht als die andere. Daher – diese Welt *bietet* dir mehr. Wie ich schon sagte, so einfach ist das.«

»Es ist noch immer zu kompliziert für mich. Worauf willst du hinaus?«

»Du liebst mich. Ich brauche dich. Das ist nicht das gleiche, das weiß ich, aber es ist ehrlich. Wenn meine Umarmung dich zurückhalten kann, dann werde ich sie dir nicht verweigern. Alles, was Aia dir bot – ich werde es ihr darin gleichtun. Alles, was *irgendeine*

Frau für dich bereithält. Du brauchst nicht in eine andere Welt zu reisen — du sollst nicht reisen . . .«

»Ich glaube, du bist Aia doch sehr ähnlich.«

Da war kein flackerndes Lampenlicht, aber die klassischen Linien ihrer Stirn, der Nase und des Kinns tanzten vor seinen Augen hin und her. »Das ist kein Kompliment, aber es ist die Wahrheit«, sagte sie. »Wir verkaufen, was wir haben, um dafür zu bekommen, was wir brauchen. Die Männer ihre Gehirne, die Frauen ihre Körper. Besser das als Verlogenheit und Heuchelei.«

Beide schwiegen, und das Schweigen hielt minutenlang an. Ivo dachte an all die Dinge, die er hätte sagen können, aber er wußte, daß sie das alles bereits ahnte. Sie hatte zuvor etwas gesagt und etwas anderes gemeint; jetzt kam die Wahrheit heraus. Sie bot ihm bezahlte Liebe an — das letzte, was er von ihr wollte, aber tatsächlich alles, was sie ihm geben konnte.

Wieder stellte sich die Frage, die er im Land der Phönizier zu beantworten hatte: warum sich *nicht* zufriedengeben mit dem Besten, was man bekommen konnte? Er hatte die Umarmung Aias anstelle Afras angenommen; warum sollte er nicht auch *Afras* Körper akzeptieren — anstelle von Aia? Beide Frauen hatten sich mit den Gegebenheiten abgefunden, da sie wußten, daß sie ihre Geliebten nicht wieder ins Leben zurückrufen konnten; warum konnte er das nicht?

Doch wenn er in Phönizien eins gelernt hatte, dann dies: *Ein bloßer Ersatz hilft nicht weiter.*

»Vielleicht ein andermal«, sagte er.

Sie bewegte sich nicht und sah ihn auch nicht an. »Sieh hin, mein Liebes, über ausgebleichten Sand . . .«

Sie saß noch immer da, als ihn der Schlaf überkam.

Es war Nacht über der morastigen Landschaft von Glynn. Er mußte entweder ein paar Stunden warten und es noch einmal versuchen oder sich zur sonnenbeschienenen Seite des Globus bewegen.

Er fühlte, wie Afras Hand seine Linke ergriff. »Wenn du gehst, dann werde ich die Brille aufsetzen und dir folgen«, sagte sie. Es war eine Drohung, denn *sie* würde nicht nach Phönizien gelangen, sich vielmehr dem Zerstörer aussetzen.

»Ich bin jetzt wieder auf der Hut und ausgeruht«, versicherte er. »Es ist ungefährlich.« Aber er fühlte sich besser durch die Berührung ihrer Finger, den leichten Druck, der beinahe Ausdruck von Gefühlen zu sein schien. In der Nacht zuvor hatte er sie abgewiesen; heute war sie ihm gegenüber offener und freundlicher.

Die phönizische Stadt Tyrus hatte sich oberflächlich gesehen nicht verändert. Die Kriegsschiffe lagen noch immer in den Häfen der Inselstadt, und die Gebäude waren groß und übervölkert geblieben. Er erkannte den Tempelkomplex wieder und die Gegend, in der er in jener Nacht Aia begegnet war.

»Wir scheinen uns nicht bewegt zu haben«, sagte er überrascht. Er fragte sich, wieso er die Stadt zuvor so genau hatte wahrnehmen können, wenn sie ihn doch vom Makroskop gelöst hatten, nachdem er ins Meer gefallen war. Er *mußte* dort gewesen sein!

»Wahrscheinlicher ist ein Fünfzig-Jahre-Sprung«, sagte Afra. »Rückwärts oder vorwärts oder seitlich. Kannst du etwas finden, was sich verändert hat?« Sie hatte seine Hand noch immer nicht losgelassen.

Er richtete die Aufnahme auf Gorolots Haus aus, ziemlich neugierig und ein wenig nervös. Es wurde von Fremden bewohnt, und die Gebäudeumrisse hatten sich verändert, als ob das Haus völlig erneuert worden wäre. Ivo sah sich eine Zeitlang um. Er war enttäuscht, obwohl er durchaus wußte, welche Wirkung der Anblick von Gorolot – oder Aia – auf ihn hätte haben können.

»Du *kannst* wieder zurückkehren«, sagte eine männliche Stimme in seinem Ohr – in Phönizisch.

Ivo preßte Afras Hand. »Hol mich sofort raus!« rief er. »Es ist Schön!«

Er spürte, wie ihre Finger den Druck erwiderten, aber das schien weit entfernt zu sein. Die Brille wurde ihm heruntergerissen – aber die Szene vor seinen Augen veränderte sich nicht.

»Warum kämpfst du gegen mich?« fragte Schön mit Ivos Stimme.

»Zum einen, weil du in dem Augenblick vernichtet werden könntest, in dem du übernimmst. Wußtest du das nicht?«

»Wenn ich übernehme«, sagte Schön, als zweifelte er nicht im geringsten an dieser Eventualität, »dann werde ich über all deine Erfahrungen verfügen, sollte ich sie benötigen. Im Augenblick habe ich fast nichts davon. Es ist sogar äußerst schwierig, mit dir in Verbindung zu kommen, da du nichts durchkommen läßt, solange deine Gedanken nicht abgelenkt sind. Daher weiß ich nicht, worin dein Problem besteht – aber ich weiß, daß da eine interessante Sache auf mich wartet.«

Jemand berührte ihn noch immer an seiner sehr, sehr weit entfernten Hand. »Warte noch eine Minute, Afra«, rief Ivo. »Er will nur mit mir reden.«

»Ich traue ihm nicht«, sagte sie aus weiter Ferne.

»Gib uns zwei Minuten.«

»Hat der kleine Puritaner Ivo inzwischen eine Freundin?« erkundigte sich Schön spöttisch. Er wußte offenbar einiges – aber wieviel?

»Nein. Nun sieh mal, ich muß dir erklären, warum ich dir den Körper nicht überlassen kann. Wir sind mit einem nicht-menschlichen Signal in Berührung gekommen, das ...«

»Ich kann dir diesen gewissen Sinn für Romantik verleihen. Dem kann keine Frau widerstehen. Das versichere ich dir. Eine Warzenkröte könnte eine Prinzessin verführen.«

»Ich weiß, aber ich will nicht. Diese galaktische Zivilisation strahlt ein Vernichtungssignal aus ...«

»Wie wäre es, wenn du mich für einen bestimmten Zeitraum losbindest? Nur lange genug, um dein kleines Problem zu lösen.«

»Nein! Du verstehst nicht, was ich ...«

»Junior, willst du vielleicht versuchen, mir etwas beizubringen über ...«

Ein Kälteschock traf ihn, erinnerte ihn daran, wie er seinerzeit ins Meer gefallen war. Ivo blickte auf und sah Afra vor sich stehen, die einen Eimer in den Händen hielt. »Ja, das hat gewirkt«, murmelte er, während er sich schüttelte. Sie hatte ihn mit Eiswasser übergossen: gute zehn Liter über den Kopf.

»Wirst du nun jedesmal in die Falle gehen, wenn du das Makroskop benützt?« wollte sie wissen. »Du hast wieder in Phönizisch geredet, aber ich habe das mit den zwei Minuten mitbekommen, und so lange wollte ich nicht warten. Was hat er gewollt?«

»Er will heraus«, sagte Ivo zähneklappernd. Er begann seine Kleidung abzulegen. »Aber er kann nicht heraus, solange ich es nicht zulasse.«

»Was ist mit dem Zerstörer?«

»Davon scheint er nichts zu wissen, oder er scheint nichts davon hören zu wollen. Ich konnte ihn nicht dazu bewegen, mir zuzuhören.«

»Er muß davon wissen. Denk an diese Botschaft – ›Mein Bauer ist gefesselt‹. Er hat es also bereits gewußt.«

Ivo ging auf und ab, um sich zu erwärmen, hielt dann plötzlich inne. Der nasse Boden war rutschig unter seinen bloßen Füßen. »Daran habe ich gar nicht mehr gedacht. Er muß also lügen.«

»Das ergibt aber auch keinen Sinn. Wenn er wußte, daß der Zerstörer ihn treffen würde, warum sollte er sich ihm dann aussetzen? Und wenn er glaubt, daß der Zerstörer ihm nichts ausmachen kann, warum sagt er es dann nicht? Dies ist schließlich kein Frage- und-Antwort-Spiel.«

»Da ich daran denke«, gab Ivo zu, »es hörte sich eigentlich gar nicht so sehr nach Genie an, was er sagte. Ich habe mich ja noch nie direkt mit ihm unterhalten, aber – er war eher wie ein Kind, das streiten wollte.«

»Ein Kind.« Sie holte ein Handtuch und begann ihn abzutrocknen, und er wurde gewahr, daß er sich zum erstenmal vor ihr ausgezogen hatte, ohne sich dessen auch nur bewußt zu werden. Sie alle hatten sich während der Auflösungszyklen nackt gesehen, aber das war jetzt etwas anderes. Noch immer wurden Barrieren abgebaut, ohne daß das besonders auffiel. »Wie alt war er, als ...«

»Ich kann es nicht genau sagen. Es hat einige Zeit in Anspruch genommen, mich – aufzubauen. Ich erinnere mich an einige Dinge, die bis ins Alter von fünf Jahren zurückreichen, aber da sind leere Stellen bis etwa acht oder neun. Das bedeutet nicht unbedingt, daß *er* in diesen Lücken übernommen hat ...«

»Schön hat also niemals als Erwachsener gelebt.«

»Im körperlichen Sinne wohl nicht.«

»Emotional auch nicht. *Du* bist gereift, nicht er. Ist es dann überraschend, daß er uns kindlich erscheint? Seine Intelligenz und seine Begabung ändern nichts daran, daß er unreif ist. Er spielt gern Spiele, verschickt geheimnisvolle Botschaften, baut sich Fantasiewelten zusammen. Er ist ein kleiner Junge. Für ihn sind gut und böse nur abstrakte Begriffe; er kennt die Wahrheiten der Erwachsenenwelt nicht. Er hat kein Gewissen entwickelt. Und wenn ihn das Wissen um den Zerstörer in Angst versetzt – nun, er verbannt sie einfach aus seinem Bewußtsein. Er gibt nicht mehr zu, daß eine Gefahr besteht. Er glaubt, er kann alles überwinden, indem er sich einfach auf sein Glück verläßt.«

Ivo nickte nachdenklich und sah sich nach trockenen Kleidern um. »Aber er übertrifft an Intelligenz und Fähigkeiten jeden Erwachsenen bei weitem.«

Sie brachte ihm Shorts. »Ein sechzehnjähriger Junge verfügt über bessere Reflexe als die meisten Erwachsenen, aber er ist dennoch der schlechteste Fahrer der Welt. Dazu braucht man eben mehr. Selbstkontrolle und Zurückhaltung sind unabdingbar. Und die sind bei Schön offensichtlich nicht vorhanden.«

»Wenn er fahren würde – das könnte einen Unfall geben!«

»Wenden wir uns erst einmal dem Zerstörer zu«, sagte sie mit einem grimmigen Lächeln. »Du hast die ganze Zeit recht gehabt: Ohne Schön sind wir besser dran.«

8

»Wir haben jetzt«, verkündete Afra, als gäbe sie Nachrichten bekannt, »fünf Sprünge hinter uns gebracht – und wir sind jetzt weiter vom Ursprung des Zerstörers entfernt als vorher.«

»Schön sagt, daß er uns mit weiteren sechs Sprüngen nach dort bringen könnte«, erklärte Ivo. »Er hat das aus den Sternkonstellationen entnommen.«

»Woher kennt er sie? Ich dachte, er hätte keinen Zugang zu – nein, ich verstehe schon. Er ist da, wenn wir unsere Entfernung durch die irdische Geschichte bestimmen, und er nimmt vermutlich alles auf, was du hörst, während du mit dem Makroskop arbeitest. Obwohl mir nicht klar ist, wie er unseren kärglichen Informationen irgend etwas von Bedeutung entnehmen kann . . .«

»Gehen wir die Sache noch einmal durch«, sagte Harold. »Wir haben offensichtlich etwas übersehen – wenn Schön die Wahrheit sagt.«

»Es *kann* sein, daß er lügt«, sagte Ivo. »Aber das nehme ich eigentlich nicht an. Er wäre nicht interessiert, selbst in Erscheinung zu treten, wenn er nicht sicher wäre, etwas erreichen zu können – und er hätte auf keinen Fall die Geduld für eine ganze Anzahl von weiteren Sprüngen.«

»Unser erster Sprung machte etwa fünfzig Jahre aus, bis 1930«, erklärte Harold. »Der zweite kam auf fast dreitausend Jahre, bis 930 vor Christus, wenn wir uns nicht täuschen. Das ist ein Unterschied von 2850 Jahren, aber tatsächlich war der Sprung noch größer, da er uns räumlich gesehen auf die entgegengesetzte Seite der Erde brachte. Dann ein weiterer 50-Jahre-Sprung, schräg dazu. Das könnte recht verwirrend werden, wenn die Sache nicht so ernst wäre! Schließlich Sprünge bis 975 und 975 v. Chr. – wir sind nur so herumgeschlittert, ohne ein Ziel zu erreichen. Aber Schön kann offenbar etwas damit anfangen.«

Afra wandte sich an Ivo. »Du hast doch die Fähigkeit, Dinge vorauszuberechnen. Kannst du das Muster erkennen, das er zu sehen scheint?«

»Nein. Er benützt mehr als Mathematik, zumindest wendet er

mehr Faktoren an als ich. Er ist weit kreativer; seine Logik ist eine Kunst, während meine nur konventionell ist.«

»Vielleicht arbeitet er mit Astrologie«, sagte Afra enttäuscht.

Harold schüttelte den Kopf. »Die Astrologie ist nicht ...«

»Es ist aber wahrscheinlich, daß er darüber Bescheid weiß«, sagte Ivo. »Es ist also kein Witz. Wenn es möglich ist, eine Karte der galaktischen Raumkrümmung mit astrologischen Mitteln zu erstellen, dann ist Schön dazu in der Lage. Er ...«

»Vergiß es«, winkte Afra ab.

Aber Harold war nachdenklich geworden. *Er glaubt,* dachte Ivo, dem dies zum erstenmal zu Bewußtsein kam, obwohl er es natürlich längst gewußt hatte. *Er glaubt wirklich daran.*

Und angenommen, daß auch Schön es glaubte?

Wie konnte irgend jemand wissen, was gültig war und was nicht? Selbst wenn die Astrologie eine Irrlehre war, hatte Harold sie mit besserem Erfolg angewandt als Afra die von ihr bevorzugten Lehren.

»Ich frage mich, ob wir diese Sache mit den Raumsprüngen nicht zu einfach gesehen haben«, sagte Afra etwas später. »Wir haben uns zu einfache Analogien zurechtgelegt – aber eine vierdimensionale Krümmung läge auf einer ganz anderen Ebene. Wir können das nicht auf einer zweidimensionalen Karte festhalten.«

»Ich könnte einen Raumkoordinaten-Tank bauen«, sagte Harold. »Mit sich überschneidenden Linien und Kraftfeldern, um die Dinge an ihrem Platz zu halten, und das Ganze durchsichtig, damit wir jeden Bereich aus jedem Winkel betrachten können. Wenn wir unsere fünf bekannten Positionen eintragen und dann nach einem brauchbaren Muster suchen, könnten wir vielleicht erste Gleichungen entwickeln ...«

Afra wirbelte herum und ergriff seinen Arm. »Bis wann kannst du das schaffen?«

Der sechste Sprung war wieder ein großer Sprung, aber das war noch das wenigste.

Sie brüteten über den Zahlen und konnten sie doch nicht bestreiten.

»Es *ist* ein anderer Zerstörer«, sagte Afra.

Sie waren weitere fünftausend Lichtjahre von Sol entfernt, und die irdische Geschichte stand bei etwa 4000 vor Christus. Das Zerstörersignal, das die Erde 1980–81 erreicht hatte, war verschwunden – aber in sechzehntausend Lichtjahren Enfernung hatte eine zweite Sendung ihren Ursprung, die der ersten völlig glich.

»Ich vermute«, sagte Harold, »daß wir es mit einer echten galaktischen Verschwörung zu tun haben. Das wäre das höchste Vergnügen für einen Paranoiker.«

»Ich bin schon ganz außer mir«, sagte Afra.

Er hob warnend den Finger, als ob sie ein fünfjähriges Kind wäre. »Es kann kein Zufall sein, daß Sendestationen dieser Art sich in einer Entfernung von dreißigtausend Lichtjahren gegenüberstehen, deren Reichweite jeweils etwa achtzehntausend beträgt, und deren Impulse sich vermutlich mit Lichtgeschwindigkeit ausbreiten. Beachte dabei, wie beide den mittleren Bereich der Galaxis aussparen. Sechs auf diese Weise plazierte Sender, dazu ein siebter im Mittelpunkt, könnten den größten Teil der vorhandenen Sterne mit ihren Signalen erreichen.«

»Was zu beweisen scheint, daß sie es auf *alle* Zivilisationen abgesehen haben, nicht nur auf die Erde«, stimmte Afra zu.

»Was auch bedeuten könnte, daß diese Sender nicht ungeschützt sind«, fügte Ivo hinzu. »Ich meine, daß sie auch über materielle Waffen verfügen. Sie hätten sonst nicht all diese Millenien bestehen können gegen all die Arten, die nach unserer Kenntnis existieren.« Er hielt inne. »Machen wir weiter?«

»Ja, wir machen weiter!« sagte Afra so wild und entschlossen, daß es ihn unruhig werden ließ. Sie erinnerte ihn immer wieder an den Grund ihres persönlichen Engagements für diese Mission. Ihre Erinnerung an Brad – den Gottprinzen, der gestorben und nicht wieder ins Leben zurückgekehrt war.

Sie wurden gleichgültig gegenüber den galaktischen Reisen, zumindest gewöhnten sie sich daran; aber der zehnte Sprung versetzte sie alle in Erstaunen. Er betrug etwa fünfunddreißigtausend Lichtjahre – und brachte sie um etwa dreißigtausend aus der Galaxis heraus. Sie waren fast vertikal aus der großen Scheibe herausgesprungen.

Sie konnten keinen der Zerstörersender ausmachen.

Sie versammelten sich, um ihre Galaxis auf dem Bildschirm für ›direkte Wiedergabe‹ zu betrachten. Tatsächlich war es nur eine Aufnahme, die von Sensoren übermittelt wurde, die sich in Umlaufbahn um den Neptun befanden. Harold war während der Erholungszeiten zwischen den Sprüngen nicht müßig gewesen, und ihm stand eine ausgeklügelte Technik zur Verfügung, mit der er spielen konnte. Die Mini-Satelliten überstanden sogar die Sprünge ohne jede Störung, nachdem das Verankerungsfeld so angepaßt worden war, daß es solche Bewegungen berücksichtigte.

Unter ihnen lag ihre Heimatgalaxis, die fast das gesamte Bild einnahm und zum erstenmal mit menschlichen Augen aus einer solchen Perspektive gesehen wurde. Es war nicht das blasse Weiß der Sterne und Sternhaufen, wie es durch den Riesenfilter der Erdatmosphäre wahrzunehmen war, und auch der nur schwer zu durchdringende Nebel aus interstellaren Gasen und Staub umgab den Beobachter nicht mehr. Das ergab ein Bild der Milchstraße, wie sie wirklich war – es wirkte intensiver, tausendmal kräftiger als von der Erde aus.

Farbe, ja – aber nicht, wie ein Maler es wiedergeben oder ein atmosphäreblindes Auge es wahrnehmen könnte. Rot im Zentrum, wo die alten Lichter allmählich ihren Glanz verloren; Blau am Rand, wo sich die neuen Sternfeuer bildeten. Das Spektrum dazwischen – aber darin lag noch so viel mehr! Der sichtbare Bereich ging hier über das hinaus, was die bisherige Systematik erfaßt hatte, und Farbtönungen bildeten sich aus, für die keine menschlichen Begriffe verfügbar waren. Ein gewaltiger Wirbel, eine vielfältige Strahlungsspirale, Wellen winziger Lichtpartikel, miteinander verschmolzen und dennoch getrennt. Die Milchstraße war durchscheinend und dennoch faszinierend kompliziert aufgebaut in drei, in vier Dimensionen.

Am Rand war sie foliendünn, bestand hauptsächlich aus Massen von kosmischem Staub, der Tausende von Sternen mit seinen Schleiern verdeckte. Innerhalb dieser galaktischen Atmosphäre, eingehüllt in kosmische Gasschleier, schwamm Sol mit ihren Planeten: kaum der Aufmerksamkeit wert, ohne Vergrößerung nicht einmal sichtbar.

Und von diesem exklusiven Aussichtspunkt aus war auch das Muster der galaktischen Sternenzusammenballung deutlich zu erkennen: die großen Spiralarme, die sich vom Zentrum nach außen wanden, doppelte Materiebänder, die als gleißendes Licht massierter Sterne begannen und im Dunkel sich verlierenden Staubs endeten. Nicht flach, nicht eben; die Bänder waren verwunden, zeigten sich da in der Draufsicht, waren dort vom Rand her zu sehen, gleich offenen Möbius-Streifen oder der Helix einer galaktischen DNA.

Und ja, dachte er, ja – die Galaxis war eine Zelle mit kosmischen Organellen, die durch ihr inneres Leben erstrahlte; ein warmer Körper in Bewegung, sich entwickelnd, mit einer Lebensspanne, die nach zig Milliarden Jahren zählte.

Ivo verspürte Hunger, und er bemerkte, daß er seit Stunden in die Betrachtung der Galaxis versunken war. Er war von ihr ergriffen und zum Verstummen gebracht worden, wie es einem Betenden in der Konfrontation mit seinem Gott geschehen mochte.

Er löste sich aus seiner Trance und sah sich um. Afra stand neben ihm. Harold wandte sich ihm zu, und Ivo bemerkte mit Erschrecken, daß auch er in den letzten Monaten an Gewicht verloren hatte. Sie alle veränderten sich! »Hast du diese kugelförmigen Zusammenballungen beobachtet? Hunderte von ihnen umkreisen die Galaxis, und jede enthält fast eine Million Sterne. Sieh mal!« Er streckte die Hand aus. »Diese dort ist weniger als zehntausend Lichtjahre von uns entfernt.«

Ivo sah, was ihm zuvor entgangen war: ein naher Sternhaufen, der etwa gleich weit von der Milchstraße entfernt war wie sie, eine kleine Galaxis für sich, nur war er formlos, ein strahlender Rorschach-Fleck. Es war, als hätte sich etwa Baumwolle gelöst, als das Muster des großen Teppichs gewoben wurde. An seinem Rand waren die Sterne dünner gesät, wie das auch bei der Galaxis der Fall war, aber sie konzentrierten sich im Zentrum, entwickelten sich vom Blau bis in den mittleren Bereich des Farbspektrums. Dieser Sternhaufen mußte jünger sein als die Galaxis selbst.

Es waren noch viele andere in Sicht, die meisten näher am galaktischen Kern. Jede Zusammenballung war vielleicht ein Kosmos für sich, der lebentragende Planeten und stellare Zivilisationen umfaßte. Eine Gruppe dieser Zusammenballungen war sphärisch angeordnet – oder wenigstens hemisphärisch, da er nicht sehen konnte, was sich jenseits der galaktischen Scheibe befand. Obwohl er keine Bewegung wahrnehmen konnte, wußte er, daß diese Zusammenballungen um das Zentrum der Galaxis kreisten – in elliptischen Umlaufbahnen, die dicht am Rand vorbeiführten und über der flachen Seite höher verliefen.

Er konnte sich beinahe die ursprüngliche Kugel aus Gas und Staub vorstellen, die sich majestätisch im Raum drehte und Gase und Feuerzungen herausschleuderte. Der größte Teil des Materials blieb in der Rotationsebene, entwickelte sich zu Spiralarmen und der Scheibenform; aber ein paar Einzelgänger nahmen einen eigenen Kurs und wurden zu diesen Sternansammlungen.

Wie mochte das Universum einem Wesen erscheinen, das sich in einem dieser Inselsysteme befand? Gab es eine Kultur, die zu dem mächtigen Mutterkomplex hinabstrebte? War ihr Gott ein Strudel mit einem Durchmesser von dreißigtausend Parsec?

Beatryx kam aus dem Küchenbereich, und Ivo wurde sich bewußt, daß es der Essensgeruch war, der ihn auf die Nöte seines Magens hatte aufmerksam werden lassen.

Schließlich fand auch Afra in die Wirklichkeit zurück. »Wir sind im Bereich des Reisenden, aber jenseits des Zerstörers«, sagte sie nachdenklich. »Wir haben dreißigtausend Lichtjahre in Richtung auf den Reisenden zurückgelegt – entsprechend lange wird es dauern, bis er die Erde und die Galaxis erreicht. Er ist offenbar älter als die Zerstörer, sonst hätten sie früher begonnen und hätten uns hier bereits erreicht. Und das läßt vermuten . . .«

»Daß der Zweck des Zerstörers vielleicht nur darin besteht, die fremden Signale zu stören«, führte Harold ihren Satz zu Ende. »Da zahllose lokale Stationen gut durchkommen, können sie nicht der Grund für den Zerstörer gewesen sein.«

»Wenn man von Xenophobie redet!« rief sie. »Nur weil damit bewiesen wurde, daß es anderswo eine überlegene Technologie gab!«

Harold wandte sich in ihre Richtung. »So siehst du es also? Ich wäre vielleicht etwas anders vorgegangen, um zu einem Ergebnis zu kommen.«

»Ich kenne deine . . .«

»Das Essen ist fertig!« rief Beatryx, die das Gespräch wieder einmal genau zum richtigen Zeitpunkt unterbrach.

Da der Zerstörer hier nicht empfangen werden konnte, benützten sie den Hauptschirm, um Ivo bei seiner Tätigkeit zuzusehen. Afra hätte das Makroskop auch selbst benützen können, aber die Gruppe war wortlos übereingekommen, daß dies Ivos Vorrecht war. Darüber hinaus hatte er durch ständige Übung eine solche Geschicklichkeit erworben, daß es ihm ohne zeitraubende Vorübungen niemand gleichtun konnte. Es war seine Schau.

Und er hatte Lampenfieber.

Er mied die gewöhnlichen Programme, die jetzt in einer solchen Vielfalt angeboten wurden, daß es allein Jahre gebraucht hätte, sie von Hand zu registrieren. Die verschiedenen Familien ihrer Sprachcodes waren den anderen natürlich nicht vertraut; Ivo hatte sich die Grundlagen mit erheblicher Mühe erarbeiten müssen, obwohl sie in gewissem Maß der Technik des Zerstörers ähnelten. Er vermied außerdem das Signal des Reisenden (wann war der Ausdruck eigentlich aufgekommen?); alles zu seiner Zeit! Statt dessen konzentrierte er sich auf das Band, das nicht von Programmen besetzt war, und suchte nach der Erde: der Welt des Menschen, wie sie vor dreißigtausend Jahren gewesen war.

Und er fand sie nicht.

Er überprüfte die Koordinaten, die aus teleskopischen Beobachtungen der Andromeda-Galaxis errechnet worden waren, und wählte eine bestimmte Gruppe von Cepheiden der heimatlichen Milchstraße aus, beließ dabei eine entsprechende Toleranz für die galaktische Eigenrotation und die verschiedenen Bewegungen der Sterne im Verlauf von dreißigtausend Jahren. Alles stimmte; er wußte, wo die Erde zu finden sein mußte.

Aber dort war sie nicht!

»Entweder habe ich die Verbindung verloren oder die Erde existierte vor dreißigtausend Jahren noch nicht«, sagte er.

»Unsinn«, knurrte Afra. »Laß mich es versuchen.« Sie schien sehr darauf aus zu sein, an das Makroskop zu kommen.

Ivo überließ ihr seinen Platz, kam sich vor, als wäre er in den Regen hinausgeschickt worden.

Afra spielte zwanzig Minuten lang mit den Kontrollen, versuchte es zuerst im mutmaßlichen Erdbereich, dann anderswo. Der Schirm wies nur eine Mischung von Farben auf; kein klares Bild erschien. Schließlich stellte sie die Aufnahme auf einen der kugelförmigen Sternhaufen außerhalb der Galaxis ein – und bekam ein Bild.

Sie hatte dem Computer eingegeben, jede Planetenoberfläche festzuhalten, die beim routinemäßigen Suchen in den Aufnahmebereich kam, und das hatte er getan. Die Aufnahme zeigte die Oberfläche eines dunklen, kahlen Mondes, der weit von seinem Planeten entfernt sein mußte. Im Nachthimmel über dem Horizont konnten einzelne Sterne ausgemacht werden, und die Lichtbänder dichtgedrängter ferner Sterne.

»Das ist kein Sternhaufen!« rief Groton. »Ein Band wie dieses wäre in einer sphärischen Masse von Sternen nicht zu finden!«

Afra kämpfte mit den Kontrollen, brachte die Szene etwas genauer ins Bild und verlor sie schließlich wieder. Sie kehrte zur routinemäßigen Computersuche zurück, während Ivo innerlich den Verlust ihres einzigen Bildes beklagte, eines so mysteriösen noch dazu. Sie würden das Bild nicht wieder hereinbekommen, dazu war sie zu fahrig und ungeduldig.

»Die Sache kommt mir überaus merkwürdig vor«, brummte Harold. »Die Ausrichtung dieses Bildes stimmt nicht mit der direkten Sicht auf diesen Sternhaufen überein. Und die aufgenommene Szene war typisch für einen Planeten innerhalb der Galaxis. Dieses Lichtband war die Milchstraße!«

Afra gab dem Computer ein, erdgleiche Planeten zu suchen, wobei sie die Ausrichtung unverändert ließ, und dann wartete sie, während die Maschine die dichtgedrängten Makronen filterte und sortierte. Ivo hätte am liebsten wieder übernommen, hielt sich aber zurück. Die Situation war mehr als merkwürdig, und Afra ging offensichtlich die notwendige Erfahrung ab, um die Widersprüche lösen zu können. Aber es wäre nicht gerade diplomatisch gewesen, darauf hinzuweisen.

Eine grüne Landschaft erschien, erdähnlich, aber nicht irdisch. Afra ging zu manueller Steuerung über – und verlor das Bild. Sie fluchte in wenig damenhafter Weise.

Sie gab es auf. »Ich kann hier doch keinen Blumentopf gewinnen. Übernimm es wieder, Ivo.«

Und er ging hinein, vergaß die anderen, benützte die Brille, obwohl der Hauptschirm angeschlossen blieb. Er ertastete sich seinen Weg in die Situation, reagierte, als ob der Computer Teil seines eigenen Gehirns wäre. Da war kein direktes Bild von der Erde – oder von einem anderen Punkt in der Galaxis. Da waren nur die Programme, die wunderbar durchkamen. Worin bestand der Unterschied zwischen den gebändigten und den ungebändigten Makronen, daß nur die gebändigten durchkamen?

Die Programme waren künstlicher Natur, wurden erzeugt durch makronische Anlagen der Typ-II-Technologie innerhalb eines mächtigen Gravitationsfeldes. Soviel wußte er durch die lokalen Stationen, die freimütig über ihre eigene Technik sprachen. Ihre Signale waren polarisiert, von oberflächlichen und überflüssigen Eindrücken befreit, und sie wurden gleichmäßig ausgestrahlt. Natürliche Impulse waren schwach und unregelmäßig, außerdem wiesen sie zahlreiche sich überlagernde Eindrücke auf. Ein ungebändigtes Makron konnte mehrere hundert verschiedene Bilder erzeugen und dazu noch eine Menge sinnloses Durcheinander; ein behandeltes Makron produzierte nur eines oder einen integrierten Komplex von Bildern.

Es war ein Unterschied wie zwischen einem zufälligen Spritzer und einem gezielten Wasserstrahl. Der Spritzer wirkte vielfältiger auf seine Umgebung ein, aber der Strahl ging weiter und bewirkte in einer bestimmten Hinsicht mehr.

Woraus bestand die galaktische Umwelt?

Licht. Gas. Energie.

»Gravitation.«

Es war Schön, der in sein Ohr wisperte. Zu Ivos Mißvergnügen wurde die Kommunikation zwischen ihnen immer leichter. Er zog einen gründlich begrabenen Schön vor.

Gravitation: im großen und ganzen kumulativ, aber im Ursprungskörper verteilt. Außerhalb der festen Galaxis . . .

Makronen: Bedeutungen, die in Gravitationswellen enthalten und von diesen abhängig waren. Und was geschah mit ihnen, wenn sie die Galaxis verließen und den komplexen Wechselwirkungen des Universums ausgesetzt wurden?

Jetzt wußte er es. Die Programme kamen durch, gelangten selbst zu anderen Galaxien, wenn sie entsprechend abgestrahlt wurden, denn sie waren stromlinienförmig, verkürzt und ohne Ballast. Aber die ungebändigten Impulse schafften es nicht; sie waren zu unförmig, stachelig, hornig, unordentlich. Das große galaktische Feld erfaßte und beugte sie (denn sie waren Geschöpfe der Gravitation). Sie wurden herumgeschleudert gleich den Sternansammlungen, verzerrt . . .

Aber nicht das Licht. Die galaktische Gravitation war nicht stark genug, das Licht am Entkommen zu hindern. Und schließlich gelangte das Licht in den Raum, ließ seine abgetrennten Makronen zurück. Wie ein von seinem Träger gelöster Umhang fiel der Makronenmantel in sich zusammen, verlor seine Form — aber sie blieben in Form von lichtschnellen Impulsen bestehen, die sich zusammenklumpten — Milliarden von Makronen, wo zuvor nur eines gewesen war. Da sie dem galaktischen Gravitationsfeld nicht entkommen konnten, blieben sie in Umlaufbahn um den galaktischen Kern.

Daher Schnappschuß-Bilder im rechten Winkel zur galaktischen Scheibe.

Daher keine unmittelbaren Nachrichten von der Erde vor 30 000 Jahren.

Daher — Geschichte.

Ivo beschränkte die eingegebenen Spezifizierungen auf eine einzige Klassifikation: die Erde. Die Erde — zu jeder beliebigen Zeit, seit das Leben die Landmassen erobert hatte. Er ging den gefesselten Strom von Informationen durch, suchte nach Bewegung. Er fand etwas.

Sie sahen auf den Schirm, und er hörte ihren gemeinsamen Aufschrei. Die Erde, ja . . .

Das Geschöpf ähnelte in gewisser Hinsicht einem Krokodil, aber seine Schnauze war kurz und plump. Der Körper war etwa zwei Meter lang und verfügte über massige Beine und einen mächtigen Schwanz. Ein groteskes Gerüst aus Knochen und Leder erhob sich wie ein steifes Segel auf seinem Rücken.

Es war am Morgen, und das Tier lag zufrieden in der Sonne, die

Augen teilweise geschlossen. Dahinter war das Ufer eines Wasserlaufs zu sehen, dicht mit gestreiftem Schilf bestanden, das teilweise niedergetreten war. Hohes Buschwerk oder fremdartige Bäume waren im Hintergrund zu erkennen, und der Boden wirkte kahl, da er nicht einmal mit Gras bewachsen war.

»Das«, sagte Afra, »ist ein Dimetrodon. Eine Eidechse mit Rückenkamm, die vor zweihundertundfünfzig Millionen Jahren auf der Erde lebte. Der Kamm wurde als primitiver Temperaturkontrollmechanismus benützt, bevor bessere Methoden aufkamen. Obwohl das Dimetrodon unbeholfen wirkt, war diese Wärmekontrolle von enormem Vorteil, da Reptilien ziemlich schwerfällig sind, solange sie kalt sind . . .«

»Ich verstehe nicht, wie es sich mit dem Kamm wärmen soll«, sagte Beatryx.

»Doch, das kann es, und außerdem kann es sich damit auch abkühlen. Wenn der Kamm quer zur Sonne steht, dann nimmt er Wärme auf; wenn er ihr keine Angriffsfläche bietet, dann gibt er Wärme ab. Reptilien dürfen auch nicht zu heiß werden, verstehst du. Eigentlich gut ausgedacht – und man kann sie leicht erkennen dadurch.«

»Die Paläontologie ist nicht meine stärkste Seite«, sagte Harold, »aber so etwas Ähnliches hatte ich vermutet. War dieses Geschöpf nicht ein Vorfahr der Dinosaurier?«

Da Ivo die Brille trug, konnte er Afras Gesichtsausdruck nicht sehen, aber er konnte ihn aus ihrer Stimme heraushören. »Schon von einem Dinosaurier mit Temperaturkontrolle gehört? Das Dimetrodon war ein fleischfressender Pelycosaurier, vermutlich ein Vorfahr säugetierähnlicher Reptilien.«

»Da habe ich wohl den falschen Familienstammbaum erwischt«, sagte er, ohne daß ihm eine Spur von Betroffenheit anzumerken war. »Jedenfalls ist das ein erstaunliches Schauspiel, wenn wir bedenken, daß wir uns nur dreißigtausend Lichtjahre außerhalb der Galaxis befinden. Ich verstehe nicht, wie das tatsächlich die Erde sein kann.«

»Es ist die *Erde*«, sagte Ivo, dem einfiel, daß die anderen an seinen Überlegungen ja nicht teilgehabt hatten. »Die Makronen sind in Umlaufbahn um die Galaxis. Sie haben sich zusammengeklumpt, aber wir können sie noch immer lesen, wenn wir sie einfangen. Diese müssen schon einige tausendmal um die Galaxis gekreist sein. Um die Richtung brauchen wir uns gar nicht erst zu kümmern; der Empfang ist weitgehend eine Frage des Zufalls, denn es ist einfach zuviel da, aus dem wir auswählen können. Der ganze Raum und alle Zeit, wenn man so will.«

Während er sprach, verlor sich das Bild. Die Launen der Makronik hatten den Empfang unmöglich gemacht. Er gab der Suchautomatik wieder freien Lauf, ging vor und zurück, suchte nach einem beständigeren Strom von Impulsen.

»Zweihundertundfünfzig Millionen Jahre!« sagte Afra. »Die Galaxis dürfte sich in dieser Zeit einmal voll um ihre Achse gedreht haben.«

»Die galaktische Eigenrotation dürfte keine Rolle spielen«, sagte Harold. »Wir befinden uns über der flachen Seite, nicht jenseits des Randes. Die in Umlaufbahn befindlichen Makronen müssen im rechten Winkel zur galaktischen Rotation wandern. Ich frage mich, ob es nicht mehr ist als ein Magnetfeld?«

Ivo bekam ein weiteres Bild auf den Schirm: ein Tier, das einem Hirsch glich, aber mit hundeähnlichen Tatzen. Es war etwa einen Meter hoch, und es stieß mit der Schnauze durch das niedrige Buschwerk, als suchte es nach Leckerbissen.

»Ein Säugetier«, stellte Afra fest. »Ich kann es nicht so genau einsortieren . . .«

Dann geschah es: eins der Schauspiele, die aller Wahrscheinlichkeit Hohn sprechen. Sie hielten gleichzeitig den Atem an.

Ein riesiger Schnabel stocherte ins Bild herein, gefolgt von einem bösen kleinen Auge und weißen Kopffedern. Es war ein Vogelkopf — dessen Größe schon fast mit dem Rumpf des hirschähnlichen Tieres zu vergleichen war. Der grausame Schnabel verhielt, hieb zu und traf den bebenden Nacken des Hirschs.

Dann kam der Rest des räuberischen Geschöpfes ins Bild. Es war tatsächlich ein Vogel: gut zwei Meter groß und wie ein flügelloser und hochbeiniger Falke gebaut. Drei mächtige Krallen — schuppig und muskulös — schlugen sich mit jedem Schritt in den Boden hinein.

»Nein!« rief Afra ungläubig. »Das ist eine Art, die vor zwanzig Millionen Jahren in Südamerika vorkam . . .«

»Wie schrecklich!« rief Beatryx.

»Schrecklich? Das war eine außergewöhnliche Art, eine wichtige Stufe in der Evolution der Flugtiere. Er konnte natürlich nicht fliegen — aber auf seinem Territorium, dem Land, war dieser Vogel absolut überlegen. Wenn man die Mannigfaltigkeit der Arten in Betracht zieht, dann waren die Vögel erfolgreicher als die Säugetiere . . .«

Sie sahen zu, wie der Vogel sein Opfer am Nacken hochhob und schüttelte. Ivo spürte die Schmerzen des Angriffs, und es kostete ihn einige Mühe, nicht mit den Händen den Nacken zu schützen. Dann rissen Schnabel und Krallen den Körper auf, und die schreckliche Mahlzeit begann. Jetzt spürte Ivo den Geschmack des warmen Bluts in seinem zahnlosen Mund.

Das Bild verlor sich wieder.

»Zwischen den beiden Bildern lagen zweihundert Millionen Jahre«, sagte Afra. »Wie wäre es mit etwas, was dazwischen liegt – etwa einem Dinosaurier?«

»Im Laufe der Zeit sollte es uns gelingen, die ganze irdische Geschichte zusammenzufangen«, sagte Ivo. »Aber es ist weitgehend Zufall, was wir jeweils hereinbekommen. Die Makronen sind nicht gleichmäßig verteilt, obwohl sie innerhalb der Zusammenklumpungen wie einzelne Fäden geordnet zu sein scheinen. Ich kann es weiterhin versuchen.« Auch er war fasziniert durch diese Erweiterung ihres Horizontes. Sie brauchten nicht mehr gewaltige Entfernungen zu überspringen, um die vormenschliche Vergangenheit sehen zu können.

Alle Zeit der Welt ...

»Ich unterbreche nicht gerne«, sagte Harold, »aber es gibt wichtigere Dinge für uns. Wir sind bereits weit außerhalb der Galaxis; noch ein falscher Sprung, und wir sind völlig verloren ...«

Damit zog er ihre Aufmerksamkeit auf sich, und dann führte er genauer aus: »Ich nehme an, die Aufnahmen wären weniger zufällig, wenn ihre Reichweite nicht so begrenzt wäre. Warum nehmen wir nicht das Sonnensystem insgesamt und versuchen, der feineren Ausrichtung der makronischen Ströme auf die Spur zu kommen? Wenn wir den Empfang erst einmal entsprechend beherrschen, dann wird uns die Geschichte unserer ganzen Galaxis offenstehen. Das bedeutet ...«

»Das bedeutet, daß wir die Errichtung des Zerstörers verfolgen können!« warf Afra ein. »Daß wir feststellen können, welche Art es getan hat, und warum.« Sie hielt inne. »Nur daß diese Bilder noch nicht bis nach hier gelangt sein können.«

»Aber wir können beliebige Versuche anstellen. Wenn wir erst einmal wissen, was wir tun, dann können wir näher herangehen und die Sache wieder aufnehmen. Wir brauchen uns diesem Ding nicht blind zu nähern.«

»Ist das richtig, Ivo?« fragte sie. »Könnte die Ausrichtung auf das

Sonnensystem – das ganze System – einen einheitlicheren Empfang ermöglichen?«

Es hatte eine Zeit gegeben, in der sie ihn niemals nach seiner Meinung zu einer technischen Angelegenheit befragt hätte. »Ja. Ich könnte ein Schema eingeben, und wir könnten dann mit einem viel breiteren Band arbeiten. Der Versuch würde sich lohnen, auch wenn ich nicht gleich für Ergebnisse garantieren kann.«

Sie antwortete nicht, also begann er damit. Das durch seine Brille und über den Schirm vermittelte Bild wurde zu einer Grafik, die nach seinen allgemeinen Anweisungen und durch Koordinierung des Computers entstand. Die Sonne wurde dargestellt durch eine weiße Lichtscheibe, und die Planeten durch bunte Flecken, die gepunkteten Umlaufbahnen folgten, und ihre Monde folgten ähnlich markierten Wegen. Das Schema war nicht vollkommen, aber die Einheiten und ihre Positionen waren deutlich genug.

»Ich werde versuchen, eine Geschichte des ganzen Systems hereinzubekommen«, sagte Ivo. »Aber es wird einige Zeit in Anspruch nehmen, die Makronenströme zu kennzeichnen, vorausgesetzt, daß sie einigermaßen konsistent sind. Dann werde ich die Aufnahmen zusammenschneiden müssen, da ich sie nicht gleich in chronologischer Reihenfolge bekommen werde. Ihr werdet nichts davon haben, wenn ihr dabei zuseht.«

»Wir bleiben bei dir, Ivo«, sagte Afra mit unerwarteter Wärme. »Wir werden zusehen. Vielleicht können wir helfen.«

Er wußte, daß sie das wiederum nicht persönlich, sondern nur praktisch meinte, aber er freute sich trotzdem darüber. So hatte er sie am liebsten: wenn sie mitarbeiten wollte und nicht versuchte, ihn zu kaufen. Er wandte sich seiner Aufgabe zu, suchte nach entzifferbaren Spuren. Er hatte eine unabsehbare makroskopische Flickarbeit vor sich.

»Laß mich mal dran«, sagte Schön in seinem Ohr. *»Ich kriege das alles in einer Stunde hin. Du würdest zwei Wochen dazu brauchen, und dir würde eine Menge entgehen.«*

Ivo hatte das Ausmaß seines Vorhabens bereits begriffen. Er wollte sich die unangenehme Situation ersparen, vor einem zwangsläufig ermüdenden Publikum arbeiten zu müssen, während die unproduktiven Stunden verrannen. »Also gut«, sagte er und ließ Schön die Zügel schießen. Es gab immer mehr, was zwischen ihnen möglich wurde.

Dennoch – wenn Schön das Makroskop benützen konnte – was

war mit dem Zerstörer geschehen? Damit wurde der einzige gültige Grund für Ivos Weigerung, Schön freizulassen, in Frage gestellt.

Vielleicht ... war es die Hoffnung ... er könnte versagen.

Aber Schön hatte nicht zuviel versprochen. Er breitete sich in Ivos Gehirn und Körper aus und wandte seinen kindlichen, aber überragenden Verstand auf das Problem an. Ivo sah zu, wie die Finger seiner linken Hand über die Computertasten spielten, während sich seine rechte Hand mit dem Drehknopf beschäftigte, und er fragte sich, ob er nicht einen nicht wiedergutzumachenden Fehler begangen hatte. Er hatte Schön nicht freigelassen – aber Schön würde sich vielleicht selbst befreien, wenn er ihm auch nur den kleinen Finger reichte. Er war schlau genug ...

Auf dem Schirm bildeten sich deutliche Konturen heraus. Die angezeigte Reichweite dehnte sich bis zu einem Durchmesser von zwei Lichtjahren aus, und kosmische Staubmassen stellten sich dar.

»Was machst du da?« verlangte Afra zu wissen. »Das ist kein Sonnensystem.«

»Das ist eine Urwolke aus Wasserstoff, Dummchen«, antwortete Schön mit Ivos Lippen und Zunge, während Ivo innerlich zusammenzuckte.

Afra sagte nichts mehr, und die Vorführung ging weiter. Unter anderen Voraussetzungen hätte Ivo das Ganze vielleicht für eine fantasievolle Trickdarstellung gehalten. Tatsächlich hatte Schön das Makroskop dazu gebraucht, Impulse aufzufangen, die fünf oder zehn Milliarden Jahre zurückreichten; es war eine zutreffende Darstellung, obwohl indirekt und verkürzt.

Die primitive Gaswolke wirbelte herum und zog sich zusammen, wobei die Zeitskala anzeigte, daß in jeweils fünfundzwanzig Sekunden etwa eine Million Jahre verging. Im Verlauf von zehn Millionen Jahren zog sich die Gaswolke zu einem Durchmesser von hundert Millionen Meilen zusammen, dann zu einem solchen von knapp einer Million Meilen, und sie flammte auf und wurde zu einer Sonne. Die Verdichtung hatte ihre Temperatur bis zum ›Zündpunkt‹ der Wasserstoff-Helium-Verwandlung erhöht; jetzt zog sie gewaltige Energien aus der Verschmelzung von Wasserstoffatomen in Heliumatome, wobei jeweils vier Wasserstoffatome ein Heliumatom ergaben.

»Es ist so, als wollte man vier Likörgläser in ein fünftes umfüllen«, erklärte Afra Beatryx. »Es wird nicht alles in das fünfte Glas hineingehen, daher ...«

»Hängt es nicht von der Größe des fünften Glases ab?«

O nein, dachte Ivo. Die Frauen hatten wieder einmal Signale überfahren. Harold würde die Sache wieder aufklären müssen, wie er es immer tat. Vielleicht gelang es ihm, Beatryx verständlich zu machen, daß vier Wasserstoffatome zusammen ein Atomgewicht von 4.04 hatten, während ein Heliumatom 4.00 hatte. Die Kombination von vier Wasserstoffatomen, aus der ein Heliumatom hervorging, ließ daher die überzähligen .04 als Energie freiwerden – so erwachten die Sterne zum Leben.

Nur ein Prozent der Materie wurde als Strahlung freigesetzt – aber es reichte aus, um den Zusammenbruch der großen Wolke/Sonne auf dem Schirm aufzuhalten und das Ganze eine Zeitlang zu stabilisieren.

Einige hundert Millionen Jahre vergingen in ein paar intensiven Minuten.

Schließlich ging der Brennstoff aus, und die Sonne schwoll zu einem riesigen roten Giganten an, der das Hundertfache seines früheren Durchmessers erreichte.

»Das kann unmöglich Sol sein!« wandte Harold ein. »Unsere Sonne hat noch nicht einmal die Hälfte ihres Lebenszyklus hinter sich.«

Schön würdigte ihn keiner Antwort. Ivo verstand die Situation ebenfalls nicht, aber er wußte, daß die Aufnahmen korrekt waren.

Nachdem sie den verfügbaren Wasserstoff aufgebraucht hatte, fiel die Sonne wieder in sich zusammen. Aber sie enthielt jetzt einen Kern fast reinen Heliums, das Ergebnis ihres lebenslangen Wasserstoffverbrauchs. Während sie sich zu einer noch dichteren Kugel zusammenzog, stieg die Temperatur in ihrem Inneren bis zum Zehnfachen dessen, was die vorhergehende Umwandlung ermöglicht hatte. Etwas mußte in Bewegung kommen. Schließlich begann das Helium sich in Kohlenstoff zu verwandeln. Ein neuer Brennstoff war entdeckt worden.

Die Sonne war wieder zum Leben erwacht, diesmals als schnellebiger weißer Zwerg.

Aber bald ging ihr das Helium aus. Der kleine Stern erlosch und wurde zu einer dunklen Materiezusammenballung, nicht größer als ein Planet. Die Entwicklung hatte zu einem trostlosen Ende geführt. Übrig blieb dichte, in sich zusammenfallende Materie, an deren Rand sich schwere Elemente befanden, die während der einstigen Größe dieser Sonne aus galaktischen Trümmern eingefangen worden waren; aber der einstige Stern war nur noch wie treibende Asche, war tot.

Nach weiteren Jahrmillionen geriet dieser verhältnismäßig winzige Körper in den Einflußbereich einer benachbarten Sonne, einem Körper, der sich aus den reichhaltigeren Gasen näher dem galaktischen Rand gebildet hatte. Als die neue Sonne sich näherte, wurde dieser Ascheklumpen zu einem Satelliten, der selbst einiges von dem Gas des Sterns auffing. Er erweiterte seine Masse und entwickelte eine Atmosphäre, blieb aber unbelebt. Seine Tage waren gezählt; er würde nie wieder seine einstige Größe erlangen.

»Das ist die Erde!« sagte Afra. Um sofort hinzuzufügen: »Nein, das kann nicht sein. Eine andere Zusammensetzung, und der Kern ist viel zu dicht.« Sie nahm die Anzeigen für Material und Dichte automatisch wahr, während sie den Planeten betrachtete.

Das junge System erwarb einen zweiten Ascheklumpen dazu, der ebenfalls durch den Tod einer alten Sonne entstanden war. Ein dritter und ein vierter kamen dazu, die unterwegs aufsammelten, was sie an galaktischem Schutt einfangen konnten. Die beiden letzten hatten weit größere Kerne als die ersten und konnten entsprechend mehr an Atmosphäre gewinnen, aber auch sie konnten nicht auf eine Wiederbelebung hoffen. Vier Planeten umkreisten nun die Sonne, von denen ein jeder weit älter war als sie selbst.

Ein Nachbar hatte Probleme. Das Bild schwenkte für einen geologischen Augenblick zu ihm hinüber. Diese Sonne war noch beträchtlich größer und hatte ihren Wasserstoff – und das Helium – in verschwenderischer Weise aufgebraucht. In wenigen Millionen Jahren hatte sie ihre Lebensbahn durcheilt. Aber ihre Masse und daher auch die Temperatur in ihrem Innern waren so groß, daß die Umwandlungen nicht beim Kohlenstoff aufhörten. Sauerstoff, Natrium, Silizium, Kalzium – bis hinauf zum Eisen, der Nummer 26 in der atomaren Reihenfolge der Elemente, wurden in diesem stellaren Hochofen gebildet. Eine Serie von thermischen Verstärkungen – kataklysmischen Stürmen – durchbrach die Heliumhülle, noch bevor sie vollständig zusammenbrach, und bildete kleine Mengen von schweren Metallen bis hinauf zum Blei.

Als im Kern schließlich nichts Leichteres als Eisen vorhanden war, setzte der Gravitationszusammenbruch wieder ein. Die Hitze stieg auf hundert Milliarden Grad an. Dieser Zusammenbruch ließ neue Energien freiwerden, und Energie floß zurück in den Kern, um neue Materie zu bilden. Die schwereren Elemente bis hinauf zum Uran wurden in gewaltigen Mengen erzeugt.

Aber dieser endgültige Zusammenbruch der Sonne führte zu einer Explosion, die ihre Masse verschleuderte: eine Supernova. Ein Teil der Bruchstücke wurde von anderen Sonnen eingefangen. Die Systeme nährten sich von den Bissen, die durch die Zerstörung des Nachbarn abfielen. Die größten Fragmente, die zumeist aus Eisen bestanden, gerieten in eine Umlaufbahn, kühlten aus und wurden zu Planeten. Jetzt kreisten drei kleinere Satelliten in engeren Umlaufbahnen um die Sonne.

»Mars, Erde, Venus!« stellte Afra fest. »Und der erste Planet, den wir gesehen haben, war der Neptun — *unser* Planet!«

Schön hielt es noch immer nicht für notwendig, etwas zu äußern. Ivo spürte Schöns Konzentration, während er die verschiedenen Fäden des makronischen Geflechts einfing, entwirrte und identifizierte, um sie so zusammenzufügen, daß sie eine zusammenhängende und chronologische Geschichte visuell darstellten. Das war eine Aufgabe, die alle Begabungen Schöns erforderte, die künstlerische ebenso wie die rechnerische und die sprachliche. Es waren außergewöhnliche Begabungen für ein außergewöhnliches Vorhaben; Ivo hatte im Laufe der Zeit zu verdrängen versucht, über was für Fähigkeiten die Persönlichkeit seines Mentors tatsächlich verfügte. Wenn eine Maus, die in einen Löwen geboren wurde, eine Maus blieb, dann blieb auch ein Löwe, in eine Maus verbannt, ein Löwe. Oder in diesem Fall — ein Widder . . .

Zeit verging, und das System gewann immer ein wenig mehr hinzu. Eine Milliarde Jahre nach der ersten explodierte in unmittelbarer Nachbarschaft eine zweite Nova. Wieder fegte eine Anzahl von Trümmern vorbei, und die Sonnenfamilie erhob wieder ihre Steuern, erwarb Material für zwei zusätzliche innere Planeten und eine Anzahl von größeren Monden.

»Merkur und — Vulkan?« erkundigte sich Afra. »Oder ist das Pluto in einer anderen Umlaufbahn?« Denn jetzt waren fünf innere Planeten vorhanden — einer mehr als zu ihrer Zeit.

Schön fuhr schweigend mit seiner Arbeit fort.

Reisende kamen aus dem fernen Raum. Die meisten zogen vorbei, durch die Gravitation der Sonne nur geringfügig abgelenkt, nicht eingefangen. Einer jedoch geriet in eine unsichere elliptische Umlaufbahn, die nahe der des Planeten Jupiter verlief.

»*Sechs* innere Planeten?« verlangte Afra fast schon verzweifelt zu wissen.

Es sollte nicht sein. Der Jupiter griff nach dem Neuankömmling, schwang ihn herum und ließ ihn wieder los auf einem neuen Kurs, der in Richtung auf die Sonne führte . . . und auf die Umlaufbahn des nächsten inneren Planeten zu. Sie gerieten zu dicht aneinander.

Sie begegneten sich, zogen sich gegenseitig an – und bewegten sich aufeinander zu.

Und brachen auseinander, noch bevor sie sich berührten.

»Die Rochesche Grenze«, murmelte Afra.

Ein Fragment wurde nach außen geschleudert, schnitt den Planeten Saturn, wurde eingefangen – zu dicht. Die Rochesche Grenze trat wieder in Erscheinung: Der neue Mond zerbrach, und die winzigen Fragmente bildeten allmählich einen Ring.

Ein größeres Bruchstück gelangte noch weiter hinaus. Es schnitt den Kurs des Neptun, wo es ebenfalls zerbrach und zwei gewaltige Monde sowie kleinere Himmelskörper bildete. Einer der Monde entkam dem Planeten, aber nicht dem System, und wurde zum äußersten Sonnenumläufer, dem Pluto; der andere schlug eine enge Bahn um den Neptun ein und blieb als Satellit zurück: Triton.

Ein weiteres großes Bruchstück schlug eine innere Umlaufbahn ein und wurde dort aufgehalten, zu groß, um ganz gefangen zu werden, zu klein, um entkommen zu können. Die beiden Körper bildeten den Doppelplaneten, der als Erde und Mond bekannt war.

Es folgte eine Nahaufnahme mit fast normalem Zeitablauf. Die Landschaft der Erde vor siebenhundert Millionen Jahren: seltsame Kontinente, seltsames Leben sowohl auf dem Land als auch im Meer. Dann kam der Mond, und er kam schrecklich nahe, bis auf etwa ein Zehntel der Entfernung, die er zur Zeit des Menschen haben sollte. Es war keine romantische Annäherung, sondern die furchtbare Drohung eines weiteren Wirksamwerdens der Rocheschen Gesetze. Die Gezeiten der Erde nahmen katastrophale Ausmaße an, klaffende Abgründe zerteilten die Oberfläche des Mondes. Gewaltige Flutwellen rasten über ganze Kontinente hinweg, walzten alles nieder, ließen nur kahles und ebenes Land zurück. Kein auf dem Land befindliches Leben überlebte, nicht einmal in Form von Fossilien, und die meisten höheren Lebensformen im Meer gingen ebenfalls in diesen Gewalten unter. Die Entwicklung des Lebens auf der Erde war um viele Jahrmillionen zurückgeworfen worden: die größte Katastrophe, die ihm je widerfahren sollte.

»Und jetzt lieben wir uns im Schein des Mondes«, sagte Afra, »und bauen den Mond als Indikator für ›Gefühl‹ in unsere Horoskope ein.«

Diesmal war es Harold überlassen, sich eines Kommentars zu enthalten.

All das hatte sich aus der Zertrümmerung zweier Planeten jenseits des Mars entwickelt – dabei verteilte sich der größte Teil der zertrümmerten Masse als Staub oder fiel in die Sonne, was keine greifbaren Auswirkungen zur Folge hatte. Schutt blieb als Asteroidengürtel in der ungefähren Form eines Ringes um die Sonne zurück, und einige der größeren Brocken wurden zu kleineren Monden. Es würde lange dauern, bis die durch diese Katastrophe entstandene Unordnung wieder geglättet war.

Eine dritte, entferntere Nova schenkte dem System eine weitere Staub- und Partikelwolke und ein paar kleinere Monde. Einige der Wirbel wurden zu Kometen, aber die Zusammensetzung des Systems wurde dadurch nicht wesentlich geändert. Die Sonne Sol hatte ihre Familie, eingesammelt aus allen Teilen der Galaxis. Teile davon waren älter, andere jünger als sie selbst. Das Leben auf der Erde erholte sich von seinem großen Rückschlag, und einzelne Arten krochen zurück auf das wiederauftauchende Land, auf die im Sog des sich entfernenden Mondes dahindriftenden Kontinente.

Da war noch etwas: Ein einsamer Reisender kam aus dem dichter besetzten Zentrum der Galaxis. Es war ein Planetenkörper, der sich ziemlich langsam bewegte, als ob er seine kinetischen Energien durch Begegnungen mit anderen Systemen mitbekommen hätte. Er drehte sich in einem außerordentlich weiten Bogen um die Sonne, zögerte und schlug schließlich eine Umlaufbahn ein, die durchschnittlich sieben Milliarden Meilen von der Sonne entfernt war.

»Was ist denn *das*?« verlangte Afra zu wissen.

»Dieses Ding muß zweimal so groß sein wie der Jupiter!« sagte Harold. »Wie könnte sich so etwas innerhalb unseres Systems befinden, ohne daß wir davon wissen?« Aber niemand gab ihm eine Antwort.

Ivo drängte sich der Verdacht auf, daß sich Schön einen Scherz erlaubt hatte.

Die Bewegung hielt an. Das Bild blieb das gleiche: die gegenwärtige Situation, wie sie vor höchstens etwa einer Million Jahre gesehen wurde. Sie hatten eine Zusammenfassung der erstaunlichen Entwicklung und Geschichte des Sonnensystems vorgeführt bekommen.

»Das war fantastisch, Ivo!« rief Harold aus. »Wenn du das tun kannst, dann kannst du alles machen. Gratuliere.«

Ivo entfernte die Makroskopanschlüsse. Sie alle lächelten ihn an, und Afra wollte eben etwas sagen. »Ich habe es nicht getan«, sagte er.

»Wie kannst du das sagen!« protestierte Beatryx. »Es war alles so klar zu sehen.«

Aber Afra und Harold waren augenblicklich ernüchtert. »Schön?« fragte Harold mitfühlend.

Ivo nickte. »Er sagte, ich würde zwei Wochen dafür brauchen, und er hatte recht. Er sagte, *er* könnte es in einer Stunde tun. Deshalb habe ich es ihn versuchen lassen.«

»War das nicht – gefährlich?« fragte Afra.

»Ja. Aber ich habe wieder die Oberhand gewonnen.«

Harold war damit nicht zufriedengestellt. »Mein Horoskop zeigt an, daß eine Person wie Schön wahrscheinlich keine solche Mühe für ein Projekt aufwenden würde, wenn er nicht gleichzeitig hofft, dadurch persönlich zu gewinnen. Was also war sein Motiv?«

»Also war es *Schön*, der mich ›Dummchen‹ genannt hat«, murmelte Afra.

»Ich glaube, er hat eine Möglichkeit gefunden, sich dem Zerstörer nicht auszusetzen«, erklärte Ivo. »Ich meine die Erinnerung an das Zerstörerprogramm in meinem Bewußtsein, und vielleicht kann er auch dem richtigen Zerstörer ausweichen. Ich glaube, er könnte jetzt übernehmen – und ich glaube, das will er auch.«

»Willst du ihn übernehmen lassen?« fragte Harold, ohne ihn anzusehen.

»Nun, das *steht* im Vertrag, könnte man sagen. Wenn ihr der Ansicht seid, daß ich es tun sollte . . .« Er sagte es, als ob es nur um eine routinemäßige Entscheidung ginge, aber es kostete ihn beträchtliche Mühe, mit fester Stimme zu sprechen. Er dachte an die Auslöschung seines Selbst, und er fürchtete sich davor.

Als Afra befürchtet hatte, ihre Identität zu verlieren, hatte sie sich auf die Erfahrung ihrer Körperlichkeit zurückgezogen und darum gebeten, sie zu betasten. Was konnte *er* tun, um sich Mut zu machen?

»Also hat Schön uns nur etwas demonstrieren wollen«, sagte Harold. »Und es ist eine eindrucksvolle Demonstration geworden, wie ich zugeben muß. Er hat bewiesen, daß er seine Versprechungen halten kann. Daß er uns zum Zerstörer bringen und alle wichtigen Informationen entschlüsseln kann. Wir brauchen ihn nur zu fragen.«

Afra sah Harold an, aber sie sagte nichts. Ivo fragte sich, wo sich jetzt ihre Gedanken befinden mochten, doch er wagte es kaum, darüber Vermutungen anzustellen.

»Ist es notwendig, daß wir abstimmen?« fragte Harold beiläufig. So bereitwillig akzeptierten sie die Aussicht, daß einer ihrer Begleiter sie verlassen könnte.

»Ja«, sagte Afra.

»Geheime Abstimmung?«

Sie nickte.

Wie wichtig war es ihr, an den Zerstörer zu gelangen?

Harold beugte sich zur Seite und holte einen Notizblock aus Afras Tasche. Ivo fragte sich, warum er nicht seinen eigenen Block für diese schmutzige Arbeit gebrauchte. Harold riß ein Blatt heraus, faltete es, falzte es mit den Fingernägeln und riß es auseinander. Die beiden Teile trennte er wiederum in zwei Hälften. Dann verteilte er die Stimmzettel.

»Ich — ich glaube nicht, daß ich mitwählen sollte«, sagte Ivo, der den ihm zugedachten Zettel ablehnte. »Bei drei Stimmen kann es nicht zu einer Stimmengleichheit kommen.« *Begriffen sie es . . .?*

Harold zuckte die Achseln und schrieb etwas auf seinen Zettel. »Die Fragestellung lautet, ob wir Schön fragen sollen, ja oder nein«, sagte er.

Die beiden Frauen beschrieben ihre Zettel und falteten sie zusammen. Harold sammelte die Stimmen ein und reichte sie an Ivo weiter, ohne sie angesehen zu haben. »Lies es.«

»Aber ich werde die Schrift erkennen. Dann wäre es keine geheime Abstimmung mehr.«

In Wahrheit fürchtete er sich davor, die Zettel zu lesen, die seine Verurteilung bedeuten konnten. Dies war noch so ein Alptraum, in dem alle außer ihm die Dinge wie beiläufig hinnahmen, während er der einzige war, der den Abgrund sehen konnte, vor dem er stand.

»Dann soll sie der Computer lesen«, sagte Harold. *Wie konnte er nur so gleichgültig sein?*

Ivo warf die Papierzettel in den Eingabetrichter und drückte AUSWERTEN. Es raschelte in der Maschine, als sie das eingegebene Material verdaute.

Das Ergebnis wurde auf einem Papierstreifen ausgedruckt. Ivo riß ihn ab und mußte sich zwingen, ihn zu lesen:

NEIN

NEIN

NEIN

IVO

LIEBE

Die Erleichterung war so groß, daß er sich richtiggehend krank fühlte. Er brauchte einen Augenblick, um zu begreifen, daß jemand mehr als einmal gewählt hatte, und noch einen weiteren, um die anderen Merkwürdigkeiten zu entdecken. Jemand hatte das ›NEIN‹ durch ›IVO‹ ausgedrückt.

Das letzte Wort allerdings setzte ihn am meisten in Erstaunen.

Harold erhob sich. »Hat es da überhaupt irgendeinen Zweifel gegeben?« fragte er. »Ich glaube, das werden wir nicht zu wiederholen brauchen. Kehren wir zu unserer Arbeit zurück. Wir haben noch eine Menge zu tun, und wir alle sind keine Genies.«

Erst nachdem sie gegangen waren, fiel ihm auf, daß er noch immer den ausgedruckten Papierstreifen in der Hand hielt – und daß er ihn weder laut vorgelesen noch einem von ihnen gezeigt hatte.

Das Wiedereintauchen in die Galaxis war kein Höhepunkt mehr. Sie verloren trotz allem ihre Zuversicht nicht. Es war ihnen nicht gelungen, den zeitlichen Ursprung des Zerstörers zu bestimmen; zuerst war nichts da gewesen, dann alles, und es gab keinerlei Ausstrahlung aus diesem Bereich außer diesen furchtbaren ›gezähmten‹ Makronen. Offenbar war die Zerstörer-Sendestation innerhalb weniger Stunden von einer Einsatzgruppe errichtet worden, die an den Ort gesprungen war und ihn ebenso schnell wieder verlassen hatte, und deren Techniker andere makronische Ausstrahlungen irgendwie zu verhindern gewußt hatten. Solange sich ein Beobachter nicht in unmittelbarer Nähe der Station befand, konnte er nichts über ihren Ursprung herausfinden. Sie blieben dennoch zuversichtlich, waren sich irgendwie sicher, daß das Schlimmste hinter ihnen lag.

Sie wandten sich der Zerstörerquelle zu, die der Erde am nächsten war, sprangen darauf zu und entfernten sich wieder, gewannen aber aus ihrer Erfahrung. Ihre Aufzeichnung der Sprungmöglichkeiten im Raum war noch ziemlich dürftig, aber es half, und sie näherten sich ihrem Ziel immer mehr. Sie waren fünftausend Lichtjahre davon entfernt; achttausend, eintausend, siebentausend, vierhundert, zweitausend, siebzig, zwanzig.

Dabei beließen sie es. »Näher kommen wir nicht heran«, sagte Afra. »Der Minimalsprung beträgt fünfzig Jahre, und das brächte uns dreißig Jahre über unser Ziel hinaus, wenn nicht weiter weg.«

»Wir können nur zurück und es von neuem versuchen«, sagte Harold. »Und so lange hin- und herspringen, bis es vielleicht einmal klappt.«

»Schön sagt, er kann . . .«

»Wenn er uns sagen will, wie er es machen würde, fein«, bemerkte Harold. »Wenn er sich damit in unser gemeinsames Unternehmen einkaufen will, dann sage ihm, daß er sich hier nicht mehr sehen lassen soll. Wir sind zwar Idioten, aber wir werden uns schon irgendwie durchkämpfen.«

Sie zogen sich zurück und machten noch einen Versuch, der sie bis auf zehn Lichtjahre an ihr Ziel heranbrachte. Der dritte Versuch war weniger gut, aber der vierte war schon ziemlich dicht: weniger als ein Parsec, oder nur wenig mehr als drei Lichtjahre.

»Das ist vermutlich das beste, was wir mit viel Glück erreichen konnten«, meinte Afra. »Wir könnten Joseph wieder in Betrieb nehmen und mit ihm hinübergondeln. Ein paar Jahre in aufgelöstem Zustand . . .«

»Wir müßten den Auflösungszyklus sicherheitshalber jedes Jahr rückgängig machen und erneuern«, erinnerte sie Ivo. »Das eingeschmolzene Leben im Regal wird nicht für unbegrenzte Zeit garantiert.«

»Ich bin eigentlich kein Spieler«, sagte Harold, »aber ich würde in diesem Fall doch lieber spielen. Ich meine, wir sollten es mit weiteren Sprüngen versuchen. Ich möchte mich dem Zerstörer nicht in eingeschmolzenem Zustand nähern. Vielleicht brauchen wir dabei unseren Verstand, nicht nur unser Protoplasma.«

Sie spielten — und sie verloren. Sechs weitere Versuche brachten sie nicht einmal mehr in eine Reichweite von weniger als fünf Lichtjahren. Ein Parsec war das beste gewesen, und sie konnten diese Spur nicht einmal wiederfinden. Zu sehr glichen die Sprungwege des Raums einem Puzzlespiel.

»Schön sagt . . .«

»Halt den Mund!« Diesmal war es Afra, und ihr Temperamentsausbruch vermittelte ihm ein beruhigendes und warmes Gefühl. Er erinnerte sich an das Wort LIEBE in der Abstimmung und begann sich insgeheim zu wundern. Seine Liebe zu ihr hatte sich gewandelt, aber nie ihre Gewißheit verloren; er kannte Afra jetzt besser, kannte ihre Schwächen und Stärken, und er liebte sie alle. Es war eine Liebe ohne Illusionen; er erwartete nichts von ihr, und er zog sein Vergnügen allein daraus, sich in ihrer Nähe zu befinden. Oder das machte er sich zumindest selbst vor.

Aber — hatte sie das Wort geschrieben? Harold hätte es nicht getan, und von Beatryx dürfte so etwas doch nicht zu erwarten sein. Dennoch . . .

»Ich glaube«, sagte Harold, »so kommen wir doch nicht weiter. Wir sollten es mit diesem hier besser aufgeben. Es gibt noch andere Zerstörer in der Galaxis, und es ist eigentlich egal, mit welchem wir es zuerst versuchen. Vielleicht führen unsere Sprungkanäle näher an einen anderen Zerstörer heran.«

Das hatte sich bei ihrem Eindringen in die Milchstraße bestätigt: Es gab eine ganze Anzahl von Zerstörern. Die vernichtenden Signale hatten sie aus höchstens achtzehntausend Lichtjahren Entfernung erreicht, wo immer sie sich auch innerhalb oder nahe der Galaxis befanden. Einmal waren sogar zwei Zerstörer gleichzeitig in Sicht gewesen, und sie hatten die Ähnlichkeit der Signale überprüft, indem sie beide übereinandergelegt hatten.

Sie spielten erneut, versuchten es mit einem anderen Ziel. Und diesmal war das Glück wieder auf ihrer Seite. Schon der zweite Versuch brachte sie bis auf einen Lichttag an den zweiten Zerstörer heran.

Hier erfuhren sie schließlich, warum es so schwierig gewesen war, normale makroskopische Informationen über einen Zerstörer zu erhalten. Hier wurden die makronischen Impulse praktisch durch die künstlichen überlagert; oder vielleicht sogar in den Dienst des künstlichen Signals gestellt. Aus diesem Bereich des Raums kam nur ein einziger beständiger Strom von Impulsen, und er nahm kaum etwas Zusammenhängendes auf. Abgesehen vom Zerstörersignal selbst herrschte völlige Funkstille. Das Makroskop konnte ihnen zum erstenmal nicht weiterhelfen.

Eine Ausnahme war nur das Signal des Reisenden. Das kam merkwürdigerweise so stark durch wie zuvor. Das war noch ein Hinweis auf die Überlegenheit der extragalaktischen Technologie: der Reisende konnte nicht gestört, abgeblockt oder abgelenkt werden.

»Da haben wir noch Glück«, meinte Harold. »Denkt daran, wie schwierig es sonst wäre, wieder von hier wegzukommen.«

Afra beschäftigte sich mit den Teleskopen, während sich die anderen daran machten, Joseph wieder freizulegen. Das Schiff war in den Triton eingeschlossen worden, der wiederum im Neptun begraben worden war, und sich selbst wie auch das Schiff unbeschädigt wieder herauszubringen war keine einfache Angelegenheit. Sie hatten auch die schwere Ausrüstung mit eingeschlossen. Was nicht in dem Bohrloch im Triton verstaut worden war, war natürlich während der Annäherung an den Neptun eingeschmolzen worden.

»Ich habe den Zerstörerkomplex fotografiert«, berichtete Afra während des Mittagessens. »Ich kann mit diesen unzureichenden optischen Instrumenten eigentlich gar nicht richtig sehen, aber die Einheit im Mittelpunkt scheint kugelförmig zu sein und einen

Durchmesser von fast zwei Meilen zu haben. Auf jeden Fall künstlich. Metallische Oberfläche. Da wir mit dem Makroskop nichts mehr anfangen können, werden wir selbst reingehen müssen.«

»Die galaktische Technologie wird uns offenbar immer selbstverständlicher«, sagte Harold. »Jetzt beschweren wir uns schon darüber, daß wir auf die Entfernung eines Lichttages die Einzelheiten nicht genau ausmachen können! Aber wirklich, warum sollten wir *nicht* selbst nachsehen, was sich im Innern dieser Kugel befindet?«

»Weil sie uns mittels einer Abwehrrakete die Schwanzfedern wegschießen könnten, deshalb«, sagte Afra. »Ich schlage daher vor, wir veranstalten erst einmal einen Probeflug.« Sie wirkte ungewöhnlich aufgekratzt, als wäre eine große Belastung von ihr genommen worden.

»Wie?« fragte Harold. »Joseph ist alles, was wir haben.«

»Mit einem Katapult«, sagte sie lächelnd. »Wir können die Gravitation aufheben. Und außerdem haben wir jede Menge Material.«

Harold schlug sich mit der flachen Hand gegen die Stirn. Auch er schien die Dinge jetzt von ihrer leichtesten Seite zu nehmen. »Natürlich! Wir können eine Schiffsattrappe bauen und sie in Richtung auf den Zerstörer abfeuern.«

»Fangen wir mit den Satelliten an«, sagte sie. »Ich glaube, das sind die Schlachtschiffe.«

»Satelliten?«

»Ich habe es dir doch gesagt. Der Zerstörer ist von Kugeln mit einem Durchmesser von etwa dreißig Metern umgeben – es sind insgesamt sechs, und zwar fünf Lichtminuten nördlich-südlich-östlich-westlich-oben-unten.«

»Du hast mir das *nicht* gesagt, Mädchen. Du sagtest vielmehr etwas davon, daß du mit der optischen Erfassung keine näheren Einzelheiten ausmachen könntest. Das macht die Sache natürlich komplizierter.«

»Ich *habe* es dir gesagt. Wo warst du denn, als ich vom Zerstörer*komplex* gesprochen habe?«

»Wer hat das eigentlich gesagt: ›Es gibt keinen stärkeren Glauben als den einer mißgelaunten Frau an ihre eigene Unfehlbarkeit?‹«

»Cabell hat das gesagt. Aber er ging auch davon aus, daß eine mißgelaunte Frau einen ebenso mißgelaunten Mann benötigt.« Sie lächelten beide.

Ivo aß weiter, aber die von Beatryx exzellent zubereitete Mahlzeit hatte ihren Geschmack verloren. Afra und Groton!

Nein – das war ein völlig unbegründeter Verdacht, und ein lächerlicher dazu! Ihre offene Neckerei beruhte einfach auf der zunehmenden Vertrautheit innerhalb der kleinen Gruppe. Es war fast so, wie es damals im Projekt gewesen war, als er und Brad und all die anderen sich Belanglosigkeiten an den Kopf geworfen hatten, während sie tiefschürfenden Studien nachgegangen waren. Afra und Groton hatten seit dem Triton eng zusammenarbeiten müssen – insbesondere, als Ivo sich nach Tyros abgesetzt und sie orientierungslos im Raum zurückgelassen hatte. Und seit der Gerichtsverhandlung hatte sich so etwas wie eine Vater-Tochter-Beziehung zwischen ihnen entwickelt.

Groton und seine Waldos und sonstigen Maschinen machten sich wieder an die Arbeit, und schon bald verfügte der Neptun über eine planetare Kanone. Die Bohrung hatte einen Durchmesser von etwa zwölf Metern und war etwa zwei Meilen lang, und an ihrem Ende befand sich der Feldverzerrungsmechanismus. In einem Kreis von einigen Meilen Durchmesser öffneten sich schmale Röhren zur atmosphärischen Oberfläche des Planeten, die ins Innere des Bohrlochs führten. In diesem befanden sich Vorrichtungen, die die Gasmassen umlenken sollten, die hereinströmen würden, wenn die Generatoren den Tunnel zum Raum hin öffneten.

Sie versammelten sich im Kontrollraum, um dem Abschuß zuzusehen. Der Neptun befand sich in Rotation relativ zum Zerstörerkomplex, und der genaue Zeitpunkt mußte abgepaßt werden. Afra hatte die Berechnungen durchgeführt und sie von Ivo bestätigen lassen. Sie hatte in verschiedener Hinsicht deutlich gemacht, daß sich die Beziehung zwischen ihnen geändert hatte. Sie war nicht mehr von ihm abhängig, wenn es um so etwas ging.

Groton hantierte an seinen Kontrollen, die offenbar fast so schwierig zu bedienen waren wie die des Makroskops, und auf dem Bildschirm wurde die gewaltige Schiffsattrappe in Aufstellung gebracht.

Groton feuerte. Das Gravitationsverteilungsfeld setzte ein, brauchte einen Augenblick, um volle Intensivität zu entwickeln. Es wurde durch eine andere Einheit als der ihres Wohnbereichs erzeugt, da es für sie lebensnotwendig war, von der vollen Schwerkraft und dem Druck des Planeten abgeschirmt zu sein. Dann wurde Gas durch die Röhren gepreßt und stieß in den Sockel des Projektils, das gewichtslos wurde. Die Kontrollkammer erbebte.

Von oben brach die Atmosphäre in die Null-Säule ein und traf auf die Vorrichtungen, bildete einen Hurrikan mit einem Auge, das ein

Geysir aus Methanschnee war. Der ganze Druck der Neptunatmosphäre trieb dieses Geschoß vorwärts: mit einem Anfangsschub von achtzigtausend Kilogramm auf den Quadratzentimeter.

Aus dem Ammoniak und dem Wasser heraus, die beide durch die Reibungshitze verdampften; durch Wasserstoff und über die mächtige Atmosphäre hinaus: tausend Meilen jenseits der scheinbaren Planetenoberfläche setzte der Motor ein. Die Rakete beschleunigte mit einer Geschwindigkeit, die einen jeden Insassen aus Fleisch und Blut augenblicklich getötet und ungeschützte Ausrüstung zerschmettert hätte. Es war nur ein zeitweiliger Antrieb, für Schubkraft und nicht für Beständigkeit konstruiert, und er verbrauchte sich selbst, während er seine Funktion erfüllte. Er brachte das Schiff auf eine Geschwindigkeit, die es in Tagen anstatt erst in Monaten zu dem Zerstörer bringen würde.

»Sieht von hier aus gewiß wie ein Schiff aus«, sagte Afra voll Bewunderung. »Bist du sicher, daß du nicht versehentlich Joseph benützt hast?«

»Nur ein ferngesteuertes Schiff, auf meine Ehre. Es wiegt nur ein Zehntel von Joseph, und diese galaktische Formel würde unsere Art von Leben schon mit der Zündung auslöschen, und außerdem verbrennt das Ding noch seine eigenen Eingeweide. Man kann mit chemischen Antrieben eine Menge anfangen, wenn man sich nicht gerade draufsetzen muß.«

Sie wechselten sich in der Beobachtung ab. Jeder verfolgte den Kurs der ferngesteuerten Attrappe vier Stunden lang, um Alarm geben zu können, sobald etwas Ungewöhnliches geschah. Ein Lichttag war nur eine sehr geringe Distanz verglichen zu den Entfernungen, an die sie mittlerweile gewöhnt waren, aber selbst ein nach galaktischen Ratschlägen konstruierter chemischer Antrieb war verhältnismäßig schwach. Ihre Nachtwache dauerte vierzehn Tage. Die Rakete erreichte ihre Spitzengeschwindigkeit und trieb als leergebrannte Hülle dahin.

Schließlich passierte die Attrappe einen der Satelliten und näherte sich dem Zerstörer selbst. Nichts geschah. Sie kam bis auf eine Lichtminute an die Hauptkugel heran und kurvte dann um sie herum, als würde sie von einer gewaltigen Gravitation ergriffen, aber sie wurde nicht eingefangen. Sie kam an einem weiteren Satelliten vorbei.

»Entweder sind sie tot oder sie spielen krank«, sagte Groton. »Sollen wir es noch einmal versuchen?«

Weitere zwei Wochen ereignislosen Wartens, dachte Ivo, aber es war gewiß das beste, was sie tun konnten.

»Mir genügt es«, sagte Afra. »Es gibt offenbar keine automatischen Verteidigungsmechanismen, oder zumindest sind keine in Funktion. Tut mir leid, daß wir soviel Zeit verschwendet haben. Jetzt können wir es selber wagen.«

Ivo wollte etwas einwenden, unterließ es dann aber. Sie hatte recht, auch wenn sie etwas ungestüm vorging. Dieses Projekt war jetzt ihr Projekt.

Sie waren wieder im Raum, und das war ein seltsames Gefühl. Seit sie auf Schön gelandet waren, dem einstigen Mond eines Mondes, hatten sie Joseph nicht mehr für längere Zeit aus dem planetaren Einflußbereich entkommen lassen. In den vergangenen Monaten hatten sich die alten Reflexe verloren, wenn sie überhaupt jemals wirklich angenommen worden waren; die Schwerelosigkeit war ihnen nicht mehr vertraut, der freie Fall zwang sie, ihre Bewegungen im vorhinein zu überlegen.

»Ich hab das gerne«, sagte Afra. »Der Neptun ist natürlich unser Zuhause, aber jetzt machen wir Ferien.«

Warum war sie so aufgeräumt, fragte sich Ivo. Sie waren dem Endpunkt ihrer schrecklichen Mission nahe, wie immer sich diese Mission jetzt auch gestaltete. Er hätte eher erwartet, daß sie dadurch wieder an das Schicksal ihres einstigen Verlobten erinnert würde. Statt dessen verhielt sie sich, als hätte sich ihr eine neue Liebe aufgetan. Der Zerstörer schien sie kaum mehr zu kümmern, obwohl er der Anstifter zu dieser ganzen Entwicklung gewesen war.

Groton schlug Afra die flache Hand auf die Schulter, was sie bei der Schwerelosigkeit fast davonwirbelte. »Mädchen, wenn ich deine Berechnungen nicht bekomme, bevor ich die Instrumente vorbereitet habe, dann werde ich dem Käptn sagen, daß er dich in die Brigg werfen soll!«

Sie hatten ihre Ausrüstung befestigt und stießen langsam aus dem Neptun heraus, ohne von einer vollen Schwerkraftaufhebung zu profitieren. Dadurch verbrauchten sie ziemlich viel Treibstoff, aber es war sicherer für Mensch und Maschine. Am Rande der Neptunatmosphäre konnten sie wieder Wasserstoff einsaugen und komprimieren, damit sie für die Hauptflugphase gerüstet waren. Das versetzte sie in die Lage, das Schiff für den direkten Raumflug umzurüsten.

Trotz Grotons Einwand mußten sie sich einschmelzen lassen; es gab keine andere Möglichkeit, eine solche Entfernung zu überwinden. Der Zyklus war jedoch nur noch Routine, wenn der Kurs einmal eingegeben war. Sie wurden in bester Verfassung wiederbelebt, nur noch Lichtsekunden von einem der Satelliten entfernt. Es schien ihnen ratsam, sich zuerst mit dem Begleiter und dann erst mit dem Zerstörer zu beschäftigen.

Ivo war durch die gelöste Haltung der anderen etwas beeinflußt worden, aber der Anblick der fremden Kugel, aus solcher Nähe – durch das Teleskop gesehen – erinnerte ihn mit einem plötzlichen Schock daran, daß dies ihr erster körperlicher Kontakt mit einem künstlich geschaffenen Produkt war, das von einer fremdartigen Zivilisation stammte. Einem bösartigen Produkt.

Es wirkte monströs und abschreckend, während sie sich näherten, und das nicht so sehr wegen seines Durchmessers von etwa dreißig Metern, sondern der Ausstrahlung unglaublicher Macht wegen, die von ihm ausging. Die Oberfläche war zernarbt, als wäre sie schon viele Millionen Jahre den galaktischen Trümmerfeldern ausgesetzt gewesen. Einzelne Teile ragten heraus, ließen an Kanonen denken.

Afra übernahm das Teleskop, um Detailaufnahmen zu machen. Er konnte sie jetzt beobachten, während ihre Aufmerksamkeit völlig in Anspruch genommen wurde. Sie leuchtete förmlich; ihr Haar war zu einem Zopf geflochten, der über eine Schulter fiel; sein Rot kontrastierte mit dem Weiß ihrer Bluse. Sie hatte das Gewicht zurückgewonnen, das sie verloren gehabt hatte, und ihr Anblick zeugte von strahlender Gesundheit. Ihre Lippen waren leicht geöffnet, und durch ihre Konzentration wirkte es fast so, als würden sie von einem Lächeln umspielt. Die Instrumente warfen einen Lichtschein über ihre Wange und das perfekt geformte Kinn, liebkosten ihr Gesicht mit einem Spiel von Licht und Schatten.

War es die einzelne Rose, deren Duft er wahrnahm?

›Mondsüchtig‹ hatte ihn Brad genannt, um die emotionale Schlinge zu bezeichnen, in der er gefangen war, und Afra war dieser Mond. Ivo wußte, daß er sie in jedem Fall geliebt hätte, unabhängig von Hautfarbe oder Intelligenz. Vielleicht war es mehr ihre Erscheinung als ihre Persönlichkeit; er machte sich seit langem keine Illusionen mehr über seine romantischen Werte und die ihren. Dennoch, seine Liebe umfaßte sie ganz, das Unbezwingbare ebenso wie das Schöne, einfach alles.

Sie hob den Kopf, die hellen Augen vor Schrecken geweitet. Ivo zuckte schuldbewußt zusammen in der Annahme, daß sie bemerkt hatte, wie er sie anstarrte, aber ihr Ausruf belehrte ihn sogleich eines anderen.

»Es verfolgt uns!«

Groton schien augenblicklich neben ihr zu materialisieren.

»Es lebt!« sagte Afra mit einer Stimme, die noch immer von Schrecken geprägt war. »Es hat einen Entfernungssucher auf uns gerichtet.«

»Da wir eine Ente auf dem Präsentierteller sind, können wir nur noch ›Quak‹ sagen«, meinte Groton, aber er sah weniger gelassen drein als sonst.

Beatryx produzierte einen ihrer seltenen technischen Kommentare: »Hätte es nicht bereits etwas *getan*, wenn es das wollte?«

Afra lächelte. »Du hast recht, Beatryx. Ich glaube, ich bin einen Augenblick zu spät hysterisch geworden. Es wäre wohl längst um uns geschehen, wenn uns so etwas erwartet hätte. Wir haben uns bereits auf fünfzigtausend Meilen genähert, und du kannst annehmen, daß das im Kontrollbereich der Kugel liegt. Also kann unser Ende in unserem heutigen Horoskop noch nicht beschlossen sein.«

Die seltsame Antenne blieb weiterhin auf sie gerichtet, während sie näher kamen. Es war eine tassenförmige Drahtspirale mit einem Durchmesser von etwa sechzig Zentimetern, deren äußerster Ring mit einem Kranz kleiner Kugeln besetzt war. Eine weitere Reaktion war nicht auszumachen. Ivo spürte kalten Schweiß auf den Innenflächen seiner Hand und wischte ihn ab; er war überrascht, obwohl er wußte, was das bedeutete. War er der einzige, der dieses herkömmliche Gefühl der *Furcht* empfand?

Die Reise mittels Einschmelzen und mit 10-g-Beschleunigung hatte die Schwierigkeiten des Abbremsens und des Anlegens auf einfachere Probleme zurückgeführt; das Manövrieren war kaum noch von Bedeutung, nachdem die räumliche Entfernung überwunden war. Afra steuerte sie in eine Umlaufbahn um den Begleiter – die Zerstörerkugel selbst war fünf Lichtminuten entfernt, und so klein sie war, war sie doch der Bezugspunkt für beide – und ließ Joseph seiner Bahn folgen. Keiner von ihnen wäre daraufgekommen, daß ein Objekt von zwei Meilen Durchmesser ein Gravitationsfeld haben könnte, das dem einer kleineren Sonne entsprach. Die galaktische Technologie hatte es möglich gemacht, hatte die Gravitation als ein Werkzeug benützt, und das mußte als Erklärung reichen.

»Jemand sollte im Schiff bleiben«, sagte Groton. »Wir können nicht sicher sein, was dort – auf uns wartet.«

»Ivo soll bleiben«, sagte Afra. »Wenn etwas geschieht, dann ist er der einzige, der das Schiff wieder wegbringen kann. Vielmehr den Neptun.« Sie sagte es, als wäre er so etwas wie ein Stück Inventar, ein Gebrauchsartikel; sie hatte ihn nicht einmal nach seiner Meinung befragt.

»Trotzdem sollte mich jemand begleiten; ich fürchte mich im Dunkeln«, brummte Ivo.

»Ich werde bleiben«, sagte Beatryx. »Geh du, Harold.«

Ivo wußte nicht, was er hätte einwenden können.

Die beiden zogen ihre Anzüge über und traten zum vorgesehenen Zeitpunkt durch die Luftschleuse. Ivo war zum erstenmal mit Beatryx allein seit ihrer letzten Unterhaltung auf dem Satelliten Schön, die schon so lange zurückzuliegen schien. In der Zwischenzeit hatte er die geschichtliche Vergangenheit der Erde durchreist, dann ihre geologische Vergangenheit, und war schließlich über den Rand der Galaxis hinausgelangt. Sein Körper hatte den erstaunlichen Vorgang der Verflüssigung und der Wiederzusammensetzung so oft durchlaufen, daß der Prozeß zur — wenn auch lästigen — Routine geworden war. Er hatte viele Lebensspannen gelebt, und viele seiner grundlegenden Gewißheiten waren zunichte gemacht worden.

Warum störte es ihn dann so sehr, daß Afra und Groton zusammen waren?

Er versuchte mit Beatryx darüber zu sprechen, aber er begriff, daß er sie nicht um ihren Rat bitten konnte, ohne ihr eigenes Selbstverständnis zu unterminieren. Sie brachte ihrem Mann volles Vertrauen entgegen.

Er sah sie an und bemerkte, wie sehr sie sich verändert hatte. Sie war dicklich gewesen und hatte ausgesehen wie um die vierzig herum, als er sie kennengelernt hatte; während der schwierigen Zeit auf dem Triton war sie mager geworden und hatte ausgesehen wie um die vierzig herum. Jetzt hatte sie ihre Gesundheit ohne ihren früheren Umfang wiedergewonnen. Ihr Haar hatte sich zu vollem Blond aufgehellt, ihre Glieder waren schlank, ihr Körper erinnerte ihn an die Göttin, die sie während der ersten Wiederzusammensetzung für einen Augenblick gewesen war. Sie sah nun aus wie um die dreißig herum. Diese Veränderung war allmählich vor sich gegangen, und die Überraschung bestand darin, daß er so lange gebraucht hatte, sie zu bemerken.

»Du hast dich verändert, Ivo«, sagte sie.

»Ich habe mich verändert?«

»Seit deinem Besuch in Tyros. Du warst so jung damals, so unsicher. Jetzt bist du gereifter.«

»Ich *fühle* mich nicht gereift«, sagte er ungläubig. »Ich hege noch immer unzählige Zweifel und leide unter Frustrationen. Und Tyros bestand nur aus Gewalt und Intrigen – absolut nicht meine Art von Leben. Ich verstehe nicht, wie mich so etwas verändern könnte.«

Sie zuckte nur die Achseln.

Er blickte wieder auf den Schirm und erinnerte sich daran, daß die andere Hälfte ihrer Gruppe sich in diesem fremden Objekt befand. Groton und Afra ...

»Sie hat das mit Bradley Carpenter endlich überwunden«, sagte Beatryx. »Hast du den Unterschied nicht bemerkt? Sie hat sich so sehr verändert. Ist das nicht wunderbar?«

War es möglich, zu freundlich und großzügig zu sein? Sicher, die beiden riskierten ihr Leben, indem sie eine direkte Verbindung zu den Fremden herzustellen versuchten, die wahrscheinlich mächtig und feindselig waren; trotzdem konnten die menschlichen Beziehungen nicht ganz außer acht gelassen werden. »Ich habe den Unterschied bemerkt, ja.«

»Und sie kommt jetzt mit Harold sehr viel besser zurecht. Ich bin sicher, daß er ihr geholfen hat. Er ist sehr beständig.«

Ivo nickte.

»Sie ist so ein reizendes Mädchen«, sagte Beatryx. In ihrem Ton schwang keine Spur von Unmut mit; nur freundliche Anteilnahme.

»Reizend.«

»Du siehst müde aus, Ivo. Warum ruhst du dich nicht aus, während ich die Wache übernehme?«

»Das ist sehr nett von dir.« Er ging zu seiner Hängematte und befestigte die Haltebänder. Bei Schwerelosigkeit bot auch sie keinen wirklichen Halt.

Das war eben so mit Beatryx, dachte er: Sie war glücklich. In ihrer Lebensphilosophie gab es keinen Platz für Eifersucht oder kleinlichen Verdacht. Sie sorgte sich nicht um ihren Mann, weil sie keine inneren Zweifel hatte.

Wieviel hätte die Gruppe ohne sie erreichen können? Der Anlaß des Haderns war immer gegenwärtig gewesen, insbesondere durch die starken Persönlichkeiten von Groton und Afra, immer bereit zum Zusammenstoßen, und durch den im Hintergrund wirkenden Geist von Schön, aber irgendwie war jedes Aufflackern abgelenkt oder befriedigt worden. Beatryx hatte es getan ... und selbst einen nicht geringen Nutzen davon gehabt. Intelligenz, Entschlossenheit und Geschicklichkeit – all das hätte nichts genützt ohne diese grundlegende Stabilität.

Er mußte geschlafen haben, denn er war wieder Sidney Lanier: arm, krank, mit verkannten Ambitionen. Er gab wieder etwas Unterricht, aber die Schüler waren ungebärdig, seine Brötchengeber hingegen streng. Es war die Zeit des Wiederaufbaus, und es war keine gute Zeit; die politischen Abenteurer korrumpierten alles. »In der stummen Dunkelheit, nicht einmal Gott anrufend«, schrieb er, »liegen wir in Ketten, zu schwach, um uns zu fürchten.«

Aber die Liebe Mary Days, jetzt Mary Day Lanier, hielt ihn aufrecht. Sie war so krank wie er, und das Schicksal hatte ihr ebenso hart mitgespielt, aber ihre Ehe war ein wahrer Segen. Sein Sohn Charles erfreute ihn über alles, denn er liebte Kinder, obwohl er sie nicht wirklich verstand.

1869 veröffentlichte James Wood Davidson eine Anthologie mit zweihundertvierzig Autoren aus dem Süden. Lanier wurde darin aufgenommen, doch im großen und ganzen der Vollständigkeit wegen, andere, die als namhafter betrachtet wurden, erhielten weit mehr Platz.

Aber du warst der größte von ihnen allen! schrie Ivo. *Wenn deine Zeitgenossen nicht so töricht gewesen wären . . .*

Aber es veränderte sich nichts. Ivos Bewußtsein war gefangen im Schicksal einer anderen Person; er konnte beobachten, konnte teilnehmen, aber er konnte keinen Einfluß ausüben.

So wie Schön ihn jetzt beobachtete . . .

In Macon sprachen sie von Sidney Lanier als einem ›jungen Narren, der Gedichte zu schreiben versucht‹. Sie schenkten seinen Dialektgedichten keine Beachtung – einer Form, deren Begründung später einem anderen zugeschrieben werden sollte – und auch nicht seinen Warnungen vor den einseitigen und kurzsichtigen Anbaumethoden in Georgia. Die Baumwolle zerstörte das Land; Weizen und Mais boten einen weit besseren Ertrag, aber die Farmer wollten sich nicht umstellen.

Er legte seine Ansichten wenigstens in ein wichtiges Gedicht, ›Mais‹, und sandte es an das führende literarische Magazin dieser Zeit, Howells' Atlantic Monthly.

Howells lehnte es ab.

Lanier wurde schwer getroffen durch diese Absage. Er glaubte an seine Arbeit, doch die weniger ambitionierten Anstrengungen anderer wurden viel bereitwilliger aufgenommen. »Wenn ich mir die Veröffentlichungen der jungen Dichter ansehe«, sollte er später bemerken, »dann berührt mich immer wieder der Umstand, daß nicht einer von ihnen wenigstens *versucht,* etwas Großes zu schaffen. Die morbide Angst, etwas Falsches oder Ungeschliffenes zu produzieren, scheint die Wahl ihrer Themen bestimmt zu haben.«

Nicht nur in der Poesie! dachte Ivo. *Die ganze Gesellschaft wird durch Mittelmäßigkeit regiert. Wir werden es niemals lernen.*

Einige andere bekannte Magazine lehnten ›Mais‹ ebenfalls ab. *Waren sie absolut blind?*

Schließlich wurde es von Lippincott's Magazin angenommen. Diese Veröffentlichung machte Laniers Gedichte berühmt; von diesem Zeitpunkt an war er bekannt, obwohl noch immer arm und krank.

Das war 1875, und er war dreiunddreißig Jahre alt. Er sollte keine vierzig werden.

Ivo mußte geschlafen haben, denn die Erkundungsgruppe war bereits wieder zurück.

»Das ist vielleicht eine Bombe!« rief Afra aus. »Mit genug Vernichtungspotential, um eine ganze Flotte in die Luft zu jagen. Auf chemischer Basis, Laser und Dinge, die wir vielleicht in Jahrhunderten entwickeln werden! Alles da!«

»Ich verstehe nicht«, sagte Beatryx.

»Ein fliegendes Munitionsdepot, Liebste«, erklärte Groton. »Aber jemand hat alles abgestellt. Alles außer den sensorischen Bereichen dieses Panzerkreuzers.«

»Es hätte den Neptun in Stücke reißen können!« stellte Afra fest. Das Zerstörungspotential schien sie zu faszinieren. »Es hat — ich glaube, das sind Gravitationsbomben. Vorrichtungen, die die Felder, welche die Materie verbinden und zusammenhalten, aufheben können. Wer immer dieses Ding gebaut hat, wußte wirklich, wie man Krieg führt!«

Ivo entschied sich, an der Unterhaltung teilzunehmen. »Es muß hier sein, um den Zerstörer zu schützen. Aber warum haben sie es desaktiviert? Wenn Feinde es besetzt und abgeschaltet hätten, dann hätten sie sicher auch dem Zerstörer ein Ende bereitet.«

»Und warum überhaupt ein solches Waffenarsenal *bauen,* wenn es nicht benützt werden soll?« fragte Groton. »Ich verstehe das auch nicht.«

Doch Afra ließ keine Zweifel aufkommen. »Wir wissen die Antwort bereits.«

»Hast du dir auch überlegt, daß uns die Antwort nicht *gefallen* könnte, wenn wir sie finden sollten?«Wenigstens Groton schien die Angelegenheit ernst zu nehmen.

»Das liegt in den Sternen. Wer bin ich, um zu widersprechen?«

Der Zwei-Meilen-Körper des Zerstörers wirkte im Vergleich zu den Satelliten eher wie ein kleiner Planet. Obwohl sein Gravitationsfeld von gewaltiger Stärke war, hatte die Intensität nicht proportional zugenommen, während sie sich seiner Oberfläche näherten, und das Gewicht des Schiffes machte nur etwa ein Viertel dessen aus, was es auf der Erde betragen hätte. Das machte noch immer einige Manövrierkünste erforderlich. Einbuchtungen an den äußeren Seiten der Kugel erinnerten an Anlegevorrichtungen, daher steuerten sie Joseph direkt darauf zu, statt eine enge Umlaufbahn einzuschlagen. Die Erbauer hatten offensichtlich Besucher erwartet und ihnen die Annäherung erleichtert.

Ivo gab es auf, sich mit den Widersprüchlichkeiten ihrer Situation zu beschäftigen. Es war besser, einfach hinzunehmen, was ihnen angeboten wurde, wie es die anderen bereits taten.

Die Anlegebucht glich einer an beiden Seiten offenen Röhre, als ob ein Raketenprojektil durch den Kugelrand gedrungen wäre. Die Gravitation innerhalb der Bucht war minimal – sie reichte gerade aus, um Joseph im Mittelpunkt der Röhre zu halten. Auf diese Weise war das Schiff in der Lage, mitsamt dem Makroskopgehäuse zu »landen«.

Groton und Afra legten wieder ihre Anzüge an und gingen hinaus. Ivo sah, wie er ihr mit einer vertraulichen Geste die Hand auf den Rücken legte und sie in die Schleuse schob.

Drei Minuten später kamen ihre ersten zuversichtlichen Durchsagen. »Vorzüglich organisiert«, bemerkte Groton. »Sehr geschäftsmäßig. Das scheinen Magnetverankerungen zu sein, die wir an der Hülle befestigen können. Warum nicht?«

»Und Druckschleusen«, fügte Afra mit erregter Stimme hinzu. »Harold, du verankerst Joseph, während ich mir die Schleusenmechanismen ansehe.«

»In Ordnung.« Seine Ausrufe drangen verzerrt zu ihnen durch, ebenso das Aufschlagen von Werkzeugen. Ivo fragte sich, wie das möglich war, da sie doch von einem Vakuum umgeben waren, bis er begriff, daß die Schallwellen durch Festkörper ins Schiff übertragen wurden. Groton hielt sich an etwas fest und stand auf etwas anderem, so daß genügend Kontakte vorhanden waren.

Dann kam der Stoß eines weiteren Kontakts mit ihrer Schiffshülle. Joseph war befestigt worden.

»Ich stelle normalen irdischen Luftdruck und Zusammensetzung ein«, sagte Afra. »Ich brauche nicht einmal das Sauerstoff-Stickstoff-Verhältnis oder die Edelgase aus meinem Gedächtnis zu holen; es ist ein Gasanalysator vorhanden. Ein kleiner Lufstoß aus meinem Anzug . . .«

»Wir sollten vielleicht nicht ganz so sorglos sein«, warnte Groton. »Vergessen wir nicht, daß wir es mit dem Zerstörer zu tun haben.«

»Reg dich nicht auf, Daddy. Wenn sie uns so weit haben kommen lassen, dann werden sie uns nicht auf diese Weise auszutricksen versuchen. Ich gehe hinein.«

Ivo wunderte sich nicht wenig. War es möglich, daß den Zerstörer eindringende Individuen weniger bekümmerten als gefährliche Arten oder Kulturen? Das sah nach einem Fliegenfänger aus – oder, wenn besetzt, nach einem Spinnennetz.

Aber wenn es sie einmal hatte, dann hatte es sie wirklich. Nichts konnte sie im Innern dieser Kugel mehr schützen, wenn Böses auf sie wartete. Es gab tausend mühelose Wege, sie auszulöschen. Wäre es ihnen um ihre eigene Sicherheit gegangen, dann hätten sie in sicherer Distanz von dieser Kugel bleiben müssen. In einer Distanz von Tausenden von Lichtjahren.

»Ich lege meinen Anzug ab«, sagte Afra. Pause. »Die Luft ist gut. Soll ich hineingehen?«

»Nicht ohne Überprüfung!« sagte Groton. »Das ist schließlich nur die Luftschleuse. Was dahinter wartet, könnte deine zarte Haut ruinieren. Das könnte hundertprozentiger Ammoniak bei fünf Grad Kelvin sein.«

»Nein, das wäre nicht möglich. Das System ist an die Schleuse angeschlossen. Der ganze Innenraum ist behandelt worden, um der Probe zu entsprechen. Ich sage dir, diese Galaktiker haben Erfahrung.«

»Was haltet ihr davon, Leute?« fragte Groton zweifelnd.

Ivo erinnerte sich daran, daß auch er mit den anderen verbunden war. »Sie wird die Schleuse verlassen müssen, bevor sie der nächste benützen kann. Könnte ebensogut nach innen gehen.«

»Und du, Liebling?« erkundigte sich Groton.

»Ich schließe mich deinem Urteil an, Liebling«, sagte Beatryx. Sie brachte ihrem Mann auch in dieser Hinsicht volles Vertrauen entgegen, und Ivo beneidete sie um diese Stärke.

»Dann kommt schon heraus, ihr beide. Wir sollten dieses Abenteuer gemeinsam bestehen. Ich warte hier auf euch, während Fräulein Ungeduldig schon auf die Pirsch geht.«

»Schafsböcke sind von Natur aus neugierig«, sagte Afra.

Schafsbock = Widder, also ihr astrologisches Zeichen, dachte Ivo. Groton mußte ihr das Horoskop gestellt haben während einer ihrer . . . privaten Diskussionen. Und wußte Beatryx, daß sie nur ein armer Fisch war?

Sie zogen sich an und kletterten hinaus.

Groton stand auf einer Plattform, die einer Bahnstation ähnelte. Dicke Kabel führten zu Joseph und waren an ihm befestigt.

»Schwingt euch einfach an einem Kabel herüber«, empfahl Groton. »Die Schwerkraft nimmt nahe der Schleuse zu. Ihr könntet springen, aber warum sollten wir ein Risiko eingehen?«

Ivo wunderte sich wieder einmal, ob das freiwilliger Humor war. Was für einen Unterschied machte das jetzt noch aus?

Sie schwangen hinüber. Dies war seine erste körperliche Berührung mit einem Objekt, das von fremder Hand geschaffen worden war, da er nicht an der Erkundung des Satelliten teilgenommen hatte, und er war etwas enttäuscht über die Beiläufigkeit, mit der sich die anderen an die Situation anpaßten. Dies sollte der Augenblick des Höhepunkts sein – Kontakt mit Fremden! –, und niemand schien es zu berühren.

Oder wurde er von den anderen nur ausgeschlossen, weil er eine weniger bedeutsame Rolle in einem wichtigeren Abenteuer spielte? Wenn sie es überlebten, dann würde Afra in der Lage sein, das Reisesignal zu handhaben, wenigstens so lange, bis sie wieder dem Zerstörerfeld ausgesetzt waren, das selbst bei Lichtgeschwindigkeit Tausende von Jahren brauchte, um sich in der Galaxis zu zerstreuen, und daher brauchte sie Ivo nicht mehr länger.

»Ich gehe jetzt hindurch, und ihr folgt mir dann der Reihe nach«, sagte Groton. »Dieser Mechanismus ist völlig unproblematisch . . .« Er führte es ihnen vor.

»Beeilt euch!« sagte Afra aus dem Innern. »Ich bin ganz wild darauf, mich hier umzusehen.«

War dies zu einem kindlichen ›Astronauten‹-Spiel geworden? Das Astronautenmädchen wollte, daß sie sich beeilten, weil sie so ungeduldig war!

Es kam ihm vor, als hätte er Schöns Lachen gehört. Der kleine Ivo hatte gedacht, dieses Abenteuer selbst bewältigen zu können, und dabei war es ihm nur gelungen, sich selbst entbehrlich zu machen. Ivo war kein Lanier, und es war nicht wahrscheinlich, daß er aufgrund eigener Meriten Ruhm erwarb. Schön andererseits . . .

Sie brauchen auch dich nicht mehr, bedachte er die im Hintergrund lauernde Persönlichkeit wütend. Schön gab keine Antwort.

Das Innere war, wie Afra behauptet hatte, mit atembarer Luft versehen worden. Er und Beatryx schlossen sich den beiden anderen an, die ihre Schutzanzüge abgelegt hatten, verstauten auch ihre Anzüge in Gestellen, die nahe der Schleuse bereitstanden. Regelrechte Touristeneinrichtungen!

Sie befanden sich in einer langgezogenen Halle, die von der Decke her erhellt war, und die leicht abwärts führte. ›Abwärts‹ war in Richtung auf den Mittelpunkt der Kugel, nicht auf den Rand zu; hier gab es nichts dergleichen Einfaches wie zentripetale Pseudogravitation. Das Material, aus dem die Halle bestand, war hingegen ziemlich konventionell; kein selbstleuchtendes Material, keine komprimierte Materie. Wenn dies typisch war, dann konnte die Zwei-Meilen-Kugel unmöglich die Masse einer Sonne haben, nicht einmal die eines Planeten. Irgendwie mußte sie Gravitation ohne Masse erzeugen können.

Wenn man es bedachte, war es nicht so überraschend. Ein starkes Gravitationsfeld war zweifellos notwendig, um den Zerstörerimpuls zu erzeugen, und es sollte einfach genug sein, der Besucher wegen auch die nähere Umgebung damit zu versorgen. Außerdem konnten damit die Satelliten selbst in relativ großen Entfernungen auf Umlaufbahnen gehalten werden.

Die Halle mochte an die hundert Meter lang sein, und in die Wände waren Nischen eingelassen, in denen sich einzelne Gegenstände befanden.

Afra hob einen der Gegenstände heraus. Es war eine Kugel mit einem Durchmesser von etwa zehn Zentimetern; sie war fest und leicht und schien aus einem Kunststoff zu bestehen. Das Material war durchscheinend; während sie es gegen das Licht hielt, konnte sie nur sehen, daß die Kugel leer war.

»Ein Behälter?« mutmaßte Groton.

»Ein Spielzeug?« meinte Beatryx.

Groton sah sie an. »Möglich. Ein pädagogisches Spielzeug vielleicht. Ein Modell des Zerstörers?«

»Aber es hat keine Anlegebuchten«, sagte Afra. Sie legte die Kugel zurück und ging zur nächsten Nische. Hier fand sie einen fünfzehn Zentimeter hohen Kegel vor, dessen Grundfläche einen Durchmesser von 10 Zentimetern hatte. Er bestand aus dem gleichen durchscheinenden Material und war ebenfalls leer.

»Eine Narrenkappe«, schlug Ivo vor.

Sie ging nicht darauf ein und wandte sich dem nächsten Ausstellungsstück zu. Das dritte Objekt war ein zylindrisches Segment von ähnlicher Größe wie der Kegel, an beiden Enden von einer flachen Scheibe abgeschlossen. Es war fest, aber überraschend leicht, die weiß-silbrige Oberfläche war durchscheinend und reflektierend zugleich. Afra drehte es in ihrer Hand. »Metallisch, aber sehr leicht«, sagte sie. »Vermutlich . . .«

Abrupt stellte sie es an seinen Standort zurück, als wäre es plötzlich glühend heiß geworden, und rieb sich die Hände an den Shorts, als würden sie brennen.

»Was ist?« fragte Groton besorgt.

»Das ist Lithium!«

Groton folgte ihrem Blick. »Ich glaube, du hast recht. Aber da liegt etwas drüber – eine Art Wachsüberzug vielleicht. Es sollte eigentlich nicht gefährlich sein, es anzufassen.«

Was hatte es nur mit diesem Lithium auf sich? fragte sich Ivo, aber er beschloß, die Frage nicht laut auszusprechen. Vermutlich verbrannte es die Haut wie eine Säure.

Afra schüttelte den Kopf. »Ich glaube, ich bin nervöser, als es mir selbst bewußt war. Ich habe einfach nicht erwartet . . .« Sie hielt inne, spähte in Richtung auf die nächste Nische. »Mir kommt da eine Idee. Ist das nächste vielleicht eine Pyramide?«

Groton sah nach. »Fast. Tatsächlich ist es ein Vierflächner, ähnlich dem, den wir seinerzeit auf dem Triton errichtet haben. Die richtige Pyramide hat fünf Seiten, wenn man die Grundfläche mitzählt.«

»Beryllium.«

»Woher weißt du das?«

»Dies ist reihenförmige Darstellung der Elemente. Sieh dir doch diese Objekte an. Das erste ist eine Kugel, das heißt, es hat eine Seite: die Außenseite. Das zweite ist ein geschlossener Kegel: zwei Seiten, die eine gewölbt, die andere flach. Das dritte, der Zylinder, hat drei Seiten. Diese Pyramide hat vier, und so weiter. Die ersten zwei sind leer – es sind Gase! Wasserstoff und Helium, das erste und das zweite Element im Periodensystem . . .«

»Könnte stimmen«, sagte Groton, sichtlich beeindruckt.

»Und es ist wahrscheinlich, daß *jede* technologisch fortgeschrittene Art das gleiche System entwickelt. Lithium, das Metall, das halb so viel wiegt wie Wasser, kommt als drittes. Beryllium als viertes. Bor . . .«

Sie brach ab, ging mit raschen Schritten zur sechsten Nische weiter – und blieb wie erstarrt davor stehen.

Die anderen folgten ihr. Darin lag ein Würfel mit einer Kantenlänge von zehn Zentimetern – sechs Seiten –, der aus einer hellen, klaren Substanz bestand.

Groton hob ihn heraus. »Was ist Nummer sechs?« Sechs Protonen, sechs Elektronen . . . soll das Kohlenstoff sein?« Dann erstarrte auch er, während sein Blick auf dem Würfel verharrte, der im Licht funkelte.

Schließlich kam Ivo darauf. »Kohlenstoff in kristalliner Form – das ist ein Diamant!«

Sie starrten es an: ein Diamantwürfel von etwa tausend Kubikzentimetern, der aus einem noch größeren Diamanten herausgeschnitten worden sein mußte.

Ein einziges Ausstellungsstück – von einer riesigen Anzahl, die in der Halle auf sie wartete.

Afra schritt den Raum der Länge nach ab, nannte die Proben bei ihren Namen. »Stickstoff – Sauerstoff – Fluor – Neon . . .«

Groton schüttelte den Kopf. »Was für ein Vermögen! Und es sind lediglich Proben in einer Form, aus der die Anordnung der Elemente zu ersehen ist. Sie . . .« Er stockte. Ehrfürchtig legte er den Würfel wieder an seine Stelle zurück.

»Titanium – Vanadium – Chrom . . .«, zählte Afra auf, während sie weitereilte. »Alles ist da! Alles!«

»Warum sollten sie denn nicht alles ausstellen, wenn sie es wollen?« fragte Beatryx unbeeindruckt.

Groton fand allmählich aus seiner Benommenheit. »Dagegen spricht nichts. Absolut nichts. Es ist nur eine sehr teure Ausstellung, die hier Fremden dargeboten wird. Vielleicht ist das ihre Art, uns zu sagen, daß ihnen Reichtum nichts bedeutet.«

Sie nickte, dankbar für seine Erklärung.

»Und auch die seltenen Erden!« rief Afra. Sie befand sich jetzt auf der gegenüberliegenden Seite der Halle und bewegte sich wieder in Richtung auf ihren Ausgangspunkt. »Hier sind sie pfundweise, selbst wenn sie in der Natur nur in winzigen Spuren vorkommen!«

»Sie kennt wohl alle Elemente auswendig?« murmelte Ivo.

»Osmium! Dieser kleine Würfel muß an die zehn Kilo wiegen! Und festes Iridium – auf der Erde würde tausend Dollar die Unze kosten!«

»Halte dich von den radioaktiven Stoffen besser fern, Afra!« warnte Groton.

»Sie sind eingeglast. Bleiglas oder so etwas; keine Strahlungen, wie ich hoffe. Wenigstens liegen *sie* nicht pfundweise herum! Uran – Neptunium – Plutonium . . .«

»Saturnium – Jupiterium – Marsium«, murmelte Ivo, der die planetaren Bezeichnungen spaßhaft weiterführte. Er hatte den Eindruck, daß zuviel aus dieser Ausstellung gemacht wurde. »Terranium – Venusium – Merkurium . . .«

»Merkurium – Quecksilber«, sagte Groton, indem er ihn zu überhören schien. »Dieses Element gibt es tatsächlich.«

Ach so.

Endlich kam Afra zurück, und sie war sichtlich kleinlaut geworden. »Ihre Tafel geht bis über hundertzwanzig. Diese späteren Formen werden ziemlich kompliziert . . .«

»Du weißt es besser, Afra«, sagte Groton. »Einige dieser künstlichen Elemente haben nur eine Lebensdauer von Stunden, mitunter nur von Minuten. Sie können nicht einfach hier ausgestellt sein.«

»Zum Teil sogar nur von Sekunden. Sie sind aber hier. Sieh sie dir selbst an.«

»Vielleicht Nachahmungen. Es können unmöglich . . .«

»Wetten?«

»Nein.« Groton wirkte in sich versunken. »Muß eine Art von Stasisfeld sein«, meinte er zweifelnd. »Wenn sie tatsächlich machen können, was sie mit der Gravitation anstellen . . .«

»Ich komme mir plötzlich sehr klein vor«, sagte sie.

Aber Ivo sagte sich, daß solche Tricks doch wenig waren im Vergleich zur Komprimierung eines ganzen Planeten bis auf seinen Gravitationsradius und dem Schutz des darin befindlichen menschlichen Fleisches. Diese Ausstellung war beeindruckend, gewiß, aber kaum überwältigend, wenn man es aus dieser Perspektive sah. Er vermutete, daß mehr dran sein mußte, als sie bisher bemerkt hatten.

Eine weitere Halle schloß sich an die Elemente-Ausstellung an, die noch etwas stärker nach abwärts geneigt war. Ivo machte sich über die Temperatur und andere Dinge Gedanken. Scharfe Temperaturveränderungen vermochten die zur Schau gestellten Elemente zu beeinflussen, Festes in Flüssiges zu verwandeln oder Flüssiges in Gas. Doch die ganze Ausstellung war mit einer menschlichen Bedürfnissen entsprechenden Temperatur versehen worden, und das war offenbar nicht nur eine vorübergehende Sache. Auch die ganze Anordnung – sie war wie an menschliche Maßstäbe angepaßt, bis hin zur Höhe der Nischen.

Wäre dies die der Erde am nächsten befindliche Zerstörerstation gewesen, dann hätten sie eine sorgfältig zurechtfrisierte Schau erwarten können. Aber diese hier war fast fünfzigtausend Lichtjahre von der Erde entfernt. Sie konnte nicht für Menschen entworfen worden sein – es sei denn, man dachte an Menschen der Galaxis und nicht der Erde. Oder den Menschen sehr ähnliche Geschöpfe.

Diese Gedanken irritierten ihn, aber eigentlich nicht mehr als alles andere in diesem seltsamen Museum. Er wußte wohl, daß viele irdische Wissenschaftler davon ausgegangen waren, daß Geschöpfe anderer Planeten irgendwie dem Menschen ähnlich sein müßten, um Zivilisation und Technologie entwickeln zu können, und daß lange ›Beweisführungen‹ unternommen worden waren, um diese These zu erhärten – aber die menschliche Logik war in dieser Hinsicht notwendigerweise voreingenommen, und er hatte diese Argumentation nie ernstgenommen. Doch wenn es zutraf – *wenn* es zutraf –, galt dann das gleiche auch für die *Persönlichkeit* des Menschen? Die Gier, die Borniertheit, den Blutdurst . . .?

War das Schön, der da lachte?

Ein Durchgang führte in eine zweite Halle. Diese war noch weit größer als die erste, und die Nischen begannen in Bodenhöhe.

»Maschinen!« rief Groton mit der gleichen Begeisterung aus, die sie zuvor bei Afra erlebt hatten. Er ging zum ersten Ausstellungsstück: eine riesige Metallscheibe. Während er sich näherte, fiel eine Kugel darauf und rollte herab. Das war alles, was geschah.

»Eine Maschine?« erkundigte sich Ivo.

»Eine schiefe Ebene – die einfachste denkbare Maschine, ja.«

Nun, wenn Groton damit zufriedengestellt war . . .

Das zweite Objekt war ein einfacher Hebel. Drehpunkt und Stab, und die Spitze des Stabes war unter einem großen Block eingeklemmt. Als sie näher kamen, bewegte sich der Stab, und der Block wurde um ein kleines Stück verschoben. Groton nickte erfreut, und Ivo folgte ihm zum nächsten Schauspiel. Die beiden Frauen gingen voraus und widmeten diesen Darstellungen nur beiläufige Aufmerksamkeit.

Das dritte Objekt ähnelte einem Schraubstock. Eine lange Kurbel bewegte eine schwere Schraube, so daß die angewandte Kraft zweifach übersetzt wurde. »Ebene und Hebel«, bemerkte Groton. »Wir springen jedes Mal um fünfzigtausend Jahre vorwärts, wenn wir die menschliche Technologie als Maßstab nehmen.«

»Bis jetzt.«

Das vierte Objekt war eine primitive Dampfmaschine, das fünfte eine Elektroturbine.

Danach wurde es kompliziert. Für Ivo, der nicht über die nötigen Fachkenntnisse verfügte, glichen sie aufwendig konstruierten Motoren, Heizgeräten und Radiobasteleien. Einige Objekte erkannte er als Varianten von Apparaturen, deren Konstruktionspläne er dem Makroskop entnommen hatte; andere gingen schlicht über sein Verständnis hinaus. Nicht alle waren in den Einzelheiten kompliziert; einige wirkten fast enttäuschend einfach. Er vermutete, daß ein altgedienter Automechaniker eine Tafel mit aufgedruckten Stromkreisen und eingelassenen Mikrotransistoren ähnlich einfach finden würde.

Groton hielt bei der zehnten Maschine einen Augenblick lang inne. »Ich hatte gedacht, es mit wirklicher Technologie zu tun zu haben, als wir auf Triton irdische Umweltbedingungen geschaffen haben«, sagte er. »Jetzt — muß ich wirklich meine Ansichten revidieren. Ich habe mehr aufgenommen, als ich auf einmal verdauen kann. Gehen wir weiter.«

Die Mädchen waren ihnen vorausgeeilt und hatten bereits den nächsten Raum erreicht. Dieser schien Kunstobjekte zu enthalten. Die Ausstellung begann mit einfachen zwei- und dreidimensionalen Wiedergaben konkreter und abstrakter Motive und setzte sich in erstaunlichen Permutationen fort. Diesmal war es Beatryx, die ihre Begeisterung nicht verhehlen konnte.

»O ja, ich sehe es«, murmelte sie, während sie langsam von einem Ausstellungsstück zum nächsten ging. Sie bot einen lieblichen Anblick in ihrer Konzentration, als ob der Glanz des künstlerischen Ausdrucks, den sie aufnahm, sie selbst verwandelte. Ivo hatte nie bemerkt, wie stark ihr Interesse an künstlerischen Dingen war, obwohl er es eigentlich aus ihrer Musikbegeisterung hätte schließen können. Er hatte angenommen, daß das, worüber sie nicht redete, für sie nicht von Belang wäre, und jetzt mußte er sich einmal mehr eingestehen, daß er einmal mehr oberflächlich geurteilt hatte.

Die Ausstellung sprach ihn nicht als ganze an, aber einzelne Stücke taten es sehr wohl. Er konnte zum Beispiel etwas mit den mathematischen Symbolen anfangen, die in einigen enthalten waren; sie waren äußerst raffiniert und mit den galaktischen Sprachcodes verwandt.

Eine ganze Anzahl waren Porträts von fremdartigen Geschöpfen. Diese Wesen stammten von erdfremden Welten, aber sie waren intelligent und zivilisiert, obwohl er nicht hätte sagen können, wie er sich dessen so sicher sein konnte. Vermutlich waren subtile Hinweise vorhanden, die auf sublime Wesen den Eindruck vermittelten, wie damals, als Brad ihm zum erstenmal fremde Landschaften mit dem Makroskop gezeigt hatte. Es zu beschreiben? Das zu versuchen hatte keinen Sinn; diese Geschöpfe waren in gewisser Hinsicht menschenähnlich und in anderer Hinsicht sehr fremdartig. Viel bedeutsamer war die kaum faßbare Symmetrie von Form, Würde und

Haltung. Sie waren wie griechische Idealisierungen; die perfekte Physis gepaart mit gebildetem Geist und beherrschter Emotion. Sie waren wohlgeformte Männer, Frauen und Neutrums. Sie wurden hier als Kunst dargestellt, und sie *waren* Kunst im gleichen Sinn, wie die Wiedergabe eines wohlgebauten Athleten oder einer nackten Frau nach menschlichen Begriffen Kunst war.

Die Räume führten weiter, jeder etwas tiefer als der vorhergehende, bis die Gruppe die zweite Windung einer Spirale erreicht zu haben schien. Eine Halle enthielt Bücher; gedruckte Schriftrollen, aufgespulte Bänder, metallene Speicherscheiben. Vermutlich waren hier alle die Informationen gelagert, die die Erbauer der Station hätten ausstrahlen können; und das mochte die Antwort an jeden sein, der vermutete, daß der Zerstörer das Produkt einer ignoranten Kultur war.

Ein Raum enthielt Nahrungsmittel. Viele Stunden und viele Meilen hatten sie voller Faszination zurückgelegt; jetzt waren sie hungrig. Die Gerichte waren mit makroskopischen chemischen Bezeichnungen versehen und befanden sich in Stasis-Herden. Sie wählten aus, als entnähmen sie ›Tiefkühl‹-Mahlzeiten aus einem Automaten, und das Essen schmeckte gut, wenn auch seltsam.

Nirgendwo war ein Anzeichen von Leben vorhanden. Es war, als hätten die Erbauer diese Station als Gästehaus und Informationszentrum ausgerüstet und es für Reisende zurückgelassen, die in kommenden Äonen nach hier gelangen mochten. Dennoch sandte die Station zugleich das Signal aus, das galaktisches Reisen unmöglich machen sollte. Wie war dieser Widerspruch zu erklären?

Schließlich gelangten sie in einen kleineren Raum, in dem der Rundgang offenbar endete. Hier waren keine Nischen, keine Ausstellungsstücke, nur im Mittelpunkt stand ein Sockel, auf dem ein seltsames kleines Objekt ruhte.

Sie gingen unentschieden darum herum. »Kommt es euch nicht auch so vor, als wären wir getäuscht worden?« erkundigte sich Afra. »All das war sehr eindrucksvoll, und ich *bin* beeindruckt – aber ist das *alles*? Eine Museumstour, die in der Sackgasse endet?«

»Es ist offenbar alles, was wir sehen *sollen«*, sagte Groton. »Und irgendwie glaube ich nicht, daß es klug wäre, etwas erzwingen zu wollen.«

»Wir *kamen* hierher, um etwas zu erzwingen!« erinnerte ihn Afra.

»Ich wollte sagen, wir sollten nicht etwa anfangen, auf die Wände einzuschlagen. Wir könnten uns unvermittelt im Vakuum wiederfinden. Weitere Erkundungen durch Anwendung unserer Verstandeskräfte hingegen könnten nicht schaden.«

Ivo betrachtete das Ding auf dem Sockel. Es war etwa achtzehn Zentimeter lang und erinnerte ihn entfernt an das SDPS: ein Gegenstand von größerer Bedeutung, als auf den ersten Blick zu erkennen war. Es war im groben Umriß zylindrisch geformt, aber innerhalb dieser Begrenzung wies es eine Ansammlung von gewundenen Röhren, Flächen, Drähten und anderem Zubehör auf. Es wirkte teilweise elektronisch, schien aber nicht nur eine Maschine zu sein; teilweise wirkte es wie ein künstlerisches Objekt, aber nicht wie eine Skulptur. Dennoch wirkte es auch irgendwie vertraut; da war eine Qualität, ein innewohnender Zweck, und sein Gefühl sagte ihm, daß er ihn erkennen müßte.

Er nahm es in die Hand, fand das Gewicht erstaunlich gering für ein so massives Objekt: vielleicht ein Kilo. Die Gewichtsverteilung schien zudem genau ausbalanciert zu sein. Das Gefühl der Vertrautheit mit diesem Gegenstand nahm zu. Eigentlich sollte er wissen, was es war.

Es geschah etwas.

Es war, als ertönte ein großer Gong, aber mit Schwingungen, die für menschliche Ohren nicht hörbar waren. Licht flammte auf, doch seine Augen vermochten kein Bild wahrzunehmen. Es folgten eine Hitze- und eine Druckwelle und ein Schwanken des Schwerefelds, das sein Körper nicht genau wahrnehmen konnte, und ein ungewöhnlicher Duft, den seine Nase nicht zu identifizieren vermochte.

Die anderen sahen ihn und dann sich gegenseitig an, waren sich sichtlich dessen bewußt, daß etwas Bedeutsames geschehen war – aber mehr wußten sie nicht.

Ivo hielt noch immer das Instrument in der Hand.

»Spiele darauf, Ivo«, sagte Beatryx.

Sie sagten nichts, aber nun fiel allen gleichzeitig ein, daß in den Ausstellungsräumen keinerlei Musikinstrumente zu sehen gewesen waren.

Ivo studierte das Instrument, entdeckte diesmal Windungen wie die eines komplizierten Horns, Sehnen wie die eines Saiteninstruments, trommelfellähnliche Membranen, Öffnungen, aber er konnte kein Mundstück zum Blasen, keine Saiten zum Anschlagen entdecken; doch seine Finger konnten Kontrollen bedienen und seine Augen beobachten, was dadurch geschah.

Der Gegenstand vibrierte sanft, als ob bereits das Anheben seine

Energiequellen aktiviert hätte. Er wurde lebendig, wartete auf die Anweisungen des Musikers.

Er berührte wie zufällig einen Bedienungsknopf – und löste ein rollendes Donnern aus.

Beatryx, Afra und Groton blickten umher und versuchten instinktiv den Ursprung des Geräusches festzustellen, um sich schützen zu können, wenn die Wände einbrachen ... bevor sie begriffen, was es war: Multiphonaler Ton!

»Als du es hochgehoben hast ...«, sagte Groton.

»Du hast eine Taste berührt«, sagte Afra, wie um eine Erklärung heischend.

»Den Donnerknopf«, sagte Beatryx.

Ivo bewegte einen Finger über ein kleines Sensorfeld. Ein Sirenengeheul, betäubend laut, aber melodisch, ertönte aus allen Richtungen. Er erprobte die weiteren Bedienungselemente, erzeugte eine Kakophonie aus allen erdenklichen Tönen, begleitet von visuellen, taktilen und Geruchswahrnehmungen. Wenn es ihm nur gelingen würde, dieses Panorama der Sinnreize unter Kontrolle zu bringen!

Und es gelang ihm. Seine Hände gewöhnten sich bereits an die Abmessungen des Instruments, seine sensiblen Finger übten die notwendigen Bewegungen ein. Dies war sein besonderes Talent, seine Art und Weise, mit einem Instrument umzugehen. Er hatte sich auf die Flöte beschränkt – die Wahl Sidney Laniers – aber er besaß die ganze Skala der Begabungen Schöns.

Ivo konnte nicht viel mit den technischen Aspekten anfangen oder relevante Aussagen zur Theorie machen; das hatte nichts damit zu tun. Er konnte nicht einmal Noten lesen, denn damit hatte er sich nie beschäftigt, hatte es statt dessen vorgezogen, nach Gehör zu lernen. Aber mit einem Instrument in den Händen und dem Verlangen, zu spielen, konnte er Harmonie hervorzaubern, und sein Spiel war genau, wie kompliziert es auch immer in musikalischer Schriftform aussehen mochte.

Jetzt entfaltete er diese ungeheure Begabung, brachte alle ihm innewohnende Geschicklichkeit zum Tragen. Er wählte eine geeignete Übung, wandte sie zunächst auf die Flöte an, hörte die Worte, während das Lied zum Leben erwachte. Es war nicht von Lanier; dafür war Zeit, wenn er das Instrument vollkommen beherrschte. Es war besser, wenn er es zunächst mit einfacheren Themen versuchte. Nur um es mal zu versuchen ...

Trinke mir mit den Augen zu, und ich werde dir mit
den meinen winken;
Oder laß einen Kuß im Becher zurück, und ich werde
keinen Wein daraus trinken.
Der Durst, der aus der Seele kommt, verlangt nach
himmlischem Getränk;
Doch könnte ich selbst an Jupiters Nektar mich laben,
ich würde nicht tauschen gegen den deinen.

Die anderen standen stumm da, während die einfache Melodie, der man sich nicht entziehen konnte, sie umhüllte, wunderbar klar, fast flüssig, zunehmend in Besitz genommen von diesem *éclat*, dieser Seele, die die Weise des wahren Künstlers ist. Das galaktische Instrument brachte außerdem die Vorstellung von berauschendem Nektar nahe, Geruch . . . und die Berührung verzaubernder Lippen.

Afra starrte ihn hingerissen an, denn sie hatte ihn nie zuvor spielen gehört. War das sein schlimmster Fehler gewesen? Die Begabung nicht anzuwenden, über die er verfügte?

Groton starrte Afra an . . .

Nein, er starrte über sie hinaus! Die kahle Wand, die ihren Weg weiter ins Innere der Station versperrt hatte, löste sich auf und gab einen weiteren Durchgang frei. Der Weg war wieder offen . . .

»Kein freier Eintritt mehr«, murmelte Groton. »Jetzt müssen wir unseren Obulus entrichten.«

Sie gingen schweigend weiter, während Ivo noch immer das Instrument mit sich trug. Die Zwischenhalle öffnete sich in einen gewaltigen Saal, dessen Decke und Boden ein durchscheinender Nebel war, ohne irgendwo ein sichtbares Ende zu finden, denn es gab keine Wände; zur Seite hin verlor sich alles in Dunkelheit, obwohl eine diffuse Helligkeit vorhanden war.

Sie gingen hinein, sahen sich vergeblich nach etwas Greifbarem, Faßbarem um. Aber jetzt war auch noch der Boden verschwunden. Er war im physikalischen Sinn nicht mehr vorhanden: hatte sich aufgelöst und sie im freien Fall zurückgelassen, gewichtslos in einer fremdartigen milchigen Atmosphäre schwebend. Der Durchgang, durch den sie hereingekommen waren, war ebenfalls verschwunden; sie versuchten, durch die angenehme Atmosphäre zurückzuschwimmen, aber da war nichts, an was sie sich hätten orientieren können. Sie waren isoliert und verloren.

»Also *war* es eine Falle«, sagte Afra, aber dabei wirkte sie eher irritiert als angsterfüllt.

»Oder – ein Test«, sagte Groton. »Wir mußten gewisse Fähigkeiten demonstrieren, um Eintritt zu erlangen, nachdem wir die reinen Ausstellungsbereiche durchquert hatten. Vielleicht werden wir noch mehr unter Beweis stellen müssen, damit man uns erlaubt, wieder zu gehen.«

Sie sahen Ivo an, der ein wenig abseits von den anderen trieb, und er blickte auf das Ding, das seine Hände umklammerten.

»Versuche es noch einmal mit der gleichen Weise«, schlug Afra vor. »Nur um sicherzugehen.«

Er spielte noch einmal ›Trink mir mit den Augen zu‹, doch nichts geschah. Er versuchte es mit weiteren einfachen Weisen, und die Melodien schienen aus allen Richtungen des grenzenlosen Raums zu kommen.

»Ich vermute noch immer, daß der Schlüssel in der Musik liegt«, sagte Groton. »Warum sonst dieses Instrument, das ganz offensichtlich weder ein Spielzeug noch ein Ausstellungsstück ist. Vielleicht haben wir seine Möglichkeiten bisher nur ungenügend erfaßt.«

»Weißt du«, sagte Ivo nachdenklich, »Lanier hat geglaubt, daß die Regeln für die Poesie und die Musik identisch seien, und er hat das durch seine Arbeit zu demonstrieren versucht. Sein Flötenspiel soll durch Poesie inspiriert gewesen sein, und ein großer Teil seiner Poesie verfügte über musikalische Harmonie. Er hat sogar ...«

»Also gut«, unterbrach ihn Afra, noch immer furchtlos, obwohl sich das Netz der Spinne um sie zusammenzuziehen schien. »Sehen wir uns an, was Lanier gemacht hat. Er schrieb einen Reisebericht über Florida, einen schwachen Roman sowie die Gedichte ›Mais‹, ›Die Moore von Glynn‹, ›Die Symphonie‹ ...«

»Die Symphonie!« Groton sprach es aus, aber sie alle hatten auf diesen Titel zugleich reagiert. »Wäre das nicht vielleicht ...?«

»Spiele es, Ivo!« sagte Beatryx.

›Die Symphonie‹ war Poesie, nicht Musik; es gab keine dafür vorgeschriebene Weise. Aber Ivo hob das Instrument hoch und spürte, wie er von ungeahnter Kraft erfüllt wurde, denn er hatte oft davon geträumt, dieses Stück in Musik umzusetzen. Aus eigenem Antrieb hätte er nie den Mut gefunden, es auch nur zu versuchen. Aber hier war seine Chance, etwas aus sich und seiner Begabung zu machen; herauszufinden, ob er musikalisch die Tür zu dem Rätsel aufstoßen konnte, das der Zerstörer war. Und er hatte das Instrument dazu.

Musik war in der Bedeutung, und Bedeutung in der Musik, und beides lag sehr dicht beieinander im Werk Sidney Laniers und insbesondere in diesem Gedicht. Jeder Teil wurde durch ein anderes Instrument ausgesprochen, personifiziert, und das ganze war eine Orchestersymphonie.

Die makroskopischen Informationssysteme, an denen er teilgehabt hatte, waren in dieser Beziehung vergleichbar gewesen. Musik, Farbe, Bedeutung – das alles war austauschbar, und er war sicher, daß es einige Arten gab, die sich ausschließlich durch Musik verständigten. Eine Übersetzung war möglich, wenn er von der galaktischen Verständigungsform ausging – und wenn er die Geschicklichkeit besaß, es richtig zu spielen. Er hatte die galaktischen Sprachen zu verstehen gelernt, aber er hatte nie versucht, *in* sie zu übersetzen. Die Musik lud seine Hände und seinen Körper auf – aber konnte er die *Poesie* wiedergeben?

Die anderen warteten, und da sie sein Problem sahen, suchten sie nach Möglichkeiten, ihm zu helfen. Harold Groton, dessen astrologische Interpretationen in dieser Situation nichts bewirken konnten; Afra Summerfield, deren körperliche Schönheit und analytischer Geist ähnlich nutzlos waren; Beatryx Groton, deren Mitgefühl seine plötzlich unsicheren Finger nicht mit unfehlbarer Zauberkraft versehen konnte.

Analyse, Mitgefühl, Astrologie . . .

Dann sah er, daß sie alle ihm helfen *konnten*, allein dadurch, daß sie für ihn da waren, ihm zuhörten.

Ivo begann zu spielen.

9

Die Nebel hoben sich; schattenlose Dunkelheit sank herab. In den erhabenen Klang drang die Vision, weitgehend abstrahiert; eine Darstellung der Galaxis, dem Diskus aus kosmischem Feuer, wie sie sich majestätisch um ihre Achse drehte, einen gewaltigen Akkord aus Energie in den Raum strahlte.

Dann kamen die Planeten, deutlich als die der Sonne erkennbar. Sie waren über die galaktischen Strukturen gelegt: Pluto, Neptun, Uranus, Saturn, Jupiter, Mars, Venus, Merkur, der Erdmond. Und es war, als rollten sie in dieser Schale herum, auch die Sonne rollte, und die Erde befand sich im Mittelpunkt. Damit verbunden war eine zweite Schale, die die erste ohne jede gegenseitige Beeinträchtigung berührte: galaktisches und planetares Roulett. Die verbundenen Bewegungen waren sehr unterschiedlicher und vielfältiger Natur; es schien, als könnte kein menschliches Auge verfolgen, wo in diesem Durcheinander sich all die Planeten in einem bestimmten Augenblick befanden, und wie die beiden Schalen zueinander in Beziehung standen. Nur wenn die Bewegung angehalten wurde, war eine solche Zusammenschau möglich – doch dieses Anhalten würde alles zerstören.

Es konnte nicht angehalten – aber es konnte fotografiert werden, um es so auszudrücken, und diese Bilder enthüllten ungeahnte Aspekte. Denn die beiden konkaven Gefäße waren in Viertel unterteilt, und jedes Viertel noch einmal in Drittel; vierundzwanzig abgetrennte Bereiche entstanden so, zwölf gegen zwölf. Jeder Bereich war ein offener Raum, in dem sich ein Planet für immer einrichten konnte, wenn er einmal vom Blitzlicht der Kamera eingefangen wurde. Und die Blitze kamen, sie kamen viermal, ließen die Planeten bewegungslos erstarren und die beiden Schalen ineinandergreifen, sich zu den Konfigurationen des Augenblicks verbinden; und jedesmal wurde eine Existenzform festgelegt.

Die Bewegungen waren so, daß *nur* der Augenblick die Verhältnisse festlegte, wäre der Ablauf nur um ein Geringes früher oder später angehalten worden, so wäre daraus eine vollkommen andersartige Konfiguration entstanden, und die Wirklichkeit wäre ebenso unterschiedlich bestimmt worden.

Das also war die Symphonie von Bewegung und Bedeutung, die alle Erfahrung umfaßte. Der Augenblick des theoretischen Festhaltens, die Fixierung aller Planeten, war das Horoskop.

Die eigentliche galaktische Geschichte beginnt mit der Entstehung der ersten interstellaren Kommunikationsverbindung. Nur vereinzelte Hinweise sprechen für eine frühere Anwendung künstlicher Makronik, und diese wie möglicherweise andere Anwendungen können als Übergangsphänomene des unbedeutenden galaktischen Augenblicks abgetan werden.

Die beiden ersten Zivilisationen, die eine Verbindung miteinander herstellten, waren zweihundert Lichtjahre voneinander entfernt; trotzdem vergingen tausend Jahre zwischen der ersten Sendung und ihrer Bestätigung. Die zweite Zivilisation erhielt die Signale der ersten und verstand sie, zögerte aber einige Zeit, bevor sie sich zur Beantwortung entschloß. Es wird vermutet, daß konservative Elemente innerhalb dieser Zivilisation die langfristige Wirkung eines Dialogs mit dem in jeder Hinsicht Fremden fürchteten: eine Hal-

tung, die berechtigt war, wenn Wert gelegt wurde auf die Erhaltung des Status quo.

Während des zweiten Jahrtausends schlossen sich fünfzehn weitere Zivilisationen dem Kommunikationsnetz an, die den erfolgreichen Austausch der ersten beiden verfolgt und dadurch Vertrauen gefaßt hatten. Dies war der Kern der ersten galaktischen Zivilisation.

Innerhalb von hunderttausend Jahren hatte das ursprüngliche Signal die Galaxis durchquert, war darüber hinausgedrungen und hatte sich in der Entropie makronischer Restpartikel verloren; aber die Zivilisation, die es einst ausgestrahlt hatte, stellte ihre Sendungen nach zehntausend Jahren ein, vermutlich aufgrund einer Rückentwicklung der Art oder einer Naturkatastrophe. Es war keine besonders bemerkenswerte Zivilisation gewesen; sie verdankte ihre herausragende Stellung in der galaktischen Geschichte lediglich der Tatsache, daß sie als erste eine Verbindung zustande gebracht hatte. Andere Zivilisationen jedoch, die ihre Anregung im gleichen Zeitraum gefunden hatten, blieben aktiv, und die Anzahl der Teilnehmer an der galaktischen Kommunikation nahm innerhalb der ersten paar Millionen Jahre ständig zu. Schließlich stabilisierte sich ihre Anzahl, und damit wurde die Hauptphase eingeleitet.

Einflußsphären entwickelten sich, deren Reichweite bestimmt wurde durch den relativen zeitlichen Beginn der Sendungen, wie ihn der technologische Wissensstand ermöglichte, die biologische und soziale Beständigkeit der Zivilisation, die die Kommunikation einleitete, und die Aufnahmebereitschaft der benachbarten Zivilisationen. Gewisse Stationen, die keinen originären Beitrag zu leisten vermochten, stellten ihre Sendungen ein und gingen so der Geschichte verloren. Einige setzten zeitenweise aus, taten wenig mehr, als etwa jedes Jahrtausend ihre Existenz kundzutun. Einige wurden ›Service‹-Stationen, die gesammeltes und neu zusammengestelltes Material anderer Zivilisationen weitervermittelten. Einige bestätigten lediglich den Empfang vorhergehender Sendungen und drückten ihre Zustimmung zu den bedeutenderen aus. Einige strahlten aus, ohne auf hereinkommende Signale Bezug zu nehmen, und vermieden damit direkten Wettbewerb um des Prestiges willen.

So entwickelten sich ziemlich stabile Einflußsphären inmitten des allgemeinen Chaos, die auf den beständigsten und bestinformiertesten Stationen beruhten. Diese Beständigkeit ging über einzelne Sender hinaus, denn wenn eine bedeutende Station zu senden aufhörte, nahmen andere ihren Platz ein und fuhren fort, ihre Informationen zu verbreiten. Nach allen Seiten dehnte sich die Zivilisation allmählich aus, indem einzelne Arten vom Wissen ihrer Nachbarn profitierten. Manchmal verlagerte sich die Dominanz innerhalb einer Sphäre, wenn ein ›Schüler‹ seinen Lehrmeister überflügelte; aber im allgemeinen hielten die führenden Zivilisationen ihre Positionen lange, vermutlich aufgrund ihrer arteigenen größeren Fähigkeiten. Diese Hauptphase dauerte hundert Millionen Jahre an, und fast alle frühen Zivilisationen wurden durch später hinzugekommene ersetzt, die nur noch sehr wenig an urspünglichem Wissen für sich behaupten konnten. Die galaktische Pionierzeit war vorbei, und es schien, als ob das Höchstmögliche an Zivilisation erreicht worden wäre.

Der Beginn der Ersten Belagerung änderte diese Situation auf drastische Weise. Sie trat in Form einer extragalaktischen Sendung auf, die auf die flache Seite der Galaxis traf und sie so in wenigen Jahrtausenden durchdrang. Dies war die erste intergalaktische Kommunikationsverbindung, abgesehen von schwachen, verzerrten Signalen relativ primitiver Zivilisationen, die man bereits früher empfangen hatte. Aber diese Zivilisation war fortgeschritten: weit fortgeschrittener in Wissen und Anwendung als jede bisher bekannte. Durch ihre bloße Existenz bewies sie, daß das örtliche Niveau von Zivilisation und Technologie eher kükenhaft denn reif war. Sie bot eine Technik an, die bis zu diesem Zeitpunkt als jenseits der physikalischen Fortbewegungsmöglichkeiten verworfen worden war: den Schlüssel zum Reisen zwischen den Sternen der Galaxis.

Sie wurde als ein Wunder gerühmt. Der Austausch war nicht mehr auf den Intellekt begrenzt. Zum ersten Mal waren unterschiedliche Rassen in der Lage, physisch miteinander in Verbindung zu treten.

Die erfahreneren Zivilisationen sahen die Gefahr — konnten aber nicht einmal mehr Alarm geben, bevor sie von den Folgen überrannt wurden.

Physischer Kontakt zwischen grundverschiedenen stellaren Kulturen der Galaxis mußte Chaos bedeuten. Jede Spezies hatte ihre eigenen Bedürfnisse und Ambitionen, und wenige verhielten sich ethisch im galaktischen Sinn, wenn sie einer entscheidenden Versuchung ausgesetzt wurden. Vorurteile, die während der langandauernden, ausschließlich intellektuellen Verbindung zurückgetreten waren, traten mit unverminderter Heftigkeit zutage. Es stellte sich heraus, daß gewisse Arten mit warmem Blut eine unausrottbare Aversion gegen Kaltblütler hegten, wie sehr sie sich intellektuell auch entsprechen mochten, und viele andere Kombinationen waren *ähnlich unverträglich. Gewisse Arten wurden räuberisch, überfielen ihre Nachbarn, um ihnen ihre Reichtümer zu rauben, andere leiteten Kolonisationsprogramme ein, die rasch und unabwendbar zu Auseinandersetzungen führten. Nicht alle Begegnungen nahmen gewalttätige Formen an; einige waren zum gegenseitigen Nutzen. Aber die alte, stabile Ordnung war zerstört worden, und die Macht verschob sich radikal vom Intellektuellen zum Biologischen und Physischen. Hochzivilisierte Kulturen wurden von Barbaren überrannt und ausgelöscht.*

Eine neue Ordnung entstand, die von den rücksichtslosesten und listenreichsten Arten dominiert wurde. Habgier und Mißtrauen taten indes das ihrige, um die Reiche dieser neuen Führer zu schwächen, erzwangen weitere Veränderungen und Zusammenbrüche in einer immer ausgreifenderen Spirale. Im Verlauf einer halben Million Jahre verschwand die galaktische Zivilisation, als Einheit gesehen, vollkommen, ging unter in einem Strudel der Gewalt; keine makroskopischen Sendestationen verblieben außer dem extragalaktischen ›Reisenden‹. Isoliert durch ihr eigenes Barbarentum, das freigeworden war, entwickelten sich alle Arten wieder zurück. Es war die Belagerung der Dunkelheit.

Ungefähr eine Million Jahre nach seinem Sendebeginn hörte das Signal des ›Reisenden‹ wieder auf. Die Belagerung war vorbei – aber der Fortschritt der galaktischen Zivilisation war in einem kaum faßbaren Ausmaß zurückgeworfen worden. Während die Zeit verging, begannen makroskopische Stationen wieder zu senden; und ein neues Kommunikationsnetz entstand – aber die Narben der Belagerung heilten nur allmählich. Das Vertrauen, das einmal gebrochen worden war, erholte sich nur langsam wieder.

»Es geht dir schon besser«, sagte eine mitfühlende Stimme. Beatryx öffnete die Augen, die noch immer vom Salzwasser brannten, und blinzelte in das warme Sonnenlicht. Sie trug einen schwarzen Badeanzug, der ein wenig knapper ausgefallen war, als ihr angemessen schien. »Ja«, stimmte sie zu, noch etwas benommen von ihrem Eintauchen ins Wasser, das noch gar nicht lange her sein konnte. Sie wäre fast ertrunken, wenn nicht ...

Das Gesicht des jungen Mannes schien zu leuchten. »Lida! Persis! Durwin! Ein Freudengesang, denn sie, die verloren war, ist gerettet worden!«

Drei ansehnliche junge Menschen kamen über den Sandstrand auf sie zu. »Freude!« rief ihr Anführer, ein muskulöser Riese mit schlanken Gliedern, von dessen Körper noch das Wasser tropfte.

Augenblicke später standen sie vor ihr: zwei braungebrannte junge Männer, zwei reizende junge Frauen, und sie alle strotzten vor Vitalität. Eine weitere Gemeinsamkeit war ihr kräftiges, schwarzes Haar und die klassisch geformten Gesichtszüge.

Der erste junge Mann sprach wieder, diesmal förmlicher: »Das ist Persis, das Mädchen des Friedens.« Das Mädchen führte lächelnd eine Bewegung aus, die einem Knicks ähnelte. »Das ist Lida, die von uns allen Geliebte und Verehrte.« Das andere Mädchen verbeugte sich und lächelte dabei so gewinnend wie das erste. »Und mein teurer Freund Durwin.« Der zweite Mann hob seine Hand und bewegte sie wie zum Gruß, zog dabei freundlich eine Augenbraue hoch.

»Und ich«, fuhr der Sprecher fast schüchtern fort, »bin Hume – der seine Heimat liebt.« Sein Lächeln erschien ihr noch gewinnender als das der anderen.

Beatryx versuchte etwas zu sagen, aber Hume beugte sich zu ihr nieder, um ihre Lippen mit seinem schlanken Finger zu berühren. »Du brauchst dich nicht vorzustellen. Wir kennen dich bereits. Bist du es nicht, die uns Freude gebracht hat?«

»Die uns Freude bringt!« rief Durwin aus. »Ihr Name wäre also . . .«

»Beatrice!« riefen die beiden Mädchen.

»Nein«, sagte Hume mit feierlichem Ernst. »Das wäre nur gewöhnliche Freude, und die ihre ist ungewöhnlich.«

Durwin musterte sie aufmerksam. »Du hast recht. Sieh dir ihre Haare an! Sie ist ein Diamant inmitten von Quarz. Dennoch wird ihr Wesen durch Freude bestimmt. Nicht Beatrice, nicht Beatrix . . .«

»Aber Beatryx!« schlug Hume vor.

»Wir werden sie Tryx nennen«, sagte das Mädchen Persis.

Beatryx hörte sich das alles an, ohne sich einzumischen. »Ihr habt meinen Namen bereits gekannt?« fragte sie dann.

»Wir wußten, wie er lauten mußte«, sagte Hume, ohne eine weitere Erklärung anzubieten.

»Wo sind wir hier?« Sie sah auf den weißen Sand, den Seetang, die weiß schäumende Brandung.

»Wo«, erkundigte sich Hume freundlich, »würdest du dich gerne befinden?«

»Nun, ich weiß wirklich nicht. Ich nehme an, das macht keinen Unterschied. Es muß wie in Ivos Traum sein, als er nach Tyros ging – es kommt mir nur so wirklich vor!«

»Komm«, sagte Durwin. »Es wird bald Abend, und das Dorf ist noch nicht in Sicht.«

»Ja«, stimmte Lida zu. »Wir müssen dich unseren Begleitern vorstellen.«

Dann ging Beatryx den langen Strand entlang, sah zu, wie sich das Licht der untergehenden Sonne im heranrollenden Wasser brach und bunte Lichtkaskaden bildete. Die Männer gingen zu ihrer Linken und zu ihrer Rechten, während sich die Mädchen außen hielten. Landeinwärts erhoben sich palmenähnliche Bäume und Sträucher, warfen lange und unruhige Schatten in die Ferne. Die Luft war feucht und warm und vom salzigen Geschmack des Meeres erfüllt. Der Sand unter ihren bloßen Füßen war heiß, aber nicht unangenehm heiß, und mit vielfarbigen Kreiseln und gelegentlichen Schalen übersät. Das Wort ›Murex‹ kam ihr in den Sinn, aber sie kam weder auf seine Herkunft noch auf seine Bedeutung; gewiß hatte sie noch niemals Muschelschalen wie diese gesehen.

Sie folgten der gewundenen Strandlinie etwa eine halbe Meile lang, bis sie das große Dorf erreichten, das aus einer Ansammlung von kegelförmigen Zelten am Strand bestand. Im Mittelpunkt sah sie ein Lagerfeuer, das große schwere Funken in den nachtdunklen Himmel schleuderte. Flaumige Holzasche trieb in den Luftströmen, die vom Wasser her wehten. Es roch nach verbrannter Zellulose, heißen Steinen, verkohltem Seetang – und dazu kam das appetiterregende Aroma gerösteter Fische.

Hume nahm sie am Arm und führte sie durch die Menge. »Das ist Tryx«, rief er. »Sie kam aus dem Wasser, und es ist eine große Freude für uns, daß sie gesund ist und es ihr wohlergeht.«

»Noch ein Geretteter!« rief jemand.

Sie umringten sie, dunkelhaarig, hager, in strahlender Gesundheit. Es waren ungefähr dreißig Personen, und selten hatte sie so viele anmutige Menschen gesehen. »Seht nur, wie blond sie ist!« rief ein Mädchen.

Beatryx lachte überrascht auf. »Ich bin nicht mehr blond! Ich bin fast vierzig!« Sie begann sich zu fragen, wo Harold blieb. Es war seltsam, sich irgendwo zu befinden, wo er nicht gegenwärtig war, und es war ihr nicht so ganz angenehm, trotz dieser erstaunlich netten Leute. Harold und Ivo und Afra – trieben sie noch immer in diesem ungewissen Raum, und beobachteten sie sie, wie sie zuvor Ivo betrachtet hatten? Aber sie verfügte über keine Schön-Persönlichkeit, um der Reise eine Richtung zu geben ... es war alles so kompliziert und unverständlich.

Die anderen lächelten. »Wir müssen ein Haus für dich bauen«, sagte einer, und augenblicklich entwickelte sich eine unerwartete Geschäftigkeit. Eins der Zelte war offensichtlich ein Lagerhaus; aus ihm holten die Männer und Frauen, die unbeschwert und fröhlich zusammenarbeiteten, Pfosten, Bahnen eines leinenähnlichen Stoffes und Stricke. Die Pfosten waren schnell tief in den Sand gestoßen und oben zusammengebunden, und um das so entstandene Gerüst wurde das Leinenmaterial gespannt. Beatryx bemerkte Schnappvorrichtungen an den Enden, mit denen die Stoffbahnen leicht miteinander verhakt und mit den Pfosten verbunden werden konnten.

Und damit war sie bereits fertig: eine bunte Zelt-Residenz, in der sie eine eigene Bleibe hatte, solange sie hier war. Sie traten zurück und sahen Beatryx erwartungsvoll an.

»Es ist sehr schön«, sagte sie. »Aber . . .«

Sie warteten, aber sie konnte nicht weitersprechen. Es *war* sehr schön, und ihre Gesellschaft war es auch — aber wie konnte sie in Erfahrung bringen, was für einen Zweck das alles hatte? Sie war in eine Art graphische Darstellung geraten — oder was war das gewesen? — etwas mit kleinen fallenden Kugeln und sich drehenden Rädern, und sie hatte seltsame Tiere gesehen, als ob eines von Harolds Horoskopen zum Leben erwacht wäre, und schließlich war sie in ein Becken gefallen, in dem ein sprechender Fisch gewesen war — oder war *sie* der Fisch gewesen? —, und auf dem Grund des Beckens waren Schriftzeichen. Sie verstand vage, daß das alles mit Geschichte zu tun hatte und mit dem Grund, aus dem sie und Harold und Ivo und Afra nach hier gekommen waren. Nach *hier.* Aber jetzt war sie allein, sah keine Geschichte und hatte keine Erklärung, und sie wußte nicht, wie sie ihre Frage formulieren sollte.

Wenn nur Harold hier wäre, um sich mit den Dingen zu beschäftigen! Er war so praktisch veranlagt.

»Ich danke euch vielmals«, sagte sie schließlich.

»Ein Lobgesang!« rief Hume, und die Gruppe stimmte ein Lied an, eine Melodie der Überschwenglichkeit und der jugendlichen Begeisterung.

Dann saßen sie alle ums Feuer, das jetzt nur noch ein Ring verglimmender Kohlen war, und reichten würzige, saftige Fische herum, die in zähe grüne Blätter eingewickelt waren. Zum Trinken gab es etwas, das ähnlich wie Kokosmilch schmeckte, aber kräftiger und sättigender war. Sie fragte sich besorgt, ob es vielleicht Alkohol sein mochte, aber sie konnte schon bald feststellen, daß das nicht der Fall war.

Niemand schien so etwas wie eine Lampe zu haben, und als das Feuer erstarb, saßen sie im Dunkeln. Die Männer tauschten Geschichten über die Fische aus, die sie an diesem Tag mit den Speeren erlegt oder beinahe erlegt, und von dem Gebiet, das sie erforscht hatten: ungewöhnliche Fische und ungewöhnliche Gegenden, wenn man alles glauben wollte. Die Mädchen sprachen von den schönen Blumen, die sie weiter landeinwärts gesehen, und von den farbigen Steinen, die sie gesammelt hatten. Niemand fragte Beatryx, wo sie gewesen war, und sie war froh darüber, weil sie nicht wußte, wie sie es hätte erklären sollen.

Es war alles sehr angenehm, und selbst die Meeresbrise war nicht kalt; aber da war ein Problem. Sie hatte gut gegessen und getrunken, und gewisse Bedürfnisse der Natur waren die Folge. Aber welches Zelt . . .?

Zu ihrer Linken saß Hume; zu ihrer Rechten Durwin. Sie konnte nicht fragen.

Schließlich löste sich die Versammlung auf, und die fröhlichen Stimmen verloren sich in der Nacht. Es war Zeit, sich zurückzuziehen.

Sie erhob sich unsicher, wußte nicht einmal mehr genau, wo ihr Zelt stand, und was sie tun sollte.

Eine freundliche Hand ergriff ihren Arm. »Willst du mit mir kommen?« sagte die sanfte Stimme von Persis.

Dankbar ließ sie sich von ihr führen. Sie gingen aus dem Dorf heraus und zwischen die Bäume; sie konnte das nach dem sich entfernenden Geräusch der Meeresbrandung bestimmen, und weil überhängende Zweige dann und wann einige Sterne verdeckten. Dann und wann trat sie auch auf einen Zweig oder einen Kieselstein, aber nichts davon war so schroff oder scharf, daß es schmerzhaft gewesen wäre.

»Hier.«

»Hier?« Sie standen zwischen den Bäumen und Büschen. In der Nähe zirpten und surrten nächtliche Insekten. Wo war das Gebäude?

Persis hockte sich nieder.

Beatryx erschrak nicht wenig, als sie begriff, daß es so etwas wie Toiletten nicht gab. Harold hätte wenigstens so etwas wie eine Latrine gebaut.

Der Boden ihres Wohnzeltes war mit einer weichen Matratze ausgelegt, und das Innere war vollkommen windgeschützt. Persis zeigte ihr, wo sie ihren Badeanzug aufhängen konnte, und ging.

Der Vorteil des kleinen Zeltes war, daß man auch im Dunkeln alles bequem erreichen konnte.

Es war ja nicht unangenehm, nackt zu schlafen, aber keine sanitären Einrichtungen! Sie kam sich unbehaglich vor. Diese Begleiterscheinungen der primitiven Idylle berührten sie doch ein wenig unangenehm.

Sie begann sich jetzt auch zu fragen, wie die anderen schliefen. Sie hatte weniger als zwanzig Zelte im Dorf gezählt. Nicht genug, um jedem Einwohner eine eigene Wohnstätte zu bieten. Waren eine Anzahl dieser jungen Männer und Frauen verheiratet? Sie hatte nichts gesehen, was darauf hingewiesen hätte.

Vielleicht teilten Hume und Durwin ein Zelt, vielleicht auch Lida und Persis. Junge Leute waren nicht gern allein. Nicht nur junge Leute; auch Beatryx erging es so. Dennoch . . .

Sie wußte, was Harold in dieser Situation sagen würde: andere Völker, andere Sitten. Sollen sie nach ihrer Fasson glücklich werden.

Wäre er doch nur hier! Warum war er nicht mit ihr gekommen?

Gegen Morgen suchten die jungen Männer trockene Äste für das Feuer zusammen, entzündeten es aber nicht. Die Mädchen holten Früchte und Kokosnüsse aus dem Wald. Der Nektar wurde aus ihnen gewonnen, wie sich herausstellte. Sie stießen Löcher in die dickschaligen Früchte, leerten den Saft geschickt in ausgehöhlte Kürbisse und fügten einen Sirup aus zerquetschten Beeren hinzu.

Das Frühstück glich dem Abendessen: Der ganze Stamm versammelte sich um das – noch immer nicht entzündete – Feuer, Früchte und Schalen mit Getränken wurden herumgereicht. Aber es wurden keine Erzählungen über die Abenteuer des vergangenen Tages mehr ausgetauscht, vielmehr unterhielten sie sich über kommende Dinge: wo die Aussichten für den Fischfang am günstigsten waren, ob es an der Zeit wäre, das Lager an einen anderen Ort zu verlegen, ob und wann Regen kommen würde.

»Ich«, sagte Hume, »werde heute morgen eine Erkundung in Richtung Süden unternehmen. Vielleicht kann ich einen geeigneten Lagerplatz ausmachen.«

»Und wer soll mit dir gehen?« verlangte Persis mit einem wissenden Zwinkern zu wissen. »Glaubst du vielleicht, wir könnten einem *Mann* eine so wichtige Erkundung anvertrauen?«

»Tryx wird mich begleiten!« gab er jovial zurück. »War ich nicht der erste, der sie gesehen hat?«

»Bist du sicher, daß es nicht ihr gleich Sonnenstrahlen leuchtendes

Haar war, das du zuerst gesehen hast?« Persis konzentrierte sich spielerisch-nachdenklich auf eine Strähne ihrer eigenen schwarzen Haarlocken.

»Ich verstehe wirklich nichts von Lagerplätzen«, protestierte Beatryx. Es mußte ziemlich einfältig klingen, aber sie empfand es als eine irritierende Schmeichelei, wie ständig von ihren Haaren gesprochen wurde. Es war natürlich einmal ziemlich blond gewesen, und ein wenig davon war ihr auch noch erhalten geblieben. Es war kaum verwunderlich, daß das unter diesen schwarzhaarigen Leuten auffiel, aber eigentlich war es nicht weiter bemerkenswert.

»Glaubst du, *er* kennt sich aus?« fragte Persis. Beatryx brauchte einen Augenblick, um sich zu erinnern, daß sich das auf die Kenntnis von Lagerplätzen bezog. Die Angelegenheit schien entschieden zu sein.

Sie und Hume gingen den Strand hinunter, ohne sich zu beeilen. Beatryx sorgte sich bereits wegen eines Sonnenbrands, aber es zogen Wolken auf, die Regen versprachen.

»Ist es hier – immer so?« fragte sie, wobei es ihr noch immer schwerfiel, ihre Frage zu formulieren. Sie hatte damals nicht verstanden, warum Ivo nicht so einfach aus seinem Tyros-Traum zurückfinden konnte. Jetzt verstand sie seine Situation. Diese Welt schloß auch den *Schlaf* mit ein! Wenn man aufwachte, dann wachte man auf, ohne damit auch in die Wirklichkeit zurückzukehren. Deshalb gab es nichts, an was man sich hätte festhalten können, keine Möglichkeit, um – sie konnte es noch immer nicht ausdrücken.

»Den ganzen Sommer über«, sagte er. Er trug einen Fischerspeer mit sich, den er als Stock benützte.

Das also war es! Ein Ferientag im Sommer. »Wo sind eure Familien?«

»Landeinwärts. Am Strand ist es zu gefährlich für sie.«

»Gefährlich?« Das klang nicht gerade nach Urlaub!

»Die Schwarzen«, sagte er, als erklärte das alles.

»Wer sind die – Schwarzen?«

Es sah aus, als würde er diese Frage am liebsten gar nicht beantworten. »Sie kommen aus dem Meer. Ich dachte, du wüßtest alles – von den Schwarzen. Wir müssen sie vom Land fernhalten. Wenn sie sich jemals auf dem Land festsetzen und sich zu vermehren beginnen . . .« Er sah starr geradeaus. »Da ist es! Ich wollte es dir zeigen.«

Sie folgte seinem Blick und entdeckte einen steinernen Pfeiler – ein Felsenriff, das etwa sieben Meter hoch aus dem Meer ragte. Es war ungewöhnlich geformt, da die vertikale Seite dem Strand zugewandt war. Harold hätte jetzt sicherlich etwas über Gezeitenströmungen bemerkt, aber von solchen Dingen verstand sie nichts. Es war jedenfalls sehr schön.

Die Wolken hatten sich vor die Sonne geschoben, aber wie in einer Theaterinszenierung teilten sie sich und ließen einige Sonnenstrahlen durch. Sie trafen die dem Meer zugewandte Seite des Felsens, und etwas blitzte an seinem Rand auf.

»Was ist das?« fragte sie erstaunt.

»Der Sonnenstein«, sagte er und begann darauf zuzulaufen. Verwirrt folgte sie ihm.

Die Wolkendecke schloß sich wieder, aber als sie die Höhe des Riffs erreichte, entdeckte sie, warum es so ausgesehen hatte, als ob der Felsen Feuer gefangen hätte. Er hatte eine spiegelnde Oberfläche! Die dem Strand zugewandte Seite war sauber abgeschliffen, von Natur oder von Menschenhand. Der Strand und die fernen Bäume spiegelten sich darin, ließen das steinerne Gebilde fast wie ein Fenster zu einer anderen Welt erscheinen.

Konnte sie hindurchtreten? Würde sie *das* zurückbringen in . . .

Dann sah sie sich selbst darin, und sie japste nach Luft.

Sie war zwanzig Jahre jünger! Ihre Haare waren dicht und blond, wie sie gewesen waren, bevor sie geheiratet hatte. Ihr Gesicht war schmal, und ihre Figur war schlank. Sie brauchte einen Vergleich mit diesen Mädchen hier nicht zu scheuen.

»Und du sagtest, du seist gar nicht blond!« bemerkte Hume, der ihre Gedanken zu erraten schien. »Du hast sogar behauptet, vierzig zu sein.«

»Aber ich war – *bin* es«, sagte sie verwirrt. »Ich verstehe das nicht.«

»Laß es. Es bringt nur Sorgen, wenn man zu viel verstehen will, wie wir zur Genüge wissen.« Und er ging weiter den Strand entlang. Sie hielt inne, wollte auch andere Teile des Spiegelbildes untersuchen. Sie war wieder jung! Vielleicht hatte sie es auch zuvor schon gewußt, aber nur nicht glauben wollen.

»Tryx!«

Sie sprang auf, überrascht von seiner Ungeduld und verlegen, weil sie in die Eitelkeit eines Schulmädchens verfallen war, und lief hinter ihm her. Ja, jetzt bemerkte sie es: Sie verfügte wieder über die Vitalität eines siebzehnjährigen Mädchens.

Aber Hume hatte nicht aus Ungeduld nach ihr gerufen. Er hatte etwas gefunden.

Eine Spur verlief vom Wasser aus über den Strand bis zu den Bäumen. Es waren keine menschlichen Fußabdrücke; sie waren zu groß und zu flach. Es waren die Abdrücke von Füßen mit Schwimmhäuten.

»Er kann vor nicht länger als einer Stunde hier vorbeigekommen sein«, sagte Hume knapp.

Ein kalter Schauer lief ihr über den Rücken. »Ein – Schwarzer?«

Er nickte. »Wir können ihn jetzt nicht fangen. Im Gebüsch finden wir ihn nicht, außer mit einer ganzen Gruppe.«

»Was können wir dann tun?« Die Spannung vermittelte ihr ein ähnliches Gefühl der Erschöpfung, wie Ivo es beschrieben hatte.

»Ich werde hierbleiben und aufpassen. Du läufst zum Dorf zurück und warnst die anderen. Und sei vorsichtig – sie sind meist paarweise unterwegs, halten sich aber in einiger Entfernung voneinander. Wenn wir also einen haben, dann – beeile dich!«

Die Furcht verlieh ihr Flügel. Sie flog über den Sand, hielt sich dicht am Wasser, wo der Sand am festesten war, obwohl auch das Meer ihr jetzt Angst einflößte. Kreaturen aus der Tiefe!

Sie kam am Spiegel-Felsen vorbei und rannte keuchend weiter. Wie weit waren sie den Strand entlanggegangen? Mindestens eine Meile – das war jetzt eine große Entfernung. Was mochte geschehen, wenn der Schwarze zurückkam, bevor sie die anderen alarmieren konnte? Hume hatte nur seinen Speer. Diese furchtbaren Fußabdrücke!

Sie mußte langsamer laufen! Sie war jung, aber diese Schnelligkeit konnte sie nicht halten. Sie spürte einen stechenden Schmerz in der Seite.

Sie ging ein Stück und erholte sich dabei allmählich wieder. Sie fühlte sich schuldig, als würde sie simulieren, aber sie gab, was sie konnte. Sie sah über die Schulter zurück, halb in der Erwartung, daß sie etwas verfolgen würde, und sie stellte fest, daß der Spiegel-Felsen bereits außer Sicht war. Das machte sie aber nur noch unsicherer.

Sie bemerkte etwas, was im Wasser schwamm, und sie wandte sich noch einmal um. Sie zuckte zusammen, obwohl sie wußte, daß es nur eine Welle, vielleicht auch ein Stück Treibholz sein konnte, das zwischen den auf- und niederschwappenden Wellen in Sicht kam. Sie begann wieder zu laufen, aber das Stechen in ihrer Seite kam schnell wieder und schwächte sie.

Da war wieder dieser Schatten im Wasser, der unwillkürlich ihre Aufmerksamkeit auf sich zog. Sie zwang sich, genau hinzusehen, versuchte sich selbst zu überzeugen, daß da nichts war. Nur eine ungewöhnliche Woge, entstanden durch zusammentreffende Gezeitenströmungen; mit einer solchen Erklärung hätte Harold sie sicherlich beruhigt.

Aus der weißen Gischt hob sich ein schwarzer Kopf mit riesigen Augen und bebenden Fühlern.

Beatryx schrie.

Das hätte sie nicht tun sollen. Der Kopf wandte sich augenblicklich in ihre Richtung. Sie sah eine Schnauze und darunter eine große runde Öffnung, die offenbar das Maul darstellte. Das Ding verfügte über keine sichtbaren Ohren, mußte sie aber dennoch gehört haben – und jetzt schwamm oder trieb es mit erstaunlicher Geschwindigkeit auf sie zu.

Sie hastete in Richtung auf den Wald davon, aber der trockene und lockere Sand gab unter ihren Füßen nach und behinderte sie so, daß sie ihr Gleichgewicht verlor. Sie fiel, der Sand flog hoch und ihr ins Gesicht. Sie begann zu husten und versuchte ihn aus ihren Augen zu wischen, aber auch ihre Hände waren damit überzogen.

Sie kam nicht wieder auf die Beine. Auf Händen und Knien wartete sie im Sand, sah durch tränende Augen hindurch, wie das Geschöpf näher kam.

Das Ding stieg aus dem Wasser und kam auf sie zu, eine übergroße schwarze Gestalt. Die Schuppen seines massigen Körpers glänzten metallisch. Durch Schleier hindurch nahm sie wahr, daß alle vier Gliedmaßen mit Schwimmhäuten versehen waren. Das also war ein Schwarzer!

Er stand auf zwei Beinen aufrecht vor ihr, während die größere Masse seines Vorderkörpers sich in ihre Richtung beugte. Die Fühler vibrierten, sonderten Tropfen einer schleimigen Flüssigkeit ab.

Ein Schrei in der Ferne! Der Kopf des Schwarzen drehte sich in die Richtung, und seine bisher schlaff herunterhängenden Flossen-Vorderfüße richteten sich auf. Die anderen hatten ihre Schreie gehört! Sie kamen!

Das Geschöpf wandte sich um und taumelte in Richtung auf den Ozean davon. Aber eine Gruppe von Männern lief bereits am Ufer entlang und schnitt ihm den Rückweg ab. Der Schwarze war unbeholfen; er konnte sich auf dem Land nicht besonders schnell bewegen, und sie konnte deutlich sehen, wie seine Füße mit den Schwimmhäuten durch den feinen Sand behindert wurden. Er war in die Falle gegangen.

»Freude! Es geht dir gut?« rief Persis, die auf sie zulief und sich zu ihr herunterbeugte.

»Hume!« keuchte Beatryx, die sich wieder erinnerte. »Er – er paßt auf, daß der andere nicht entkommen kann! Hinter dem spiegelnden Stein!«

»Der Sonnenstein!« Einige Männer lösten sich von der Gruppe und rannten den Strand hinab, schwangen im Laufen ihre Speere. Sie hatten verstanden.

Währenddessen drangen sechs Männer auf das Geschöpf ein. Es drehte sich unsicher herum, suchte einen Durchgang zum Wasser, aber der Weg war versperrt. Schließlich baute es sich drohend auf wie ein in die Enge getriebener Bär, hob seine Arme in die Höhe.

Durwins Speer drang tief in seinen Körper. Der Schwarze taumelte, umklammerte den Schaft des Speers, war aber noch nicht tödlich verwundet, und dann waren die Männer über ihm.

»Tötet ihn! Tötet ihn!« schrie Persis, die Augen geweitet, die Finger gekrümmt wie Klauen.

»Tötet ihn!« keuchte Beatryx, noch immer zitternd vor Angst.

Die Speere gingen im Taumel des Angriffs hoch und nieder. Der unförmige Körper des Meeresgeschöpfes zuckte und ging zu Boden, und helles rotes Blut lief über seine Schuppen hinab. Es stieß einen seufzenden, gurgelnden Laut aus; dann erschlaffte es und blieb mit dem Gesicht nach unten im Sand liegen, während das Element, aus dem es stammte, seine Finger benetzte.

»Er ist tot«, sagte Durwin grimmig. »Jetzt wollen wir uns um den anderen kümmern. Wir verteilen uns und achten darauf, ob sich noch mehr von ihnen auf den Strand gewagt haben.«

Die Männer zogen los, ließen den verblutenden Körper im feuchten Sand zurück. Die Frauen verteilten sich, um den Ozean nach irgendwelchen Anzeichen weiterer Besucher abzusuchen. Ihre Art und ihr Ausdruck hatten sich gegenüber dem Vorabend völlig verwandelt; sie wirkten grimmig und haßerfüllt.

»Welch ein Glück, daß wir dich rechtzeitig gehört haben!« sagte Persis, während sie Beatryx wieder auf die Füße half. »Einen Augenblick später hätte er dich bereits berührt.«

»Ich glaubte schon, ich wäre tot, als ich gestürzt bin«, sagte Beatryx, die vergeblich gegen das Zittern ankämpfte. »Ich kam nicht wieder hoch und hatte entsetzliche Angst.«

»Tot?«

»Ich dachte, ich könnte ihm nicht mehr entkommen.«

Persis nickte. »Das ist furchtbar, ich weiß. Einer von ihnen hat mich einmal am Arm berührt, und ich dachte, ich würde die Stelle nie wieder sauberkriegen. Ich war wochenlang eine Ausgestoßene. Schmutzige Sache!«

Seltsam.

»Er hat dir nichts getan?«

»Natürlich nicht. Sie würden es nicht wagen, ein menschliches Wesen anzugreifen.«

Beatryx begann sich irgendwie krank zu fühlen. »Was *tun* sie dann? Ich meine, wenn ihr nicht rechtzeitig gekommen wärt, was . . .«

»Weißt du das wirklich nicht? Es hätte dich vermutlich berührt und versucht, mit dir zu reden. Widerlich.«

»Sie reden?«

»Sie reden. Aber lassen wir dieses unerfreuliche Thema sein. Du mußt sehr müde sein nach dem, was du durchgemacht hast.«

Beatryx betrachtete den leblosen Körper. »Was ist mit ihm?«

»Die Männer werden ihn verbrennen und den Anzug vergraben. Das brauchen wir uns nicht mit anzusehen. Sie werden spezielle Handschuhe anlegen und diese auch vergraben, wenn sie ihre Pflicht getan haben. Das soll das schlimmste dabei sein — wenn man sie anfassen muß.«

Da war noch etwas, was sie nicht verstand.

»Den Anzug?«

»Den Tauchanzug. Sie benützen sie, um unter Wasser zu schwimmen. Hast du das nicht gesehen?«

Beatryx ging auf den Körper zu, erschrak fast über das, was sie eigentlich schon gewußt und erwartet hatte. »Das ist ja ein *Mensch*!«

»Das ist ein *Schwarzer*!« korrigierte Persis, um ängstlich hinzuzusetzen: »Was machst du?«

Beatryx ignorierte sie. Sie kniete sich neben dem Körper nieder, nahm jetzt die metallenen Teile wahr, die sie für Schuppen gehalten hatte. Die Gesichtsmaske war mit einer übergroßen Schutzbrille verbunden, und sie fühlte sich entfernt an die helmähnliche Makroskopausrüstung erinnert. Das Atemgerät — das sie als ›Schnauze‹ angesehen hatte — war unterhalb des Helms an einer gerippten Tauchermontur befestigt. Sie legte ihre Hände auf den Helm, drehte ihn versuchsweise nach links und nach rechts, und der Maskenverschluß löste sich.

Das Gesicht, das zum Vorschein kam, war das eines jungen Mannes, das auf seine Weise nicht weniger sympathisch wirkte als das von Hume. Dieser Mann war jedoch dunkelhäutig: ein Neger.

Ein Schwarzer!

Beatryx taumelte durch die Dämmerung. Die Steine, das Gebüsch und die scharfen Zweige taten ihren Füßen weh, ließen sie aber nicht langsamer werden. Die Schreie der Männer und Frauen des Dorfes am Strand verloren sich hinter ihr; sie würden sie in dieser Nacht nicht mehr finden, und was morgen geschah, spielte keine Rolle.

Daß eine so schöne und reizvolle Welt solche Schrecken bereithalten konnte! Zunächst war ihr alles so wunderbar erschienen, das milde Klima, die paradiesische Küstenlandschaft, die freundlichen Menschen. Und der ihr geschenkte Körper, jugendlich und kraftvoll.

Aber Mitmenschen auf eine so grausame Weise zu töten, nur weil sie aus dem Meer kamen — das konnte sie nicht verstehen oder akzeptieren. Harold hätte sich niemals damit abgefunden. Er war ein friedfertiger Mensch, aber er war stets zu entschlossenem Handeln bereit, wenn es um eine wichtige Sache ging. »Das Horoskop unterscheidet nicht nach der Rasse«, hätte er gesagt.

Deshalb war sie geflohen. Nicht mutig, sie war keine mutige Frau, und sie wußte nicht, was in dieser Situation am besten zu tun war. Sie hatte ihre Hände wieder und wieder gewaschen, wie sie es verlangten, aber in Wahrheit war sie nicht im geringsten beschämt gewesen, weil sie den Schwarzen berührt hatte; vielmehr hatte sie schmerzlich bedauert, daß sie es durch ihr fatales Unwissen versäumt hatte, den Mann zu berühren, als es wirklich gezählt hätte. Sie hatte bis zum Einbruch der Nacht gewartet, dann war sie in den Wald gegangen, wie um — einem natürlichen Bedürfnis nachzukommen. Dann war sie in der Dunkelheit untergetaucht, obwohl die Zweige schmerzhaft auf sie einschlugen und ihre Füße sich an scharfkantigen Steinen ritzten.

Nein, sie war nicht mutig im körperlichen Sinn, und die Dunkelheit machte ihr Angst mit den tausendfältig in ihr lauernden Vorstellungen von Spinnen und Schnecken und Tausendfüßlern. Aber da war etwas, was sie tun mußte, etwas, das auch Harold getan hätte.

Sie gelangte auf Umwegen zum Strand und fand den Leichnam. Dann ging sie den Strand entlang in Richtung Spiegel-Felsen. Sie war sich sicher, daß sie *diesen* Orientierungspunkt selbst in der Nacht finden konnte, und es war natürlich auch nicht ganz dunkel. Über ihr standen die Sterne in seltsam unvertrauten Konstellationen, und der Ozean schimmerte matt. Es war kühl, aber die Bewegung hielt sie warm.

Sie sah den dunkel aus dem Meer aufragenden Felsen und entnahm daraus, daß ihre Richtung stimmte. Nur ein wenig weiter ...

Dann begann sie leise zu rufen. »Schwarzer – Schwarzer, ich habe keine Waffen ... Schwarzer, wenn du hier bist, dann will ich mit dir reden ... Schwarzer, wo bist du? ...«

Denn irgendwo mußte sich der zweite Schwarze befinden. Die Männer hatten das Geschöpf nicht gefunden – hatten *ihn* nicht gefunden. Sie hatten seine Spur verfolgt, aber der Mann aus dem Meer war ihnen im Buschwerk entkommen. Morgen wollten sie den Wald abbrennen, um ihn herauszutreiben.

Er mußte hier irgendwo sein, hatte Hume erklärt, denn während der Jagd hatte der Mann seine Sichtscheibe verloren. Sie war herausgestoßen worden, zu Boden gefallen, und Hume hatte sich darauf gestürzt. Er hatte sie mit Handschuhen angefaßt und ins Feuer geworfen, damit sie nicht wieder benützt werden konnte. Ohne sie konnte der Schwarze nicht mehr ins Meer zurück.

Landeinwärts konnte er ebenfalls nicht weiter, denn die zweite Verteidigungslinie wurde von Hunden gebildet. Die großen, wilden Hunde würden freigelassen werden, sobald sie ihn witterten, und das wußte der Schwarze gewiß. Sie waren ziemlich schlau in dieser Hinsicht, hatte Hume erklärt. Sie wußten gut genug Bescheid, um sich von den Hunden fernzuhalten. Er würde sich also nicht allzu weit vom Verlauf der Strandlinie entfernen.

Und morgen das Feuer ...

»Schwarzer«, rief sie wieder. »Ich habe die andere Helmscheibe ...«

Es war eine ziemlich gräßliche Sache gewesen, die Scheibe aus dem Helm des toten Schwarzen zu entwenden, und noch dazu im Dunkeln. Es hatte sie viel Überwindung gekostet. Aber was hätte sie sonst schon tun können? Sie konnte einfach nicht zulassen, daß sie noch einen Menschen umbrachten.

Eine Stunde lang schritt sie den Strand auf und ab, wagte dabei nur leise zu rufen, da sie sonst vielleicht die anderen hätten hören können. Sie erhielt keine Antwort. Schließlich wagte sie sich in den Wald hinein und rief weiter, wobei sie wieder in Kauf nehmen mußte, daß sie ihre Füße wundstieß, aber sie gab nicht auf. Ihr fiel nichts ein, was sie sonst hätte tun können.

Und schließlich siegte das blinde Beharrungsvermögen. Aus der Ferne kam eine leise Antwort.

»Ich höre dich, weiße Frau.«

Es war eine weibliche Stimme.

Und Beatryx fand sie, in der Kuhle zwischen zwei umgestürzten Baumstämmen liegend. Die Frau hatte eine kleine elektrische Leuchte bei sich, die sie bis jetzt abgedeckt gehalten hatte – bis sie sicher gewesen war, daß die rufende Stimme nicht mit einer Falle verbunden war. In der unvermittelten Helligkeit erkannte Beatryx, daß die Frau ihren nutzlosen Helm und einen großen Teil der restlichen Unterwasserausrüstung abgelegt hatte. Sie lag auf der Seite, den gleichmäßig schönen, dunklen Kopf auf den Ellbogen gestützt.

»Du mußt von hier verschwinden«, sagte Beatryx hastig. »Sie werden einen Waldbrand entfachen. Sie werden ...«

»Ein Ort ist so gut wie der andere«, antwortete die Frau gleichmütig.

»Du verstehst nicht. Morgen früh ...«

»Morgen früh wirst du nicht mehr hier sein, weiße Frau. Und sag ihnen nicht, daß du mich gesehen hast, oder sie werden dich ebenfalls töten. Ich kann nicht von hier weg.«

»Aber ich habe dir die Helmscheibe gebracht. Ich habe sie dem Toten genommen. Damit kannst du wieder ins Wasser zurück. Das ist der Grund, warum ich ...«

»Weiße Frau!«

Ihr Ton brachte sie zum Verstummen. Die Frau drehte ihre Leuchte so, daß ihre Füße beleuchtet wurden.

Beatryx begriff. Die beiden Flossen waren abgenommen, und das Knöchelgelenk des einen Fußes war stark angeschwollen. Die Frau konnte nicht mehr gehen.

»Ich werde dir helfen, zum Wasser zu kommen«, fügte Beatryx schnell hinzu. »Du kannst schwimmen, oder nicht? Indem du deine Hände und einen Fuß benützt?«

»Ich glaube, ich könnte.« Aber der Klang ihrer Stimme war fatalistisch. Diese Frau wollte offenbar nicht einmal mehr den Versuch unternehmen. »Wohin sollte ich im Meer, was kann ich noch tun, wenn mein Mann tot ist.«

Ihr Mann!

Was würde Beatryx tun, wenn Harold tot wäre? Wenn ein Fremder käme und beiläufig seinen Tod erwähnte, ihr seine Sachen zur Benützung anböte. Es hätte alles keinen Sinn mehr. Und warum sollte es dieser Frau anders ergehen?

»Ich bin Dolora«, sagte die Frau. »Die Herrin der Sorgen.«

»Ich bin Beatryx. Aber ich bringe dir keine Freude.« Wie einfältig und unpassend ihr Name jetzt erschien!

Dolora hob behutsam eine Kapsel aus einer verschlossenen Tasche ihres Anzugs und schluckte sie.

»Dein Fuß?« erkundigte sich Beatryx mitfühlend. »Wegen der Schmerzen?«

»Wegen der Schmerzen, ja.«

»Wie ist das passiert?« fragte Beatryx eine Weile später. »Warum hassen sie euch? Warum seid ihr aus dem Meer gekommen?«

Und Dolora erklärte: In der Zeit der Belagerung durch den Reisenden hatten die Weißen dieses Planeten nur das Gesetz des Stärkeren anerkannt und waren zu Eroberung und Plünderung aufgebrochen. Die Schwarzen der benachbarten, technologisch weniger entwickelten Welt waren besiegt und als Sklaven auf diese Welt gebracht worden.

»Aber ihr seid beide von der gleichen Rasse!« protestierte Beatryx. »Wie konnten . . .«

»Wir sind gleicher Abstammung, ja«, sagte Dolora. »Aber es muß schon früher interstellare Raubzüge gegeben haben im Dunkel unserer Geschichte, als eine Welt die andere unterwarf und kolonisierte. Unsere Rassen hätten sich nicht unabhängig voneinander entwickeln können. Aber diese Welt hier ist nicht so gut für uns wie unsere eigene; die Sonne ist zu schwach.«

Beatryx hatte mit ihrer Frage die Versklavung einer menschlichen Rasse durch die andere gemeint, nicht die genetische Unwahrscheinlichkeit einer parallelen Entwicklung. Doch ihr fiel ein, daß sich auf der Erde Ähnliches abgespielt hatte, und ließ die Angelegenheit auf sich beruhen.

Als die Belagerung aufhörte (fuhr Dolora fort) und das Signal des Reisenden nicht mehr zu empfangen war, waren die Sklaven auf einer fremden Welt gestrandet. Aber da sie über keine Eroberungsmöglichkeiten mehr verfügten, wandten sich die Weißen wieder planetaren Problemen zu, und allmählich entstand eine Atmosphäre der Liberalisierung unter ihnen. Im Laufe der Zeit schafften sie die Institution der Sklaverei formell ab. Aber es folgte eine beträchtliche Reaktion einer Minorität gegen diese Entwicklung, da gewisse wirtschaftliche Interessen benachteiligt wurden. Die Schwarzen hatten es gelernt, mit der weißen Technologie umzugehen, aber der Zugang zur weißen Gesellschaft wurde ihnen nach wie vor verweigert.

Schließlich wurde ein Kompromiß geschlossen. Den Schwarzen

wurde ein eigenes Land gegeben – auf dem Meeresgrund. Sie erbauten dort gewaltige Kuppelstädte mit künstlichem Sonnenlicht, das dem ihrer Heimatwelt entsprach, und sie kultivierten die Flora und Fauna des Meeresbodens mit den besten verfügbaren Methoden. Sie handelten mit den landgeborenen Weißen, lieferten Meeresprodukte und Metalle aus Unterseeminen im Austausch gegen Getreide und Holz.

Die Trennung war nicht vollkommen. Ein paar Schwarze hatten sich dafür entschieden, auf dem Land zu bleiben, trotz der Diskriminierung, der sie dort ausgesetzt waren, und ein paar Weiße wiederum lebten in der Meerestiefe. Beide Minderheiten waren einer großen Prüfung ausgesetzt, da sie sich ständigem Mißtrauen gegenübersahen, obwohl sie aus hohen Beweggründen gehandelt hatten. Dann und wann gaben Schwarze auf dem Land auf und zogen ins Meer, während Weiße aus dem Meer aufs Land zurückkehrten. Diese wurden von beiden Gruppen als gerettete Leute des eigenen Lagers begrüßt und dazu ermutigt, fantasievolle Erzählungen über ihre Bedrängnis und Not unter den Barbaren zu schreiben.

Beatryx begriff jetzt, wofür die Weißen sie gehalten hatten.

Aber allmählich wurde der Kompromiß, der einmal als ideal angesehen worden war, seines Sinnes entleert. Es waren zu viele auf beiden Seiten, die überzeugt waren, bei der Abmachung den kürzeren gezogen zu haben. Politiker trieben ihre Karrieren voran, indem sie Haß säten und die andere Kultur verunglimpften, und nach einiger Zeit wurde aus der Polemik Politik. Der Handel wurde abgebrochen, und nach einiger Zeit stellten die Schwarzen fest, daß ihrer Ernährung Spurenelemente fehlten, die nur in Erzeugnissen, die auf dem Land angebaut wurden, enthalten waren, während die Industrie der Weißen den Mangel an Metallen aus dem Meer zu spüren bekam. Jede Seite gewann den Eindruck, als würde die andere aus reiner Bosheit versuchen, sie zu vernichten.

Militante Weiße trafen Vorbereitungen für etwas, was sie als eine wirksame Lösung des Problems ausgaben: und das war keine rücksichtsvolle Lösung. Aber sie gingen unauffällig vor, weil die große Mehrheit noch immer an den Kompromiß der getrennten Kulturen glaubte und nicht mehr mitgemacht hätte, wäre die Wahrheit bekannt geworden. Währenddessen blieben auch die Militanten unter den Schwarzen nicht untätig. Sie hatten großen Einfluß auf ihre Regierung gewonnen, und sie wollten militärische Aktionen gegen die Weißen durchführen, sobald sie über die entsprechende Macht verfügten. Auch sie glaubten an einfache Lösungen.

»*Wir* sind an dieser Auseinandersetzung ebenfalls nicht interessiert«, versicherte Dolora. Ihre Stimme war von Trauer erfüllt und klang, als wäre sie unendlich müde. »Sie würde unser aller Ende bedeuten. Wir *müssen* Möglichkeiten der Verständigung finden. Die vernünftigen Schwarzen müssen mit den vernünftigen Weißen in Kontakt treten, mit der Krise der politischen Führerschaft vertraut gemacht werden, und die beiden Gesellschaften müssen wieder zusammengefügt werden. Dieser Zwei-Kulturen-Kompromiß zerschneidet diesen Planeten ...«

»Aber warum sendet ihr nicht einfach eine Botschaft? Warum *sagt* ihr es ihnen nicht? Oder redet mit ...«

»Regierungen hören nicht besonders gut«, erklärte Dolora mit leiser Stimme. »Insbesondere ›konservative‹ Regierungen. Und was das Reden angeht – das ist genau das, was wir beide versuchen wollten. Wir waren nicht die ersten. Viele Jahre lang haben Leute wie wir es versucht, und nie ist einer der Weißen zu uns gekommen. Aber mein Mann und ich – wir glaubten nicht, daß der durchschnittliche Weiße sich tatsächlich weigern würde, uns zuzuhören, wenn man sich ihm ohne böse Absicht näherte. Daher kamen wir ohne Waffen, gingen auf getrennten Wegen landeinwärts in der Hoffnung, so schneller mit einem einzelnen Weißen in Berührung zu kommen, hofften ganz einfach, daß gute Absichten ausreichen würden, um ...«

Und dann waren sie mit brutaler Gewalt konfrontiert worden. Und Beatryx selbst hatte in ihrer Angst mit den anderen »Tötet ihn!« geschrien.

Und so war der wohlmeinende Mann dieses Mädchens hingemetzelt worden, und sie war von einer mordlustigen Menge in den Wald gejagt worden – das alles, weil der Mann Beatryx gesehen hatte und gekommen war, um mit ihr zu reden!

»Aber ich habe erkannt, daß wir uns geirrt haben«, wisperte Dolora. »Sie *wollen* nicht zuhören. Also gibt es nichts, was noch getan werden könnte.«

Beatryx selbst war ebenso gewesen. Sie hatte geschrien, statt einfach nur zuzuhören. Was sollte sie jetzt dazu sagen?

»Dolora, ich ...«

Aber das Mädchen reagierte nicht mehr. Sie lag reglos da, ihr Kopf ruhte auf den trockenen Blättern. War sie eingeschlafen?

Beatryx nahm die Leuchte auf und richtete sie auf Doloras Gesicht. Dann berührte sie die erschlaffte Hand.

Das Mädchen war tot.

Jetzt – zu spät – begriff Beatryx, was die Kapsel bedeutet hatte. Dolora hatte sie genommen, nachdem sie die Gewißheit hatte, daß ihr Mann tot war ...

Beatryx sah sich nach etwas um, das man zum Graben benützen konnte. Es erschien ihr wichtig, daß das Mädchen begraben wurde, bevor das Feuer kam. Dann kam sie darauf, daß es etwas noch weit wichtigeres zu tun gab. Weiße mußten den Versuch unternehmen, mit den Schwarzen in Verbindung zu treten ...

Mühsam löste sie die restlichen Anzugteile vom Körper des toten Mädchens. Sie probierte verschiedene Befestigungen und Kontrollen aus, um herauszufinden, wie die Luftzufuhr geregelt wurde. Sie fügte die mitgebrachte Helmscheibe ein. Der Anzug war gut durchkonstruiert und funktionierte weitgehend automatisch; sonst wäre es ihr vermutlich nie gelungen, ihn in Betrieb zu setzen.

»Ihr habt euch *nicht* geirrt, Dolora«, sagte sie. »Ihr seid nicht umsonst gekommen.«

Sie legte den Anzug und die dazugehörige Ausrüstung an, verschloß den Helm und ging zum Meer hinab. Der Morgen würde bald anbrechen.

Beatryx war keine gute Schwimmerin, aber ihr junger kräftiger Körper und die Tauchausrüstung machten das Unternehmen möglich. Sie war müde, sie war unbeholfen, sie fürchtete sich, aber sie vermochte das alles durchzustehen, weil sie es tun mußte. Sie ging ins Wasser, und ihre Füße schmerzten, als die salzige Gischt die zahllosen Kratzer und Aufschürfungen umspülte. Sie tauchte und stellte mit Erleichterung fest, daß sie ohne Schwierigkeiten atmen konnte, und folgte dem schrägen Küstenverlauf abwärts. Der Anzug war schwer, drückte sie nach unten, so daß sie tatsächlich mehr ging als schwamm.

Sie kämpfte sich vorwärts, und mehrere Stunden schienen zu vergehen. Ihre Arme und Beine wurden unendlich schwer, und der ungewohnte Anzug begann sie wundzuscheuern, aber sie schleppte sich weiter. Sie kämpfte gegen die zunehmende und unbegründete Furcht an, die sie vor Haien, Rochen, Tintenfischen, Krebsen mit riesigen Zangen und finsteren Schlünden im Meeresboden hegte.

Wenn sie nur diese Kuppelstadt erreichen konnte, wo immer sie sich befand ...

»Ahoi!« Die Stimme überraschte sie nicht wenig. Sie kam aus ihrem eigenen Helm!

Jemand rief sie über das Helmradio an. Sie hatte es geschafft!

Schattenhafte Umrisse tauchten aus der Dunkelheit auf, richteten

Suchlampen auf sie. »Identifiziere dich, Fremder! Weißt du nicht, daß diese Wasserzone gesperrt ist?«

»Ich – ich bin Beatryx. Ich – ich habe diesen Anzug ausgeliehen, damit ich zu euch kommen konnte . . . um euch zu sagen . . .«

»Das ist ein *Weißer*!« sagte eine entsetzte Stimme.

»Tötet ihn!« rief eine andere haßerfüllt. »Wir können nicht zulassen, daß er unser Wasser verunreinigt.«

»Aber ihr versteht nicht!« rief Beatryx zurück. »Ihr müßt mir zuhören . . .«

In dem Moment drang ihr die Harpune in den Leib und durchschlug sie glatt.

Aber hundert Millionen Jahre sind eine lange Zeit, und die galaktische Zivilisation erneuerte sich, nachdem der Reisende verstummt war. Einige Kulturen verloren sich in der Bedeutungslosigkeit, da sie nicht in der Lage waren, sich wieder dem rein intellektuellen Kontakt anzupassen; einige überwanden den Rückschlag und erlebten einen neuen Aufschwung. Die langfristige Wirkung der Belagerung könnte als eine Selektion aufgefaßt werden: Diejenigen Rassen, die für galaktische Kontaktaufnahmen ungeeignet waren, löschten sich selbst durch ihre eigene Gewalttätigkeit aus. Unglücklicherweise nahmen sie eine Anzahl Kulturen mit sich, die nicht in selbstmörderischer Weise zur Gewalt neigten. Dennoch schritt die Zivilisation, nachdem sie sich einmal erholt hatte, zu neuen Höhen voran, denn da war der Ansporn durch die Möglichkeiten, die der Reisende demonstriert hatte.

Aber angenommen, der Reisende kehrte zurück, um wieder Verwüstung über sie zu bringen? Es gab gewisse Hinweise dafür, daß es frühere Belagerungen gegeben hatte, vielleicht sogar nicht wenige; vielleicht hatte sich die galaktische Zivilisation viele Male bis zur Blüte entwickelt und war viele Male untergegangen, ohne auch nur eine Erinnerung zurückzulassen. Sollten auch die Kulturen dieser Periode einfach wieder verschwinden, wenn der Reisende erneut die Belagerung einleitete? Oder konnte etwas getan werden, um eine Wiederholung der Katastrophe zu verhindern?

Pläne wurden entwickelt. Die Theorie wurde verbessert, besondere Stationen wurden gebaut. Ein ausgewählter Kader wurde trainiert und beibehalten von Generation zu Generation, von Millenium zu Millenium. Wenn der Reisende wiederkam, dann war diese Galaxis bereit.

Und er kam, wie es vorhergesehen worden war – hundert Millio-

nen Jahre nach der vorhergehenden Belagerung. Auflösung setzte ein, wo er seine Wirkung entfaltete. Rassen, die zu jung waren, um sich an die Verwüstungen durch die letzte Belagerung erinnern oder etwas Ähnliches überhaupt für möglich halten zu können, brachen auf, um Handel zu treiben – und zum Zweck der Eroberung, die als Folge des Handels auftrat. Einige dieser Rassen wußten jedoch nichts von dem Plan – und versuchten ihn in ihrer Unwissenheit zu verhindern. Eine Anzahl von Stationen wurde zerstört.

Es gab anfangs Schwierigkeiten beim Installieren der Suppressoren — auch ›Zerstörer‹ genannt —, da zahlreiche unreife Kulturen den langfristigen Zweck dieser Einrichtungen nicht einzusehen in der Lage waren. Das Vorhaben konnte dennoch durchgeführt werden. Obwohl galaktische Kommunikation während der zweiten Belagerung notwendigerweise verhindert werden mußte, wurde die Zivilisation selbst nur gelähmt, nicht aber zerstört.

Innerhalb von fünfzehn- bis zwanzigtausend Jahren überlappten sich die Felder verschiedener Zerstörer gegenseitig, und Mannschaften wurden ausgesandt, um die Schutzmaßnahmen zu erneuern. Weitere Zeit verging, und diese Einheiten wurden zu Lagerstätten für galaktische Artifakte und gewannen damit museumsähnliche Bedeutung. Da einzelne Arten älter und reifer und damit auch immun gegenüber dem Störungssignal wurden, pflegten sie die Stationen zu besuchen und manchmal Beispiele ihrer eigenen Kultur zurückzulassen. Eine Auswahl dieser Ausstellungsstücke war nicht erforderlich, da unreife Arten die Stationen aufgrund des Zerstörersignals ohnehin nicht besuchen konnten.

Die zweite Belagerung dauerte gleich der ersten etwa eine Million Jahre. Diesmal erholte sich die Zivilisation fast augenblicklich wieder. Keine Welten waren verwüstet und keine der Kulturen zerstört worden.

Das Sendenetz der Zerstörer wurde als eine Hinhalte-Aktion betrachtet, nicht als eine Lösung. Die wesentliche Anstrengung war anderer Natur. Das erste gemeinsame extragalaktische Forschungsprojekt wurde unternommen, und ganze bewohnte Planeten sprangen in die Tiefe des Raums. Führend unter den daran teilnehmenden fortgeschrittenen Spezies waren die Ngslo, die Horven und die Doon. Sie wollten die wahre Natur des Reisenden und den Grund für seine Existenz herausfinden. Sie brachen auf – und kehrten nicht wieder zurück.

Die wahre Natur des Reisenden blieb verborgen, bis die Dritte Zivilisation Berichte von überlebenden Expeditionsteilnehmern auf-

fing, die aus vielen Millionen Lichtjahren Entfernung kamen. Die Wahrheit, die aus der Botschaft von Horv hervorging, war erstaunlich – und sie bewirkte eine durchgreifende Veränderung der innergalaktischen Beziehungen.

Afra spürte den Antrieb, der sie in eine alternative Wirklichkeit drängte. Sie spürte die Suggestion der Musik, die Faszination der galaktischen Geschichte, die soviel weiträumiger war als alles, womit sie sich zuvor beschäftigt hatte. Sie durchlebte eine Periode der Zeitlosigkeit, trieb in einer Melodie dahin; dann verfestigten sich die Konturen, und sie stand in . . .

»Nein!« schrie sie mit schriller Stimme. »Ich lehne es ab! Ich weigere mich . . .«

Ihre Reaktion war so heftig, daß ihre Umgebung sich aufzulösen begann, ihre Wirklichkeit verlor. Sie *wußte*, daß es nur eine Vision war, und sie verfügte über einen starken Willen und eine grundlegende Aversion, und das schien zu reichen. Die Szene konnte sie nicht länger halten, als ein Alptraum einen Schläfer hält, der erkennt, daß er es nur mit einem Traum zu tun hat, und ihn ablehnt.

Der Raum in der Zerstörerstation nahm wieder Gestalt an, und sie sah die anderen neben sich treiben. Sie war aus ihrem Traum ausgebrochen.

Harold und Beatryx schienen ebenfalls bei Bewußtsein zu sein, bis sie bemerkte, daß sie auf äußere Ereignisse nicht mehr reagierten. Ihre Augen bewegten sich, ebenso ihre Glieder, und dann und wann sprach einer von ihnen – aber keiner achtete auf den anderen. Sie waren tief in ihren Visionen gefangen.

Ivo spielte noch immer sein Instrument. Er spielte ausschließlich mit den Händen; er brauchte nicht in irgendeine Art von Mundstück zu blasen. Die Töne bildeten ein Medley von Instrumenten, ein ganzes Orchester, bei dem aber vier Instrumente dominierten: die Violine, die Flöte, das französische Horn und das Fagott. Sie konnte sogar die einzelnen Themen heraushören. Am meisten beeindruckte sie das Fagott, obwohl sie wußte, daß es ein schwierig zu beherrschendes Instrument war. Jemand hatte ihr einmal die Geschichte eines Fagottspielers erzählt, der verrückt geworden war durch die Reaktion seines Körpers auf die Vibration seines Instruments, das zwanghafte Zusammenpressen der Lippen und den überhöhten Atmungsdruck; er hatte über lange Passagen hinweg an chronischem Luftmangel gelitten, weil er nie genug Zeit zum Ausatmen gehabt hatte, und so war sein Gehirn nicht ausreichend mit Sauerstoff versorgt worden. Sie hatte so etwas selbst in ihrer Kindheit nicht glauben können, aber sie wußte, daß das Fagott in gewisser Hinsicht den konventionellen Klanggesetzen zuwiderlief, und daß ein exaktes Spiel der Finger noch längst nicht den richtigen Ton brachte.

Sie erinnerte sich – vor Minuten? Stunden? – eine der herausragendsten Fagottpassagen gehört zu haben; in ihnen kamen die reizenden Klangfärbungen dieses Instruments und die clownhaften Eigenschaften des oberen Registers voll zur Geltung.

Die Musik verfügte offensichtlich über eine besondere Kraft – die Kraft, sie in unterschiedliche Traumvisionen zu versetzen. Hatte auch Ivo selbst eine Vision? Er spielte – dennoch bewegten sich seine Augen, und seine Lippen öffneten sich, als wollte er etwas sagen. Vielleicht eine unvollkommene Vision ...

Sie war dem Alptraum entronnen, der für sie vorgesehen gewesen war, aber damit war ihre Lage auch nicht viel besser. Sie weilte körperlich unter den anderen, war aber allein.

Beatryx sagte etwas: zuerst ein überraschtes Lachen, dann Worte. »Ich bin nicht mehr blond! Ich bin fast vierzig!«

Fast. Harold hatte einmal ihr Horoskop berechnet und etwas von einer planetaren ›Wippe‹ geredet. Daraus hatte er den Schluß gezogen, daß Beatryx die richtige Frau für ihn war. Hatte er damit recht gehabt? Es sah so aus. Und was hatte er über Afras Aussichten in bezug auf Liebe und Ehe zu sagen, die im Augenblick ihrer Geburt bestimmt worden waren? Darauf wäre sie ziemlich neugierig gewesen, obwohl sie ihm das nie zugegeben hätte.

»Ein goldener Kamm für die Königin«, sagte Harold, als würde er mit seiner Frau sprechen.

Ivo fuhr fort zu spielen, und die von seinem seltsamen Instrument ausgehende Symphonie hallte durch den ganzen Raum. Afra konzentrierte sich weiterhin auf die Fagottpassagen, die weder laut noch überdeutlich waren, auf ihre Weise dennoch alles durchdrangen. Während sie ihm zusah, konnte sie zwischen seinen sich bewegenden Händen beinahe erkennen, wie die vielfältigen Windungen eines Instruments verliefen, das nichts anderes als ein Fagott sein konnte. Das Thema war ausdrucksvoll, außergewöhnlich, beschwörend, mitreißend, bewegte sie, zog sie mit sich in ...

Sie riß sich sofort wieder heraus, wehrte sich gegen die sie umfangende Vision.

»Das ist sehr nett«, sagte Beatryx. »Aber ...«

»Die Drones *werden* die Oberherrschaft beanspruchen«, antwortete Harold. Eine Pause. »Ich habe euch zu danken.«

Afra sah und hörte zu, verbannte die Musik in den Hintergrund ihrer Wahrnehmungen. Sie nahmen an etwas teil, was ihr verschlossen war, und das störte sie — aber ihr eigener Traum war etwas, was sie nicht akzeptieren konnte. Konnte sie in eine von ihren Traumwelten eindringen?

»Was ist das unmittelbare Ziel?« verlangte Harold zu wissen.

»Das unmittelbare Ziel? Wir wollen genau herausfinden, was . . .«

»Und die Minen werden weitere Angriffe unmöglich machen?«

»Das hängt davon ab, was . . .«

»Inwieweit entspricht die Bewaffnung der Felks der unsrigen?«

Afra zuckte die Achseln. »Ich glaube nicht, daß du mir wirklich zuhörst, Harold.«

»Wieviel Zeit bleibt uns noch?«

Sie sah Beatryx und dann Ivo an. »Vielleicht haben wir alle Zeit der Welt, Harold, wenn wir nicht von hier wegkommen, bevor wir verhungern. *Wenn* wir in diesem Land der Träume verhungern können. Träumen mag unterhaltsam sein, aber wie bereits Frost sagte . . .«

»Wieviel Zeit haben wir noch, bevor der Feind durchbricht und die Station zerstört?«

»Wirklich, Robert Frost kann man kaum als einen Feind einstufen. Er . . .«

»Ihr wollt also warten, bis sie angreifen?«

»Wie Frost es sagte: ›Die Träume sind lieblich, dunkel und tief; aber da sind Versprechen, die ich halten muß, und Meilen, die ich gehen muß, bevor ich schlafe, und . . .‹«

»Warum?«

»Harold, man fragt ein *Gedicht* doch nicht nach dem Warum!«

»Aber ihre Schiffe fliegen mit großer Geschwindigkeit, daher besteht keine Hoffnung, daß unsere zerstreuten Verbände sie aufhalten könnten. Und ein Schiff reicht bereits aus, um die Station in die Luft zu jagen.«

»Natürlich hat Frost von ›Wäldern‹ und nicht von ›Träumen‹ gesprochen, aber ich dachte, ich könnte . . .«

»Ihr habt keine Handbücher über Strategie?«

»Nein, zum Teufel! Ich komme auch mit einfachem Sex-Appeal aus.«

»Vorausgesetzt, er lebt.«

»Vorausgesetzt, *du* lebst. Du bist unmöglich, Harold!«

»Und die Felks sind ähnlich organisiert? Keinerlei Geschichtsstudien, sie versuchen nicht, aus den Lektionen ihrer Geschichte zu lernen?«

Sie wandte sich von ihm ab, da sie dieses Spiel nicht mehr sonderlich amüsierte. Das gedehnte Fagott-Thema umgab sie wieder, und sie kämpfte erneut dagegen an. Sie konnte das Instrument aus Rosenholz sogar in seiner ganzen Länge vor sich sehen, den silbernen Beschlag an seiner obersten Öffnung. Trotz der merkwürdigen Umstände war sie von der berauschenden Schönheit der Musik bewegt. Ivo war es gelungen, mit dieser fremden Apparatur eine Symphonie zu erzeugen, die Instrumente und Themen in perfektem Zusammenspiel umfaßte. Er *war* ein brillanter Fagottspieler wie ein bemerkenswerter Flötist. Wenn sie nur schon früher von seiner musikalischen Begabung gewußt hätte!

Beatryx sah unglücklich drein. »Hier?« fragte sie.

Afra fragte sich, was es wohl sein mochte, was Beatryx so sehr aus der Fassung brachte: nachdem sie ihre Bewegungen verfolgt hatte, begriff sie es schließlich. In ihrer Vision schien es keine hinreichenden sanitären Einrichtungen zu geben. Sie wollte Beatryx helfen, um ihr eine unangenehme Situation zum Zeitpunkt ihres Erwachens zu ersparen; es stellte sich jedoch heraus, daß es *nur* Bewegungen waren, und wenig später schlief die ältere Frau bereits.

Eine Zeit verging.

Harold sprach wieder von Schiffen und Taktik und Verhandlungen. Seltsamerweise nie von Astrologie. Dabei wäre ihr das noch lieber gewesen.

Afra übte sich darin, durch die Luft zu schwimmen, und bewegte sich von den anderen weg. Sie suchte nach den Grenzen dieses Raums, aber der Nebel war dichter — ›lieblich, dunkel und tief‹, dachte sie — und in diesem Zustand des freien Falls hatte sie auch keinen Richtungssinn mehr, auf den sie sich verlassen konnte. Sie begriff, daß sie auf diese Weise sogar noch die Pseudo-Gesellschaft der anderen verlieren konnte, und diese Aussicht ließ sie zögern.

Sie kehrte zu der Gruppe zurück, richtete ihre Augen auf Ivo und sein unwirkliches Orchester und gab sich dem Schlaf hin. Wenn diese Sache vorbei war, würde es — hm, ernsthafte Angelegenheiten — mit ihm zu besprechen geben. Seine — nun, seine Begabung und . . . sein . . .

Nichts hatte sich verändert, als sie wieder zu sich kam.

»Ich verstehe wirklich nichts von Lagerplätzen«, sagte Beatryx soeben.

Einige Stunden waren gewiß vergangen – dennoch war sie nicht hungrig. Es war, als wären ihre körperlichen Vorgänge angehalten worden, während sie in den Visionen zum Ausdruck kamen. Trotz des tranceartigen Zustands hatte jede Person noch immer so etwas wie bewußtes Empfinden, sei es direkt oder indirekt. Ein weiteres Wunder der galaktischen Wissenschaft? Warum nicht.

Ivo spielte noch immer. Sie fragte sich, wie seine ständig in Bewegung befindlichen Hände das ertrugen. Auch hier keine Form von Erschöpfung? Jedenfalls war es wahrscheinlich, daß die Visionen mit der Musik wieder aufhören würden. Und was dann?

Ihre Mission – *ihre* Mission – hatte sie zu diesem seltsamen Ort geführt, doch der Höhepunkt war seltsam immateriell. Wo war der Feind? Und wo die Enthüllung all dieser rätselhaften Vorgänge? Sie hatte natürlich nicht wirklich einen blutigen Kampf gegen eine Horde rasender Monster erwartet; aber *das* hier?

Weitere Stunden vergingen. Harold schlief. Beatryx schien sich in einer Situation zu befinden, in der sie gewaltige Ängste durchzustehen hatte. Sie schrie »Tötet ihn!«, und nachdem sie darüber hinweg war: »Das ist ein Mensch!« Und dann wurde sie sehr leise.

Harold sprach mit jemandem oder mit etwas, was offensichtlich kein menschliches Wesen war. Aus den Bruchstücken seines Dialogs ließ sich einiges entnehmen. »Ihr seid die eine Art unter Tausenden! Die Art, die gegenüber dem Zerstörer immun ist . . . Ihr – ihr habt den Zerstörer gebaut! . . . Warum macht ihr das? Warum behaltet ihr die wirkliche Raumfahrt nur euch selbst vor?« Dann: »Und ich soll – ebenfalls daran teilnehmen? Wenn ich nicht einmal sicher bin, ob ich mit solchen Auffassungen übereinstimmen kann?«

Ob wach oder träumend, jedenfalls schien Harold zu wissen, welche Auffassungen er zu vertreten hatte. Er kämpfte gut für seine Sache. Afra hätte sich an seiner Stelle weniger behutsam geäußert, sondern den anderen schlicht in die Hölle gewünscht.

»Der Zerstörer – er zerstört nur das böse Bewußtsein?«

Das gab Afra zu denken. Ein böses Bewußtsein – wie zum Beispiel das von Bradley Carpenter? Auf so etwas würde Harold doch hoffentlich nicht hereinfallen.

Doch andere Bruchstücke, die sie vernahm, begannen langsam aber sicher an ihren festen Überzeugungen zu nagen. Konnte es tatsächlich sein, daß sie den Zerstörer falsch beurteilt hatte? Unmöglich – und dennoch . . .

Beatryx begann wieder zu sprechen. Sie sprach mit jemandem über Feuer und Wasser und Menschlichkeit. Zuvor hatte sie geraume

Zeit damit verbracht, »Schwarzer – Schwarzer wo bist du?« zu rufen. Afra hatte sich zwingen müssen, über diese ständigen Wiederholungen hinwegzuhören. Jetzt sprachen sie beide, und Harold war schließlich doch noch beim Thema der Astrologie angelangt. Es war schwierig, beiden Unterhaltungen gleichzeitig zu folgen, und sie mußte sich mit aufgeschnappten Bruchstücken vom einen wie vom anderen begnügen.

Dann: »Ihr habt euch *nicht* geirrt, Dolora. Ihr seid nicht umsonst gekommen!«

Beatryx führte eine Reihe von Bewegungen aus, die Afra unverständlich waren, dann ging oder schwamm sie mit großer Anstrengung und ohne jemals innezuhalten, während Harold fortfuhr, über astrologische Berechnungskünste zu dozieren. Schließlich ein plötzlicher Ausbruch von Beatryx: »Aber ihr versteht nicht! Ihr müßt mir zuhören . . .«

Ihre Stimme brach ab in einem unartikulierten Schrei. Beatryx überschlug sich, das Gesicht vor Schmerz verzerrt.

Afra bemühte sich schwimmend, so schnell wie möglich an ihre Seite zu kommen. Sie war sich dessen bewußt, daß ein neues und häßliches Element hinzugekommen war. Eine Krise schien bevorzustehen.

Ivo hörte nicht auf zu spielen.

Beatryx schwebte reglos, als sie sie erreichte. Afra versuchte die ältere Frau an sich zu ziehen, aber in der Schwerelosigkeit erreichte sie damit nur, daß sie beide zu trudeln begannen. Sie handelte, ohne zu denken, und ohne etwas erreichen zu können.

Plötzlich bemerkte sie, daß Beatryx nicht mehr atmete.

Afra tastete ihren Kopf ab, ob sie möglicherweise verletzt war, dann öffnete sie ihren Mund und versuchte es mit Mund-zu-Mund-Beatmung.

Es erfolgte keine Reaktion, aber sie fuhr fort, blies Luft in Beatryx' Lungen, hielt inne, um selbst Luft zu holen, während sie auf die leblose Brust Druck ausübte, um die Luft herauszuzwingen, ein schwieriges Unterfangen bei Schwerelosigkeit.

Während sie verzweifelt weitermachte, hörte sie im Hintergrund Ivos Fagott und dazwischen Gesprächsfetzen von Harold, und zugleich bewegten sich Szenen aus der Erinnerung vor ihrem geistigen Auge vorbei.

Beatryx in der torusförmigen Raumstation, wie sie Essen auftrug zur ersten gemeinsamen Mahlzeit, die sie und Harold, Afra und Ivo eingenommen hatten . . . und Brad war damals auch noch dabeigewesen. Beatryx neben ihr, als Joseph zusammen mit dem Makroskop ins All startete. Beatryx, wie sie während einer der Diskussionen vergeblich versuchte, einen schwierigen Sachverhalt zu verstehen. Beatryx, wie sie in der ›Gerichtsverhandlung‹ das Wort ergriff. Beatryx im Raumanzug, wie sie zögernd den kleinen Schön-Mond des Triton erkundete.

Beatryx, immer die Liebenswürdigkeit in Person. Unwichtige Bruchstücke von Erinnerungen – und dennoch war es jetzt so eindringlich, als Afra begriff, wie wichtig die stille Gegenwart und die Unterstützung durch die ältere Frau stets für sie gewesen waren.

Älter? Beatryx hatte nie so jung ausgesehen wie in diesem Augenblick ...

Sie atmete noch immer nicht – und es war kein Puls festzustellen.

Beatryx, wie sie in ihrem Garten auf Triton arbeitete. Beatryx in höchster Erregung, während sie in dieser gespielt-ernsthaften Gerichtsverhandlung zu ihrer Verteidigung sprach.

»Beatryx!« rief sie. »Du warst die einzige, die verstanden hat ...«

Aber es hatte keinen Sinn mehr. Beatryx war tot.

Afra wandte sich ab und schwamm zu Harold hinüber. Sie ergriff ihn an den Schultern und schüttelte ihn, wobei sie sich selbst stärker durchschüttelte als ihn. »Wach auf! Wach auf! Harold, wach sofort auf!«

Harold reagierte nicht.

»Harold – *deine Frau ist tot!*« schrie sie in sein Ohr, schlug ihm mit aller Kraft ins Gesicht.

Jetzt, endlich, begann er zu reagieren: »Aber ...«

»Sie gibt kein Lebenszeichen mehr von sich, und ich kann sie nicht – kann nicht – du mußt etwas tun! Wach auf!«

Er wirkte wie gelähmt. »Wie – wann ...?«

Hastig erklärte Afra, wobei sie nicht aufhörte, ihn zu schütteln, damit er nicht wieder in seinen Traum zurücksinken konnte.

Seine Augen weiteten sich. »Ich muß zu ihr zurückgehen!«

Dann erschlaffte er allmählich wieder. Es gab nichts, was sie hätte tun können, um ihn wieder zum Leben zu erwecken. Der Traum hatte ihn zurückgewonnen.

Afra blickte sich verzweifelt und fieberhaft um – und sah Ivo, der noch immer spielte.

Es war Zeit, diese Musik zu beenden.

Sie bewegte sich zu Ivo hinüber und wand ihm das Instrument aus den Händen.

Das Orchester hörte unvermittelt auf, der Klang erstarb in der nebelhaften Weite des Raums.

Der Boden erschien wieder unter ihnen, und die Wände um sie herum, die weit näher waren, als sie angenommen hatte, sowie die Türen vor und hinter ihnen. Und auch die Schwerkraft kehrte wieder zurück.

Sie sah Ivo zu, wartete darauf, daß er sein Bewußtsein wiederfand. Er saß einen Augenblick lang benommen da, die Augen in die Ferne gerichtet. Dann hob er den Kopf mit einer entschiedenen Bewegung, die absolut nicht typisch für ihn war, und sah sie direkt an.

»Danke«, sagte er knapp.

»Ivo – es ist etwas Furchtbares geschehen. Beatryx . . .«

Er stand mit einer fließenden Bewegung auf, krümmte seine Finger, als wären sie steif. »Ich weiß. Ein Schwarzer hat sie mit seiner Harpune erschossen. War reichlich dumm von ihr, ins Wasser zu gehen.«

Afra starrte ihn entgeistert an.

»Und dein Ingenieur – er befindet sich in Stasis und unterwegs in den tiefen Raum. Er ist bereits über die Reichweite dieses Spielzeugs hinaus. Es wird Jahre dauern, bevor er wieder zurückkehrt, wenn überhaupt. Damit bleiben nur wir beide übrig, Baby.«

Sie wich vor ihm zurück. »Du bist nicht Ivo. Du bist . . .«

Er nahm das Instrument wieder auf. »Ivo – Ivon – Ivan – Johan – John – Sean – Shane – Schön! Du hast die Kette durchbrochen, Blauauge. Du hast dich – wieder! – eingemischt, und Ivo hat verloren, wie du es auch bei Brad getan hast. Du scheinst ein Talent für so etwas zu haben. Jetzt . . .«

Eine Erinnerung – etwas sehr wichtiges – drängte an die Oberfläche ihres Bewußtseins, aber sie hatte jetzt keine Zeit dafür. Afra lief auf die Tür zu, ohne zu überlegen, wohin sie fliehen könnte oder warum.

»Nicht so hastig«, rief Schön hinter ihr her. »Ich bin noch nicht mit dir fertig.« Er hob das Musikinstrument hoch und hielt es mit dramatischer Gebärde vor sich. »Tatsächlich habe ich noch gar nicht zu kämpfen begonnen.«

Sie hatte schon fast die Tür erreicht und konnte dahinter eine erhellte Halle erkennen. Es war nicht die, durch die sie hereingekommen waren. Sie rannte darauf zu . . .

Und wurde von einem biegsamen, dehnbaren Geländer zurückgerissen.

Der Anprall warf sie zu Boden. Sie war auf dem Rücken gelandet, blickte zur Decke ... Aber da war keine Decke mehr. Sie befand sich in einem Stadion, erfüllt von Gesichtern, die zu ihr emporstarrten, und aus dem Hintergrund drang der Lärm einer ungeheuren Menschenmenge. Sie hockte auf einer erhöhten Plattform, die von durchhängenden Seilen umschlossen war. Es war eine rechteckige Plattform: ähnlich wie der Ring einer Box- oder Catchveranstaltung.

Schön kam von der gegenüberliegenden Ecke her in den Ring; er trug Sporthosen und Schnürschuhe. Sein muskulöser Körper schimmerte schokoladenbraun im Schein der grellen Lampen über ihnen, und seine Augen und Zähne schienen zu leuchten.

Sie sah ihn in dieser Pose: ein Boxer, der in den Ring trat. Es war, wie sie sah, der Augenblick seiner größten Stärke; er dominierte. Da war nichts, was sie tun konnte, um ihn aufzuhalten oder an dem zu hindern, was er vorhaben mochte.

Als würde er die Intensivität dieses Bildes selbst wahrnehmen, verhielt er, den Kopf im Ring, einen Fuß außerhalb, das Seil mit einer Hand hochhaltend. »Du verstehst natürlich nicht, du Dummchen«, sagte er. »Du hast keine Ahnung, was das alles bedeutet.«

Sie zog sich hoch, zögerte aber, aus dem Ring zu klettern, bevor sie wußte, was Schön vorhatte, und mit was für Barrieren er sie vielleicht sonst noch zurückhalten konnte. Innerhalb des Rings war sie vielleicht sicherer als außerhalb.

Er setzte sich nicht sofort in Bewegung, und in diesem Augenblick nachlassender Spannung besah sie sich selbst. Sie war angezogen wie zuvor: ein zweiteiliges Kleid, das nicht ganz bis zum Knie reichte, Schnapp-Slipper, die genau in die größeren Schuhe des Raumanzugs paßten, eine dunkle Bluse, ein gestreiftes Kopftuch, das ihre Haare festhielt. Die Kleidung war einfach, der Beweglichkeit und der Luftzirkulation im Raumanzug angepaßt und attraktiv genug, wenn man den Raumanzug ablegte. Ihre Erscheinung war ihr wichtig, und sie gab das auch gerne zu, und diesmal hatte sie einen besonderen Grund gehabt, gut auszusehen.

Jetzt war Beatryx tot, Harold war nicht mehr hier, und Ivo war auf groteske Weise seinem Widerpart Schön gewichen.

Beatryx, wie sie interessiert die fremden Bilder betrachtete.

Harold, fasziniert von seltsamen Maschinen.

Ivo ...

Ihre Hoffnungen von gestern waren jetzt bedeutungslos. Sie konnte sich nicht einmal der Trauer hingeben, die aber mit Gewißheit über sie kommen würde, sobald diese Jagd vorüber war.

Sie konnte sich nur noch auf ihre körperliche Geschicklichkeit verlassen: Die Kleidung, die sie trug, würde sie in keiner Weise behindern, und sie war gesund und kräftig genug, um sich schnell bewegen zu können. Sie wußte aus ziemlich intimer Perspektive, daß die Physis von Ivo/Schön nicht besonders eindrucksvoll war. Die muskulöse Darstellung seines gegenwärtigen Körpers war nur eine Illusion, eine Suggestion, die er irgendwie hervorrufen konnte. Sie zweifelte nicht daran, daß Schön sie mit seinen vielfältigen und verheerenden Fähigkeiten leicht überwinden konnte, wenn er sie erst einmal hatte — aber vielleicht war er gar nicht in der Lage, sie zu *fangen.*

Sie beschränkte sich in der Einschätzung ihrer Möglichkeiten auf diese körperlichen Konditionen. Sie zweifelte nicht an seiner geistigen Überlegenheit. Emotionell mochte er ein Kind sein oder bestenfalls ein Heranwachsender; intellektuell war er das größte Genie, das die Menschheit hervorgebracht hatte, seelisch ein Krüppel.

Er hatte gesprochen, während sie diese Dinge überlegte. Er schien sein Wissen zu demonstrieren: zu prahlen, da er nun einmal die Gelegenheit dazu hatte.

»Nein, du verstehst überhaupt nichts«, wiederholte Schön. »Also werde ich dir ein paar grundlegende Dinge beibringen müssen, sonst kommst du überhaupt nicht mehr mit. Schade, daß du ein so dürftiges Publikum darstellst, aber du bist der einzige Teil davon, der wirklich ist.«

Afra wartete mit einer Hand am Seil, bereit, aus dem Ring auszubrechen, sobald er ihn ganz betrat. Sie wußte, daß sie in Schwierigkeiten war; aber sie war sich auch bewußt, daß eine sinnlose Flucht sie nicht in Sicherheit bringen würde.

Das hatte er ihr bereits demonstriert. Irgendwie hatte Schön die Fähigkeit, etwas aufzubauen, was sie physisch einschloß — und sie war auf jeden Fall besser beraten, wenn sie erst einmal herauszufinden versuchte, wie er das eigentlich machte. Diesmal war es ein von einem Seil gebildeter Ring gewesen; das nächstemal mochte es schlimmer sein.

»Der Schlüssel«, sagte Schön, »ist dieses Werkzeug der Galaktiker.« Er hielt das Instrument hoch, auf dem Ivo gespielt hatte, und sie begriff, daß er es die ganze Zeit in der Hand gehalten haben mußte. Sie hatte es zuvor nicht bemerkt, seit sie sich im Ring befand. »Und mit ›Schlüssel‹ meine ich genau das, was ich sage. Der Schlüssel zum innersten Heiligtum; der Schlüssel zur Geschichte; der Schlüssel zur Persönlichkeit. Nenn das Ding Symbolisator. SYM-

BOLISCH = GRUNDSYMBOL = S. Es überträgt Wirklichkeit in Symbole und umgekehrt, und dadurch verdeutlicht es die Wahrheit.

Tatsächlich ist es ein universales Lehrmittel«, fuhr er fort. »Indem es die symbolische Quintessenz einer Situation oder einer Persönlichkeit zum Leben erweckt, instruiert es den Teilnehmer und Betrachter. Natürlich ist es erforderlich, die Symbole richtig zu interpretieren, aber jeder mit einer Ahnung von — dir geht das natürlich völlig ab.«

»Warum verschwendest du dann deine Zeit mit mir?« fragte sie.

»Schwester, es gibt keinen anderen lebenden *Mann* der Gattung Homo sapiens im Umkreis von fünfzigtausend Lichtjahren, und du kannst das Zerstörerfeld nicht allein überwinden. Ich *kann* es. Die Frage ist, werde ich auf dem Weg nach Hause Begleitung haben wollen, sowenig sie auch meinen Ansprüchen entsprechen mag, oder werde ich allein reisen?«

Konnte er allein reisen? Aber selbst wenn er den Zerstörer dazu brachte, sein Signal einzustellen — wozu er vielleicht nicht in der Lage war, wenn man davon ausging, daß entsprechende Schutzmaßnahmen getroffen worden waren —, würde er damit nicht viel gewinnen. Die Erde befand sich nämlich im Bereich einer anderen Station, und außerdem würde es in jedem Fall mindestens fünfzehntausend Jahre dauern, bis sich das Signal im Raum verlor, da seine Ausbreitung durch die Lichtgeschwindigkeit begrenzt war.

Dennoch verfügte er jetzt über Ivo, seinen Körper und Erfahrung. Das bedeutete, daß er einen Weg gefunden hatte, um die Zerstörer-Erinnerung zu umgehen — und damit auch den Zerstörer selbst.

Vielmehr, das wollte er sie glauben machen.

»Ich glaube dir nicht«, sagte sie. »Ich glaube nicht, daß du ohne meine Hilfe nach Hause gelangen kannst. Sonst wärst du jetzt nicht hinter mir her und würdest nicht so angestrengt versuchen, mich zu beeindrucken.«

Schließlich trat sie durch die Tür hindurch.

Es waren seltsame Räumlichkeiten: Tische von fremdartiger Formgebung, Liegen, die äußerst unbequem erschienen, Toiletteneinrichtungen, die nicht ganz zur Anatomie eines zweifüßigen Wesens zu passen schienen. Dennoch waren es offenbar Wohnräume, die vermutlich den Wesen, die sich hier aufhielten, einen gewissen Komfort verschaffen sollten.

Afra ging durch die Räume und fragte sich, ob ihre Bewohner anwesend sein mochten oder wann sie zurückkehren würden. Offensichtlich wurde diese Station von *jemand* betrieben oder zumindest periodisch aufgesucht, und nach hier zogen sich die Verwalter in ihrer dienstfreien Zeit zurück.

Ein Raum wurde von einer niedrigen Mauer begrenzt, und darüber war völlige Leere. Sie fand heraus, daß es ein Balkon war. Von hier aus übersah man einen großen Hof, der von grünem Buschwerk begrenzt war. Das ließ erkennen, daß sich die Verwalter in grundlegenden Dingen nicht allzu sehr von menschlichen Wesen unterschieden. Dies war im wesentlichen irdische Luft, irdische Schwerkraft, eine für Menschen angenehme Temperatur, und die Dekoration war nach menschlichen Maßstäben als harmonisch zu empfinden. Es mußten starke biologische Ähnlichkeiten zwischen den einzelnen Arten bestehen, wie viele Augen oder Ohren oder Fühler sie auch immer haben mochten.

Ein weiterer Raum wurde von Maschinen eingenommen, deren Betriebsgeräusche an das Tosen der Meeresbrandung erinnerten. Dies schien ein Teil der Kraftanlage der Station zu sein, und die Generatoren summten und pulsierten. Hier befand sich vermutlich irgendwo eine atomare Brennkammer, die die vollständige Umwandlung von Materie in Energie nützte, und dies waren lediglich die Einheiten, die die unvorstellbaren Energien bändigten und kanalisierten.

»Und ist dir eigentlich klargeworden, daß der unschuldige kleine Ivo angenommen hat, du hättest eine Affäre mit Harold Groton?«

Sie versuchte ihre Reaktion zu verbergen, aber es war, als hätte er die ganze Luft aus ihr herausgepreßt. *»Was?«*

»Ivo war absolut nicht in der Lage, deine kapriziösen Steinbock-Kapriolen zu verstehen, und er hatte schwer mit seinen eigenen Vorurteilen zu kämpfen. Weißes Mädchen, weißer Mann, und dann diese Unterhaltungen mit Groton . . .«

»Aber das war doch nur, weil Harold sofort begriffen hat, daß ich . . .« Sie hielt inne, fuhr dann mit leiser Stimme fort: ». . . daß ich von Brad abgelassen hatte und – und . . .«

»Und dein schwankendes Herz Ivo offeriert hattest – ohne es ihm auch zu sagen. So hast du dich einfach nur mit dem Ingenieur abgegeben, hast dich deiner neuen Gefühle erfreut und im übrigen auf einen romantischen Augenblick gewartet, in dem Ivo entdecken sollte, was auf ihn zukam. Seine Gefühle bis dahin aber schienen dich in keiner Weise zu interessieren. Oh, Mädchen, das war die Stunde deines Triumphs. Es war wunderbar. Die Ironie dieses kleinen *contretemps* – das war einfach großartig. Aber einmal hätte er fast etwas bemerkt. Glücklicherweise ist es mir gelungen, ihn abzulenken, bevor es ihm bewußt wurde.«

»Ach, Ivo!« rief sie betroffen.

»Ein bißchen spät für die Reue, kleines Mädchen. Ivo existiert nicht mehr, sofern man nicht seine Erinnerungen zählt, die jetzt Teil meiner eigenen Erfahrung sind. Er ist kaum wirklicher, als ich es war, während er die Kontrolle ausübte. Du wirst dich mit seinem Körper begnügen müssen.«

Sie ging weiter. Dicke Kabel führten in eine komplizierte Konstruktion, die aus zahlreichen Gitterelementen bestand und deren Zweck sie nicht erraten konnte.

»Ein Gravitationsgenerator«, bemerkte Schön. »Elektrische Energie wird in Gravitationswellen umgesetzt. Natürlich haben sie es in Millionen von Jahren von anderen Arten gelernt, durch das Makroskop. Niemand weiß, wer die Sendetechnologie zuerst entwickelt hat, weil die frühen Arten noch zögerten, sie anzuwenden. Wenn wir zur Erde zurückkehren, werden wir dort eine Station errichten; das kann neben dem Ausstrahlen von Informationen in den Raum noch eine Menge anderer Vorteile bringen.«

Er hatte noch immer nicht den wirklichen Grund zugegeben, dessentwegen er sie verfolgte. Wenn sie erst einmal wußte, was er eigentlich von ihr wollte, dann war sie vielleicht in einer etwas besseren Ausgangsposition.

»Wie bist du um den Zerstörer herumgekommen?« fragte sie. Vielleicht erfuhr sie auf diese Weise mehr. »Du gehst davon aus, daß es deinen sofortigen Tod bedeutet, wenn du ihm ausgesetzt wirst – dennoch willst du dich in den Raum wagen.«

»Du würdest meine Angaben zur medizinischen Technik ohnehin nicht verstehen, also werde ich die Dinge bis zum narrensicheren Verständnis vereinfachen«, erklärte er verächtlich. Sie hatte gelernt, daß es besser war, ihn nicht herauszufordern, und reagierte daher nicht auf seine unerträgliche Arroganz. »Das Problem lag darin«, fuhr er fort, »eine Erinnerung auszuschalten, ohne sie zugleich zur Kenntnis zu nehmen. Ich wußte, daß sie da war, aber ich konnte sie nicht berühren. Ivo hat es nichts ausgemacht, weil seine Persönlichkeit unvollständig war und ihn daher gleich einer unsichtbaren Barriere schützte; aber in dem Augenblick, in dem ich seine Erfahrungen in mich aufnahm, wäre das System vollständig gewesen, hätte sich der Stromkreis geschlossen, wäre der Damm gebrochen. Doch ohne seine Erfahrungen konnte ich den Körper nicht kontrollieren, daher mußte ich sie aufnehmen. Und unglücklicherweise sind Erinnerungen nicht auf einen bestimmten Teilbereich des Gehirns beschränkt. Ein einziges Engramm kann auf viele Synapsen gleichzeitig aufgeprägt sein, es gleicht einer dünnen Schneeschicht. In Wirklichkeit beruht es aber auf einer Säureumwandlung. Ich mußte diese bestimmte Erinnerungsschicht aufspüren, in der die Vorstellung vom Zerstörer enthalten war, sie nach und nach isolieren, Synapse um Synapse neutralisieren, bis alle Wege freigelegt waren.«

Er ging langsam hin und her, war sichtlich froh, von seiner erstaunlichen Leistung berichten zu können. »Ich mußte dazu Enzyme entwickeln, die einzig und allein auf bestimmte Säurekonfigurationen ansprachen, die für die Zerstörer-Erinnerung typisch waren. Und das alles, ohne meinen eigenen Körper oder mein Gehirn zu verlassen. Hast du jemals versucht, bewußte Kontrolle über deine eigenen Enzyme auszuüben, ohne den eigenen Körper kontrollieren zu können? Ich glaube, das war der bemerkenswerteste chirurgische Eingriff, der jemals von einem Menschen ausgeführt wurde.«

Afra mußte sich trotz allem eingestehen, daß sie beindruckt war. »Du hast selbst in die chemischen Strukturen deines Gehirns eingegriffen?«

»Ich habe sechs Monate dazu gebraucht«, sagte er. »Der letzte Schritt bestand darin, die Synapsen wieder freizulegen, die ich blockiert hatte, damit ich Zugang zu den anderen Erinnerungen hatte, ohne mit dem Zerstörer in Berührung zu kommen. Ich wollte nicht durch Ivos oberflächliches Bewußtsein begrenzt sein, was geschehen wäre, wenn ich diese Verbindungen nicht wiederhergestellt hätte. Ich bin nicht in seine Welt hinübergegangen, sondern ich habe die seine in meine eigene aufgenommen, wobei mir dieser eine Bereich noch verschlossen blieb. Um ihn öffnen zu können, mußte ich vielfältige Daten gewinnen. Deshalb habe ich ihn in ein geschichtliches Abenteuer versetzt, in dem eine Vielfalt von Erfahrungen enthalten war, die ich in einem gewissen Umfang zu kontrollieren vermochte, und ich baute dann meine neuen Verbindungen auf, während dieses Trommelfeuer von neuen Signalen hereinkam.«

»Das alles hast du getan – nur um herauskommen und ein Mädchen herumjagen zu können?«

»Alles um der Selbsterhaltung willen. Ivo hätte früher oder später einen entscheidenden Fehler gemacht, und er hätte uns alle dabei umbringen können statt der zwei oder drei Personen, die er geschafft hat. Ich schätze es nicht, wenn mein Schicksal in den Händen eines Schwachsinnigen liegt. Ich mußte bereit sein, an seine Stelle zu treten, wenn er jemals schlau genug wurde, nach seinem Onkel zu rufen.«

»Oder sogar einen Augenblick *vorher*.«

»Er wußte leider nicht immer, wann er genug gehabt hatte.«

Der nächste Raum enthielt keine schweren Maschinen mehr. Statt dessen war er eher wie ein Vorlesungssaal eingerichtet, mit Bankreihen vor einem Podium.

Sie behielt die Initiative. Sie setzte sich auf die nächste Bank, da sie sicher war, daß das die – Vorstellung in Gang setzen würde.

Das geschah tatsächlich. Die Helligkeit ließ nach, und vor ihr erschien ein Bild, das mitten in der Luft zu schweben schien. Es war der Umriß – sich in Form und Farbe verändernd, wie sie es bereits einmal am Beginn der Zerstörer-Sequenz gesehen hatte. Die gleiche rote Masse, der gleiche blaue Fleck, als ob ein bläulich-weißer Zwergstern eine rote Riesensonne umlaufen würde. Das gleiche symbolische Zusammenfließen von Vorstellungen, auf denen fortlaufend aufgebaut wurde ...

Sie konnte sich nicht mehr entziehen; die Sequenz hatte ihr Bewußtsein bereits gefesselt. Sie vermutete, daß Schön ebenfalls in den Strudel gerissen wurde. Der Zerstörer hatte sie endlich erreicht.

Aber die Betonung wies in eine andere Richtung, und plötzlich begriff sie, daß dies nicht der Bewußtseins-Zerstörer war. Es war die gleiche Technik, aber nicht die gleiche Botschaft – und die Botschaft war weit wichtiger als das Medium. Statt Vergessen brachte sie Information. Sie erweiterte ihr Bewußtsein. Ein weiterer Augenblick, und sie nahm die universelle Sprache auf, diese galaktische Kommunikationsform, und sie sah und hörte – die Vorlesung.

Die eigentliche galaktische Geschichte beginnt mit der Entstehung der ersten interstellaren Kommunikationsverbindung. Es gibt nur vereinzelte Hinweise dafür ...

Sie nahm es auf, wie in Trance. Sie hatte bisher nicht den ganzen Verlauf der Geschichte erfahren. Diese Vorlesung ging auch auf die Ausweitung des makroskopischen Kommunikationsnetzes ein, auf die kulturellen Einflußsphären und den Beginn der Ersten Belagerung.

Eine Illustration, wurde ihr gesagt. Dann fügten sich die Teilvorstellungen zusammen, und all ihre Wahrnehmungsfähigkeiten sprachen an. Sie befand sich auf einem zivilisierten Planeten, spürte seine Schwerkraft, nahm seine Temperatur und seine Gerüche ebenso wahr wie optische Eindrücke und Geräusche.

»Ich kann dir sagen, worauf es hinausläuft«, sagte Schön. Seine Stimme drang in ihre Konzentration ein, und sie bemerkte sich verändernde Farb-Umrisse, die die Geschichte dreidimensional und mit nahezu totaler physischer Wirklichkeit erzählten.

Ihr Bewußtsein richtete sich erneut darauf aus, und der Planet kehrte zurück. Sie befand sich unter Geschöpfen von erschreckendem Äußeren, die jedoch galaktisch gesehen in keiner Weise ungewöhnlich waren, unterhielt sich mit ihnen und erfuhr von dem verzweifelten Kampf, den sie führten. Es war ein interstellarer Krieg, und die Rasse, die diesen Planeten bewohnte, war von Versklavung und Vernichtung bedroht.

Bald verstand sie auch den Grund dafür: der Impuls des Reisenden erlaubte Eroberungskriege durch unreife Kulturen. Es war ungefähr so, als rüstete man die Bewohner verfeindeter Inseln, die durch Untiefen, Riffe und von Haien bevölkerte Gewässer voneinander getrennt sind, mit Luftkissenbooten aus. Leistungsfähige Transportmöglichkeiten ohne zivilisatorische Reife bedeuten Krieg – und gegenseitige Vernichtung.

Tatsächlich führte die physische Kontaktaufnahme zwischen den verschiedenen stellaren Zivilisationen der Galaxis ein Chaos herbei, fuhr die Vorlesung fort, und sie konnte dem nur aus innerster Überzeugung heraus zustimmen, da sie gesehen hatte, was das bedeutete. Weitere Informationen zur Beendigung der Belagerung wurden gegeben. Eine weitere Episode in Direktwahrnehmung zeigte, wie verwandte Arten auf einer Welt zusammenlebten, aber nicht in Harmonie. Wie zuvor waren es nichtmenschliche Geschöpfe, dennoch verfolgte Afra ihr Schicksal mit großer Anteilnahme. Sie hatte das Gefühl, dabeizusein, als eine Gruppe von Wächtern am Strand die Abgesandten einer unterseeischen Zivilisation töteten; und sie reagierte mit Entsetzen, als sie einem aufgeschlossenen Landbewohner folgte, der zu einem Gegenbesuch ins Meer hinabtauchte, um von einer Grenzpatrouille der anderen Seite in ähnlicher Weise niedergemacht zu werden. Der Krieg brach erneut aus und dezimierte beide Arten, warf die Zivilisationen des Planeten in verheerender Weise zurück; aber der gegenseitige Haß ließ noch immer nicht nach. Daß der Reisende verstummt war, hatte die galaktischen Probleme nicht gelöst; es hatte sie nur auf eine schmerzhafte Weise unterdrückt. Es wäre besser gewesen, er wäre nie gekommen.

Aber sie erfuhr auch die positiven Auswirkungen: der Wiederaufbau der galaktischen Zivilisation nach Verstummen des Reisenden. Sie verfolgte die Vorbereitungen, um die verheerenden Auswirkungen einer vorhersehbaren Zweiten Belagerung zu verhindern oder wenigstens zu mildern. Der Zerstörer wurde entwickelt: Er war wie ein Hurrikan, der die Wilden daran hinderte, ihre modernen Boote zu benützen. Viele kamen bei dem Versuch ums Leben — aber das war besser als das, was zuvor geschehen war.

Sie sah auch den anderen Teil des Zerstörerprojekts: das Bemühen, mehr über Ursprung und Natur des Reisenden und seines Impulses zu erfahren.

Es mußte angenommen werden, daß der Reisende inzwischen auf benachbarte Galaxien ausgerichtet worden war. Hatten sie in ähnlicher Weise Verwüstung und Untergang erlebt? Das Makroskop konnte darauf keine Antwort geben.

Wenn der Reisende auch andere Galaxien berührte, dann sah es nach einer universellen Verschwörung aus, die die Vernichtung aller Zivilisation zum Ziel hatte, wo immer sie sich entwickelte. Wenn dem so war, dann war es wichtig, daß diese Sache auf ihren Ursprung zurückverfolgt wurde, um ihr Einhalt gebieten zu können.

Expeditionen zu diesen benachbarten Galaxien waren bisher jedoch vergeblich unternommen worden. Sechs Expeditionen zur Andromeda-Galaxis waren nie zurückgekehrt. Wenn sich dort ein Reisender befand, dann mußte dort das Reisen möglich und üblich sein. Wenn nicht, dann hätte sich eine hohe makroskopische Technologie entwickelt und beibehalten werden müssen, um wenigstens ein paar Programme zum Zwecke der intergalaktischen Kommunikation auszustrahlen. Gewöhnliche, in alle Richtungen ausgestrahlte Sendungen verloren sich in den Weiten des intergalaktischen Raums, was bei einem gebündelten Strahl nicht der Fall sein mußte, wie der Reisende demonstriert hatte.

War es möglich, daß die Reisenden die anderen Galaxien in anderen Zeiträumen berührten? Das empfangene Programm schien aus einer Entfernung von drei Millionen Lichtjahren zu kommen, von einem ganz bestimmten Punkt, und es fächerte sich so auseinander, daß es die ganze Galaxis und ihre nähere Umgebung berührte: die Kugelhaufen, die Magallanischen Wolken, aber nicht Fornax oder Skulptor. Etwa dreißigtausend Lichtjahre jenseits des Milchstraßenrandes (willkürlich bestimmt; es gibt keine physikalisch klar bestimmbare Grenze, die Materie verliert sich allmählich) hörte der Strahl auf; in diesem Bereich hatte er einen Durchmesser von etwa 150 000 Lichtjahren. Wenn der Strahl eines Tages auf eine andere Galaxis jenseits der Milchstraße treffen sollte, dann würde er sich bereits zu weit verteilt haben, um noch wirksam sein zu können. Er war offensichtlich genau auf diese Galaxis zugeschnitten worden.

Wenn andere Strahlen ähnlich zugeschnitten waren, und wenn sie vom gleichen Punkt im Raum ausgingen, dann war es möglich, daß sie abwechselnd herumgeschwenkt wurden. Eine Million Jahre lang konnte der Reisende auf eine Galaxis gerichtet werden; dann, während dieses Signal noch lange unterwegs war, konnte der Projektor auf eine andere Galaxis ausgerichtet werden. Auf diese Weise würden Entfernung und Sendeplan den Entwicklungsstand jeder Galaxis bestimmen.

Nach der Zweiten Belagerung kamen die ersten Bestätigungen herein. Planeten mit ihren Bewohnern, die in andere Galaxien gesprungen und dort gestrandet waren, hatten wenigstens Bruchstücke der Wahrheit zurücksenden können. Der Sprung war ihnen gelungen, aber es war ihnen unmöglich gewesen, wieder aus der organischen Stasis zu kommen, weil das für die Wiedererweckung erforderliche Signal des Reisenden nicht mehr verfügbar war. Auf diese Weise waren Millionen von Jahren vergangen, bevor ein Reisender den neuen Standort einer auf Forschungsreise befindlichen Welt berührte. Damit wurde die Wiedererweckung in Gang gesetzt, aber mit ungeheuren Verlusten, da selbst der gasförmige Zustand kein unbegrenztes Leben im Einmachglas ermöglichte. Eine *Rückkehr* war nun unmöglich geworden, wenn nicht eine weitere Verzögerung von vielen Millionen Jahren durch das Abwarten der Dritten Belagerung in Kauf genommen werden sollte.

Das war es im wesentlichen, was der erste Bericht von Horv enthielt, der in einem Kugelhaufen gestrandet zu sein schien, der die Andromeda-Galaxis umlief. Es sah fast so aus, als dienten die Reisenden dazu, intergalaktische Verbindungen zu *verhindern*. Aber die Horv führten ihre Forschungsarbeiten weiter fort, denn das gleiche Signal, das die erheblich dezimierte Bevölkerung wiedererweckt hatte, erlaubte es jetzt diesem Planeten, sich frei durch die fremde Galaxis zu bewegen. Schon bald wurde der zweite, noch aufschlußreichere Bericht empfangen.

Währenddessen tauchte ein unbemannter Mond des Doon-Planeten wieder in der Milchstraßengalaxis auf und übermittelte einen vollständigen Bericht sowie die Aufzeichnungen des Reisenden-Signals. Die Aufzeichnungen waren für sich genommen nicht von Bedeutung, aber sie waren nützlich für den direkten Vergleich mit ähnlichen Aufzeichnungen des in der Milchstraße wirksamen Reisenden. Dadurch konnte belegt werden, daß es mindestens zwei verschiedene Reisende gab; ihre ›Fingerabdrücke‹ unterschieden sich in kleinen, aber immer wiederkehrenden Einzelheiten. Eine weitere Tatsache hatte Vermutungen ersetzt, und ein weiterer Punkt in der unvollständigen Karte über die Aktivitäten des Reisenden war bestätigt worden. Es waren jetzt Daten über drei verschiedene Ausstrahlungen verfügbar – und alle hatten den gleichen Ursprung, auch wenn sie sich untereinander geringfügig unterschieden.

Weitere in die Milchstraße zurückgekehrte Monde wurden nicht entdeckt. Offenbar war eine ganze Anzahl von ihnen auf den Weg geschickt worden, aber sie waren entweder in den unkartographierten Windungen des Sprungraums verlorengegangen oder hatten ihr Ziel innerhalb oder nahe der Milchstraße zwar erreicht, waren aber noch nicht entdeckt worden. Eine fortwährende und vollständige Überprüfung des gesamten galaktischen Bereichs war schlechterdings undurchführbar, und so spielte der Zufall eine große Rolle.

Indem sie einige der verzögerten makroskopischen Botschaften der Expeditionsplaneten, die Aufzeichnungen des einzigen entdeckten Mondes und eine genaue Analyse des Reisenden-Signals selbst benützten, waren die Galaktiker schließlich bei Beginn der Dritten Belagerung in der Lage, die vollständige Geschichte zusammenzusetzen.

Es war zugleich der Beginn einer neuen Ära.

»Hast du den wesentlichen Widerspruch des Reisenden in Betracht gezogen?« fragte sie Schön. »Den Umstand, der ihn von allen anderen Sendungen unterscheidet und seine bloße Existenz zum Beweis dafür werden läßt, daß seine Technologie sowohl qualitativ als auch quantitativ vom Typ III ist?«

»Da gibt es keinen Widerspruch«, erklärte er irritiert. »Nur ein bemerkenswert ausgeklügeltes Programm . . .«

»Du redest über Einzelheiten und übersiehst dabei das Ganze, genau wie es die Galaktiker getan haben«, sagte sie. »Die alte Geschichte mit den Bäumen und dem Wald. Weißt du was? Ich glaube, du *kannst* den Reisenden gar nicht verstehen, weil du die Möglichkeit zu einem solchen Verständnis zusammen mit der Zerstörer-Erinnerung abgeschnitten hast! Die Wahrheit ist außerhalb deiner Reichweite!«

Sein Gesicht war ruhig, aber sie war sicher, daß er innerlich kochte. »Was kannst du mit deinem angeblichen Verständnis anfangen, was ich mit dem meinen nicht könnte? Nenne mir etwas.«

»Ich kann mich mit dem Reisenden unterhalten«, sagte sie.

»Gewiß. Ich kann sogar mit meinem Fuß reden. Aber wie steht es mit der *Antwort*, die du bekommst?«

Sie konzentrierte all ihre Aufmerksamkeit und ihre Willenskraft auf einen Punkt, wohl wissend, daß ihre These, die ihre einzige

Überlegenheit über Schön darstellte, von diesem Beweis abhing. »Reisender«, rief sie. »Reisender, kannst du mich hören?«

Nichts geschah. Schön sah sie mit betont mitleidsvoller Miene an. *Hatte sie sich getäuscht?* Sie war sich so sicher gewesen.

»Reisender!« wiederholte sie verzweifelt. »Hörst du mich? Bitte antworte . . .«

JA

Es schien aus allen Richtungen zu kommen, wie eine Antwort Gottes. Es umfing ihre Sinne, drang in ihre Finger ein, ließ ihre Zunge anschwellen, bohrte sich ihr schmerzhaft in die Ohren, stach ihr mit feurigen Buchstaben in die Augen. *War es das, was Moses auf dem Berg widerfuhr?*

Schön stand wie betäubt da. Er hatte es ebenfalls empfangen.

»Was bist du?« fragte sie. Sie fürchtete sich, war sich aber bewußt, daß diese Verbindung vielleicht die einzige Möglichkeit war, die sie jemals haben würde. Nur solange sie sich auf dem Gipfel befand . . .

Und dann drang es wieder auf sie ein, ein Strom von Informationen, die in ihr Bewußtsein projiziert wurden in der gleichen Weise, wie sich der Auflösungszyklus auf die Zellen ihres Körpers ausgewirkt hatte. Was ihr der Reisende übermittelte, wirkte sich direkt auf die Nervenverbindungen ihres Gehirns aus, war eine Mitteilung in direkter und wahrer Telepathie.

Im wesentlichen war es das folgende: Ebenso wie das interstellare Reisen die Reduktion des festen Lebens in flüssiges Leben verlangte und dann zu gasförmigem Leben fortschreiten mußte, so verlangte das wirkliche intergalaktische Reisen eine weitere Stufe: Leben in Form von Strahlung, Leben als reine Information. Der Reisende war kein ausgestrahltes Programm; *er war ein lebendiges, denkendes Geschöpf.* Gewiß hatte er sich einst aus materiellen Vorformen entwickelt, aber seine Technologie und Reife hatte es ihm ermöglicht, einen so unglaublichen Zustand zu erreichen, der ihn von jeder Beschränkung befreite – von der beschränkten Geschwindigkeit der Strahlung im Raum abgesehen. Selbst das konnte durch die Sprung-Technik umgangen werden – wenn der Raum einmal durch lichtschnelle Späher kartographisch genau erforscht war.

Es gab keinen Punkt im Universum, den diese Spezies nicht erreichen konnte.

Aber nur wenige Lebensformen erreichten jemals diese Daseinsebene. Warum? Die Reisenden untersuchten diese Frage und entdeckten, daß in dem geschlossenen Kessel, den die durchschnittliche

Galaxis darstellte, jeweils die erste Spezies, die die Technik des Raumsprungs im gasförmigen Zustand beherrschte, dazu tendierte, alle anderen Arten zu unterdrücken – um dann selbst durch mangelnde Stimulierung zu stagnieren. Das Problem bestand darin, daß sich die Technologie stets rascher entwickelte, während die sittliche Reife um Jahrtausende nachhinkte. Nur wenn auch weiteren Arten die Möglichkeit gegeben war, wirkliche Reife zu erzielen, konnte eine universelle Zivilisation Wirklichkeit werden. Sie brauchten Zeit – Zeit, um zu wachsen, zu gedeihen – und zu reifen.

Und so wurden die Reisenden zu intergalaktischen Missionaren. Jedes Individuum sprang zu einem bestimmten Punkt im Raum und unterzog sich der Verwandlung in die Strahlenform, wobei es zu keinem Zeitpunkt sein Bewußtsein verlor. Körperliche Synapsen wurden zu Wellen-Synapsen, Gedanken verliefen von der Spitze der Wellenfront, der Peripherie des Strahlenwesens nach hinten, und sie waren klar und eindeutig. Jedes einzelne Individuum brachte persönlich die Sprung-Technik zu den Typ-II-Technologien, die sich in den verschiedenen Galaxien entwickelt hatten.

Es war die Milchstraße als Ganzes, die kultiviert wurde. Der Nutzen, den der Reisende brachte, ähnelte dem des Zerstörers: Es erschien grausam, aber in Wirklichkeit trug es zu einer beschleunigten Reifung bei. Einzelne Spezies mochten darunter leiden, aber den galaktischen Zivilisationen wurde zu ungeahnter Entwicklung verholfen. Diejenigen Galaxien, die schließlich ihre unreifen Elemente zu kontrollieren vermochten – was am besten über die Förderung oder Verhinderung der Sprung-Technik geschah – waren auf dem besten Weg zum Erfolg. Die Milchstraße hatte schließlich nach verschiedenen Fehlschlägen diese Selbstkontrolle gewonnen und befand sich an der Schwelle zur wirklichen Reife – als eine Einheit. Dies war das Geschenk des Reisenden: der Passierschein ins Universum und zur universellen Zivilisation.

»Der weiße Mann bringt den unwissenden Eingeborenen seinen Gott nahe«, murmelte Schön. »Großartig.« Er trat in den nächsten Raum.

»Es ist großartig, selbst wenn du zu unreif bist, um zuzugeben, daß die außergalaktischen Fremden Dinge zu tun vermögen, die zu vollbringen *du* niemals hoffen kannst«, rief Afra, während sie hinter ihm herlief. »Und die Menschheit wird ebenfalls an dieser Auszeichnung teilhaben können, wenn sie ihre Pubertät überlebt. Nicht, indem sie intelligenter wird, sondern durch Reifen ihrer seelischen und sittlichen . . .«

Er sprang sie an, und sie vermochte ihm gerade noch zu entkommen, floh vorbei an Reinigungs- und Reparaturmaschinen und Testrobotern. Sie rannte den Gang hinunter, Schön lief wenige Schritte hinter ihr. Am entfernten Ende des Raums sah sie eine tanzende Lichtkugel, die mittels des galaktischen Sprachcodes eine Information aussandte. Sie nahm die Mitteilung in sich auf – und begriff, daß es eine Warnung war, derzufolge der nächste Raum den Mechanismus enthielt, der das Zerstörerprogramm erstellte.

Die anderen Räume hatten keine Warnungen enthalten; warum gerade dieser Raum?

Sie war sich sicher, daß sie es wußte. Theoretisch hatte jedes Geschöpf, das diese Station zu erreichen vermochte, die Reife erreicht, um gegenüber den im Zerstörer enthaltenen Vorstellungen immun zu sein. Aber es konnte weniger reife Mitreisende geben, wie es bei der Spezies der Fall gewesen war, die diese Station in Position gebracht hatte; die wirklich reifen Individuen waren keiner Form von Gewalt fähig, wie notwendig ihre Ausübung auch sein mochte. Daher mußten jüngere Rassen die Wartung der Station und die übrige Arbeit übernehmen.

Oder – es mochten Kinder kommen, die Evolution spielten und dabei bedenkenlos in die gefährlichsten Winkel eindrangen. Daher – eine Warnung. Möglich, daß man innerhalb des Raums einer gewissen Streustrahlung des Zerstörers ausgesetzt war.

»Wir sind am Ende unseres Wegs«, keuchte sie, indem sie sich umwandte und auf das Warnsymbol zeigte. Schön blieb einige Schritte vor ihr stehen.

Sie versuchte erneut, den Reisenden zu erreichen, aber ihre Fähigkeit schien nachgelassen zu haben. Sie mochte vielleicht niemals mehr diesen Höhepunkt an Bewußtheit erreichen, der notwendig war, um ihn direkt herbeizurufen. Aus dieser Richtung war keine Hilfe zu erwarten.

Ohne daß sie es sich klarmachte, was sie in ihrer Verzweiflung zu unternehmen im Begriff war, trat Afra rückwärts in den Raum des Zerstörers hinein.

»He!« rief Schön überrascht. Mit einer erstaunlich schnellen Reaktion hechtete er auf sie zu – aber zu spät.

Ivo übernahm die Kontrolle, als die Zerstörer-Sequenz zu wirken begann. Ein regenbogenfarbener Strudel aus Vorstellungen drohte ihn zu verschlingen, bewegte sein Bewußtsein mit gnadenloser Folgerichtigkeit auf das völlige Vergessen zu – aber er hatte bereits eine lange Erfahrung darin, wie er sich dem Bann entziehen konnte. Er ließ die Zerstörer-Botschaft an sich abgleiten und konzentrierte sich auf Afra.

Sie kniete auf dem Boden, versuchte ihr Gesicht zu bedecken, aber die Botschaft war überall. Sie ging über alle Wahrnehmungskanäle, wirkte über alle Sinnesorgane ein, drang in die Ohren und die Haut ebenso ein wie in die Augen. Es gab keine physische Möglichkeit, sich dem Zerstörer in diesem Nahbereich zu entziehen.

Er erreichte sie und ergriff ihre beiden Handgelenke, wirbelte sie herum, hob sie hoch und schleppte sie durch den Eingang hinaus. Ihre Augen waren starr, ihre Lippen bewegten sich im Taumel des Verstehens. Erst als sie den Raum verließen, hörte das Sperrfeuer wieder auf, wie abgeschnitten durch einen unsichtbaren Schirm.

Afra verlor das Bewußtsein. Er lehnte sie gegen eine Maschine und musterte ihr Gesicht mit zunehmender Besorgnis. Hatte er sie noch rechtzeitig in Sicherheit gebracht? Wenn sie ihr Bewußtsein wiedererlangte — wenn sie es wiedererlangte — würde sie mit ihrer eigenen Persönlichkeit erwachen?

Schön brauchte ihre Hilfe, wenn er jemals die Station verlassen wollte, da er den Zerstörer nur umgehen konnte, indem er seine eigene Persönlichkeit begrub. Er hätte natürlich zu diesem Zweck eine schwachsinnige Ersatz-Persönlichkeit schaffen können — aber damit hätte er sich in die Gewalt dieses Geistes begeben, der ihn in der Flasche zurückhalten konnte. Nur wenn eine andere Person ihn befreite, konnte er — in Ivos Abwesenheit — wieder herauskommen. Dazu genügte eine einfache Aufforderung: »Schön — komm heraus!« — aber sie mußte von jemandem kommen, der selbständig handelte. Jemand außerhalb der Flasche, denn der Verschluß konnte nicht von innen erbrochen werden; er benötigte also jemanden, der ihn kannte und wußte, was dieses Verlangen bedeutete.

Auf keinen Fall konnte Schön die Kontrolle wieder an Ivo abgeben. Beide wußten, daß Afra diese Alternativ-Persönlichkeit liebte. Aber einen Idioten, der nur durch besondere Anleitung in der Lage war, den Reisenden zu empfangen, hätte sie wieder in die Verbannung schicken müssen. Ihr Temperament hätte sie gezwungen, das überlegenere Bewußtsein zu entkorken, auch wenn sich alles in ihr dagegen sträubte.

Vorausgesetzt, sie behielt — im wörtlichen Sinne — den Verstand, um überhaupt noch eine solche Entscheidung fällen zu können. Eine Afra, der durch den Zerstörer der Verstand geraubt worden war, konnte auch Schön nichts mehr nützen.

Ivo betrachtete ihr Gesicht. Er hatte sich nach diesem Augenblick gesehnt, seit er sie zum erstenmal gesehen hatte. Nur ihretwegen war er letztlich zu diesem galaktischen Abenteuer aufgebrochen.

Hatte sein ganzes Leben nur den Sinn gehabt, zu einer solch unlösbaren Situation zu führen, zu dieser einsamen Nachtwache bei einem bewußtlosen Mädchen? Wenn sie ging, was war dann noch übrig?

Ivo hielt sie vorsichtig fest, da er fürchtete, sie aufzuwecken, und erinnerte sich . . .

Da war der plötzliche Abbruch des Projekts gewesen, der sie alle in eine chaotische, quälende Wirklichkeit geworfen hatte — dennoch hatten es die meisten als eine Befreiung und als eine Herausforderung begrüßt. Sie hatten sich über den Planeten verteilt, dreihundertdreißig ehrgeizige junge Leute, die Erfahrungen suchten . . . und waren von der Welt aufgenommen worden, ohne daß es auch nur das geringste Wellengekräusel gegeben hätte. Brad war auf das College gegangen; Ivo war der Melodie der Flöte gefolgt, indem er das weithin unbekannte Leben von Sidney Lanier nachlebte. Eine ganze Anzahl von den anderen hatten Partner geheiratet, die nicht aus dem Projekt stammten. Alle hatten sie geschworen, für immer miteinander in Verbindung zu bleiben, aber damals waren sie jung gewesen, und irgendwie hatten sie es im Lauf der Zeit vergessen. Es hatte jedoch — fast — zufällige Begegnungen gegeben, die ausreichten, um die wichtigsten Neuigkeiten zu verbreiten. Von Zeit zu Zeit hatte Ivo von einer großen Zusammenkunft geträumt, von einem Treffen aller Projektteilnehmer, aber er hatte selbst bald erkannt, daß dieser Wunsch nur eine Widerspiegelung seiner eigenen Unzulänglichkeit, seiner schlechten Anpassung an die Welt der siebziger Jahre war.

Dann Groton, damals auf einer heißen Straße in Georgia, und das Abenteuer war über ihn gekommen. Brad benötigte Schön! Afra, die Vision der Liebe, der Köder in der Falle — wäre er in die Falle gegangen, wenn er es wirklich nicht gewollt hätte?

Die Proboscoiden von Sung, die ihre Welt blindlings übervölkerten, und die Menschheit, die ihnen ebenso blindlings nacheiferte. Menschliche Organe, ein schwarzer Markt. Die dickliche Beatryx, Gattin eines Ingenieurs. Senator Borland, der Mann des grenzenlosen Ehrgeizes und der Macht. Die Folgen des Zerstörers: einer hatte sein Leben gelassen, einer seinen Geist verloren, einer war unberührt geblieben? Sprouts, eine Gewinnchance, SDPS, Kovonov, der selbst hatte gehen wollen.

Die Rakete Joseph, vorbereitet für den Flug mit fünf Personen.

Lernen, mit dem Makroskop umzugehen, diesem Instrument der galaktischen Zivilisation. Astrologie: »Die Zusammenhänge deines Lebens und die Zusammenhänge des Universums verlaufen möglicherweise parallel.« Die Verfolgung durch die UN. Das Abbild einer lebenden Zelle. Das Abtasten – Bestätigung der Identität oder sexuelle Erfahrung? Das Einschmelzen – die Auflösung des Schädels, eine grau-weiße Flüssigkeit, die aus den Augenhöhlen floß. Der Wiederaufbau – von der Zelle bis zur vollständigen Person in vier Stunden.

Der gewaltige Neptun, eine Welt der Stürme über Ozeanen aus Methan. Der Triton, auf dem Beatryx einen Käfer fand. Schön, der Mond eines Mondes. Dort hatte er es gelernt, die Gesellschaft von wirklichen Menschen zu schätzen, dort hatte er die Bedeutung der Freundschaft erfahren, die Annehmlichkeiten, die sie schenkte, und das Leid, das sie bringen konnte. Das Terraformen eines Stück Triton, die Gestaltung einer irdischen Umwelt unter unmenschlichen Bedingungen: eine gemeinsame Anstrengung. Poesie, Vorurteile, eine Schachanalogie. Der Seestern Brad. Die Gerichtsverhandlung: nichts als eine andere Form des Abtastens. Die Windungen des Sprungraums. Das Eindringen in den Neptun – der Zwerg mit dem Atem eines Giganten, dennoch älter als die Sonne. Kritischer Gravitationsradius. Rochesche Grenze.

Plötzlich konnte Ivo die Spannung nicht länger ertragen. Er führte seine Hände unter Afras Armen hindurch, zog sie hoch, drückte sie an sich, und küßte sie mit all der Leidenschaft, die er so lange unterdrückt hatte. Auch das eine Form des Abtastens.

Sie erwachte augenblicklich. Sie riß ihre Arme hoch und preßte ihre kalten steifen Finger gegen sein Gesicht, um seinen Kopf von ihr wegzudrücken. »Laß mich los!« keuchte sie wütend.

Ivo gab sie hastig und schuldbewußt frei. *Sie hatte nicht ihn gewählt!*

Dann begriff er mit einer Erleichterung, die ihn wie ein Beben durchlief, daß sie ihn noch immer für Schön halten mußte. Sie konnte schließlich nicht wissen, wie die Auseinandersetzung ausgegangen war, und daß er den Körper wieder übernommen hatte. Er öffnete den Mund, um es ihr zu erklären.

»Sei nicht so albern, Ivo«, fuhr sie ihn an. »Ich kann euch beide sehr wohl auseinanderhalten. Außerdem weiß ich, daß Schön mich nicht hätte herausbringen können. Nur du konntest es tun – oder es gäbe mich nicht mehr.«

Er hatte das Gefühl, als ob seine pubertäre Einfalt wieder voll und ganz zurückgekehrt wäre. Wieder versuchte er vergebens, etwas zu sagen.

»Du hast gedacht, wenn Schön weg ist, dann ist alles in bester Ordnung. Der Junge bekommt sein Mädchen, und der Vorhang senkt sich über einen glückverheißenden Sonnenuntergang. Tut mir leid — aber wenn ich einen Schoßhund will, dann pfeife ich.«

Was war geschehen? Ihre Unterhaltung mit Schön schien doch darauf hinzudeuten, daß sie Ivo liebte, aber jetzt behandelte sie ihn mit größerer Verachtung als je zuvor.

»Schön hatte in einer Hinsicht recht«, bemerkte sie, während sie ihre Kleidung ordnete. »Du bist nicht besonders intelligent — und Dummheit ist mir zuwider.«

Wollte sie damit sagen, daß sie lieber Schön zurückhätte? Das ergab für ihn keinen Sinn. Aber wenn sie Schön nicht wollte und Ivo ebenfalls nicht . . .

Afra sah sich um und setzte sich in Bewegung, ging zurück in Richtung auf den Raum, in dem die Visionen eingesetzt hatten. Irgendwie wußte er, daß er sie nie würde zurückgewinnen können, wenn er sie jetzt gehen ließ — und dennoch konnte er nichts unternehmen. Er hatte sie verloren, ohne auch nur ein Wort zu sagen.

Mit ihren großen Sprüngen hatten sie Tausende von Lichtjahren zurückgelegt, bis sie sich außerhalb der großen Scheibe der Milchstraße befunden hatten, und sie waren wieder zurückgekehrt — daran konnte er sich deutlich erinnern, doch jetzt war er nicht in der Lage, die Entfernung von ein paar Schritten zwischen sich und einem anderen Menschen zu überbrücken. Er hatte die Geschichte des Sonnensystems gesehen, die Milliarden von Jahren umfaßte, aber jetzt lähmten ihn Sekunden. Was hatte er falsch gemacht?

Die Annäherung an den Zerstörerkomplex: »Es verfolgt uns!« Seine unsinnige Eifersucht Harold Grotons wegen, mit der er dessen Ausarbeitung seiner eigenen Persönlichkeit bestätigte. Der letzte Raum. S. Die simultanen und dennoch chronologischen Abenteuer der galaktischen Geschichte. Beatryx: »Ihr habt euch *nicht* geirrt, Dolora.« Was hatte er falsch gemacht?

Jetzt war Schön wieder in der Versenkung verschwunden, Beatryx tot, Harold suchte den Reisenden, und Afra erklärte, daß ihr Dummheit zuwider war. Doch er existierte noch immer, und auch seine Verantwortlichkeiten galten nach wie vor. Wo hatte er das gehört? Versprechen zu halten und Meilen zu gehen bevor . . . Er mußte etwas für die tapferen Grotons tun, die zu allem auch noch voneinander getrennt worden waren; dann . . .

Aber ich liebe dich! schrie er lautlos. Sie mochte anmaßend sein und Komplexe haben, aber sie *war* eine außergewöhnliche Frau – und eine bemerkenswert schöne dazu. Sie hatte gegen Schön gekämpft ...

Sie lief weiter.

Afra, die irgendwie ihren Teil der Geschichtslektion verpaßt hatte und statt dessen einem heftigen persönlichen Konflikt ausgesetzt gewesen war. Dennoch hatte dieser Programmfehler sie – und ihn – vor einem Traumzustand gerettet, der hätte andauern können, bis sich ihre Körper auflösten. Ein durchschnittlicher Mensch entkam einer solchen Vision nicht mehr, wie sich an Harold und Beatryx erwiesen hatte. Das war offenbar die letzte Prüfung: Nur ein Bewußtsein, das unbewußt zu kämpfen und schließlich die Stasis zu durchbrechen vermochte, bekam die Freiheit wieder. Dem menschlichen Bewußtsein ging diese Fähigkeit ab. Selbst Schön war gefangen gewesen.

Seltsamer, glücklicher Zufall, daß Afra allein sich aus diesen unsichtbaren Schlingen hatte befreien können. Und daß sie in der Folge auch in der Lage gewesen war, eine vorübergehende Verständigung mit diesem übermenschlichen Wesen herzustellen, dem Reisenden. Der Reisende: Nervenimpulse zwischen galaktischen Zellen, deren Möglichkeiten vom Mikrokosmos bis in den Makrokosmos reichten.

Zufall? Vielleicht hatte der Reisende *sich absichtlich eingemischt!* Das lag ganz gewiß im Bereich seiner Möglichkeiten. Ihr einen kleinen Anstoß zu geben, um die Trance zu brechen, um ihr damit zu einem wichtigen Vorteil gegenüber Schön zu verhelfen ... und Schön selbst – oder Ivo! – konnte nichts davon wahrnehmen, weil der Bewußtseinsblock gegen die Zerstörer-Vorstellung alles abschirmte. Afra war die einzige Person mit einem offenen und zugleich scharfen Geist gewesen ...

Warum? Warum sollte sie sich überhaupt einmischen, diese Kreatur, die eine Galaxis zu überwachen hatte? War es denkbar, daß sie gewisse Hoffnungen in die Menschheit setzte? Wollte sie, daß sie zur Erde zurückkehrten mit ihrer Botschaft von der galaktischen und der intergalaktischen Zivilisation? Doch Afra konnte nicht allein zur Erde zurückkehren, und sie hatte ihm den Rücken gekehrt.

Wenigstens, überlegte er mit einem Anflug von Ironie, brauchte er wegen Schön keine weiteren Befürchtungen zu hegen. Sein Bewußtsein war abgetrennt, und Schön konnte nicht mehr übernehmen, da Afra unter keinen Umständen mit ihm zusammenarbeiten würde, und die Zerstörerfelder waren überall in der Galaxis. Schön war durch die räumliche Entfernung gefangen. Er, Ivo, konnte sich jetzt aller Begabungen Schöns bedienen, wie sie ihm zustatten kommen mochten, ohne seine Identität zu riskieren. Er konnte nach Hause gelangen. Er mußte seine Persönlichkeit nur einschränken, wenn er mit dem Zerstörer zu tun hatte, um seine Immunität aufrechtzuerhalten; zu jeder anderen Zeit konnte er, im wörtlichen Sinn, ein Genie sein.

Schöner Trost, dachte er, während er zusah, wie Afra ihm davonlief. *Du wirst es brauchen können, um herauszufinden, warum du sie verloren hast.*

Ja – das Genie Schöns würde ihm wenigstens das erklären. Ivo griff nach ... die Sonne explodierte! Er verstand genau, was Afra zu tun im Begriff war.

»Mädchen«, sagte er mit fester Stimme.

Sie hielt inne. Sie war nicht allzu schnell gegangen und hatte noch nicht die angrenzende Halle erreicht.

»Wohin die Wolke zieht«, sagte er, »der Herr weiß es; die Wolke weiß es nicht.«

Sie wandte sich lansam um. »Ich verstehe nicht.«

»Es ist ein Zitat von Sidney Lanier. Der Weg einer Wolke mag vorherbestimmt sein, aber der Mensch verfügt über einen freien Willen.« Er hatte in Russisch gesprochen.

Ihre Kapitulation war so plötzlich wie ihr Erwachen. Sie rannte auf ihn zu und warf sich ihm in die Arme. »Ich wußte, daß du keine Wolke bist, Ivo!« murmelte sie, bevor sie ihn küßte.

Eine weitere Erklärung war unnötig, doch der alte Ivo in ihm ging sie während ihrer anhaltenden Umarmung durch. Afra hatte weder den allwissenden und hochmütigen Schön haben wollen noch den gehemmten, einfältigen Ivo. Keinen der beiden Krüppel. Sie verlangte nach einem Kompromiß: Ivos Persönlichkeit mit Schöns Fähigkeiten. Denn keine der beiden Identitäten für sich stellte einen ganzen Menschen dar. Wie konnte eine Frau wirklich die Hälfte einer schizoiden Persönlichkeit lieben?

Aber der Zerstörer hatte das Gleichgewicht verschoben und das Patt gebrochen, indem sie Ivo zum Künstler machte. Er konnte zusammenfassen und die Kontrolle ausüben – und Zeit und Erfahrung hatten seine Identität zur geeigneteren der beiden werden lassen, was zwischenmenschliche Beziehungen betraf. Ein Kind wuchs normalerweise in den Zustand eines Erwachsenen hinein – und den erwachsenen Ivo des kindlichen intelligenten Schöns wegen aufzugeben, wäre dumm und eine Ungerechtigkeit gewesen.

So war die Verständigung zwischen ihm und Afra ermöglicht worden. Nicht der Junge hatte das Mädchen gewonnen; der Mann hatte die Frau gewonnen.

Und die Erde, was sollte mit ihr jetzt geschehen? Die Menschheit war eine Kultur im Kindesalter, die bereits über die Technologie eines Heranwachsenden verfügte; sollten sie ihr die mit verheerenden Konsequenzen verbundene *erwachsene* Technologie überlassen? Oder war es vielleicht besser, sich fernzuhalten und alles der natürlichen Auslese zu überlassen, wie es auch anderswo in der Galaxis geschah?

»Was der Künstler vollbringt«, murmelte er, »der Herr weiß es; weiß es der Künstler auch?«